高等教育系列教材

计算机网络技术与应用

蒋翠清　丁　勇　等编著

机 械 工 业 出 版 社

本书从计算机网络基础知识、互联网及应用、网络安全与管理、网络新技术、网络规划设计与实施 5 个方面展开，共分 10 章，分别介绍和讲解了计算机网络基本概念、数据通信基础知识、计算机网络体系结构、计算机局域网技术、互联网网际层、互联网传输层、互联网应用层、计算机网络安全与管理、计算机网络新技术、计算机网络规划设计与实施等内容。本书内容反映了计算机网络在移动网络、物联网和云计算等领域的最新发展与应用，采用基础理论、应用技术和管理能力培养相结合的方式，循序渐进地引导读者了解和掌握计算机网络的基础知识、应用技能和管理方法。

本书可作为高等学校信息管理与信息系统、电子商务、物流工程、物流管理和工业工程等管理类专业本科生和研究生教材，也可作为从事计算机网络工作的工程技术人员和管理人员的参考资料。

本书配套授课电子课件，需要的老师可登录 www.cmpedu.com 免费注册，审核通过后下载，或联系编辑索取（QQ：2966938356，电话：010-88379739）。

图书在版编目（CIP）数据

计算机网络技术与应用/蒋翠清等编著 . —北京：机械工业出版社，2016.12（2023.1 重印）
高等教育系列教材
ISBN 978-7-111-55893-4

Ⅰ . ①计⋯　Ⅱ . ①蒋⋯　Ⅲ . ①计算机网络-高等学校-教材　Ⅳ . ①TP393

中国版本图书馆 CIP 数据核字（2017）第 000680 号

机械工业出版社（北京市百万庄大街 22 号　邮政编码　100037）
责任编辑：王　斌　　责任校对：张艳霞
责任印制：单爱军

北京虎彩文化传播有限公司印刷

2023 年 1 月第 1 版·第 3 次印刷
184mm×260mm·18.75 印张·454 千字
标准书号：978-7-111-55893-4
定价：69.00 元

电话服务　　　　　　　　　　　网络服务
客服电话：010-88361066　　　机　工　官　网：www.cmpbook.com
　　　　　010-88379833　　　机　工　官　博：weibo.com/cmp1952
　　　　　010-68326294　　　金　书　网：www.golden-book.com
封底无防伪标均为盗版　　　机工教育服务网：www.cmpedu.com

出 版 说 明

当前，我国正处在加快转变经济发展方式、推动产业转型升级的关键时期。为经济转型升级提供高层次人才，是高等院校最重要的历史使命和战略任务之一。高等教育要培养基础性、学术型人才，但更重要的是加大力度培养多规格、多样化的应用型、复合型人才。

为顺应高等教育迅猛发展的趋势，配合高等院校的教学改革，满足高质量高校教材的迫切需求，机械工业出版社邀请了全国多所高等院校的专家、一线教师及教务部门，通过充分的调研和讨论，针对相关课程的特点，总结教学中的实践经验，组织出版了这套"高等教育系列教材"。

本套教材具有以下特点：

1）符合高等院校各专业人才的培养目标及课程体系的设置，注重培养学生的应用能力，加大案例篇幅或实训内容，强调知识、能力与素质的综合训练。

2）针对多数学生的学习特点，采用通俗易懂的方法讲解知识，逻辑性强、层次分明、叙述准确而精炼、图文并茂，使学生可以快速掌握，学以致用。

3）凝结一线骨干教师的课程改革和教学研究成果，融合先进的教学理念，在教学内容和方法上做出创新。

4）为了体现建设"立体化"精品教材的宗旨，本套教材为主干课程配备了电子教案、学习与上机指导、习题解答、源代码或源程序、教学大纲、课程设计和毕业设计指导等资源。

5）注重教材的实用性、通用性，适合各类高等院校、高等职业学校及相关院校的教学，也可作为各类培训班教材和自学用书。

欢迎教育界的专家和老师提出宝贵的意见和建议。衷心感谢广大教育工作者和读者的支持与帮助！

机械工业出版社

前　言

　　计算机网络技术的快速发展和广泛应用已对社会变革和经济发展产生了重大影响，特别是移动互联网、物联网和云计算等新兴网络技术与产业的深度融合，形成了"互联网＋"新型业态，正在改变着经济增长模式、管理决策手段和人们生活方式。因此，计算机网络技术已成为各专业学生学习的一门重要课程。

　　为了适应新形势下管理学专业学生计算机网络课程学习的需要，作者根据多年的教学和科研实践经验，结合网络技术的最新发展和应用实践，针对管理学专业特点，编写了本书。本书的特色体现在以下3个方面：①以应用创新为目标定位。在内容组织上以培养学生综合运用网络技术的能力为目标，选材都是与应用实践紧密结合的计算机网络最新应用，兼顾创新能力培养，使读者能举一反三。②以核心概念和基础知识为结构主线。为了既保证教材理论体系的完整性，又克服多而全的理论堆砌，本书以核心概念和基础知识为主线，仅对核心概念和关键知识点进行阐释，并在章首给出学习目标和知识要点，便于学生抓住主线，掌握精髓。③以网络应用与管理融合为问题背景。第10章"计算机网络规划设计与实施"是专门针对管理学专业学生安排的，并通过规划、设计和实施管理加深对问题、概念和方法的理解。

　　本书由蒋翠清教授主编，丁勇副教授任副主编。其中，第1章由聂会星编写，第2章和第10章由丁勇编写，第3章由郭亚光编写，第4章由陆文星编写，第5章和第6章由褚伟编写，第7章由马华伟编写，第8章和第9章由蒋翠清编写。全书由蒋翠清、丁勇统稿。王睿雅、樊鹏、刘菁、卫斌和李光智参与了本书的资料整理工作。

　　在本书的编写过程中，参阅了大量国内外的文献和资料，在此谨向作者们表示感谢！由于编者理论水平、实践经验和学术见解有限，难免存在不足之处，恳请广大读者批评指正，帮助我们共同提高本书的质量和水平！

编者

目　　录

第1章　计算机网络概论

学习目标

掌握计算机网络定义、分类和拓扑结构等基本概念；理解计算机网络的性能指标和非性能指标；了解计算机网络的发展及常见应用。

本章要点

- 定义
- 分类
- 拓扑结构
- 网络的发展和应用
- "互联网＋"及其特点
- 传输媒体
- 网络性能指标

1.1　计算机网络的发展与应用

计算机网络是计算机技术与通信技术高度发展、紧密结合的产物，拥有高可靠性、易扩充性等优点。随着通信技术的发展，计算机网络在社会生活中各个领域的应用越来越广泛，计算机网络已成为信息经济时代不可缺少的一部分。

1.1.1　计算机网络的发展

1. 计算机网络的形成

20世纪60年代中期，随着计算机的升级和发展，计算机网络不再局限于单计算机网络，而是通过通信线路将分布在不同地点的单个计算机连接成计算机网络。网络内的用户不仅能够使用本地计算机的相关软件、硬件和数据资源，还能够使用网络系统中其他计算机的软件、硬件和数据资源，进而达到资源共享。这个阶段研究的典型代表是美国国防部高级研究计划局的 ARPANET（通常称为 ARPA 网），它是计算机网络发展的一个里程碑。

ARPANET 网络于1969年建立，如图1-1所示，当时只有4个结点，分别是 UCLA（加州大学洛杉矶分校）、SRI（斯坦福研究所）、UCSB（加州大学圣巴巴拉分校）、UTAH（犹他州大学），网络传输能力只有 50 kbit/s，速度很低。但它是第一个简单的纯文字系统的 Internet。

从1970年开始，加入 ARPANET 的结点数不断地增加。

第一个公共性的 ARPA 展示出现在1972年的计算机与通信国际会议（ICCC）中。BBN

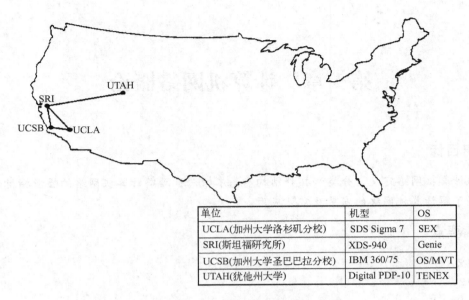

单位	机型	OS
UCLA(加州大学洛杉矶分校)	SDS Sigma 7	SEX
SRI(斯坦福研究所)	XDS-940	Genie
UCSB(加州大学圣巴巴拉分校)	IBM 360/75	OS/MVT
UTAH(犹他州大学)	Digital PDP-10	TENEX

图 1-1　1969 年 11 月建立的 ARPANET

编写了第一个电子邮件程序，号召 ARPA 科学家协作，不久电子邮件应用于网络。

当时 ARPANET 使用的是网络控制协议（Network Control Protocol，NCP），它允许计算机相互交流，但目的地之外的网络和计算机却不分配地址，从而限制了未来增长的机会。1972 年 Robert Kahn 来到 ARPA，并提出了开放式网络框架，从而出现了大家熟知的 TCP/IP（传输控制协议/网际协议）。

1983 年 1 月 1 日，所有连入 ARPANET 的主机实现了从 NCP 向 TCP/IP 的转换。同在一时间段，ARPANET 中分成了军事专用的 MILNET 和研究用途的 ARPANET。

2. 计算机网络体系结构的形成阶段

20 世纪 70 年代中期，当时由于 ARPANET 兴起后，计算机网络发展迅猛，各大计算机公司相继推出自己的网络体系结构及实现这些结构的软硬件产品，随之而来的是网络体系结构与网络协议的标准化问题。这样便应运而生了 TCP/IP 和国际标准化组织 OSI 两种国际通用的体系结构。

传输控制协议（Transmission Control Protocol，TCP）和网际协议（Internet Protocol，IP）是 Internet 所使用的各种协议中最重要的两个协议。在 Internet 上运行的协议很多，人们将 TCP/IP 及其相关协议称为 TCP/IP 体系结构，简称 TCP/IP。

国际标准化组织（ISO）制定了开放系统互联（Open System Interconnection，OSI）模型，该模型定义了不同计算机互联的标准，是设计和描述计算机网络通信的基本框架。OSI 模型把网络通信的工作分为 7 层，分别是物理层、数据链路层、网络层、传输层、会话层、表示层和应用层。

由于 OSI 标准的制定周期太长，协议过分复杂，实现起来比较困难，使得厂家不能及时按标准生产设备并占领市场。而在此期间，TCP/IP 不断完善，推动了 Internet 的快速发展。

3. Internet 时代

20 世纪 90 年代末，由于局域网技术发展成熟，出现了光纤及高速网络技术。以 Internet

为代表的互联网，形成现代网络，其特点是互连、高速、智能，以及更为广泛的应用。它通过将分布在不同地理位置的简单网络运用不同的网络协议相互连接起来，以构成大规模的、复杂的网络，使不同的网络之间能够在更大范围内进行通信，让用户方便、透明地访问各种网络，达到更高层次的信息交换和资源共享。

（1）Internet 发展史

Internet 时代始于 20 世纪 90 年代，图 1-2 给出了 Internet 的发展历程。

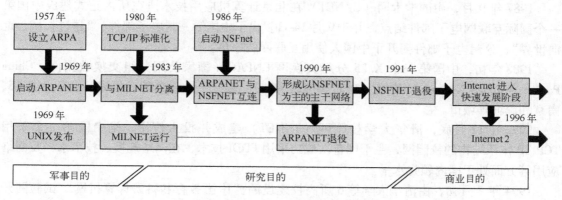

图 1-2　Internet 的发展历程

Internet 的起源可以追溯到 1962 年，当时，美国国防部为了保证美国本土的防卫力量和海外防御武装在受到苏联第一次核打击以后仍然具有一定的生存和反击能力，认为有必要设计出一种分散的指挥系统：它由一个个分散的指挥点组成，当部分指挥点被摧毁后，其他点仍能正常工作，并且这些点之间能够绕过那些已被摧毁的指挥点而继续保持联系。

美国国防部高级研究计划局于 1969 年建立了一个实验型的网络架构 APRANET。1980年，随着 TCP/IP 标准化，ARPANET 所有的主机转向 TCP/IP，到 1983 年 1 月，ARPANET 向 TCP/IP 的转换结束。同时，美国国防部将 ARPANET 分成两个独立部分，一部分仍称为 ARPANET，用于进一步研究；另一部分就是著名的 MILNET，用于军方的非机密通信。

20 世纪 70 年代后期，美国国家基金会（National Science Foundation，NSF）认识到各国科学家可以不受地理位置的限制，利用 ARPANET 合作完成大学科研工作。于是在 1984 年，NSF 建立了一个更加庞大的网络架构 NSFNET，并与 ARPANET 互连。1990 年，由于 APR-PANET 中止了与非军事有关的营运活动，NSFNET 便成为 Internet 初期的主干网。

随着 NSFNET 的网络规模不断扩大，美国政府已不再从财政上支持 NSFNET 的运营。MERIT、MCI 与 IBM 公司创建了美国高级网络与服务公司（Advanced Network & Services，ANS）建立了一个新的网络 ANSNET，并在 1990 年接管了 NSFNET，成为 Internet 的另一个主干网，其他国家或地区的主干网通过 ANSNET 接入 Internet。由于 ANSNET 属于 ANS 公司所有，从而使 Internet 开始走向商业化。Internet 上的商业应用不断推动着 Internet 快速发展，规模不断扩大，用户数不断增加，Internet 几乎深入到社会生活的每一个角落。

Internet 的商业化造成网络通信量的剧增，导致其性能急剧下降。一些大学在这种情况下申请了国家科学基金，建立了一个供大学专用的 Internet。在 1996 年 10 月，这种想法以 Internet 2 的形式付诸实践。Internet 2 是指由美国 120 多所大学、协会、公司和政府机构共同努力建设的网络，它的目的是满足高等教育与科研的需要，开发下一代互联网高级网络应用项目。但在某种程度上，Internet 2 已经成为全球下一代互联网建设的代表名词。目前，Internet 2 的数据传输速率可达 10 Gbit/s。Internet 2 开展的研究包括：网络中间件、安全性、网络性能管理和测量、网络运行数据的收集和分析、新一代网络及部署（GENI、Hybrid - MLN 等），以及全光网络等。

（2）中国的 Internet 发展史

1987 年 9 月，中国学术网（CANET）在北京计算机应用技术研究所内正式建成中国第一个国际互联网电子邮件结点，并于 9 月 14 日发出了中国第一封电子邮件："越过长城，走向世界"，这封电子邮件揭开了中国人使用互联网的序幕。

1988 年初，中国第一个 X.25 分组交换网 CNPAC（国家公用分组交换数据网，China Packet Switched Network）建成，当时覆盖北京、上海、广州、沈阳、西安、武汉、成都、南京和深圳等城市。

1992 年 12 月底，清华大学校园网（TUNET）建成并投入使用，是中国第一个采用 TCP/IP 体系结构的校园网，主干网首次成功采用 FDDI 技术，在网络规模、技术水平及网络应用等方面处于国内领先水平。

1994 年 7 月初，由清华大学等 6 所高校建设的"中国教育和科研计算机网"试验网开通，该网络采用 IP/X.25 技术，连接北京、上海、广州、南京和西安 5 所城市，并通过 NCFC（The National Computing and Networking Facility of China，中国国家计算机与网络设施）的国际出口与 Internet 互连，成为运行 TCP/IP 协议的计算机互联网络。

1996 年 1 月，中国公用计算机互联网（CHINANET）全国骨干网建成并正式开通，全国范围的公用计算机互联网络开始提供服务。

1996 年 9 月，中国金桥网（ChinaGBN）正式开通。

1997 年 10 月，中国公用计算机互联网（CHINANET）实现了与中国其他 3 个互联网络即中国科技网（CSTNET）、中国教育和科研计算机网（CERNET）和中国金桥信息网（CHINAGBN）的互联互通。

目前，国内通过中国公用计算机互联网（CHINANET）、中国科技网（CSTNET）、中国教育网（CERNET）、中国金桥网（CHINAGBN 吉通）、中国联通互联网（UNINET）、中国网通公用互联网（CNCNET）、中国移动互联网（CMNET）、中国经贸网（CIETNET）、中国长城互联网（CGWNET）和中国卫星集团互联网（CSNET）等十大互联网络同 Internet 连接。

根据中国互联网络信息中心（CNNIC）的数据，到 2016 年 6 月底，我国网民规模达 7.1 亿，互联网普及率达到 51.7%，与 2015 年底相比提高 1.3 个百分点，超过全球平均水平 3.1 个百分点，超过亚洲平均水平 8.1 个百分点。我国手机网民规模达 6.56 亿，网民中使用手机上网的人群占比由 2015 年底的 90.1% 提升至 92.5%，仅通过手机上网的网民占比达到 24.5%，网民上网设备进一步向移动端集中。

4. "互联网＋"

所谓"互联网＋"，是指以互联网为主的一整套信息技术（包括移动互联网、云计算和大数据技术等）在经济和社会生活各方面的扩散与应用过程。

"互联网＋"的本质是传统产业的在线化、数据化。无论网络零售、在线批发，还是跨境电商网上团购等，都是努力实现交易的在线化。只有商品、人和交易行为迁移到互联网上，才能实现"在线化"；只有"在线"才能形成"活的"数据，随时被调用和挖掘。在线化的数据流动性最强，不会像以往那样仅仅封闭在某个部门或企业内部。在线数据随时可以在产业上下游、协作主体之间以最低的成本流动和交换。数据只有流动起来，其价值才得以最大限度地发挥出来。

"互联网＋"有六大特征，分别如下。

（1）跨界融合。"＋"就是跨界，就是变革，就是开放，就是重塑融合。敢于跨界了，创新的基础才会更坚实；融合协同了，群体智能才会实现，从研发到产业化的路径才会更垂直。融合本身也指身份的融合，客户消费转化为投资，客户作为伙伴参与创新等，不一而足。

（2）创新驱动。是指那些从个人的创造力、技能和天分中获取发展动力的企业，以及那些通过对知识产权的开发可创造潜在财富和就业机会的活动。也就是说经济增长主要依靠科学技术的创新带来的效益来实现集约的增长方式，用技术变革提高生产要素的产出率。中国的资源驱动型增长方式早就难以为继，必须转变到创新驱动发展这条正确的道路上来。这正是互联网的特质，用所谓的互联网思维来求变、自我革命，也更能发挥创新的力量。

（3）重塑结构。是指改变原有的组织结构。腾讯公司董事会主席兼首席执行官马化腾说，过去很多行业是分很多层次和阶段的，有了移动互联网，就可以转化为以人为本，以人为中心，一切需求都是以个体需求在网上延伸、辐射到制造业、服务产业以及各行各业。他认为，包括通信、金融在内，有了移动互联网技术，就可以把很多原有的产业中不合理的因素，如信息不对称、不够透明等排除掉，通过互联网重塑生产力和生产关系之间的关系。信息革命、全球化和互联网业已打破了原有的社会结构、经济结构、地缘结构和文化结构。权力、议事规则和话语权不断在发生变化。"互联网＋"社会治理及虚拟社会治理会是很大的不同。

（4）尊重人性。人性的光辉是推动科技进步、经济增长、社会进步和文化繁荣的最根本的力量，互联网的力量强大的根本也来源于对人性最大限度的尊重、对人体验的敬畏，以及对人的创造性发挥的重视。例如用户原创内容（UGC）、卷入式营销和分享经济等。

（5）开放生态。关于"互联网＋"，生态是非常重要的特征，而生态本身就是开放的。要推进"互联网＋"，其中一个重要的方向就是要把过去制约创新的环节化解掉，把孤岛式创新连接起来，让研发由人性决定的市场驱动，让创业并努力者有机会实现价值。

（6）连接一切。连接是有层次的，可连接性是有差异的，连接的价值是相差很大的，但是连接一切是"互联网＋"的目标。

1.1.2　计算机网络的应用

21世纪的重要特征就是数据化、数字化、网络化和信息化，它是一个以网络为核心的信息时代。信息网络是指"三网"，即电信网络、有线电视网络和计算机网络。其中，发展最快并起到核心作用的是计算机网络。Web 2.0、电子商务、云计算、物联网和大数据技术等都是建立在计算机网络基础上的。计算机网络为信息交流与资源共享带来了前所未有的巨大变化，计算机网络的应用改变了人们的工作方式和生活方式，促进了全球信息产业的发展。计算机网络的应用包括以下几个方面。

（1）服务于公众的网络——商业运营网络

在商业运营网络中，主要有 E-Commerce（电子商务）、WWW 服务、个人间通信和交互式娱乐等应用。下面简单介绍下 WWW 服务和个人间通信。

1）WWW 服务。用户可以通过 Internet 提供的 WWW 服务获取各类信息，包括政府、教育、科学、文化、体育和艺术等各个方面的信息，甚至各类商业广告，所有能想到的信息都能通过 www 服务得到。

2）个人间通信。Internet 为用户提供了各种通信服务，如电子邮件（E-mail）、电子公告板（BBS）和聊天系统（QQ）等。目前，越来越多的用户通过电子邮件来收发信件，初期的电子邮件只能用来传送文本信息，现在已经可以传输语音、图像等多媒体信息。BBS 可以向网上用户提供极其丰富的信息资源，每个 BBS 站点的信息随时都处于不断更新中。另外，BBS 具有很强的实时交互操作功能，能够提供强大的站上实时交谈和交互游戏的功能。

（2）用于企业（校园、机构）的网络——专用网络

在专用网络中，主要有办公系统、证券及期货交易、远程交换、校园网、远程教育和视频会议等应用。下面简单介绍一下办公自动化和远程教育。

1）办公自动化 OA（Office Automation）。办公自动化（Office Automation，OA）是利用先进的科学技术，使部分办公业务活动物化于人以外的各种现代化办公设备中，由人与技术设备构成服务于某种办公业务目的的人—机信息处理系统。

计算机的诞生和发展促进了人类社会的进步和繁荣，作为信息科学的载体和核心，计算机科学在知识经济时代扮了重要的角色。在行政机关、企事业单位工作中，通过采用 Internet/Intranet 技术，基于工作流的概念，以计算机为中心，采用一系列现代化的办公设备和先进的通信技术，广泛、全面、迅速地收集、整理、加工、存储和使用信息。这种方式使企业内部人员方便快捷地共享信息，高效地协同工作，改变了过去复杂、低效的手工办公方式，达到了提高办公效率的目的。一个企业实现办公自动化的程度也是衡量其实现现代化管理的标准。

2）远程教育（Distance Education）。远程教育是一种利用在线服务系统，开展学历或非学历教育的全新的教学模式。远程教育几乎可以提供大学中所有的课程，学员们通过远程教育同样可得到正规大学从学士到博士的所有学位。这种教育方式对于已从事工作而仍想完成高学位的人士特别有吸引力。远程教育的基础设施是电子大学网络 EUN（Electronic University Network）。EUN 的主要作用是向学员提供课程软件及主机系统的使用，支持学员完成在线课程，并负责行政管理、协同工作等。

随着互联网的不断普及和技术的不断发展，远程教育也出现了许多新模式，例如在线考试系统、微课、慕课等。尤其是慕课，是远程教育的"革命性"变革。

慕课（Massive Open Online Courses，MOOC）是大型开放式网络课程平台，它将精心制作的名师教学视频公开于平台上，供大家学习。慕课自 2000 年出现，自 2012 年开始了井喷式发展。慕课通过信息技术与网络技术将优质教育资源传送到世界各个角落，不仅提供优质资源，还提供完整的学习体验，展示了与现行高等教育体制结合的种种可能。它的出现被喻为教育史上"一场海啸""一次教育风暴""500 年来高等教育领域最为深刻的技术变革"。美国高校先后推出 Coursera、edX 和 Udicity 三大慕课平台，吸引世界众多知名大学纷纷加盟，向全球学习者开放优质在线教育资源与服务。我国多所"985"知名高校也已加盟以上

慕课平台，与哈佛、斯坦福、耶鲁、麻省理工等世界一流大学共建全球在线课程网络。

慕课具有以下特点：

- 规模大——慕课规模大的特征体现在大规模参与、大规模交互和海量学习数据三个方面。首先，大规模参与是指课程参与学习的人数多，同时参与课程学习的学习者数量可以达到数万人甚至数十万人。其次，大规模交互是指课程研讨同时有数千、数万人参与，当学习者提出问题，数百人从问题的不同角度与其交流讨论。最后，学习者大规模地参与和交互使得课程产生海量的学习数据，慕课平台利用数据挖掘、人工智能和自然语言处理等技术，多维度和深层次分析海量学习行为数据，发现课程学习的特征和规律，动态调整学习引导策略和学习支持服务。

- 开放性——开放性是互联网与生俱来的特性，慕课的开放性扩展了互联网的开放性，具有四个层次的开放特征。一是课程学习的时空自由，慕课学习不受时间和空间限制，学习者利用移动学习终端在任何时间和任何地点均可参与课程学习，摆脱了传统物理教室的时空限制。二是面向全球的学习者免费开放，除学习者申请课程证书需缴纳一定费用外，其数据、资源、内容和服务向全球的学习者免费开放，学习者能够无障碍地访问课程资源，自由获取信息和知识。三是课程系统开放的信息流，学习者和教学者利用网络学习工具与慕课学习环境的外界保持信息交互，将专业领域中最新的知识自由地整合为课程内容，同时把课程知识应用于实践问题解决。四是课程学习中权威的消失，学习者利用社交媒体与同伴和教学者自由地展开互动与交流，学习者负责媒体语境下的自身知识建构，达到真正的学术和言论自由。

- 网络化——慕课的网络化特征体现在学习环境网络、个体学习网络和课程知识网络三个维度。在学习环境网络维度，慕课的学习资源通过互联网空间生成和传播，慕课的教与学活动利用各种网络学习支持工具在互联网络空间中实施。在个体学习网络维度，参与慕课学习是学习者个体构建个体内部知识网络和外部生态网络的过程，学习者利用同化和顺应两种认知机制更新大脑中的知识网络，同时利用社交媒体工具构建个体的社交网络和知识生态网络。在课程知识网络维度，慕课是一个分布式知识库系统，其内部存在一个以学习者、教学者、社交媒体、学习资源和人工制品等为结点的相互交织的知识网络，知识以片段形式散布于该网络的各个结点中。

- 个性化——与传统课程学习相比，慕课更能充分实现学习者的个性化学习。首先，学习者自选学习内容和自定学习步调。学习者根据学习兴趣和学习需要选修课程和确定课程学习的路径，根据自己的知识基础自定课程学习的步骤。

1.2 计算机网络的定义与功能

1.2.1 计算机网络的定义

在计算机网络发展过程的不同阶段，人们对计算机网络提出了不同的定义。这些定义可以分为 3 类：广义的观点、资源共享的观点和用户透明性的观点。广义的观点定义的是计算机通信网络，而用户透明性的观点定义的是分布式计算机系统，从目前计算机网络的特点来看，资源共享观点更能比较准确地描述计算机网络的基本特征：计算机网络是用通信线路将分散在不同地点并具有独立功能（自治）的多台计算机系统互相连接，按照网络协议进行数据通信，实现资源共享和数据通信的系统。

1.2.2 计算机网络的组成

计算机网络的组成如图 1-3 所示。从功能上，计算机网络分为资源子网和通信子网两部分。

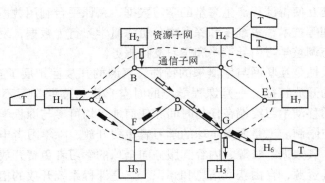

H ——主计算机，T ——终端，A、B、C、E、F、G ——结点机(通信处理机)

图 1-3 计算机网络组成

资源子网：包括拥有资源的用户主机和请求资源的用户终端、通信子网接口设备和软件等，提供访问网络和处理数据能力。

通信子网：提供网络通信功能，完成主机间数据传输、交换、控制和变换等通信任务。分交换和传输两部分。

从硬件上讲，分为网络硬件和网络软件两个部分：

（1）网络硬件

网络硬件主要包括服务器、数据/模拟信号转换器、终端、路由器、通信链路、通信子网和资源子网等。

服务器是提供计算服务的设备。服务器的构成包括处理器、硬盘、内存和系统总线等，由于需要提供高可靠的服务，因此在处理能力、稳定性、可靠性、安全性、可扩展性及可管理性等方面要求较高。在网络环境下，根据服务器提供的服务类型不同，分为文件服务器、数据库服务器、应用程序服务器和 Web 服务器等。

终端是用户访问网络的设备。终端可以是简单的输入/输出终端，也可以是带有微处理机的智能终端。智能终端除了具有输入与输出功能外，还具有存储与处理信息的能力。终端可以通过主机接入网络中，也可以通过终端控制器、报文分组拆分与组装设备或通信控制处理机接入网络中。

路由器（Router）是连接网络中各局域网和广域网的设备。路由器具有判断网络地址和选择 IP 路径的功能，它能在多网络互连环境中，建立灵活的连接，可用完全不同的数据分组和介质访问方法连接各种子网，路由器只接收源站或其他路由器的信息，属于网络层的一种互连设备。

（2）网络软件

网络软件是负责实现数据在网络硬件之间通过传输介质进行传输的软件系统。主要包括网络操作系统、网络传输协议、网络管理软件、网络服务软件和网络应用软件等。

网络操作系统是指在计算机或其他网络硬件上安装的，用于管理本地和网络资源，以及它们之间相互通信的操作系统。网络操作系统除了应具有处理机管理、存储器管理、设备管理和文件管理功能外，还需要提供网络通信与资源共享等功能。如文件转输服务功能、电子邮件服务功能、远程打印服务功能、网络管理功能和数据库服务等功能。

1.2.3　计算机网络的功能

计算机网络是计算机技术和通信技术紧密结合的产物。它不仅使计算机的作用范围超越了地理位置的限制，而且也大大加强了计算机本身的能力。计算机网络具有单个计算机所不具备的以下主要功能：资源共享、网络通信、分布式网络处理、均衡负荷、相互协作、提高系统的可靠性和可用性。在这里我们主要介绍前两个基本功能。

1. 资源共享

资源包括硬件、软件和数据。硬件资源包括各种处理器、存储设备和输入/输出设备等；数据包括用户文件、配置文件和数据文件等；软件包括操作系统、应用软件和驱动程序等。共享计算机网络提供的这些资源是计算机网络组网的目标之一。"共享"是指计算机网络中的用户都能够部分或全部地享受这些资源。例如，某些地区或单位的数据库（如飞机机票、饭店客房等）可供全网使用；某些单位设计的软件可供需要的地方有偿调用；一些外部设备（如打印机）可面向用户，使不具有这些设备的地方也能使用这些硬件设备。通过共享使资源发挥最大的作用，同时节省成本，提高效率。

2. 网络通信

网络通信是计算机网络最基本的功能。计算机网络通过通信线路可以及时、迅速地传递计算机与终端、计算机与计算机之间各种类型的信息，包括数据信息和图形、图像、声音、视频流等各种多媒体信息。典型的应用有 E-mail（电子邮件）、视频会议、VOD（视频点播）、IP 电话和 EDI（电子数据交换）等。利用这一功能，可实现将分散在各个地区的单位或部门用计算机网络联系起来，进行统一的调配、控制和管理。例如，用户可以在网上传送电子邮件、交换数据，可以实现在商业部门或公司之间安全准确地交换订单、发票等商业文件。

1.3　计算机网络拓扑结构与分类

1.3.1　计算机网络拓扑结构

拓扑学将实体抽象成与其大小、形状无关的点，将连接实体的线路抽象成线，进而研究点、线、面之间的关系。网络拓扑通过网中结点与通信线路之间的几何关系表示网络结构，反映网络中各实体之间的结构关系。计算机网络就是由一组结点和链路组成的，网络结点和链路的几何图形就是网络拓扑结构。

- 结点：通常将网络单元定义为结点。网络中的结点分为端结点和转接结点。端结点是指通信的源和宿结点，也称为访问结点，如用户主机、用户终端等。转接结点是指网络通信过程中起控制和转发信息作用的结点，如交换机、路由器和通信处理机等。

● 链路：指两个结点间的连线。

网络拓扑主要是指通信子网的拓扑构型，拓扑设计对网络性能、系统可靠性与通信费用都有重大影响。计算机网络拓扑结构主要有总线型、星形、环形、树形和网状型等。

1. 总线型

如图 1-4 所示，总线拓扑结构采用一个信道作为传输媒体，所有站点都通过相应的硬件接口直接连到这一公共传输媒体上，该公共传输媒体即称为总线。任何一个结点发送的信号都沿着传输媒体传播，而且能被所有其他站所接收。

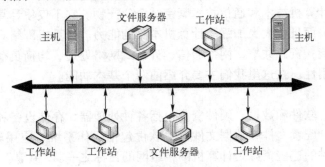

图 1-4　总线型拓扑结构

因为所有结点共享一条公用的传输信道，所以一次只能由一个设备传输信号。通常采用分布式控制策略来确定哪个结点可以发送。发送时，发送结点将报文分成分组，然后逐个依次发送这些分组，有时还要与其他结点分组交替地在媒体上传输。当分组经过各结点时，其中的目的结点会识别到分组所携带的目的地址，然后复制下这些分组的内容。

总线拓扑结构的特点如下：

1）总线结构所需要的电缆数量少，线缆长度短，易于布线和维护。

2）总线结构简单，又是无源工作，有较高的可靠性。传输速率高，通常 1 ～ 100 Mbit/s。

3）易于扩充，增加或减少用户比较方便，结构简单，组网容易，网络扩展方便。

4）多个结点共用一条传输信道，信道利用率高。

5）总线的传输距离有限，通信范围受到限制。

6）故障诊断和隔离较困难。

2. 星形

如图 1-5 所示，星形拓扑是由中央结点和通过点到点通信链路接到中央结点的各个结点组成。中央结点执行集中式通信控制策略，因此中央结点相当复杂，而各个结点的通信处理负担都很小。星形网采用的交换方式有电路交换和报文交换，尤以电路交换更为普遍。这种结构一旦建立了通道连接，就可以无延迟地在连通的两个站点之间传送数据。

星形拓扑结构的特点如下：

1）结构简单，连接方便，管理和维护都相对容易，而

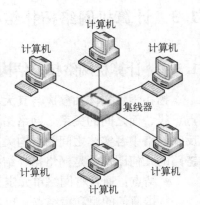

图 1-5　星形拓扑结构

且扩展性强。

2）网络延迟时间较小，传输误差低。

3）在同一网段内支持多种传输介质，除非中央结点故障，否则网络不会轻易瘫痪。

4）每个结点直接连到中央结点，故障容易检测和隔离，可以很方便地排除有故障的结点。

5）安装和维护的费用较高。

6）一条通信线路只被该线路上的中央结点和边缘结点使用，通信线路利用率不高。

7）对中央结点要求高，一旦中央结点出现故障，则整个网络将瘫痪。

3. 环形

如图1-6所示，环形拓扑中各结点通过环路接口连在一条首尾相连的闭合环形通信线路中，环路上任何结点均可以请求发送信息。请求一旦被批准，便可以向环路发送信息。环形网中的数据可以是单向也可是双向传输。由于环线公用，一个结点发出的信息必须穿越环中所有的环路接口，信息流中目的地址与环上某结点地址相符时，信息被该结点的环路接口所接收，而后信息继续流向下一环路接口，一直流回到发送该信息的环路接口结点为止。

环形拓扑的优点如下：

1）电缆长度短。环形拓扑网络所需的电缆长度和总线拓扑网络相似，但比星形拓扑网络要短得多。

2）增加或减少工作结点时，仅需简单的连接操作。

3）可使用光纤。光纤的传输速率很高，十分适合于环形拓扑的单方向传输。

4）结点的故障会引起全网故障。这是因为环上的数据传输要通过接在环上的每一个结点，一旦环中某一结点发生故障就会引起全网的故障。

5）故障检测困难。这与总线拓扑相似，因为不是集中控制，故障检测需在网上各个结点进行，因此就不很容易。

4. 树形

如图1-7所示，星形网的分层连接构成了树形网络结构，像一棵倒置的树，顶端是树根，树根一下是分支，每个分支还可以有分支。树根接收各站点发送的数据，然后再广播发送到全网。树形拓扑结构是当前网络系统中最常见的一种结构。近年来的一些较大型的局域网、园区网、校园网都采用树形结构。

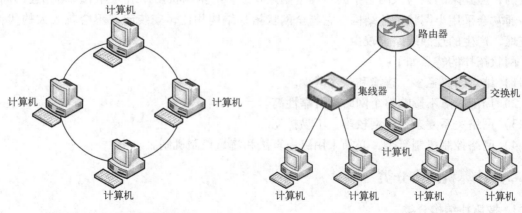

图1-6 环形拓扑结构　　　　　　　　图1-7 树形拓扑结构

树形拓扑的特点如下：

1）易于扩展。这种结构可以延伸出很多分支和子分支，这些新结点和新分支都能容易地加入网内。

2）故障隔离较容易。如果某一分支的结点或线路发生故障，很容易将故障分支与整个系统隔离开来。

3）各个结点对根的依赖性太大，如果根发生故障，则全网不能正常工作。从这一点来看，树形拓扑结构的可靠性有点类似于星形拓扑结构。

5. 网状

网状拓扑结构如图1-8所示。网状拓扑结构有两种类型，即全网状拓扑结构和半网状拓扑结构。

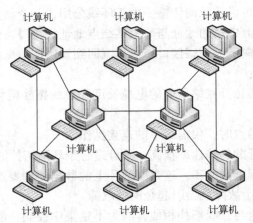

图1-8 网状拓扑结构

在全网状拓扑结构中，每个结点与网络中任何其他结点间都有一根线路相连。安装全网状拓扑结构网络的代价是非常高的，但却能产生数量极多的迂回路径，因此如果哪些结点中有某个发生了故障，网络通信仍然能够被传送到任何其他的结点。全网状拓扑结构网络通常被用作骨干网络。在半网状拓扑结构网络中，有些结点是以全网状拓扑结构网络的方案进行连接的，但其余的只与该网络中的一两个结点相连。与全网状拓扑结构骨干网络相连的周边网络通常会采用半网状拓扑结构。它与全网状拓扑结构相比，安装起来不会花太大的代价，相应地，产生的迂回线路也较少。

网状拓扑的特点如下：

1）结点间路径多，碰撞和阻塞减少。

2）局部故障不影响整个网络，可靠性高。

3）网络关系复杂，建网较难，不易扩充。

4）网络控制机制复杂，必须采用路由算法和流量控制机制。

1.3.2 计算机网络分类

1. 按拓扑结构分类

计算机网络按拓扑结构分为星形网、树形网、总线网、环形网和网状网等。

2. 按作用范围分类

计算机网络按作用范围分为局域网（LAN）、城域网（MAN）和广域网。

- LAN 是指在一个有限的地理范围内（几十 m 到几十 km 以内）将计算机、网络互联设备和外围设备连接在一起的网络系统。LAN 技术是专为短距离通信设计的，具有距离短、网络传输速率高、延迟小和传输可靠的优点。
- MAN 的覆盖范围介于局域网和广域网之间，一般使用与 LAN 相似的技术，MAN 可以说是一种大型的 LAN。
- 广域网是将分布在各地的局域网连接起来的网络，地理范围非常大，其目的是让分布较远的不同网络进行互连，Internet 是广域网的一种。

城域网（Metropolitan Area Network，MAN）是在一个城市范围内所建立的计算机通信网，简称 MAN。属宽带局域网。由于采用具有有源交换元件的局域网技术，网中传输时延较小，它的传输媒介主要采用光缆，传输速率在 100 Mbit/s 以上。

MAN 的一个重要用途是用作骨干网，通过它将位于同一城市内不同地点的主机、数据库，以及 LAN 等互相联接起来，这与 WAN 的作用有相似之处，但两者在实现方法与性能上有很大差别。

MAN 基本上是基于一种大型的 LAN，通常使用与 LAN 相似的技术，将其单独列出的一个主要原因是已经有了一个标准：分布式队列双总线（Distributed Queue Dual Bus，DQDB），即 IEEE802.6。DQDB 是由双总线构成，所有的计算机都连结在上面。

3. 按信息传播方式分类

计算机网络按传播方式分为点对点传播和广播式传播。

- 点对点传播。点对点网络中的每条线路连接一对计算机。假如两台计算机之间没有线路直接连接，则它们之间的传输就要通过中间结点转发。由于连接多台计算机之间的线路结构可能很复杂，因此从源结点到目标结点可能存在多条路由，需要使用路由选择算法来决定分组从源结点到目标结点的路径。
- 广播式传播。当一台计算机利用共享通信信道发送报文分组时，所有其他计算机都会接收到这个分组信息。由于分组中带有目标地址与源地址，计算机将检查目标地址是否是与本地地址相同。如果分组的目标地址与本地地址相同，则接收该分组，反之，则丢弃该分组。在广播式网络中，所有联网计算机共享一个公共通信信道。

4. 按网络的使用者分类

计算机网络按使用范围可分为公用网和专用网。

- 公用网一般是指由国家的电信部门建造的网络。公用是指所有愿意按电信部门规定缴纳费用的人都可以使用，因此公用网也称公众网。
- 专用网是指某个部门根据本系统的特殊业务工作需要而建造的网络。这种网络不向本系统以外的人提供服务。例如军队、铁路电力等系统均属于专用网。

5. 按通信介质分类

计算机网络按通信介质分为有线网络和无线网络。

- 有线网络是指采用同轴电缆、双绞线和光纤等有线介质连接的计算机网络。
- 无线网络采用微波、红外线和无线电灯电磁波作为传输介质，由于采用的联网方式灵活方便，因此是一种很有前途的组网方式。

1.3.3 计算机网络传输介质

传输介质是网络中连接收发双方的物理通路，也是通信中实际传送信息的载体。网络中常用的传输介质有双绞线、同轴电缆、光缆、无线电与卫星通信信道。

1. 双绞线

双绞线由两条相互绝缘的铜线组成，其典型粗细约为 1 mm，两条线像螺纹一样绞在一起。双绞线分为屏蔽双绞线（Shielded Twisted Pair，STP）和非屏蔽双绞线（Unshielded Twisted Pair，UTP）两种，如图 1-9 所示。

图 1-9　屏蔽双绞线和非屏蔽双绞线

双绞线的传输距离一般为 100 m，既可传输模拟信号，也可传输数字信号。

非屏蔽双绞线（UTP）由粗约 1 mm 的互相绝缘的一对铜线扭在一起，如图 1-10 所示，采用这种均匀扭起来的结构是为了减少对相邻导线的电磁干扰。非屏蔽双绞线的抗干扰能力较差，误码率高达 $10^{-5} \sim 10^{-6}$，国际电气工业协会 EIA 为非屏蔽双绞线定义了 5 种质量级别（从一类线到五类线），计算机网络常用的是第三类线和第五类线。对第三类线，当传输速率为 10 Mbit/s 时，传输距离可达 150 m。第五类线利用增加缠绕密度、高质量绝缘材料，极大地改善了传输媒体的性质，可用于高速网络。近年来，随着新技术的出现，已使非屏蔽双绞线可在 100 m 内使数据传输率达到 100 Mbit/s。超五类非屏蔽双绞线是在对现有五类屏蔽双绞线的部分性能加以改善后出现的电缆，不少性能参数，如近端串扰、衰减串扰比，回波损耗等都有所提高，但其传输带宽仍为 100 MHz。

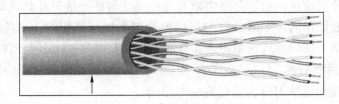

图 1-10　非屏蔽双绞线

屏蔽双绞线（STP）是在双绞线的外面再加上一个用金属丝编织成的屏蔽层，其余均与非屏蔽双绞线相同，如图 1-11 所示。屏蔽双绞线的误码率明显下降，约为 $10^{-6} \sim 10^{-8}$，而且可以支持较远距离的数据传输并有较多的网络结点，有较高的传输速率，100 m 内可达 500 Mbit/s，但是通常使用的传输速率都不超过 155 Mbit/s。

2. 同轴电缆

同轴电缆（Coaxial Cable）由一根内导体铜质芯线外加绝缘层、密集网状编织导电金属

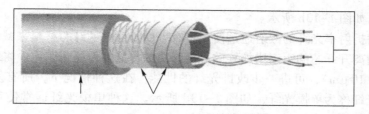

图 1-11 屏蔽双绞线

屏蔽层及外包装保护塑料材料组成，其结构如图 1-12 所示。同轴电缆的特点是高带宽和良好的噪声抑制性。同轴电缆的带宽取决于电缆长度，1 km 的电缆可以达到 1 ~ 2 bit/s 的数据传输速率。按特性阻抗数值的不同，可将同轴电缆分为 50 Ω 基带同轴电缆和 75 Ω 宽带同轴电缆。

图 1-12 同轴电缆

50 Ω 基带同轴电缆可分为两类：粗缆和细缆。粗缆用于 10 Base-5 以太网，最大传输距离为 500 m，最大网络干线电缆长度为 2500 m（同轴电缆的总线局域网要符合 5 - 4 - 3 规则，5 个网段，就是一根同轴线最长 500 m，中间可接 4 个中继设备把这 5 段线联起来，这个 5 个网段只有 3 个可以接终端。因此这个干线就是 500 m 长的一根同轴电缆，2500 是 500×5 的结果），每条干线段支持的最大结点数为 100 个，收发器（信号转换的一种装置，通常是指光纤收发器，将双绞线电信号和光信号进行相互转换，确保了数据包在两个网络间顺畅传输，同时它将网络的传输距离极限从铜线的 100 m 扩展到 100 km）之间的最小距离为 1.5 m，收发器电缆的最大长度为 50 m。细缆用于 10 Base-2 以太网，最大干线段长度为 185 m，最大网络干线电缆长度为 925 m，每条干线段支持的最大结点数为 30 个，BNC 型和 T 型连接器之间的最小距离为 0.5 m。

3. 光纤

光纤是新一代的传输介质，与铜质介质相比，光纤具有一些明显的优势。因为光纤不会向外界辐射电子信号，所以使用光纤介质的网络无论是在安全性、可靠性，还是在传输速率等网络性能方面都有很大的提高。

光纤由单根玻璃光纤、紧靠纤芯的包层和塑料保护涂层组成，如图 1-13a 所示。为使用光纤传输信号，光纤两端必须配有光发射机和接收机，光发射机执行从电信号到光信号的转换。实现电光转换的通常是发光二极管（LED）或注入式激光二极管（ILD），实现光电转换的通常是光电二极管或光电三极管。

根据光在光纤中的传播方式，分为多模光纤和单模光纤。多模光纤纤芯直径较大，为 61.5 μm 或 50 μm，包层外径通常为 125 μm。单模光纤纤芯直径较小，一般为 9 ~ 10 μm，包层外径通常也为 125 μm。多模光纤又根据其包层的折射率进一步分为突变型折射率和渐变型折射率。以突变型折射率光纤作为传输媒介时，发光管以小于临界角发射的所有光都在光缆包层界面进行反射，并通过多次内部反射沿纤芯传播。这种类型的光缆主要适用于适度比特率的场合，如图 1-13b 所示。

多模渐变型折射率光纤的散射通过使用具有可变折射率的纤芯材料来减小，如图 1-13c 所示。折射率随离开纤芯的距离增加导致光沿纤芯的传播好像是正弦波。将纤芯直径减小到一种波长（3～10 μm），可进一步改进光纤的性能，在这种情况下，所有发射的光都沿直线传播，这种光纤称为单模光纤，如图 1-13d 所示。这种单模光纤通常使用 ILD 作为发光元件，可传输的数据速率为每秒数千兆比特。

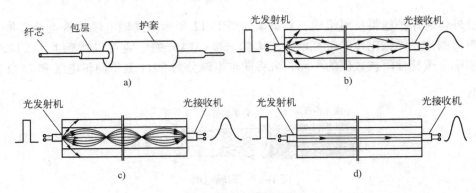

图 1-13　光纤示意图

a）光纤示意图　b）多模突变型折射率　c）多模渐变型折射率　d）单模光纤

光纤是一种细小、柔韧并能传输光信号的介质，一根光缆中包含多条光纤。在光纤上用有光脉冲信号来表示 1，用没有光脉冲信号来表示 0。

光纤的薄层比纤芯的折射率低，光线从高折射率媒介射向低折射率媒介时，折射角将大于入射角。随着入射角的增大，折射角也会增大。

4. 无线传输媒体

有线传输不仅需要铺设传输线路，而且连接到网络上的设备也不能随意移动。反之，若采用无线传输媒体，则不需要铺设传输线路，允许终端设备在一定的范围内移动，非常适合那些难于铺设传输线路的边远山区和沿海岛屿，这也为大量的便携式计算机入网提供了条件。目前常用的无线传输有微波、红外线和激光。

微波通信是使用微波作为载波信号，用被传输的模拟信号或数字信号来调制它，采用无线通信。微波通信在无线数据通信中占有重要地位，主要有两种方式，即地面微波接力通信和卫星通信。

红外线通信是利用红外线传输信号，在发送端设有红外线发送器，接收端设有红外线接收器，红外线无线传输可以进行点对点通信，也可以进行广播式通信，但这种传输技术要求通信结点之间必须在直线视距之内，中间不允许有障碍物，红外线传输技术具有很强的方向性，很难窃听、插入和干扰，但是其数据传输率相对较低。

激光通信是利用激光束来传输信号，即将激光束调制成光脉冲。激光通信与红外通信一样是全数字的，不能传输模拟信号，多用于短距离的传输。其优点是带宽更高、方向性好、保密性能好；缺点是易受环境的影响。

1.4　计算机网络的性能

1.4.1　计算机网络的性能指标

1. 速率

大家知道，计算机发送的信号都是数字形式的。比特（bit）是计算机中数据量的单位，也是信息论中使用的信息量单位。bit 是一个"二进制数字"，一个比特就是二进制数字中的一个 1 或 0。网络技术中的速率即数据率（data rate）或比特率（bit rate），指连接在计算机网络上的主机在数字信道上传送数据的速率，即每秒钟传送的二进制位数，是计算机网络中最重要的一个性能指标。速率的单位有 bit/s、kbit/s、Mbit/s 和 Gbit/s 等，速率往往是指额定速率或标称速率。

2. 带宽

带宽（Bandwidth）有两种定义，一种是以赫兹（Hz）为单位的模拟信道的带宽，另一种是以位每秒（bit/s）为单位的数字信道的带宽。带宽受物质与能量的物理性质的限制，任何物理传输系统（有线信道、无线信道）的带宽都是有限的。

带宽本来是指某个信号具有的频带宽度，带宽的单位为赫兹（Hz），或千赫（kHz）、兆赫（MHz）。在通信线路上传输模拟信号时，将通信线路允许通过的信号频带范围称为线路的带宽（或通频带）。

在通信线路上传输数字信号时，带宽就等同于数字信道所能传送的"最高数据率"。数字信道传送数字信号的速率称为数据率或比特率，因此，网络或链路的带宽单位就是比特每秒（bit/s），即通信线路每秒钟所能传送的比特数。如以太网的带宽为 10 Mbit/s，意味着每秒钟能传送 1 千万个比特。目前以太网的带宽有 10 Mbit/s、100 Mbit/s、1000 Mbit/s 和 10 Gbit/s 等几种类型。

3. 时延

时延（Delay）是指数据包（PDU）从网络发送端传输到接收端所需的时间，以秒（S）为计量单位。总时延由传播时延、传输时延、处理时延、排队时延和重发时延组成。

4. 吞吐量

吞吐量（Throughput）是指网络传输数据的速率，即单位时间内通过网络中给定结点的平均比特数，以位每秒（bit/s）为单位。带宽规定了网络吞吐量的上限。时延与吞吐量是相关的，时延与吞吐量的乘积也称为时延带宽乘积，表示网络中可以容纳的数据量。

5. 利用率

利用率有信道利用率和网络利用率两种。信道利用率是指某信道有百分之几的时间是被利用的。网络利用率是指网络信道利用率的加权平均值。信道利用率并非越高越好，这是因为，根据排队理论，当某信道的利用率增大时，该信道引起的时延也就增加了。和高速公路的情况类似，当高速公路的车流量很大时，由于某些地方会出现堵塞，因此行车的时间就会增加。

当网络的通信量很少时，网络产生的时延并不大，但是当网络的通信量很大时，由于分组的网络结点进行处理时需要排队等候，因此网络的时延就会大大增加。

6. 时延带宽积

时延带宽积是指传播时延与带宽的乘积，即时延带宽积＝传播时延×带宽。

这一概念可用一个圆柱形管道来解释。其中，圆柱形管道代表链路，管道的长度为链路的传播时延，而管道的截面积为链路的带宽。因此，时延带宽积就相当于该管道的体积，表示该链路中可以容纳的比特数。

7. 往返时间（RTT）

往返时间表示从发送方发送数据开始，到发送方收到来自接收方的确认（接收方收到数据后便立即发送确认），总共经历的时间。

1.4.2 计算机网络的非性能指标

1. 费用

网络的价格总是要考虑的，因为网络的性能与其价格密切相关。一般说来，网络的速率越高，其价格也越高。

2. 质量

网络的质量影响到很多方面，如网络的可靠性、网络管理的简易性，以及网络的其他一些性能。但是，网络的性能与网络的质量并不是一回事。

3. 标准化

网络的硬件和软件的设计既可以按照通用的国际标准，也可以遵循特定的专用网络标准。最好是采用国际标准设计，这样可以得到更好的互操作性，更易于升级换代和维修，也更易得到技术上的支持。

4. 可靠性

可靠性和网络的质量与性能都有密切的关系。速率更高的网络的可靠性不一定会更差。但速率更高的网络要可靠地运行，则往往更加困难，同时需要的费用也会比较高。

5. 可扩展性和可升级性

在构建网络时就应当考虑到今后可能会需要扩展和升级。网络的性能越高，其扩展费用往往也越高，难度也会相应增加。

6. 易于管理和维护

网络如果没有良好的管理和维护，就很难达到和保持所设计的性能。IT系统通常的观点及系统部署背后的理由都是系统不应该给任何人带来麻烦，并且可以确保业务损失最小化，IT投资收益最大化。简易的软件管理和维护已成为软件行业发展和立足的重要保障。

习 题

1. 什么是 ARPANET？
2. 什么是 Internet，它提供的服务主要有哪些？
3. 中国接入 Internet 的网络有哪些，请写出其中 5 个。
4. 什么是"互联网＋"，互联网"＋"什么，其特点是什么？
5. 简述计算机网络及其特点。

6. 解释下列名词：服务器、终端、路由器、通信子网、资源子网、网络操作系统。

7. 简述计算机网络拓扑结构。

8. 按地域分类，计算机网络分为哪几类？

9. 有线通信介质有哪几种？无线通信介质有哪几种？

10. 解释下列名词：速率、带宽、时延、吞吐量。

11. 简述计算机网络非性能指标。

第 2 章　数据通信基础

学习目标

　　掌握信道及通信系统的基本概念，通信系统的组成，数据通信系统的主要技术指标，统计时分多路复用的原理，电路交换、报文交换、分组交换及这 3 种数据交换技术的比较；理解数据通信模型，数字数据通信同步原理，数字数据的模拟信号编码，模拟数据的数字信号编码，频分多路复用技术，时分多路复用技术；了解通信系统的任务，数据通信方式，数据编码的基本概念，数字数据的数字信号编码，波分多路复用技术。

本章要点

- 数据通信模型
- 信道及通信系统
- 数据交换技术
- 数据编码技术
- 统计时分多路复用

2.1　数据通信的基本概念

　　数据通信是计算机网络技术发展的基础，主要探讨对计算机中的二进制数据进行传输、交换和处理的理论、方法及实现技术。本节主要阐述数据通信的基本概念，系统地介绍数据通信系统的模型、信道及通信系统的基本概念、数据通信方式、数字数据通信同步的原理，以及通信系统的主要技术指标。

2.1.1　数据通信模型

1. 数据通信系统的模型

　　数据通信是指信源（发送信息的一方）和信宿（接收数据的一方）中信号的形式均为数字信号的通信方式。因此，一般将"数据通信"定义为：在不同的计算机和数字设备之间传送二进制代码 0、1 对应的比特位信号的过程。这些二进制信号表示了信息中的各种字母、数字、符号和控制信息。计算机网络中的数据传输系统大多是"数据通信"系统。数据通信系统的基本模型如图 2-1 所示。

　　数据通信系统包括信源系统、传输系统和信宿系统。通信系统产生和发送信息的一端称为信源系统（源系统），接收信息的一端称为信宿系统（目的系统）。在图 2-1 所示的数据通信系统模型中，发送数据的信源设备和接收数据的信宿设备都是计算机。

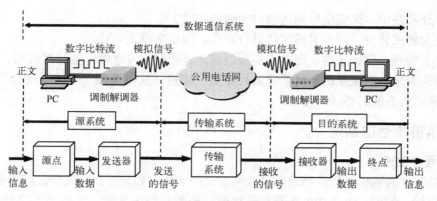

图 2-1 数据通信系统的基本模型

（1）信源系统

信源系统由源点和发送器组成。源点又称"信源"，是信息的发送端（发送方）。当发送实体为用户（人），信源设备为计算机时，人可以通过 PC 发送 E-mail 信息。发送器通常是信号的转换与发送设备，如 Modem 将 PC 发送的二进制信号转化为适于在公用电话网上传输的信号，并发送到与公用电话网连接的传输介质中。

（2）信宿系统

信宿系统由终点和接收器组成。终点又称"信宿"，是信息的接收端（接收方）。当接收实体为用户（人），信宿设备为计算机时，用户通过 PC 接收 E-mail 信息。接收器通常是信号的转换与发送设备，如 Modem 从电话线上接收模拟信号，并将其转换为计算机可以接收的数字信号。

（3）传输系统

信源与信宿通过通信线路进行数据通信，在数据通信系统中，也将通信线路称为信道。传输系统既可以是简单的物理通信线路，如电缆、双绞线和光缆等，也可以是由中继器、多路复用器、集线器、交换机和路由器等网络设备构成的复杂网络传输系统。

2. 通信系统的任务

通信系统的主要任务包括以下内容。

1）保障传输系统利用率。通常传输系统中的传输设备被很多用户所共享，为了提高传输系统的利用率，需要有效地分配传输介质的容量，协调传输服务的要求，以免发生系统过载。

2）接口管理。为了实现数据通信，信源与信宿设备必须与传输系统相结合，使产生的信号能满足传输系统的传输要求，并且在接收端能对数据进行接收和解释。

3）实现同步。传输系统和接收设备之间，发送器和接收器之间都需要同步，接收器必须确定何时信号开始，何时信号结束，以及每个信号的间距。

4）数据交换。在多个终端设备之间，为任意两个终端设备通过中间结点建立数据通信临时互连通路，以实现数据通信。这些中间结点提供一种交换设备，将数据从一个结点转接到另一个结点，直到目的终端。

5）差错检测、校正和恢复。对通信过程中产生的差错进行检测和校正，并且需要通过流量控制功能防止接收器来不及接收信号。当通信系统发生中断时，需要对系统进行恢复。

6）寻址和路由。决定信号到达的目的地的路径。

7）报文格式转换。两个对话实体进行协商，使报文格式一致。

8）安全管理。保证正确、完整、不被泄露地将数据从发送端传输至接收端。

9）网络管理。对复杂的通信系统进行配置、监控、故障处理、性能和安全等方面的管理，以保障通信系统的高效运行。

2.1.2 信道及通信系统

1. 信号与信道

数据被定义为载荷信息的物理符号或有意义的实体，如果数据在某个区间取值连续，则称为模拟数据，例如，电流和电压都是连续值；若数据取值离散，则称为数字数据，例如，二进制数字序列。

信号是数据的电磁波或电编码，是数据的具体表现形式，它既与数据有一定的关系，又有区别。信号是数据的具体物理表现，具有确定的物理描述，如气温、湿度等。

要在计算机之间实现通信，需要有传输电磁波信号的电路。这里的电路是指组成电流路径的各种装置的总体，包括线路，可以是有线电路，也可以是无线电路。但是，在许多情况下经常使用"信道"一词。信道是传送电信号的一条道路。从概念上讲，信道和电路并不等同，信道一般用来表示向某一个方向传送信息的媒体，而一条通信电路则往往包括一条发送信道和一条接收信道。因此，一个信道可以看成一条电路的逻辑部件。

从信道传送电信号的形式来看，信号可以分为模拟信号和数字信号两类。

1）模拟信号。信号的取值是连续的，如电压、电流信号等，其波形如图2-2a所示。

2）数字信号。信号的取值是离散的，如计算机通信使用的二进制代码1和0组成的信号，可以直接用高低两种电平来表示，其波形如图2-2b所示。

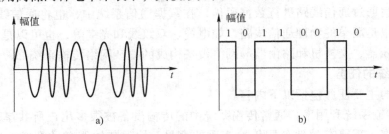

图2-2 模拟信号和数字信号
a）模拟信号波形 b）数字信号波形

信道也可以分为传送模拟信号的模拟信道和传送数字信号的数字信道两类。

1）模拟信道。使用模拟信号传输数据的信道。数字信号在经过数模变换成为模拟信号后，就可以在模拟信道上传送。

2）数字信道。使用数字信号传输数据的信道。模拟信号在经过模数变换成为数字信号后，可以在数字信道上传送。

模拟数据和数字数据都可以用模拟信号和数字信号来表示，也可以在相应的信道上传送。

无论是模拟信号还是数字信号，其在信道上的正常传输都与信号的带宽和信道的带宽有关。

1）信号的带宽。由傅里叶级数可知，一个周期性变化的非正弦信号可以分解为一系列不同振幅、不同频率和不同初相的正弦信号。根据傅里叶积分，一个非周期性信号也可以分解为许多不同频率的正弦信号的叠加。换句话说，不论模拟信号还是数字信号，只要它是非正弦信号，其主要成分都占据一定的频率范围，将信号所占据的频率范围称为信号的带宽。

2）信道的带宽。信道因受电气特性的限制，也有通频带宽。所谓通频带宽，是指信道能够通过的频率范围。也就是说，如果通过的正弦信号的频率在这个范围内，就能顺利通过，否则信号将大大衰减。信道所能传送的频率范围也称为信道的带宽。显然，只有当信道的带宽大于被传送信号的带宽时，信号才能通过该信道进行传输。

2. 传输介质

传输介质是网络连接收发方的物理通路，也是通信中实际传送信息的载体。从传输介质的角度看，数据通信主要有有线通信和无线通信两种方式。有线通信方式的传输介质主要有双绞线、同轴电缆和光纤，无线通信方式的传输介质主要有无线电、微波、红外线和激光。在 1.3.3 计算机网络传输介质一节已有详细介绍。

3. 模拟传输与数字传输

如果信号源发出的是模拟数据，并且以模拟信道传输，则称为模拟通信。如果信号源发出的是模拟数据，而以数字信号的形式进行传输，那么这种通信方式称为数字通信。如果信号源发出的是数字数据，当然也有模拟传输和数字传输两种方式，这时无论用模拟信号传输还是用数字信号传输，都称为数据通信。可见，数据通信是专指信源和信宿中数据的形式是数字的一类通信方式。

模拟数据和数字数据都可以转换为模拟信号或数字信号进行传输，这样就构成了以下 4种情况，如图 2-3 所示。

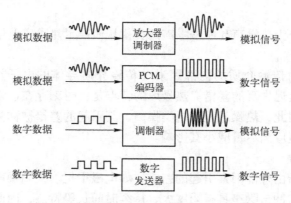

图 2-3　模拟数据和数字数据的 4 种通信方式

数据在计算机中是以离散的二进制数字信号表示的，但在数据通信过程中，它是以数字信号表示，还是以模拟信号表示，主要取决于选用的通信信道所允许传输的信号类型。如果通信信道不允许直接传输计算机所产生的数字信号，那么就需要在发送端将数字信号变换成模拟信号，在接收端再将模拟信号还原成数字信号，这个过程称为调制解调。在数据通信系统中，用来完成调制解调功能的设备称为调制解调器（Modem）。如果通信信道允许直接传输计算机所产生的数字信号，为了更好地解决收发双方的同步与具体实现中的技术问题，也需要将数字信号进行波形变换。

利用调制解调器，数字数据也可以用模拟信号来表示。调制解调器通过一个载波频率把一串二进制（双值）电压脉冲转换为模拟信号，所产生的信号占有以此种载波频率为中心的某一频谱，并且能在适合于此种载波的介质上传播。大多数通用的调制解调器都用音频频谱来表示数字数据，因此能使那些数据在普通的音频电话线上传输。在线路的另一端，调制解调器把信号解调为原来的数据。

与调制解调器完成的操作类似，模拟数据也可以用数字信号来表示，对于声音数据来说，完成这种功能的是编码解码器（CODEC）。实质上，编码解码器接收一个直接表示声音数据的模拟信号，然后用二进制位流近似地表示这个信号，而在线路的另一端，二进制位流被重新构造为模拟数据。

模拟信号和数字信号都可以在合适的传输介质上进行传输，但是模拟信号和数字信号之间最终还是有差别的。模拟传输中的信号可以表示模拟数据（如声音）或数字数据（如通过调制解调器发送的数据）。无论是哪种情况，在传输一定的距离后，模拟信号都将衰减。为了实现长距离传输，模拟传输系统都要用放大器来使信号中的能量增加，但放大器也使噪声分量增加。如果通过串联放大器来实现长距离传输，那么信号就会越来越畸形。

数字传输中的数字信号只能在有限的距离内传输，为了获得更大的传输距离，可以使用中继器。中继器接收数字信号，把数字信号恢复为1的模式和0的模式，然后重新传输这种新的信号，这样就克服了衰减。

对于远程通信，数字信号发送不像模拟信号发送那样用途广泛且实用，例如数字信号发送不可能用卫星系统和微波系统。然而，无论在价格方面还是在传输质量方面，数字传输都比模拟传输优越，因此，远程通信系统正逐步在把声音数据和数字数据逐步转变为数字传输。

4. 噪声与差错

通信信道的噪声分为热噪声和冲击噪声两类，从而产生热噪声差错和冲击噪声差错。

（1）**热噪声差错**

热噪声差错是指由传输介质的内部因素（传输介质导体的电子热运动）引起的差错，如噪声脉冲、衰减和延迟失真的差错。热噪声的特点是：时刻存在、幅度较小、强度与频率无关，但频谱很宽。因此，热噪声是随机类噪声，其引起的差错被称为随机差错。此类传输差错是不可避免的，但应当尽量减小其影响。

（2）**冲击噪声差错**

冲击噪声差错是指由外部因素引起的差错，如电磁干扰、太阳噪声和工业噪声等引起的差错。与热噪声相比，冲击噪声具有幅度大、持续时间长等特点，因此，冲击噪声是产生差错的主要原因。由于冲击噪声能引起多个相邻数据位的突发性错误，因此，它引起的传输差错称为突发差错。

2.1.3 数据通信方式

数据通信方式按照使用的信道数划分可以分为串行通信和并行通信；按照信道上传送信号的类别划分可以分为基带传输、频带传输和宽带传输；按照通信双方的交互时序划分可以分为单工通信、半双工通信与全双工通信。

1. 串行通信与并行通信

数据通信按照字节使用的信道数，可以分为串行通信和并行通信两种。在计算机中，通常用 8 位二进制代码表示一个字符。在数据通信中，将待传送的每个字符的二进制代码按由低位到高位的顺序，按位依次发送的方式称为串行通信。在数据通信中，也可以将表示一个字符的 8 位二进制代码通过 8 条并行的通信信道同时发送，这种工作方式称为并行通信。

采用串行通信的方式，只需在收发双方之间建立一条通信信道。采用并行通信方式，收发双方之间必须建立多条并行的通信信道。对于远程通信来说，在同样的传输速率的情况下，并行通信在单位时间内传送的信号数是串行通信的 n 倍。由于需要建立多个通信信道，并行通信方式成本较高。因此，远程通信中通常采用串行通信方式。

2. 基带传输、频带传输和宽带传输

按照信道上传送信号的类别划分，可以分为基带传输、频带传输和宽带传输 3 种。

（1）基带传输

在数据通信系统中，由计算机、终端等发出的信号都是二进制的数字信号。这些信号是典型的矩形脉冲信号，其高、低电平可以用来代表数字信号的 1 或 0。数字信号的频谱中包含直流、低频和高频多种成分，人们把数字信号频谱中从直流（零频）开始到能量集中的一段频率范围称为"基本频带"，简称为"基带"。因此，数字信号也被称为"数字基带信号"，简称为"基带信号"。在线路上直接传输基带信号的方法称为基带传输。

在基带传输中，整个信道只传输一种信号，通信信道利用率低。一般来说，要将信源的数据变换为直接传输的数字基带信号，这项工作由编码器完成。在发送端，由编码器实现编码，在接收端由译码器进行解码，恢复发送端原发送的数据。基带传输是一种最简单、最基本的传输方式。由于在近距离范围内，基带信号的功率衰减不大，因此，在局域网中通常使用基带传输技术。

（2）频带传输

远距离通信信道多为模拟信道，例如，传统的电话（电话信道）只适用于传输音频范围（300 ~ 3400 Hz）的模拟信号，不适用于直接传输频带很宽、但能量集中在低频段的数字基带信号。频带传输就是先将基带信号变换（调制）成便于在模拟信道中传输的、具有较高频率范围的模拟信号（称为频带信号），再将这种频带信号在模拟信道中传输，到达接收端时再把频带信号解调成原来的基带信号。在采用频带传输方式时，要求收发两端都安装调制解调器（Modem）。利用频带传输不仅解决了数字信号可利用电话系统传输的问题，而且可以实现多路复用，以提高传输信道的利用率。

（3）宽带传输

宽带传输是将多路基带信号、音频信号和视频信号的频谱分别移到一条电缆的不同频段进行传输。宽带传输系统多是模拟信号传输系统。宽带传输不仅各路信号不会互相干扰，还提高了线路的利用率。

在宽带传输过程中，各路基带信号经过调制后，其频谱被移至不同的频段，因此在一条电缆中可以同时传送多路数字信号，提高了线路的利用率。

3. 单工通信、半双工通信与全双工通信

数据通信按照信号传送方向与时间的关系，可以分为单工通信、半双工通信与全双工通信 3 种。

（1）单工通信（Single - Duplex Communication，双线制）

在单工通通信中，信号在信道中只能从发送端 A 传送到接收端 B。因此，理论上应采用单线制，而实际则采用双线制，即需要用两个通信信道，一个用来传送数据，一个用来传送控制信号，简称为二线制，如图 2-4 所示。例如，BP 机只能接收寻呼台发送的信息，而不能发送信息给寻呼台。

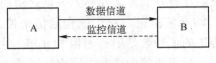

图 2-4　单工通信方式

（2）半双工通信（Half - Duplex Communication，双线制 + 开关）

在半双工通信中，允许数据信号有条件双向传输，但不能同时双向传输。半双工通信要求 A、B 端都有发送装置和接收装置，如图 2-5 所示。若想改变信息的传输方向，则需利用开关进行切换，采用"双线制 + 开关"方式，例如，使用无线对讲机，在某一时刻只能单向传输信息。当一方讲话时，另一方只能听但无法讲话，要等其讲完，另一方才能讲。

（3）全双工通信（Full - Duplex Communication，四线制）

在全双工通信中，允许双方同时在两个方向进行数据传输，它相当于将两个方向相反的单工通信方式组合起来。因此，理论上应采用"双线制"，而实际上采用"四线制"，如图 2-6 所示。全双工通信效率高，控制简单，但造价高，适用于计算机之间的通信。

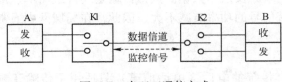

图 2-5　半双工通信方式

图 2-6　全双工通信方式

2.1.4　数字数据通信同步

在数字数据通信中，数据是按位传送的，一个重要的问题是数据的发送与接收之间要求同步，即发送端以某一种速率在一定的起止时间内发送数据，接收端也必须以同一速率在相同的起止时间内接收数据，以便区分数据位、数据字节和报文。如果没有正确的同步，接收端收到的将是一串毫无意义的信号。

常用的同步方法有异步方式和同步方式两种。

1. 异步方式

在异步方式下，不传输字符时，传输一直处于高电平（停止状态）。发送字符时，发送端在每个传送字符的首尾分别设置一个起始位（低电平，相当于数字 0 状态）和 1.5 位或 2 位停止位（为高电平，相当于数字 1 状态），分别表示字符的开始和结束。终止位还反映平时不进行通信的状态（见图 2-7）。起止位中间的字符可以是 5 位或者 8 位，一般 5 位字符的停止位是 1.5 位高电平，8 位字符的停止位是 2 位高电平，8 位字符中包括 1 位校验位，可以是奇校验或偶校验。发送端按确定的时间间隔（或位宽）或固定的时钟发送一个字符中的各位。接收端以识别起始位和终止位并按相同的接收时钟（或位宽）来实现收发双方在一个字符内各位的同步。即当接收端从线路上检测到起始位的脉冲前沿后（从 1 到 0 的跳变）就启动本端的定时器，产生接收时钟，使接收端按发送端相同的时间间隔顺序接收该字符的各位，接收端一旦接收到终止位，就将定时器复位，准备接收下一个字符代码。

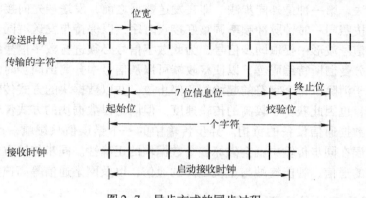

图 2-7　异步方式的同步过程

从图 2-7 可知，在异步方式中，每个字符含有相同的位数，发送每位的位宽相同，传送每个字符所用的时间由字符的起始位和终止位之间的时间间隔决定，为一固定值，起止位间各位的收发是同步的，起始位起到了一个字符内的各位的同步作用。故异步方式又称"起止同步方式"或"群同步"。由于各字符的发送时间间隔是任意的，因此各字符之间异步。这样，在发送的间隙，线路处于停止状态。

异步方式实现简单，设备上技术开销少，价格便宜，但传输效率低，因为每传输一个字符都必须附加 2 ～ 3 位（起始位和停止位）的传输时间，适用于低速数据传输的场合，例如用户在家上网用的调制解调器采用的就是异步通信方式。

2. 同步方式

异步方式要求收发双方在每一个字符的起始位后使各位都保持同步，而各个字符之间可以不同步，即使发送一串字符，各字符之间也可以有不同的时隙。对于这种数据传输方式，在接收方要把字符的所有位都恢复原状，必须有一个相当精确的每位宽度。然而，在同步方式中，发送端连续发送一串字符（或数据块），一个字符紧接在另一个字符之后，字符之间没有间隙。图 2-8a 给出了一个同步方式中的一个字符结构，它由 7 位信息位和 1 位奇校验位组成，与异步方式不同的是，它没有起始位和停止位。为了使接收端能精确地确定数据块（或正文）的开始和结束，准确地按位接收数据，除数据块这一级的同步外，还需位同步。

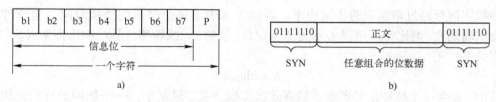

图 2-8　同步方式结构
a）一个字符的结构　b）数据块的同步结构

27

为了实现数据块同步，每个数据块用一个同步字符 SYN（即01111110）开始（见图2-8b），用一个 SYN 结束。这样，接收端在识别 SYN 字符后，便开始接收数据，直到识别另一个 SYN 后为止。

在面向位的同步方案中，数据块不是作为字符流来处理的，而是作为位流来处理。实现位同步有两种方法，第一种是外同步法，即在发送数据之前，发送端先向接收端发出一串同步时钟，接收端按照同一时钟脉冲频率调整好接收时序，以保持与发送端同步。第二种是自同步法，从数字信号波形中提取同步信号，为此数字信号必须进行数字信号编码，如采用曼彻斯特编码、差分曼彻斯特编码等，以便接收端可以从信号中分离出同步时钟。

同步方式由于消除了每个字符的起始位和停止位，并以数据块的方式传输，因此传输效率比异步传输高，也因此获得了较高的传输速度。但同时以数据块的方式传输，线路效率较高，因而加重了数据通信设备的负担。异步传输中的一个错误值只影响一个字符的正确接收，而同样的错误在同步传输中就会破坏整个数据块的正确性。同步传输方式通常用于计算机与计算机之间的通信、智能终端与主机之间的通信，以及网络通信等高速数据通信场合。

2.1.5 数据通信系统的主要技术指标

1. 数据传输速率

数据传输速率是指数据在信道中传输的速度。它指的是在有效带宽上，单位时间内所传送的二进制代码的有效位数，故又称比特率。

在实际应用中，常用的数据传输速率单位有 kbit/s、Mbit/s、Gbit/s 和 Tbit/s 等。其中：$1 \text{ kbit/s} = 1 \times 10^3 \text{ bit/s}$，$1 \text{ Mbit/s} = 1 \times 10^6 \text{ bit/s}$，$1 \text{ Gbit/s} = 1 \times 10^9 \text{ bit/s}$，$1 \text{ Tbit/s} = 1 \times 10^{12} \text{ bit/s}$。

在讨论数据传输速率时，需要注意以下两点。

1）数据传输速率是指主机或交换机向传输介质发送数据的速率。例如，Ethernet 的传输速率为 10 Mbit/s，表明 Ethernet 网卡 1 s 内可以向传输介质发送 1×10^7 bit 数据，如果一帧长度为 1500 B（1.2×10^4 bit），那么 Ethernet 发送一帧的时间为 1.2 ms。

2）在计算二进制数据长度时，1 kbit = 1024 bit，但在计算通信速率的时候为了方便计算使用的是十进制，1 kbit/s = 1000 bit/s ≠ 1024 bit/s。这个区别是由计算机学科与通信学科所采用的二进制与十进制引起的，也是经常容易忽略和引起误解的问题。

2. 波特率

波特率即调制速率，也称为波形速率或码元速率。一个码元就是一个数字脉冲，是指经过调制后的信号，所以波特率特指在计算机网络的通信过程中，从调制解调器输出的调制信号，每秒钟载波调制状态改变的次数。

波特率用波特（Baud）作为单位。1 波特就表示每秒传送一个码元或一个波形。波特率是脉冲数字信号经过调制后的传输速率。若以 T 来表示每个波形的持续时间（电脉冲信号的宽度或周期），则比特率可以表示为 $B = 1/T$（波特）。波特率（B）和比特率（S）之间有下列关系：

$$S = B\log_2 n$$

其中，n 为一个脉冲信号所表示的有效状态数。在二进制中，一个脉冲的有和无用 0 和 1 两个状态表示。对于多相调制来说，n 表示相的数目。在二相调制中，$n = 2$，故 $S = B$，即比特率与波特率相等。但在更高相数的多相调制时，S 和 B 则不相同，如表2-1所示。

表 2-1　比特率和波特率的关系

波特率 B	1200	1200	1200	1200
多相调制相数	二相调制（$n=2$）	四相调制（$n=4$）	八相调制（$n=8$）	十六相调制（$n=16$）
比特率 S（bit/s）	1200	2400	3600	4800

波特率（调制速率）和比特率（数据传输速率）是两个最容易混淆的概念，两者的区别与联系如图 2-9 所示。

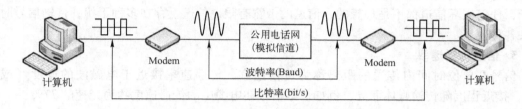

图 2-9　比特率和波特率的区别与联系

3. 信道带宽

信道所能传送的频率范围称为信道的带宽。在计算机网络技术的讨论中，人们通常用"带宽"表示信道的传输速率，"带宽"与速率几乎成了同义词。信道带宽与数据传输速率之间的关系可以用奈奎斯特准则和香农定理来解释。

（1）奈奎斯特准则

任何通信信道都不是理想的，信道的带宽有上限，信道上存在多种干扰，传输信号时会带来各种失真。

1924 年，奈奎斯特（Nyquist）推导出，对具有理想低通矩形特性的信道，其最大数据率为：

$$S_{max} = 2W(\text{Baud}) = 2W\log_2 L(\text{bit/s})$$

式中，W 是理想低通信道的带宽，单位为 Hz，L 为信道上传输信号可取的离散值的个数，该式称为奈奎斯特准则。例如，若信道上传送的是二进制信号，则可取两个离散电平 1 和 0，则 $L=2$，$\log_2 2=1$，$S_{max}=2W$。如果某信道的带宽为 3 kHz，则信道传送的数据率不能超过 6 kbit/s（或 6000 Baud）。当 $L=8$ 时，那么 $\log_2 L=\log_2 8=3$，即每个信号传送 3 个二进制位。对带宽为 3 kHz 的信道，其数据率可达 18 kbit/s 或 6000 Baud。

（2）香农定理

奈奎斯特准则描述了有限带宽、无噪声的理想信道的最大传输速率与信道带宽的关系。香农定理则描述了有限带宽、有随机热噪声信道的最大传输速率与信道带宽、信号噪声功率之间的关系。

香农定理指出，在有随机热噪声的信道中传输数据信号时，传输速率 R_{max} 与信道带宽 B、信噪比 S/N 的关系为：

$$R_{max} = B \times \log_2(1 + S/N)$$

式中，R_{max} 的单位为 bit/s，信道带宽 B 的单位为 Hz。信噪比 S/N 是信号功率与噪声功率之比的简称。$S/N=1000$ 表示该信道上的信号功率是噪声功率的 1000 倍（即 30 dB，1 dB = $10\lg S/N$），如果 $S/N=1000$，信道带宽 $B=3000$ Hz，则该信道的最大传输速率 $R_{max}\approx$

29

30 kbit/s。

香农定理给出了一个有限带宽、有热噪声信道的最大数据传输速率的极限值，它表示对带宽只有 3000 Hz 的通信信道，信噪比 S/N 为 1000 时，无论数据采用二进制还是更多的离散电平值表示，数据都不能以超过 30 kbit/s 的速率传输。

4. 信道容量

信道容量是信道能够传送的最大数据率。当信道上传送的数据率大于信道允许的数据率时，信道根本上就不能传送信号。所以，信道容量是信道的一个极限参数。传输受限的原因在于，任何实际信道都不是理想的，信道的带宽有限，信道上存在多种干扰，传输信号时会带来各种失真。

5. 信道传播速率

信号在单位时间内传送的距离称为传播速率。传播速率接近于电磁波的速度（或光速），接近程度随传输媒体而异。例如，电信号在电缆中的传播速度约为光速的 77%。

6. 误码率

误码率也称出错率，定义为二进制位在传输中被传错的概率 P。若传输的总位数为 N，传错的位数为 N_E，则 $P = N_E/N$。在计算机网络中，要求误码率低于 10^{-6}，即平均每传送 1 兆位才允许错一位。

2.2　数据编码技术

数据编码是实现数据通信的一项最基础的工作，数字数据在模拟信道上传输需要调制编码，数字数据在数字信道上传输需要数字信号编码，模拟数据在数字信道上传输也需要进行采样、量化和编码。本节重点介绍数字数据和模拟数据在信道传输过程中的编码技术。

2.2.1　数据编码的基本概念

数字信号不能直接在模拟信号传输系统（如电话传输系统）中传送，同样模拟信号也不能直接在数字信号传输系统中传送，因此，需要将数据原始存在的形式变换成某种适合于处理、存储或传输的表示形式，这个过程称为数据编码。

数据编码主要包括数字数据的数字信号编码、数字数据的模拟信号编码和模拟数据的数字信号编码 3 类。数字数据的数字信号编码是解决数字数据在数字信道上的传送问题，数字数据的模拟信号编码是解决数字数据在模拟信道上的传送问题，模拟数据的数字信号编码是解决模拟数据在数字信道上的传送问题。

2.2.2　数字数据的数字信号编码方法

在数据通信技术中，将利用模拟信道通过调制解调器传输模拟信号的方法称为频带传输，将利用数字信道直接传输数字信号的方法称为基带传输。频带传输的优点是可以利用目前覆盖面最广、最普遍应用的模拟语音通信信道。基带传输在不改变数字数据信号频带（即波形）的情况下直接传输数字信号，可以达到很高的数据传输速率和系统效率。因此，基带传输是目前迅速发展与广泛应用的数据通信方式。

在基带传输中，数字信号的编码方式主要包括不归零制（Non – Return to Zero，NRZ）

编码、曼彻斯特（Manchester）编码和差分曼彻斯特（Difference Manchester）编码，如图 2-10 所示。

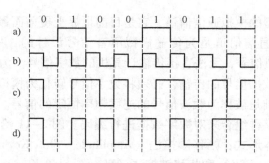

图 2-10　数字数据的数字信号编码方法

a）不归零制码　b）同步时钟　c）曼彻斯特编码　d）差分曼彻斯特编码

1. 不归零制编码

不归零码的波形如图 2-10a 所示。NRZ 码规定用负电平表示逻辑 0，用正电平表示逻辑 1，也可以有其他表示方法。NRZ 码的缺点是无法判断一位的开始与结束，收发双方不能保持同步。为保证收发双方同步，必须在发送 NRZ 码的同时，用另一个信道同时传送同步信号。

2. 曼彻斯特编码

曼彻斯特编码是目前应用最广泛的编码方法之一。典型的曼彻斯特编码波形如图 2-10c 所示。曼彻斯特编码的规则如下。

1）每一位的周期 T 分为前后相等的两个部分。

2）每一位二进制的中间都有跳变，将中间的电平跳变作为双方的同步信号。

3）当每位由低电平跳变到高电平时，就表示数字信号 1；每位由高电平跳变到低电平时，就表示数字信号 0。

曼彻斯特编码的优点是每一位的中间有一次电平跳变，两次电平跳变的时间间隔可以是 T/2 或 T，利用电平跳变可以产生收发双方的同步信号，因此曼彻斯特编码信号又称为"自含钟编码"信号，发送曼彻斯特编码信号时无须另发同步信号，另外，曼彻斯特编码信号不含直流分量，因此该编码具有自同步能力和良好的抗干扰性能。

曼彻斯特编码的缺点是效率较低，每一个码元都被调成两个电平，所以数据传输速率只有调制速率的 1/2，如果信号传输速率是 10 Mbit/s，则发送时钟信号频率应为 20 MHz。

3. 差分曼彻斯特编码

差分曼彻斯特编码是对曼彻斯特编码的改进，它在每个时钟位的中间都有一次跳变，传输的是 1 还是 0，是通过查看每个时钟位的开始有无跳变来区分的。典型的差分曼彻斯特编码波形如图 2-10d 所示。差分曼彻斯特编码的编码规则如下。

1）每一位的值无论是 1 还是 0，中间都有一次电平的跳变，这个跳变做同步之用。

2）若该位的值为 0，则前半位的电平与上一位的后半位的电平相反；若该位的值为 1，则前半位的电平与上一位的后半位的电平相同。若本位的值为 0，则开始处出现电平跳变；反之，若本位的值为 1，开始处不发生电平跳变。

差分曼彻斯特编码比曼彻斯特编码的变化要少，因此更适合传输高速的信息。差分曼彻斯特编码技术较为复杂，但抗干扰性能较好。

2.2.3 数字数据的模拟信号编码方法

电话通信信道是典型的模拟通信信道，它是目前世界上覆盖面最广、应用最普遍的一种通信信道。传统的电话通信信道是为传输模拟语音信号设计的，只适用于传输音频范围（300 ～ 3400 Hz）的模拟信号，无法直接传输计算机的数字信号。为了利用电话交换网的模拟语音信道实现计算机数据信号的传输，必须将数字信号转化为模拟信号。

模拟信号发送的基础是被称为载波信号的连续频率恒定的信号。可以通过振幅、频率和相位，或者这些特性的某种组合来对数字数据进行编码。图 2–11 给出了对数字数据的模拟信号进行调制的 3 种基本形式：幅移键控法（Amplitude – Shift Keying，ASK）、频移键控法（Frequency – Shift Keying，FSK）和相移键控法（Phase – Shift Keying，PSK）。

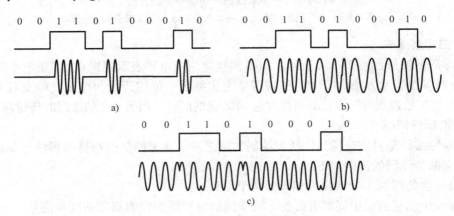

图 2–11 3 种调制方法的波形图
a）幅移键控法 b）频移键控法 c）相移键控法

1. 幅移键控法

在幅移键控法（ASK）编码方式下，用载波频率的两个不同的振幅分别表示两个二进制值。在某些情况下，一个振幅为零，即用振幅恒定载波的存在来表示一个二进制数字，而另一个二进制数字用载波的不存在表示。

ASK 方式很容易受增益变化的影响，因此，它是一种效率相当低的调制技术。在音频线路上，传输速率通常只能达到 1200 bit/s。

2. 频移键控法

在频移键控法（FSK）编码方式下，用载波频率附近的两个不同频率分别表示两个二进制值。这种方法与 ASK 法相比较，其不容易受干扰的影响。在音频线路上，传输速率通常可达 1200 bit/s。这种方式一般也用于高频（3 ～ 30 MHz）的无线电传输，它甚至也能用于较高频率使用同轴电缆的局部网络。

3. 相移键控法

在相移键控法（PSK）编码方式下，利用载波信号的相位移动来表示数据。图 2–11c 所示是一个两相系统的例子。在这个系统中，0 表示为发送与以前所发送信号串相同的信号，1 表示为发送与以前信号串相反的信号。PSK 也可以使用多于两相的位移，四相系统能把每个信号串编码为两位。PSK 技术有较强的抗干扰能力，而且比 FSK 方式更有效，在音频线路上，传输速率可达 9600 bit/s。

上述所讨论的各种技术也可以组合起来使用。常见的组合是 PSK 和 ASK，组合后在两个振幅上均可以分别出现部分相移或整体相移。

2.2.4 模拟数据的数字信号编码方法

在计算机网络中，除直接传输计算机所产生的数字信号外，语音和图像信息的数字化已成为发展的必然趋势。脉冲编码调制（Pulse Code Modulation，PCM）是模拟信号数字化的主要方法。

PCM 技术的典型应用是语音数字化。语音以模拟信号的形式通过电话线路传输，但在网络中要将语音与计算机产生的文字、图形同时传输，就必须首先将语音信号数字化。发送方通过 PCM 编码器将语音信号变换为数字化语音数据，并通过通信信道传送到接收方，接收方再通过 PCM 解码器将它还原为语音信号。数字化语音数据的传输速率高、失真小，可存储在计算机中，并进行必要的处理。PCM 操作包括采样、量化和编码 3 个步骤。

1. 采样

每隔一定时间对连续的模拟信号进行采样之后，模拟信号就可以转化为一系列离散的值，如图 2-12 所示。根据采样定理，只要采样频率不低于模拟信号最高频率 $f_{\max}$ 的 2 倍，也就是说，采样周期 $T \leqslant 1/2f_{\max}$，就可以将采样脉冲信号无失真地恢复为原来的模拟信号，但采样频率也不能过大，否则会大大增加信息计算量。

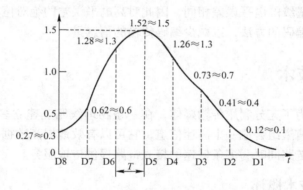

图 2-12 采样与量化的工作原理

2. 量化

量化是将样本幅值按量化级决定取值过程。经量化后的样本幅值为离散的数量级值，已不是连续值。

量化之前要将信号分为若干量化级，例如可分为 8 级或 16 级，以及更多的量化级，这是由精度要求所决定的。同时，要规定好每级对应的幅度范围，然后将采样所得的样本幅值与上述量化级幅值比较。例如，1.28 取值为 1.3，1.52 取值为 1.5，通过取整来定级。采样与量化的工作原理如图 2-12 所示。

3. 编码

编码是用相应位数的二进制代码表示量化后的样本集。如果有 K 个量化级，则二进制的位数为 $\log_2 k$。例如，如果量化级有 16 个，则需要 4 位编码。目前常用的语音数字化系统中，多采用 128 个或 256 个量级，对应需要 7 位或 8 位编码。在经过编码后，每个样本都使用相应的编码脉冲表示。如表 2-2 所示，D_5 取样幅度为 1.52，取整后为 1.5，量化值为 15，样本编码为 1111，将二进制编码 1111 发送到接收方，接收方可将它还原为量化值 15，对应的电平幅值为 1.5。

表 2-2 PCM 编码原理示例表

样 本	量 化 值	二进制编码	样 本	量 化 值	二进制编码
D1	1	0001	D5	15	1111
D2	4	0100	D6	13	1101
D3	7	0111	D7	6	0110
D4	13	1101	D8	3	0011

当 PCM 用于数字化语音系统时，它可以将声音分为 256 个量化级，每个量化级采用 8 位二进制编码表示。由于采样速率为 8000 样本/s，这样一个话路的模拟电话信号，经模数转换之后，就变成每秒 8000 个脉冲信号，每个脉冲信号再变为 8 位二进制编码。因此，一个话路的数据传输速率可以达到 $8 \times 8000 = 64$ kbit/s。此外，PCM 可用于计算机中的图形、图像数字化与传输处理。

PCM 采用二进制编码的缺点是：使用的二进制位数较多，编码效率较低，传输速度较慢；同时，对不同数量级的电平误差相同，因此对高电平误差的绝对值较大。目前，脉冲编码调制一般采用压缩编码的方法，以减少编码传输的信息量。

2.3 多路复用技术

多路复用技术是为了充分利用传输媒体，在一条物理线路上建立多个通信信道的技术。多路复用将多个低速信道组合成一个高速信道，它可以有效地提高数据链路的利用率，从而使得一条高速的主干链路同时为多条低速的接入链路提供传输服务。

2.3.1 多路复用技术概述

当信道的传输能力超过某一信息传输需求时，为了提高信道的利用率，需要用一条信道传输多路信号，这就是所谓的多路复用（Multiplexing）。多路复用技术是将多路用户信息通过单一的传输设备在单一的传输线路上进行传输的技术。多路复用技术的实质就是共享物理信道，更加有效地利用通信线路的带宽资源。

应用多路复用技术的原因有两点：一是用于通信线路架设的费用相当高，需要充分利用通信线路的容量；二是网络中传输介质的容量都会超过单一信道所需的带宽，例如，一条线路的带宽为 10 Mbit/s，而两台计算机通信所需要的带宽为 100 kbit/s 的信道。如果这两台计算机独占了 10 Mbit/s 的线路，那么将浪费大量的带宽。为了充分利用传输介质的带宽，需要在一条物理线路上建立多条通信信道。

在多路复用系统中，通常成对使用复用器（Multiplexer）和分用器（Demultiplexer）。复用器的功能是将多路用户信号聚合成高速信号，然后在共享高速信道上传输；分用器的功能是则将高速信道上传输过来的高速信号进行分用，分别送至对应的目的用户。多路复用技术的工作原理如图2-13所示。

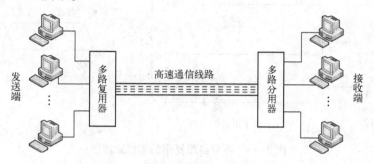

图2-13　多路复用技术的工作原理图

在发送端，将一个区域的多路用户信息通过多路复用器汇集到一起，然后将汇集起来的信息群通过同一条物理线路传送到接收设备的分用器。

在接收端，通过多路分用器接收到信息群，负责将其分离成单个的信息，并将单个信息——发送给多个目的用户。这样，可以利用一对多路复用设备和一条物理通信线路，替代多套发送和接收设备与多条通信，从而大大节约了成本。

多路复用技术包括以下几个基本形式。

1）空分多路复用（Space Division Multiplexing，SDM）。各子信道是一条单独的物理链路。例如，一条电缆可以包含成百对线路。

2）频分多路复用（Frequency Division Multiplexing，FDM）。以信道频率为划分对象，通过设置多个频带互不重叠的子信道，达到同时传输多路信号的目的。

3）时分多路复用（Time Division Multiplexing，TDM）。以信道传输时间为划分对象，通过为多个信道分配多个互不重叠的时间片（时隙），达到同时传输多路信号的目的。

4）波分多路复用（Wavelength Division Multiplexing，WDM）。在一根光纤上复用多路光载波信号，它是光频段的频分多路复用。

5）统计时分多路复用（Statistical Time Division Multiplexing，STDM）。动态地按需分配共享信道的时隙，只将需要传送数据的终端接入共享信道，以提高信道利用率。统计时分多路复用也称异步时分多路复用。

6）码分多路复用（Code Division Multiplexing，CDM）。码分多路复用更常用的名词是码分多址（Code Division Multiple Access，CDMA），每一个用户可以在同样的时间使用同样的频带进行通信。

在上述多种复用技术中，本节将介绍 FDM、TDM、WDM、STDM 和 CDMA 等几种基本的多路复用技术。

2.3.2　频分多路复用

当物理信道的可用带宽超过单个信号源的信号带宽时，可将信道带宽按频率划分为若干子信道，各子信道间预留一个宽度（称为保护带），每个子信道可传输一路信号，如图2-14

所示，这种复用技术称为频分多路复用（FDM）。

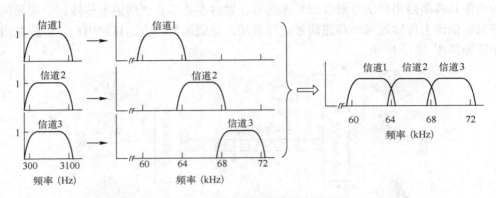

图 2-14　频分多路复用的工作原理图

图 2-14 中，第一个信道的载波频率范围在 60 ～ 64 kHz，中心频率为 62 kHz，带宽为 4 kHz；第二个信道的载波频率为 64 ～ 68 kHz，中心频率为 66 kHz，带宽为 4 kHz；第三个信道的载波频率为 68 ～ 72 kHz，中心频率为 70 kHz，带宽为 4 kHz。第一、二、三信道的载波频率不重叠。如果这条通信线路总的可用带宽为 96 kHz，按照每个信道占用 4 kHz 计算，则一条通信线路可以复用 24 个信号。两个相邻信道之间都保留一定的频率宽度，以防止信道之间的干扰，这样就可以将每个子信道分配给一个用户，则一条通信线路可以同时为 24 对用户提供通信服务。

FDM 最典型的应用就是语音信号频分多路载波通信系统。滤波器将每个语音通道的带宽限制在 3000 Hz 左右。当多个通道被复用在一起时，每个通道分配 4000 Hz 的带宽，以便彼此频带间隔足够远，防止出现串音。如果 3 种语音信号分别被调制到 64 kHz、68 kHz 和 72 kHz 的载波频率上，且只取其低频带，所得到的频谱如图 2-14 所示。

在实现上述语音频分多路复用时，必须注意两个问题：第一，防止串扰问题。如果相邻话路信号的频带重叠，就可能发生串话现象。如前所述，对语音信号来说，它的有效带宽只有 3000 Hz，如果取子信道频带为 4000 Hz，就可以避免串扰现象的发生。第二，减少噪声。对于远距离的通信，放大器对某条信道上的信号带来的非线性影响可能会在其他信道上产生频率成分，形成噪声，干扰其他信道上的信号传输。

2.3.3　时分多路复用

频分多路复用（FDM）是以信道频带作为分割对象，通过为多个信道分配互不重叠的频率范围的方法来实现多路复用的，因此，FDM 更适合于模拟数据信号的传输。而时分多路复用（TDM）则是以信道传输时间作为分割对象，通过为多个信道分配互不重叠的时间片的方法来实现多路复用，因此，TDM 更适合于数字数据信号的传输。

当传输介质的位传输速率大于单一信号所要求的数据传输速率时，就可以采用时分多路复用技术。时分多路复用是将信道用于传输的时间划分为若干时间片，每位用户分得一个时间片（又称为时隙），将若干个时隙组成时分复用帧轮换地给多个信号（用户）使用，如图 2-15 所示。每个时分复用帧中的某一固定序号的时隙组成一个子信道，每个子信道的带宽是相同的，每个时分复用帧所占用的时间也是相同的。

由于时隙的分配是固定的，不管某个用户是否有数据要发送，时隙与信号源的对应关系都不变，各信源的数据传输是定时同步的，因此又称为同步时分复用。在接收端，可以根据时隙的序号来判断是哪个用户发送过来的数据。

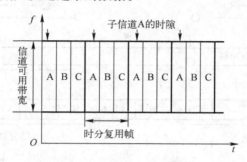

图 2-15　时分复用 TDM

北美的 T1 标准和欧洲的 E1 标准都采用时分多路复用技术。

北美的 T1 标准是将 24 个话路的 PCM 信号组装成一个时分复用帧后，再送往线路上一帧接一帧地传输。图 2-16 所示是 T1 标准的一个时分复用帧结构。每路音频模拟信号在传送到多路复用器之前，要通过一个 PCM 编码器，编码器每秒采样 8000 次。24 路 PCM 信号的每一路轮流将一个字节插入到帧中。每个字节的长度为 8 位，其中 7 位是数据位，1 位用于信道控制。每帧由 $24 \times 8 = 192$ 位组成，附加一位作为帧开始的标志位，所以每帧共有 193 位。由于发送一帧需要 125 μs，因此，T1 标准的数据传输速率为 1.544 Mbit/s。

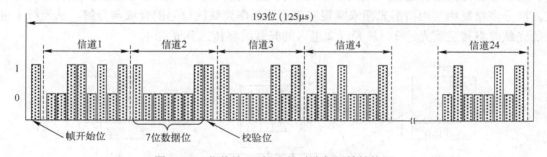

图 2-16　北美的 T1 标准的时分复用帧结构图

E1 标准也是 CCITT 标准。E1 标准是将多话路的 PCM 信号组装成一个时分复用帧后，再送往线路上一帧接一帧地传输，如图 2-17 所示。一个时分复用帧（$T = 125$ μs）分为 32 个相等的时隙 $CH_0 \sim CH_{31}$。时隙 CH_0 作同步用，时隙 CH_{16} 用来传送信令（如用户的拨号信令）。可供用户使用的话路是 $CH_1 \sim CH_{15}$ 和 $CH_{17} \sim CH_{31}$，共 30 个时隙分别用作 30 个话路。每个时隙传送 8 位，32 个时隙共传送 256 位。每秒传送 8000 个帧，因此，E1 载波的数据传输速率为 $8000 \times (8 \times 32) = 2048000$ bit/s。图 2-17a 中在 2.048 Mbit/s 的传输线两端的旋转开关必须同步，以保证 32 个时隙中的位的发送和接收与时隙的编号相对应，以实现同步。

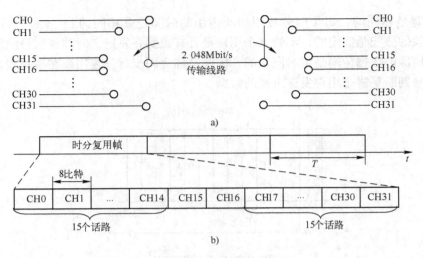

图 2-17　E1 标准的时分复用帧

a) E1 标准的帧同步　b) E1 标准的帧结构

2.3.4　波分多路复用

波分多路复用（WDM）是在一根光纤上复用多路光载波信号。WDM 是光波段的频分复用，只要每个子信道的光载波频率互不重叠，就可用多路复用方式通过共享光纤进行远距离信号传输。

图 2-18 给出了波分多路复用的工作原理示意图。如果两束光载波的波长分别为 λ_1 和 λ_2，它们通过光栅后，通过一条共享的光纤传输到达目的地后经过光栅重新分成两束光载波。波分多路复用利用衍射光栅来实现多路不同频率光载波信号的合成与分解。从光纤 1 进入的光载波将传送到光纤 3，从光纤 2 进入的光载波将传送到光纤 4。

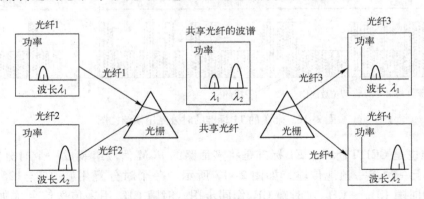

图 2-18　波分多路复用的工作原理图

随着光学工程技术的发展，目前可以复用 80 路或更多路的光载波信号。这种复用技术又称为密集波分复用（Dense Wavelength Division Multiplexing，DWDM）。例如，如果将 8 路传输速率为 2.5 Gbit/s 的光信号经过密集波分复用后，一根光纤上的总传输带宽可以达到 20 Gbit/s。目前，这种密集波分复用系统在高速主干网中已经被广泛应用。

2.3.5　统计时分多路复用

时分多路复用可以分为同步时分多路复用和异步时分多路复用两类。同步时分多路复用采用了将时间片固定分配给各个信道的方法，而不考虑这些信道是否有数据要发送，这种方法势必造成信道资源的浪费，导致信道利用率较低，如图 2-19 所示。为了克服这一缺点，可以采用统计时分多路复用（Statistic TDM，STDM）的方法，即按排队方式分配信道，是一种动态分配方式。

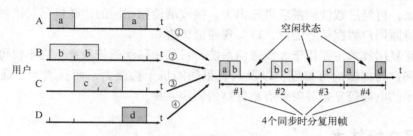

图 2-19　同步时分多路复用帧的子信道使用情况

统计时分多路复用的工作原理如图 2-20 所示。从图中可以看出，4 个低速用户的数据在统计时分多路复用帧中子信道的占用没有留下空闲的时隙，大大提高了信道的利用率。也就是说，统计时分多路复用并非固定分配时隙，而是按需动态地分配时隙（子信道）。另外，用户占用的时隙并非周期性出现，因此统计时分多路复用又称为异步时分多路复用（Asynchronous TDM，ATDM）。

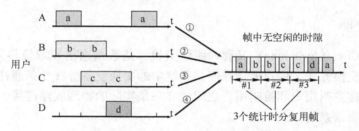

图 2-20　统计时分多路复用帧的子信道使用情况

STDM 中，信道不再划分为子信道，用户要想通信也不必先申请信道，而是将要发送的数据报文划分为一定长度的数据单元（不一定是分组），每个数据单元包括一些用来标识收发两端用户的地址信息，然后送到网络结点的缓冲区去排队。每个结点相当于一个单服务员队列，通常按照到达结点的先后顺序发送。由于各用户发送的数据是随机的、突发性的，当用户数足够多时，在网络的信道上可以得到相当平稳的数据流，从而大大提高了信道的利用率。如果信道容量足够大，按排队的方式分配信道还可以提高服务质量（如响应速度）。STDM 技术的缺点是：每个数据单元要携带地址信息，增加了额外开销；网络中的各结点必须有一定的存储容量供排队使用；各结点必须有管理队列的能力。

2.3.6　码分多路复用

码分多路复用（Code Division Multiplexing，CDM）也称为码分多址访问（Code Division

Multiplexing Access，CDMA），这种技术多用于移动通信，不同的移动台（或手机）可以使用同一个频率，占用相同的带宽。但是每个移动台（或手机）都被分配一个独特的"码序列"，该序列码与其他用户的"码序列"都不同，所以各个用户相互之间不会形成干扰。该技术是根据不同的"码序列"来区分不同的移动台（或手机），因此称为"码分多址"（CDMA）技术。

CDMA 是一种采用扩频技术的通信方式，其基本工作原理是发送端将需要传送的具有一定信号带宽的用户数据用一个带宽远高于信号带宽的高速伪随机码进行调制，使原数据信号的带宽被扩展，再经过载波调制后发送出去，接收端使用相同的伪随机码与接收到的信号做相关处理，将原用户数据信号还原，以实现通信传输。

码分多路复用技术主要用于无线通信系统，特别是移动通信系统。它不仅可以提高通信的话音质量和数据传输的可靠性，以及具有很强的抗干扰能力，而且增大了通信系统的容量。但该技术的电路较复杂并需要有精度高的同步系统。

2.4 数据交换技术

在计算机网络中，在所有终端设备之间都建立固定的点对点连接是不必要的，也是不切合实际的，经常需要通过有中间结点的线路将数据从发源地发送到目的地，以此实现数据通信。这些中间结点并不关心数据内容，只是提供一种交换设备，将数据从一个结点转接到另一个结点，直到最终的目的地，这个过程称为交换，中间结点又称为交换结点或转接结点。通常使用的数据交换方式有电路交换、报文交换和分组交换 3 种。

2.4.1 电路交换

电路交换（Circuit Switching）又称为线路交换，是数据通信领域最早使用的交换方式。它是一种直接的交换方式，用户通过呼叫，系统中的交换设备寻找一条通往被叫用户的物理路由和通道，即在主叫用户和被叫用户之间建立一条实际的物理线路连接。最普通的电路交换的实例是电话通信系统。

1. 电路交换的过程

电路交换过程包括线路建立、数据传输和线路释放 3 个阶段。

1）线路建立。在信号传送之前，参与通信的两个站点之间必须建立连接。其过程为：由主叫用户发出线路呼叫请求，在交换结点之间建立一条物理线路，然后接收方发出应答信号，这样就建立了一条通信线路的连接。

2）数据传输。建立好通信线路之后，数据通信的双方便可以通过已建立好的线路传输数据。

3）线路释放。在经过一段时间的数据传输之后，通常由通信双方中的一方来发出拆线的请求，另外一方同意后，原来的线路即被释放。

电路交换的工作原理如图 2-21 所示。

2. 电路交换的特点

1）线路建立阶段时间较长。在电路建立阶段，两个站点间建立一条专用通路需要花费一段时间，这段时间称为呼叫建立时间，有时呼叫建立时间需要 10 ～ 20 s 或更长。此外，在电路建立过程中，由于交换网络繁忙等原因而使建立失败，对于交换网络则要拆除已建立的部分电路，用户需要挂断重拨，这称为呼损。

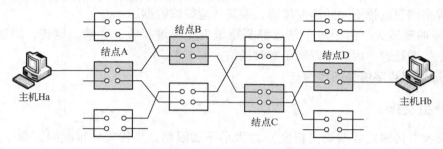

图 2-21　电路交换的工作原理图

2）传输延时短，适用于实时、交互系统。一旦电路建立，除通过传输线路的传播时延外，没有别的延迟，在每个结点的延迟是可以忽略的，适用于实时大批量连续的数据传输和交互式会话类通信。

3）线路专用，信道利用率低，不适合突发性通信。电路建立后，开始进行数据传输，直到通信线路释放为止，信道是专用的，再加上通信建立时间、释放时间和呼损，其利用率较低，不适合突发性通信。

4）线路的通信速率是固定的，系统不具备存储数据能力。电路建立后，对于独占信道的用户来说，数据是以固定的速率进行传输的；电路交换不具有数据存储能力，不能改变数据的内容，因此，很难适应具有不同类型、规格、速率和编码格式的计算机之间，或计算机与终端之间的通信，也不能自动调整和均衡通信流量。

2.4.2　报文交换

计算机网络中传送实时性要求不高的数据信息时，中转结点可以先将待传输的信息存储起来并进行必要的处理，待信道空闲时再将信息转发给下一结点，下一结点如果仍为中转结点，则仍存储信息，并继续往目标结点方向转发。这种在中转结点把待传输的信息存储起来，然后通过缓冲器向下一结点转发的交换方式称为存储交换或存储转发（Store and Forward）。

报文交换（Message Switching）就是通信双方以报文为单位交换数据，通信双方之间无专用通信线路，报文的传送通过中间结点的多次"存储转发"到达目的地。

1. 报文交换的过程

1）发送方发送报文到中间结点。每个报文由传输的数据和报头组成，报头中有源地址和目标地址。中间结点根据报头中的目标地址为报文进行路径选择。

2）中间结点在接收整个报文后对报文进行缓存和必要的处理，如差错检查和纠错、调节输入/输出速度进行数据速率转换、进行流量控制，甚至可以进行编码方式的转换等。

3）等到指定输出端和下一结点空闲时，中间结点根据报文中的目的地址将报文转发到下一个结点，经过相关中间结点后，报文传到目的结点。

2. 报文交换的特点

1）报文长度不限。报文交换对报文的长度没有限制，报文可以很长，这样就有可能使报文长时间占用某个两结点之间的线路，不利于实时交互通信。

2）线路利用率高。报文从源结点传送到目的地采用"存储转发"的方式，在传送报文时，一个时刻仅占用一段通道，因此许多报文可以分时共享两个结点之间的通道。并且结点间可根据线路情况选择不同的速度传输，能高效地传输数据。

3）传输时延较大。由于每个结点都要把报文完整地接收、存储、检错、纠错和转发，产生了结点处理延迟，因此难以满足实时通信。

4）仅适用于数字信号的传输。

2.4.3 分组交换

报文交换对传输的数据块（报文）的大小不加限制，当传输大报文时，单个报文可能占用一条线路长达几分钟，这样显然不适合交互式通信。为了更好地利用信道容量，可以采用分组交换方式。分组交换（Packet Switching）将报文划分为固定长度的分组，再以分组为单元进行"存储转发"。分组除包含要传输的数据字信息外，还要包括目的地址、源地址、分组序号及其他控制信息，这些信息填写在分组的首部。各分组可以通过不同的路径和不同的时序到达目的地址，在目的地址分组重新被组装成完整的报文。

分组交换包括无连接的数据报服务和面向连接的虚电路服务两种方式。

1. 数据报服务

数据报服务是一种无连接的服务方式，每个分组的传送被单独处理，像报文交换中的报文一样，每个分组称为一个数据报，每个数据报自身携带足够的地址信息，一个结点接收到数据报后，将其发送到下一个结点。因为各个结点随时根据网络流量、故障等情况选择路径，各个数据报的到达不能保证是按时的，甚至有的数据报会丢失。

在图 2-22 中，主机 Ha 有 2 个分组的数据报 P1、P2 要发送到主机 Hb，它按照分组的 P1、P2 次序发送到结点 A。结点 A 必须对每个数据报做出路径选择。当数据报 P1 进入时，结点 A 测定去结点 C 的队列比去结点 E 和结点 F 的队列短，因此选择去结点 C 的路径。同样，结点 C 对数据报 P1 也要做出路径选择，发现去结点 D 的队列最短，故选择去结点 D。结点 D 也用同样的方法选择去结点 B，最后，把数据报 P1 送到主机 Hb。对于数据报 P2，结点 A 发现去结点 E 比去结点 C 和结点 F 的队列短，因此把数据报 P2 发送到结点 E，同样，结点 E 对数据报 P2 也要做出路径的选择，发现去结点 G 的队列最短，故选择去结点 G。结点 G 也用同样的方法选择去结点 B，最后，把数据报 P2 送到主机 Hb。这样，具有同样目的地址的数据报不一定按照相同的路径进行传输，数据报 P2 有可能在数据报 P1 之前到达结点 B。这两个数据报可能不按发送顺序到达目的主机，也就是对到达主机 Hb 的数据报要设法按顺序重新排列。

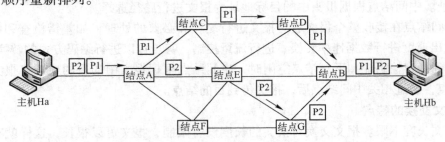

图 2-22　数据报工作原理图

数据报服务方式的基本传输数据单元是长度较小的分组，数据报服务具有以下几个特点。

1）通信的用户之间不需要先建立好通信信道（或连接），信道资源不需要事先预定保留，而是在数据传输时动态地进行分配。

2）每个分组带有完整的目的地址，独立地进行传输，同一报文的不同分组不一定沿着同一条路径到达目的地，先发送的分组也不一定先到达。因此，分组到达目的结点后需要重新把它们按序排列。

3）通信的双方不需要同时处于激活状态。

4）每个分组在每个结点都要进行路由选择，导致各结点的计算量增加，只适用于突发性通信。

2. 虚电路服务

在虚电路分组交换方式中，发送分组之前，需要在发送站和目的站之间建立一条逻辑连接（即虚电路）。此时，每个分组除含有数据外，还有虚电路标识，所以在途经各结点时不进行路由选择，只需按照事先建立好的连接传输。数据传输完毕后，可由任何一方发出清除请求分组以终止本次连接。但是，这条路径与电路交换中的专用通道不同，分组在每个结点仍需要缓冲，并排队等待转发。

如图 2-23 所示，假设主机 H_A 有一个或多个报文要发送到主机 H_B，它首先要发送一个呼叫请求分组到结点 A，请求建立一条到主机 H_B 的连接。结点 A 决定到结点 B 的路径，结点 B 再决定到结点 C 的路径，结点 C 再决定到结点 D 的路径，结点 D 最终把呼叫请求分组传送到主机 H_B。如果主机 H_B 准备接收这个连接，就发送一个呼叫接收分组到结点 D。这个分组通过结点 C、结点 B 和结点 A 返回主机 H_A。现在，主机 H_A 和主机 H_B 可以在已建立的逻辑连接（虚电路）上交换数据了。这个分组除了包含数据之外，还包含一个标识符。在预先建立好的路径上的每个结点都知道把这些分组引导到哪里去，不再需要路由选择。主机 H_A 和 H_B 通过 A、B、C 和 D 这条既定路径进行双向数据传输。最后，由 H_A 或 H_B 用清除请求分组来结束这次连接。

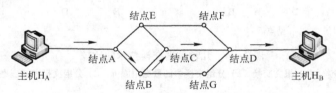

图 2-23　虚电路工作原理图

虚电路服务具有以下几个特点。

1）在发送分组之前，需要通过呼叫先建立一条逻辑信道，然后才能在已建立的逻辑信道上传送分组，数据传送完毕后需要释放此连接。

2）逻辑信道并不是一条专用通路，分组在每个结点上仍然需要排队，故称为虚电路，其呼叫称为虚呼叫。

3）允许一个结点在一条实际电路上建立多条与多个结点相连的并发虚电路。

4）分组按顺序到达目的主机，各结点不需要为每个分组做路由选择，适用于交互式应用环境。

总之，分组交换具有以下几个优点。

1）高效。动态分配传输带宽，对通信链路是逐段占用。

2）灵活。以分组为传送单位和查找路由。

3）迅速。不必先建立连接就能向其他主机发送分组，充分使用链路的带宽。

4）可靠。完善的网络协议和自适应的路由选择协议使得网络拥有很好的生存性。

分组交换也会带来以下问题：分组在各结点存储转发时需要排队，这就会造成一定的时延；分组必须携带的首部（里面包含必不可少的控制信息）也造成了一定的开销。

2.4.4　3种数据交换技术的比较

几种交换技术的比较如图2-24所示，从图中可以看出几种交换方法的运行时间特点，不同的交换技术适用于不同的场合。

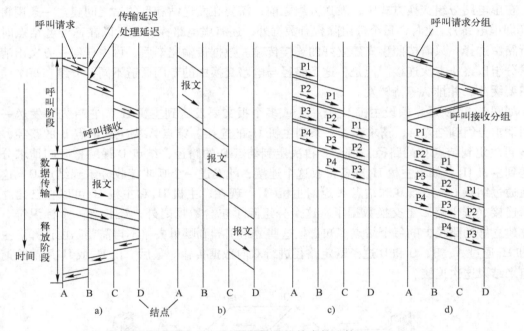

图2-24　几种数据交换技术的比较

a）电路交换　b）报文交换　c）分组交换中的数据报服务　d）分组交换中的虚电路服务

3种数据交换技术的主要特点如下。

1）电路交换：在数据传送之前必须先设置一条通路，在路线释放之前，该通路将由一对用户独占，对于突发式通信，电路交换效率不高。

2）报文交换：报文从源点传送到目的地采用存储转发的方式，在传送报文时，只占用一段通道。在交换结点中需要缓冲存储，报文需要排队。因此，报文交换不能满足实时通信的要求。

3）分组交换：这种交换方式和报文交换方式类似，但报文被分成分组传送，并规定了最大的分组长度。在数据报分组交换中，目的地需要重新组装报文。在虚电路分组交换中，数据传输之前必须通过呼叫设置一条虚电路。分组交换技术是在数据网络中使用最广泛的一种交换技术。

3种交换方式的比较如表2-3所示。

表 2-3　各种交换方式

交换方式	数据单元	通路建立	可用性	结点存储	时延	适于业务
电路交换	报文	呼叫建立物理线路	专用	不要求	很小，几乎没有	实时业务
报文交换	报文	不要求建立	共享	存储报文	存储转发时间	不要求实时通信
分组交换	分组	数据报不需要；虚电路需要建立虚连接	共享	存储分组	分组存储和转发时间	数据报适应实时要求不高的场合；虚电路适应实时通信场合

本章重要概念

- 数据通信系统：指的是通过数据电路将分布在异地的数据终端设备或计算机连接起来，实现数据传输、交换、存储和处理的系统。数据通信系统包括信源系统、传输系统和信宿系统。
- 模拟信号：信号的取值是连续的。数字信号：信号的取值是离散的。
- 模拟信道：使用模拟信号传输数据的信道。数字信道：使用数字信号传输数据的信道。
- 信号带宽：信号所占据的频率范围。信道带宽：信道所能传送的频率范围。
- 模拟通信：信号源发出的是模拟数据，并且以模拟信道传输。数字通信：信号源发出的是模拟数据，而以数字信号的形式进行传输。数据通信：指信源和信宿中数据的形式都是数字的一类通信方式。
- 基带传输：在线路上直接传输基带信号的方式。
- 频带传输：先将基带信号调制成便于在模拟信道中传输的、具有较高频率范围的频带信号，再将这种频带信号在模拟信道中传输，到达接收端时再把频带信号解调成原来的基带信号。
- 宽带传输：是将多路基带信号、音频信号和视频信号的频谱分别移到一条电缆的不同频段进行传输。
- 数据传输速率：又称比特率，是指在有效带宽上，单位时间内所传送的二进制代码的有效位数。波特率：也称为波形速率或码元速率，是脉冲数字信号经过调制后的传输速率。传播速率：信号在单位时间内传送的距离。
- 信道容量：是信道能够传送的最大数据率。
- 误码率：也称为出错率，定义为二进制位在传输中被传错的概率。
- 频分多路复用：以信道频率为划分对象，通过设置多个频带互不重叠的子信道，达到同时传输多路信号的目的。时分多路复用：以信道传输时间为划分对象，通过为多个信道分配多个互不重叠的时间片（时隙），达到同时传输多路信号的目的。波分多路复用：在一根光纤上复用多路光载波信号，它是光频段的频分多路复用。
- 统计时分多路复用：也称异步时分多路复用，动态地按需分配共享信道的时隙，只将需要传送数据的终端接入共享信道，以提高信道利用率。
- 电路交换：又称为线路交换，是一种直接的交换方式，用户通过呼叫，系统中的交换设备寻找一条通往被叫用户的物理路由和通道，即在主叫用户和被叫用户之间建立一条实际的物理线路连接，电路交换过程包括线路建立、数据传输和线路释放 3 个阶段。

- 报文交换：就是通信双方以报文为单位交换数据，通信双方之间无专用通信线路，报文的传送通过中间结点的多次"存储转发"到达目的地。
- 分组交换：将报文划分为固定长度的分组，再以分组为单元进行"存储转发"，各分组可以通过不同路径和不同时序到达目的地址，在目的地址分组重新被组装成完整的报文。分组交换包括无连接的数据报服务和面向连接的虚电路服务两种方式。
- 数据报服务：是一种无连接的服务方式，每个分组的传送被单独处理，像报文交换中的报文一样，每个分组称为一个数据报，每个数据报自身携带足够的地址信息，一个结点接收到数据报后，将其发送到下一个结点。
- 虚电路服务：在发送分组之前，需要在发送站和目的站之间建立一条逻辑连接（即虚电路）。此时，每个分组除含有数据外，还有虚电路标识，所以在途经各结点时不进行路由选择，只需按照事先建立好的连接传输。数据传输完毕后，可由任何一方发出清除请求分组以终止本次连接。

习 题

1. 简述数据通信系统模型。
2. 简述数据通信系统的主要组成部分。
3. 数据的通信方式有哪几种？
4. 什么是信号带宽和信道带宽，信号带宽对信道带宽的要求是什么？
5. 什么是单工通信、半双工通信和全双工通信？它们分别适用于何种场合？
6. 什么是基带传输、频带传输和宽带传输？
7. 异步和同步两种传输方式的主要区别是什么？
8. 简述码元传输速率与数据传输速率的概念及其关系。
9. 指出下列说法的错误之处：①某信道的数据传输速率是 200 Baud；②每秒 50 Baud 的传输速率是很低的；③600 bit/s 和 600 Baud 是一个意思；④每秒传送 100 个码元，也就是每秒传送 100 位数据。
10. 在 8 MHz 带宽的信道上，如果数字信号取 4 种离散值，则可能的最大数据传输率是多少？
11. 设码元速率为 1600 Baud，采用 8 相 PSK 调制，计算其数据传输速率。
12. 对于脉冲编码调制 PCM 来说，如果要对频率为 600 Hz 的某种语音信号进行采样，传送 PCM 信号的信道带宽为 3 kHz，那么采样频率 f 取什么值时，采样的样本就可以包含足够重构原语音信号的所有信息。
13. 掌握 T1 和 E1 标准的信道带宽的计算方法。
14. 为什么要采用多路复用技术？常用的多路复用技术有哪些？
15. 时分多路复用与统计时分多路复用技术的主要区别是什么？
16. 试从多个方面比较电路交换、报文交换和分组交换的主要优缺点。

第 3 章　计算机网络体系结构

学习目标

掌握网络体系结构和网络协议的基本概念，掌握 OSI 参考模型及各层的基本功能，熟悉 TCP/IP 参考模型的层次划分、各层的基本功能及主要协议，了解 OSI 参考模型与 TCP/IP 参考模型间的关系。

本章要点

- 网络协议、层次及接口等基本概念
- 网络体系结构
- OSI 参考模型
- TCP/IP 参考模型
- 物理层与物理层协议
- 数据链路层与数据链路层协议
- 网络层与网络路由
- 传输层与传输协议

3.1　计算机网络体系结构概述

计算机网络是一个非常复杂的系统，一般是由多台主机（计算机、智能终端等）、网络设备和通信链路组成，主机之间需要不断地交换数据，因此，为了保证计算机网络中大量主机之间有条理的交换数据，每台主机或网络结点就必须遵守一整套合理而严谨的结构化管理体系，这就是计算机网络体系结构。

3.1.1　网络体系结构的分层原理

计算机网络与物流系统的基本结构和运行原理较为相似，接下来就以物流系统运行过程为例，对比分析计算机网络体系结构和网络协议，以帮助读者更好地理解网络体系结构的分层原理。

图 3-1 给出了物流系统的货物发送与接收过程。分析物流系统的货物收发过程，能够得到以下几点共识。

1）不同地区的物流系统遵循相同规则，系统具有相同的层次。

2）发货人按照通信规则书写快递单据，快递人员与物流公司能够识别、理解快递单据中的收货人地址、联系方式等信息。

3）物流公司是发货人与收货人之间交互的接口，发货人只需要找到物流公司，就可以完成发货，而收货人也必须通过物流公司才能收取货物。

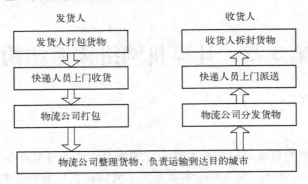

图 3-1　物流公司的货物发送与接收过程

上述 3 点共识是支持物流系统顺利运转的基础，覆盖全球的物流系统就是因为采用了相同的层次结构才实现了不同地区货物的传递，而这种层次结构的设计方法大大降低了处理复杂问题的难度。而计算机网络也从其中借鉴了有益经验，采用层次结构模型来管理复杂的网络协议体系。层次结构是处理计算机网络问题的基本方法，其核心思想就是"化整为零，分而治之"，把复杂的问题简单化。从上述例子可以看出，分层能带来很多好处，比如：

1）各层之间相互独立。任一层都不需要知道它的下一层如何工作，而仅需要知道该层通过层与层之间的接口提供服务。这样每层只需要实现相对独立的功能，因而可将一个复杂的问题分解为若干个容易处理的简单问题。

2）灵活性较好。层与层之间只要接口关系保持不变，任何层内部的变化对上下层都没有影响，此外，对某一层提供的服务也可以进行修改。

3）易于实现和维护。分层使得整个系统被分解为若干个相对独立的子系统，而这种结构使得实现和维护庞大而复杂的系统变得更加容易。

4）两个不同的系统具有相同的层次功能。通信是在系统间对等的层次之间进行的，如上图中发货人"打包货物"与收货人"拆封货物"即为对等的层次。

通过上述示例，我们知道发货人与收货人按照相同规则来书写快递单据，这种通信规则规定了双方都可以识别的地址信息，也是双方事先约定好的。同样的，在计算机网络中，主机与主机之间也必须遵守约定好的通信规则进行网络数据交换，这种规则称之为"协议（Protocol）"。网络协议是指为进行计算机网络中的数据交换而建立的规则、标准或约定的集合。协议总是指某一层协议，准确地说，是为对等实体之间通信而制定的规则集合。网络协议包括以下 3 个要素。

1）语义（Semantics）。语义是指构成协议的协议元素的含义，不用类型的协议元素规定了通信双方所要表达的不同内容。协议元素一般是指控制信息或命令及应答。

2）语法（Syntax）。语法是指数据或控制信息的数据结构形式或格式。

3）时序（Timing）。时序是指事件的执行顺序。

传输控制协议（Transmission Control Protocol，TCP）和网际协议（Internet Protocol，IP）是被大众所熟知的网络协议，它们是 Internet 中最著名两个协议。

在协议的控制下，两个对等实体间的通信使得本层能够向上一层提供服务。要实现本层协议，还需要使用下面一层所提供的服务。协议与服务在概念上有较大的差别，通常来说，服务是由下层向上层通过层间接口提供的，是"垂直的"；而协议是"水平的"，协议是控制对等实体之间通信的规则。

从通信的角度看，各层所提供的服务可分为两类，即面向连接的（Connection-Oriented）服务和无连接的（Connectionless）服务。面向连接的服务是指在数据交换前先建立连接，交换结束后再终止连接，一般分为连接建立、数据传输和连接释放（终止）3个阶段，在传输数据的时候是按序传输，这和电路交换的特性相似。无连接服务在通信之前不需要建立连接。无连接服务的另一个特征是不要求参与通信的两个实体同时处于激活状态，只要求发送方是活跃的，而接收方在接收时活跃即可，其他时间可以不是激活状态，所以无连接服务比较灵活。

3.1.2　开放系统互联参考模型

国际标准化组织（International Organization for Standardization，ISO）于1981年正式推荐了一个网络体系结构，称为"开放系统互连基本参考模型（Open Systems Interconnection Reference Model）"，简称为OSI/RM。由于这个参考模型的建立，使得遵循这一标准的任何系统都可以进行通信，大大推动了网络通信标准化和网络互联互通的进程。

OSI/RM参考模型将网络体系结构划分为7层，如图3-2所示。

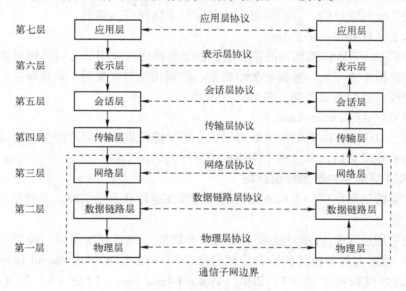

图3-2　OSI/RM参考模型

通过上图可以看出，OSI/RM参考模型由低到高分别是物理层、数据链路层、网络层、传输层（也叫运输层）、会话层、表示层和应用层。

1. OSI参考模型各层的主要功能

（1）物理层（Physical Layer）

物理层位于OSI/RM体系结构的最底层，向下直接与物理传输介质相连接，其数据传输单元是比特（bit）。物理层协议是各种网络设备进行互联时必须遵守的底层协议，与其他协议无关，能够实现比特流的透明传输，为数据链路层提供数据传输服务。

（2）数据链路层（Data Link Layer）

数据链路层位于 OSI/RM 体系结构的第 2 层，介于物理层和网络层之间。数据链路层在物理层提供比特流传输的基础上，通过建立数据链路连接，采用差错控制与流量控制方法，将一条原始且有差错的物理链路变为对网络层无差错的数据链路。其数据传输单元是帧（一种用于传输数据的结构化的数据包）。

（3）网络层（Network Layer）

网络层位于 OSI/RM 体系结构的第 3 层，其相邻的低层是数据链路层，高层是传输层。网络层主要负责确定从源主机沿着网络到目的主机的路由选择，即找到最佳路径实现报文分组的无差错传输。

（4）传输层（Transport Layer）

传输层位于 OSI/RM 体系结构的第 4 层，相邻的低层是网络层，高层是会话层。主要负责为不同位置主机中的进程分配端到端的可靠数据传输与接收服务，能够向高层屏蔽低层数据通信的细节。传输层在 OSI/RM 参考模型中起到特殊的承上启下作用，其数据传输单元是报文。

（5）会话层（Session Layer）

会话层位于 OSI/RM 体系结构的第 5 层，处于传输层和表示层之间。会话层主要负责维护不同主机之间会话连接的建立、使用（管理）和结束，从 OSI/RM 参考模型来看，会话层之上的各层是面向用户的，会话层以下的各层是面向网络通信的。

（6）表示层（Presentation Layer）

表示层位于 OSI/RM 体系结构的第 6 层，位于会话层与应用层之间。表示层主要负责通信系统之间的数据格式变换、数据加密与解密、数据压缩与恢复等，重点解决的问题是保证所传输的数据经传输后意义不变，并与机器无关。

（7）应用层（Application Layer）

应用层位于 OSI/RM 体系结构的最高层，主要功能是直接为用户服务，通过应用软件实现网络与用户的直接对话，负责整个网络应用程序的协同工作。

2. OSI/RM 环境中的数据传输过程

在层次式结构的网络中，不同系统的应用进程在进行数据通信时，其数据传递的过程如图 3-3 所示。

发送端的应用进程 P_A 将用户数据（简记为 P 数据）先送到应用层，即第 7 层，简记为（7）层。（7）层加上若干比特的协议控制信息（7）PCI（Protocol Control Information）后，作为（7）层的协议数据单元（7）PDU（Protocol Data Unit）传到（6）层（即表示层），（6）层收到这个数据单元后，成为第 6 层的服务数据单元（6）SDU（Service Data Unit），再加上本层的协议控制信息（6）PCI，成为（6）层的协议数据单元（6）PDU，再交给（5）层，即会话层，成为（5）层的服务数据单元（5）SDU，依此类推。不过到达数据链路层，即第 2 层（（2）层）后，控制信息分成两个部分，分别加到本层服务数据单元的首部和尾部，成为第 2 层的协议数据单元（2）PDU（即帧），再传到（1）层（物理层）。由于物理层传送的是比特流，所以不再加控制信息。

当这一串比特流经网络的物理媒体到达接收结点后，从该结点的（1）层上升到（2）层（数据链路层），（2）层根据控制信息进行必要的操作后，剥去控制信息，将剩下的数据单元上交（3）层（即网络层），（3）层根据本层的控制信息进行必要操作完成路由选择后，更新网络层控制信息，下传到（2）层，（2）层再加上控制信息送到（1）层。然后，通过网络的物理媒体传送到第2个结点，最后传到接收端。在接收端从（1）层上升到（7）层，同样每一层都根据控制信息进行必要的操作，然后将控制信息剥去，把剩下的数据单元上交更高的一层，最后把应用进程 P_A 发送的数据交给目的进程 P_B。信息的上述传送过程类似于货物在物流系统的传递过程。

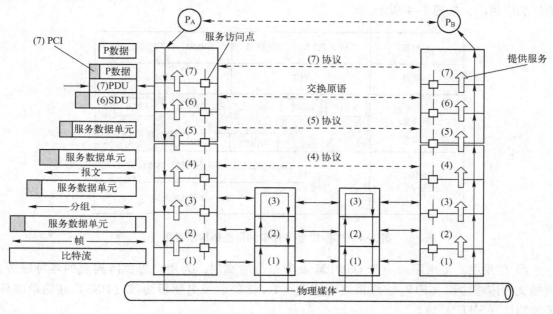

图 3-3　数据传输过程示意图

虽然应用进程 P_A 的数据要经过图 3-3 所示过程，才能送到对方应用进程 P_B，但是这些传送的微观过程，对用户来说却感觉不到，就像是应用进程 P_A 直接把数据交给应用进程 P_B。这样，在逻辑上形成了一条由 P_A 到 P_B 的虚通信路径或逻辑信道。同样，任何两个对等层之间都形成一条逻辑信道，如图 3-3 的水平虚线所示，将本层协议数据单元（即服务数据单元加上协议控制信息）直接传送给对方，这就是对等层之间的通信。前面提到的各个层次应用协议就是在对等层之间传送数据的规定。

在 20 世纪 80 年代，许多企业一度表示支持 OSI/RM 标准，但到了 90 年代初期，虽然整套 OSI/RM 国际标准都已经制定，但却找不到有什么厂家生产出符合 OSI/RM 标准的商用产品，这就意味着在市场化方面 OSI/RM 标准失败了。与此同时，在工程应用领域得到广泛应用的 TCP/IP 体系结构越来越得到市场的认可，并已经取代 OSI/RM 标准而被称为"事实上的国际标准"。

3.1.3　TCP/IP 体系结构

1969 年 11 月，美国国防部高级研究计划管理局（Advanced Research Projects Agency）开始建立一个命名为 ARPANET 的网络，ARPANET 主要是用于军事研究目的的，其基于这样的指导思想：网络必须经受得住故障的考验并维持正常的工作，一旦发生战争，当网络的某一部分因遭受攻击而失去工作能力时，网络的其他部分应能维持正常的通信工作。该网络采用一种与 OSI/RM 不同的体系结构，称为 TCP/IP 参考模型（TCP/IP Reference Model）。作为 Internet 的早期骨干网，ARPANET 奠定了 Internet 存在和发展的基础，较好地解决了异种机网络互联的一系列理论和技术问题。

TCP/IP 是一组用于实现网络互联的通信协议。Internet 网络体系结构以 TCP/IP 为核心。基于 TCP/IP 的参考模型将计算机网络体系分为 4 个层次，分别是网络接口层、网际层、传输层和应用层，如图 3-4 所示。

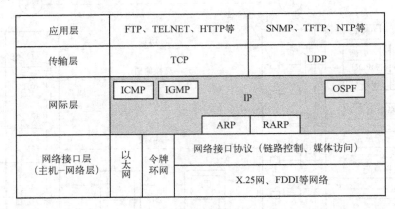

图 3-4　TCP/IP 参考模型的层次结构示意图

1）应用层。应用层对应于 OSI/RM 参考模型的高层，为用户提供所需要的各种服务，例如文件传输协议（FTP）、虚拟终端协议（TelNET）、域名解析协议（DNS）和简单邮件传输协议（SMTP）等。

2）传输层。传输层对应于 OSI/RM 参考模型的传输层，为应用层实体提供端到端的通信功能，保证了数据包的顺序传送及数据的完整性。该层定义了两个主要的协议：传输控制协议（TCP）和用户数据报协议（UDP）。其中，TCP 是一种面向连接的数据传输协议，而 UDP 是一种无连接的数据传输协议。

3）网际层。网际层的主要协议是无连接的网际协议 IP，以及与网际协议配合使用的还有网际控制报文协议 ICMP、网际组管理协议 IGMP、地址解析（或转换）协议 ARP 和逆地址解析协议 RARP。由于网际协议主要作用是使互联的若干计算机网络能够进行通信，因此 TCP/IP 体系中的网络层常称为网际层或 IP 层。网际层主要负责主机之间的通信，其传输的数据单位是 IP 数据报。

4）网络接口层。网络接口层与 OSI/RM 参考模型中的物理层和数据链路层相对应，也称网络接入层或主机—网络层。它负责监视数据在主机和网络之间的交换。事实上，TCP/IP 本身并未定义该层的协议，而由参与互联的各网络使用自己的物理层和数据链路层协议，然后与 TCP/IP 的网络接入层进行连接。

OSI/RM 7 层协议体系结构的概念清楚，理论也较为完整，但它既复杂又不实用。TCP/IP 体系结构则不同，它是一个 4 层的体系结构，目前已得到广泛的应用。OSI/RM 与 TCP/IP 两者之间既有共同点也有不同点，如图 3-5 所示。

1）二者之间的共同点。OSI/RM 参考模型和 TCP/IP 参考模型都采用了层次结构的概念，都能够提供面向连接和无连接两种通信服务机制。

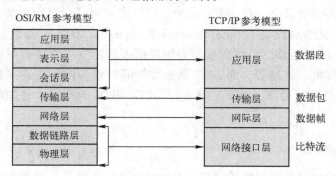

图 3-5　OSI/RM 参考模型与 TCP/IP 参考模型对比示意图

2）两者之间的不同点。

① OSI/RM 采用的 7 层模型，而 TCP/IP 是 4 层结构。

② TCP/IP 参考模型的网络接口层实际上并没有真正的定义，只是一些概念性的描述。而 OSI/RM 参考模型对应的结构不仅分了两层，而且每一层的功能都很详尽，甚至在数据链路层又分出一个介质访问子层，专门解决局域网的共享介质问题。

③ OSI/RM 参考模型是在协议开发前设计的，具有通用性，适合于描述各种网络。TCP/IP 是先有协议集然后建立模型，不适用于非 TCP/IP 网络。

④ OSI/RM 参考模型与 TCP/IP 参考模型的传输层功能基本相似，都是负责为用户提供真正的端对端的通信服务，也对高层屏蔽了底层网络的实现细节。所不同的是，TCP/IP 参考模型的传输层是建立在网际层基础之上的，而网际层只提供无连接的网络服务，所有面向连接的功能完全在 TCP 中实现，当然 TCP/IP 的传输层也能提供无连接的服务（如 UDP）；相反 OSI/RM 参考模型的传输层是建立在网络层基础之上的，网络层既提供面向连接的服务，又提供无连接的服务，但传输层只提供面向连接的服务。

⑤ OSI/RM 参考模型的概念划分清晰，但过于复杂；而 TCP/IP 参考模型在服务、接口和协议的区别上并不清楚，功能描述和实现细节混在一起。

⑥ TCP/IP 参考模型的网络接口层并不是真正的一层；OSI/RM 参考模型的缺点是层次过多，划分意义不大但却增加了复杂性。

⑦ OSI/RM 参考模型虽然被看好，由于没把握好时机，技术不成熟，实现困难；相反，TCP/IP 参考模型虽然有许多不尽人意的地方，但应用性强，市场认可率高。

3.2　物理层

3.2.1　物理层概述

计算机网络中有许多物理设备和不同种类的传输媒体。但这些具体的设备和传输媒体不属于物理层。物理层的作用是在一条物理传输媒体上，实现数据链路实体之间透明地传输各种数据的比特流，尽可能地屏蔽不同传输媒体、物理设备和通信方式的差异，使数据链路层感觉不到这些差异的存在。这样，数据链路层就可以不必考虑网络的具体传输媒体，只需要完成本层的协议和服务。

国际电报电话咨询委员会（CCITT）对物理层的定义为：利用物理的、电气的、功能的和规程的特性在数据终端设备（Data Terminal Equipment，DTE）和数据通信设备（Data Communication Equipment，DCE）之间实现对物理信道的建立、维护和释放功能。DTE 又称物理设备，包括计算机、终端等。而 DCE 则是数据通信设备或电路连接设备，如调制解调器。数据传输通常是经过 DTE→DCE，再经过 DCE→DTE 的路径。物理层传输数据的单位是比特（bit）。

3.2.2 物理层的特性

物理层上的协议也被称为规程或接口（Procedure），主要是规定物理信道的建立、保持及释放的特性，这些特性一般指机械特性、电气特性、功能特性和规程特性。

（1）机械特性

机械特性规定了接口所用的连接器的形状、几何尺寸、引线数量、排列方式、固定和锁定装置等。如 ISO 2110 标准定义了 25 引脚的 DB-25 插头座，包括它的尺寸和固定方式。

（2）电气特性

在 DTE 与 DCE 之间有多条引线，电气特性定义了引线的电气连接方式、发送器和接收器的电气参数，包括信号源的输出阻抗、负载的输入阻抗、信号"1"和"0"的电压范围、传输速率和距离的限制等。

常用的电气特性标准包括：EIA RS-232-C、V.28 等。

（3）功能特性

功能特性对接口连线的功能给出明确的定义，说明某条线路上出现的某一电平的电压所表示的意义。可分为数据信号线、控制信号线、定时信号线和接地线 4 类。与功能特性有关的国际标准有 CCITT V.24 和 X.21 等。

（4）规程特性

规程特性定义了物理层传输比特流的全过程及各项用于传输的事件发生的合法顺序，包括事件的执行顺序和数据传输方式，即定义了物理连接建立、维持和释放时，DTE/DCE 双方在各自电路上的动作序列。RS-232-C/CCITT V.24 与 X.21 是两个著名的物理层协议实例。

物理层的以上 4 个特性实现了在传输数据时，对信号、接口和传输介质等的规定。

3.2.3 物理层的网络连接设备

物理层的网络连接设备主要包括中继器、集线器等。

（1）中继器（Repeater）

中继器（Repeater）是连接网络线路的一种装置，常用于两个网络结点之间物理信号的双向转发工作。中继器主要负责在两个结点的物理层上按位传递信息，完成信号的复制、调整和放大功能，以此来延长网络的长度。中继器的工作原理如图 3-6 所示，中继器的主要功能是扩大网络的通信距离。

由于在线路传输的过程中会存在损耗，信号功率也会逐渐衰减，衰减到一定程度时将造成信号失真，因此会导致接收错误，中继器就是为解决这一问题而设计的。它能够完成物理线路的连接，并对衰减的信号进行放大，保持与原数据相同。一般情况下，中继器的两端连接的是相同的媒体，但有的中继器也可以完成不同媒体的转接工作。从理论上讲中继器的使用是无限的，网络也因此可以无限延长，但事实上这是不可能的，因为网络标准中都对信号的延迟范围做了具体的规定，中继器只能在此规定范围内进行有效的工作，否则会引起网络故障。

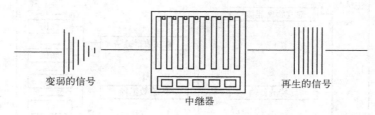

变弱的信号　　　　　　　　　　　　再生的信号

中继器

图3-6　中继器工作原理示意图

（2）集线器（Hub）

集线器（Hub）是具有多个端口的中继器。"Hub"是"中心"的意思，集线器的主要功能是对接收到的信号进行再生整形放大，以扩大网络的传输距离，同时把所有结点集中在以它为中心的结点上。如图3-7所示。它工作于OSI/RM（开放系统互联参考模型）参考模型第一层，即"物理层"。

集线器属于数据通信系统中的基础设备，是一种不需任何软件支持或只需很少管理软件管理的硬件设备。集线器内部采用了直接互联，当维护LAN的环境是逻辑总线或环形结构时，完全可以用集线器建立一个物理上的星形或树形网络结构。在这方面，集线器所起的作用相当于多端口的中继器。其实，集线器实际上就是中继器的一种，其区别仅在于集线器能够提供更多的端口服务，所以集线器又叫多口中继器。

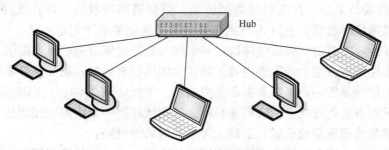

Hub

图3-7　以太网Hub连接示意图

3.3　数据链路层

3.3.1　数据链路层概述

数据链路层在物理层提供的服务基础上通过执行数据链路层协议向网络层提供服务，把比特流组成的数据帧从一个结点传送到其他相邻结点，为网络层提供可靠的、无差错的、透明的传输服务，其最基本的服务就是将网络层发送的数据可靠地传输到目标结点的网络层。

在进一步学习数据链路层相关知识之前，先要理解物理层与数据链路层的区别与联系，如图 3-8 所示。

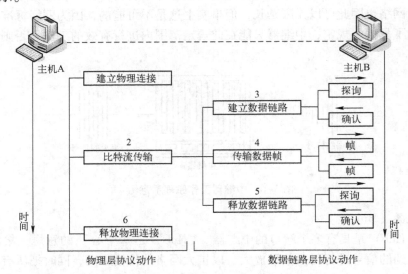

图 3-8　数据链路层与物理层工作过程示意图

1）主机 A 与主机 B 之间要传输数据，首先要建立物理线路连接。

2）物理线路是由传输介质与通信设备构成的，建立物理线路后才可以传输比特流，然后通过数据链路层协议协商建立数据链路。

3）数据链路建立后才能进入数据帧传输阶段，这时就把有差错的物理线路变成无差错的数据链路，通过协议控制协调传输过程，保证数据帧传输的可靠性。

4）数据帧传输结束后，首先释放数据链路，数据链路释放后，物理线路连接还存在，最后等物理线路连接释放后，主机 A 与主机 B 之间的通信关系才完全解除。

从上述差异性可以看出，数据链路层最基本的功能是向该层用户提供透明、可靠的数据传送服务。透明性是指该层上传的内容、格式及编码没有限制，也没有必要解释信息结构的意义。可靠的传输是指用户不需要担心丢失信息、干扰信息及顺序不正确等问题，而在物理层中这些情况都有可能发生。为实现该目标，数据链路层中采用差错控制技术，将物理层提供的可能出错的物理连接改造成为逻辑上无差错的数据链路。

数据链路层在实现服务时需要完成许多特定的功能，主要包括链路管理、帧的封装与同步、流量控制与顺序控制、差错控制、透明传输等。

1）链路管理。在发送结点和接收结点之间，通过交换一些必要的信息来建立、维持和释放数据链路。

2）帧的封装与同步。数据链路层数据的传输单位是帧。数据一帧一帧传输，当出现差错时可以只重传出差错的帧，不需要重传全部数据。因此，结点在发送时，需要将从网络层传下来的数据分组，附上目的地址等数据链路层 PCI 构成帧，完成帧的封装；同样，在接收端接收时，要检查、去除帧的数据链路层的 PCI，将纯信息（即分组）上交网络层，实现帧的分解。帧的同步就是接收端能够从收到的比特流中准确地识别一个帧的开始和结束。

3）流量控制与顺序控制。为防止接收端缓存能力不足而造成的数据丢失，发送端发送数据的速率必须使接收端来得及接收。当接收方来不及接收时，接收方必须及时控制发送方发送数据的速率，同时使帧的接收顺序与帧的发送顺序一致。

4）差错控制。为了保证数据传输的正确性，在计算机通信过程中通常采用检错重发，即接收方每收到一帧便检查帧中是否出错，一旦有错则让发送方重发这一帧，直到接收方正确收到这一帧为止。但是，一般重传 8 ~ 16 次仍失败，便作为不可恢复的故障向上层报告。

5）透明传输。由于数据是随机组合的，可能和某个控制信息完全一样而被接收方误解，这时必须采取措施使接收方不致将这样的数据当成某种控制信息，这就是透明传输。

6）寻址。在多点连接的情况下，既保证每一帧都能正确地送到目的地，又能够使接收方知道是哪个站点发送的。

数据链路层主要通过数据链路控制协议实现可靠的数据传输，这里的数据链路控制协议主要是指停止等待协议、连续 ARQ（Automatic Repeat Request）和选择重传 ARQ 协议、高级数据链路控制规程（或协议）（High Level Data Link Control，HDLC）、Internet 的点对点协议（Point－to－Point Protocol，PPP）等。

3.3.2　帧的格式

帧是数据链路层的传输单位，按照 OSI/RM 的术语就是数据链路层协议数据单元（DL－PDU）。为了使传输中发生差错后只将出错的有限数据进行重发，数据链路层将比特流组合成以帧为单位传送。每个帧除了要传送的数据还包括校验码，校验码能够使接收方发现传输中的差错。帧的结构设计需要让接收方能够明确地从物理层收到的比特流中对其进行识别，也即能从比特流中区分出帧的起始与终止，这就是帧同步要解决的问题。由于网络传输中很难保证计时的正确和一致，所以不可采用依靠时间间隔关系来确定一帧的起始与终止。下面介绍的 4 种常用方法能够解决这个问题。

1）字节计数法。这是一种以一个特殊字符表示一帧的起始，并以一个专门字段来标明帧内字节数的帧同步方法。接收方可以通过对该特殊字符的识别从比特流中区分出帧的起始并从专门字段中获知该帧中随后跟随的数据字节数，从而可确定出帧的终止位置。面向字节计数的同步规程的典型代表是 DEC 公司的数字数据通信报文协议 DDCMP（Digital Data Communications Message Protocol）。DDCMP 采用的帧格式如图 3-9 所示。

8	14	2	8	8	8	16	131064	16
SOH	Count	Flag	Ack	Seg	Addr	CRC1	Data	CRC2

图 3-9　DDCMP 帧格式结构图

控制字符 SOH 标志数据帧的起始。实际传输中，SOH 前还要以两个或更多个同步字符来确定一帧的起始，有时也允许本帧的头紧接着上帧的尾，此时两帧间就不必再加同步字符。Count 字段共有 14 位，用以指示帧中数据段中数据的字节数，14 位二进制数表示的最大值为 $2^{14}-1=16383$，所以数据最大长度为 8 B × 16383 = 131064 B。DDCMP 协议就是靠这个字节计数来确定帧的终止位置。DDCMP 帧格式中的 CRC1、CRC2 分别对标题部分和数据部分进行双重校验，强调标题部分单独校验的原因是，一旦标题部分中的 Conut 字段出错，即失却了帧边界划分的依据，将造成灾难性的后果。由于采用字符计数方法来确定帧的终止边界不会引起数据及其他信息的混淆，因而不必采用任何措施便可实现数据的透明性（即任何数据均可不受限制地传输）。

2）使用字符填充的首、尾定界符方法。该方法用一些特定的字符来界定某一数据帧的起始与终止，为了不使数据信息位中出现与特定字符相同的字符而被误判为帧的首尾定界符，可以在这种数据字符前填充一个转义控制字符（DLE）以示区别，从而达到数据的透明性。但这种方法使用起来比较麻烦，而且所用的特定字符过份依赖于所采用的字符编码集，兼容性比较差。

3）使用比特填充的首、尾标志方法。该方法以一组特定的比特模式（如11111001）来标志某一数据帧的起始与终止。为了不使信息位中出现的与特定比特模式相似的比特串被误判为帧的首尾标志，可以采用比特填充的方法。比如，采用特定模式11111001，则对信息位中的任何连续出现的5个"1"，发送方自动在其后插入一个"0"，而接收方则做该过程的逆操作，即每接收到连续5个"1"，则自动删去其后所跟的"0"，以此恢复原始信息，实现数据传输的透明性。比特填充很容易由硬件来实现，性能优于字符填充方法。

4）违例编码法。该方法在物理层采用特定的比特编码方法时使用。例如，曼彻斯特编码方法是将数据比特"1"编码成"高-低"电平对，而将数据比特"0"编码成"低-高"电平对。而"高-高"电平对和"低-低"电平对在数据比特中属于违例。可以借用这些违例编码序列来界定帧的起始与终止。局域网IEEE 802标准中就采用了这种方法。违例编码法不需要任何填充技术，便能实现数据的透明性，但它只适用于采用冗余编码的特殊编码环境。

由于字节计数法中Count字段的脆弱性，以及字符填充法实现上的复杂性和不兼容性，目前普遍使用的帧同步法是比特填充和违例编码法。

3.3.3 停止等待协议

从前面内容可知，当两个主机进行通信时，应用进程要将数据从应用层逐层下传，在传送的过程中层层加控制信息，经物理层到达通信线路。通信线路将数据传到远方主机的物理层后，再逐层上传并层层剥去控制信息，最后到达远程的应用进程。

如果单独讨论数据链路层协议，可以将数据链路层以上的各层用一个主机来替代，同时将物理层和通信线路等效成一条链路，这样就得到数据链路的简化模型，如图3-10所示。考虑到数据在通信线路上是以比特为单位串行传输，而在计算机内部则以字节为单位并行传输，所以必须在计算机的内存中设置一定容量的缓冲区来解决数据传输速率不一致的矛盾。如果要进行全双工通信，则在每一方都要同时设置发送缓冲区和接收缓冲区。

为了理解数据链路层协议，下面分4种情况讨论。

（1）理想情况

理想情况是指：链路是理想的传输信道，即传输完全可靠、不出错、不丢失；不论发送方发送速率快、慢，收方均能收下并上交主机。第一个条件说明传输可靠，不存在差错控制问题，而第二个条件说明接收方链路层向主机交付数据的速率永远大于发送数据的速率，不存在缓冲区溢出而造成数据帧丢失的可能，因此不需要进行流量控制，如图3-11a所示。

（2）仅需流量控制的情况

假定信道是无差错的理想信道，但接收方接收数据的速率跟不上发送方发送数据的速率。在这种情况下，为了便于接收方的接收缓冲区在任何情况下都不溢出，最简单的办法是由接收方控制发送方的数据量，就是发送方每发送一帧数据就停下来等待接收方的确认信息，接收方收到数据帧后就交给主机，然后发送一个表示收妥的确认帧（Acknowledgement，ACK）给发送方，发送方收到确认帧 ACK 后再发送下一帧数据。显然，采用这种方法接收方、发送方都可以同步得很好，如图 3-11b 所示。

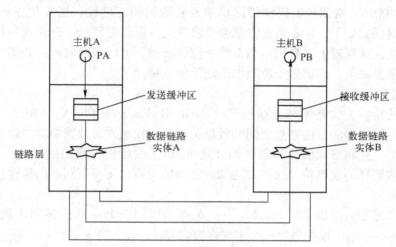

图 3-10 数据链路层简化模型

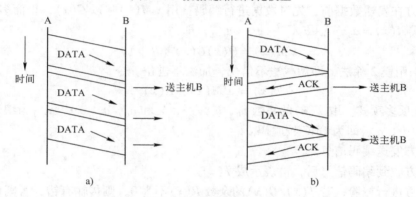

图 3-11 数据链路层协议
a）理想情况 b）仅需流量控制

由于数据在传输中不会出错，因此，接收方将收到的数据帧交给主机 B 后向发送方主机 A 发送的信息不需要说明所收到的数据是正确的，只要发回一个没有内容的信息就能起到流量控制作用，这种用停止等待方式实现的数据链路层协议称为停止等待协议（Stop - and - Wait Protocol）。

（3）既需要差错控制又需要对数据发送端进行流量控制的情况

现在假设数据帧在传输过程中由于受到干扰出现了差错，如何检错和纠错呢？对于检错，通常采用奇偶校验和循环冗余校验；对于纠错，通常的方法是采用重传。

1）奇偶校验。

这是一种最简单的检错方法，在计算机数据传输中得到广泛应用。奇偶校验有两种类型：偶校验与奇校验。其核心思想是每个字符在传输过程中用 8 位二进制表示，其中前 7 位是其 ASC Ⅱ 编码，第 8 位是奇/偶校验位，使整个编码中 1 的个数为奇数（奇校验）或偶数（偶校验）。

奇校验：所传送字符的 8 位编码中，"1"的个数为奇数，如：10110000，01010010，01010001。偶校验：所传送字符的 8 位编码中，"1"的个数为偶数，如：10100011，10010000，00010010。奇偶校验码能够简单地校验数据的正确性，当 8 位编码中的 1 位变了，得到的奇偶性就变了，接收数据方就会要求发送方重新传数据。奇偶校验只可以简单判断数据的正确性，从原理上可看出：当奇数个位数出错，可以准确判断；如同时两个 1 变成两个 0 就校验不出来了，即偶数个位数出错则无法识别。

2）循环冗余校验。

使用较多的检错方式是循环冗余校验（Cyclic Redundancy Check，CRC）。CRC 的基本思想是，先建立应发送的二进制数之间的数量关系，即发送方对数据帧的二进制数按照一定规则运算，产生二进制形式的校验码（循环冗余码），然后把这些二进制数一起发送出去，接收方收到后按同样的规则检验这些二进制数之间的关系，从而可判断出传输过程中有无差错发生。

任意一个二进制分组信息串 b_0，b_1，$\cdots$，b_m 都可以用一个 m 阶的多项式表示：$M(x) = b_0 x^m + b_1 x^{m-1} + \cdots + b_m$。预先选取一个生成多项式 $G(x) = g_0 x^r + g_1 x^{r-1} + \cdots + 1, 0 < r < m$，则检错步骤如下：

① 发送方在发送数据前，先对数据进行编码：用 $x^r M(x)$ 除以 $G(x)$，得商多项式 $Q(x)$ 和余数多项式 $R(x) = a_0 x^{r-1} + a_1 x^{r-2} + \cdots + a_{r-1}$，即

$$x^r M(x) = Q(x)G(x) + R(x) \tag{3-1}$$

这里的除法采用模 2 除法，即做减法不借位，加法不进位。令

$$T(x) = x^r M(x) - R(x) \tag{3-2}$$

$T(x)$ 为 $m+r$ 项多项式。取 $T(x)$ 的系数 b_0，b_1，$\cdots$，b_m 和 a_0，a_1，$\cdots$，a_{r-1} 为编码信息。其中，a_0，a_1，$\cdots$，a_{r-1} 即为 CRC 校验码。

② 发送方发送编码信息。

③ 接收方收到编码信息后，再表示成 $T(x)$。

④ 接收方进行校验，若 $T(x)/G(x)$ 的余数 $R(x)$ 不为 0，则传输有错，否则传输正确。

⑤ 取数据信息，即接收方把收到的正确编码信息去掉尾部 a_0，a_1，$\cdots$，a_{r-1}，即得数据信息 b_0，b_1，$\cdots$，b_m。

例 设二进制信息串为 1001001，生成多项式 $G(x) = x^4 + x + 1$，其系数为 10011。根据式（3-1），按模 2 除法可得

根据式（3-2）计算 $T(x)$，因为

$x^r M(x)$ 的系数为	1 0 0 1 0 0 1 0 0 0 0
$R(x)$ 的系数为 —	1 1 1 1
所以 $T(x)$ 的系数（即编码信息）为	1 0 0 1 0 0 1 1 1 1 1
	分组信息串　　校验码

可以验算，$T(x)$一定能被 $G(x)$ 除尽。数学分析表明，当 $G(x)$ 具有某些特点，才能检测出各种错误。例如，若 $G(x)$ 包含的项数大于1，则可以检测单个错误；若 $G(x)$ 含有因子 $(x+1)$，则可以检测出所有奇数个错；若 $G(x)$ 为 r 个校验位的多项式，则能检测出所有长度小于或等于 r 的突发性差错。

3）纠错。

由于在数据帧中加上了校验码，所以接收方很容易检验所收到的数据帧是否有差错。若接收方收到一个正确的数据帧，则立即交付给主机 B，同时向发送方主机 A 发送一个确认帧 ACK，主机 A 收到 ACK 后才能发送下一个新的数据帧，这样就实现了接收方对发送方流量的控制（如图3-11（b）所示）；当发现差错时，接收方向发送方发送一个否认帧（Negative Acknowledgement，NAK），要求发送方重发出现差错的那个数据帧，如果多次出现差错，就需进行多次重传，直至接收方发来确认帧 ACK 为止（如图3-12a 所示）。为此，发送方必须暂时保存已发送的数据帧的副本，直到收到 ACK 为止。

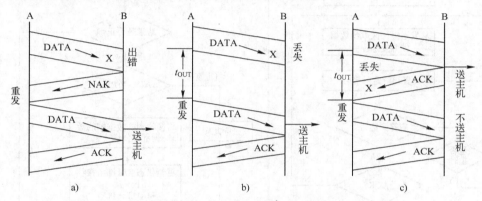

图3-12　在链路上数据帧的3钟传输情况
a）数据帧出错　b）数据帧丢失　c）应答帧丢失

如果发送方发出的数据帧在传输中丢失（如图3-12b 所示），接收方因没有收到数据帧，当然不会向发送方发任何应答帧；若发送方要等收到应答帧后再发送下一个数据帧，必然永远等待下去，出现死锁。同样的，若接收方发给发送方的应答帧丢失，也会产生死锁。

可以采用超时定时器来解决死锁问题，当发送方发完一个数据帧，就启动超时定时器，若超过定时器所设置的定时时间 t_{out} 仍未收到接收方的应答帧，则发送方重传前面所发送的数据帧（如图3-12b 所示）。t_{out} 的选择应恰当，选得太长，浪费时间；选得太短，就可能出现重发数据帧后就收到了对方对前面所发数据帧的应答帧。一般将定时时间选为略大于"从发完数据帧到收到应答帧所需的平均时间"。

若丢失的是应答帧（如图3-12c 所示），则超时重发将使接收方收到两个同样的数据帧。由于接收方无法识别重复的数据帧，因而在接收方会出现重复帧的差错。为了解决这个问题，可使每个数据帧带上发送序号 $N(S)$，每发送一个新的数据帧就把 $N(S)$ 加1。这样，当接收方收到发送序号相同的数据帧时，就意味着上次发的确认帧发送方未收到。因此，不仅丢弃重复帧，而且再向发送方发一个确认帧 ACK。发送序号 $N(S)$ 占的比特数越少，数据传输的额外开销就越小，这样，对于停止等待协议用1位就能区分新的数据帧和重发的数据帧。

（4）停止等待协议的算法

综上所述，给出停止等待协议的算法，如图 3-13 所示。

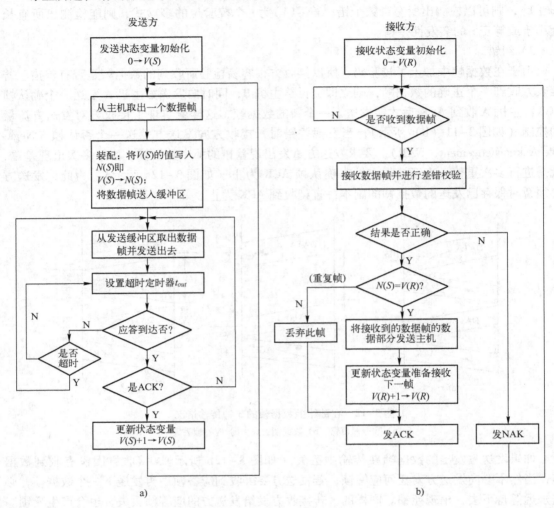

图 3-13　停止等待算法流程图

从算法的流程图可知：

1）接收方、发送方各设置一个 1 位的本地状态变量，对状态变量需要注意以下几点。

① 发送端每发一个帧数据，都要将发送状态变量 $V(S)$ 的值写到数据帧的发送序号上，但只有收到一个确认帧 ACK 后，才更新发送状态变量 $V(S)$ 一次并发送新的数据帧。

② 在接收方每接收一个数据帧，就要将数据帧上的发送序号 $N(S)$ 和本地的接收状态变量 $V(R)$ 进行比较，若二者相等，则为新的数据帧，否则为重复帧。

③ 当收到无差错的新的数据帧时，接收方除将其交主机外，还需将接收状态变量更新一次。

④ 若收到一个无差错的重复帧，则丢弃，且接收状态变量 $V(R)$ 不变，但要向发送方发一个确认帧 ACK。

2）发送方在发完数据帧时，必须设置超时定时 t_{out} 并在其发送缓冲区中保留数据帧的副本，以供出现差错时进行重发，只有收到对方发来的确认帧 ACK 后，才可以清除副本。

由于发送方重发出错的数据帧是自动进行的，所有将这种差错控制机制称为自动请求重发（Automatic Repeat Request，ARQ）。

3.3.4 连续 ARQ 协议和选择重传 ARQ 协议

（1）连续 ARQ 协议

连续 ARQ 协议是指发送完一个数据帧后不用停下来等待应答帧，而是连续发送若干个数据帧，即使在连续发送过程中收到了接收方发来的应答帧，也可以继续发送，如图 3-14 所示，由于减少了等待时间，必然会提高通信的吞吐量和信道利用率。

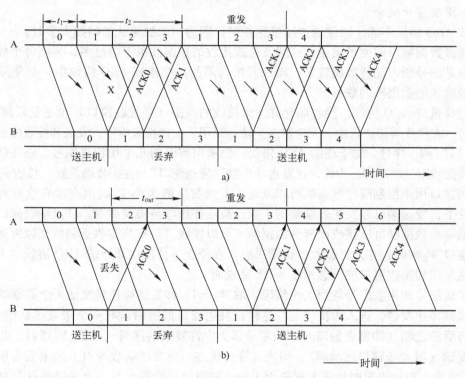

图 3-14　连续 ARQ 协议工作原理
a）数据帧 1 出错　b）数据帧 1 丢失

从图中可以看出，结点 A 向结点 B 发 0 号数据帧后，又连续发送后继的 1 号和 2 号数据帧，由于发送方连续发送了多个帧，所以接收方的应答数据帧需要编号说明是对哪一个数据帧的确认与否认。在图 3-14a 中，1 号数据帧出了差错，结点 B 发否认帧 NAK1，当 NAK1 到达结点 A 时，结点 A 刚好发完 3 号帧，所以结点 A 接着重发 1 号帧。虽然在这期间，结点 B 在 1 号帧后正确地接收了 2 个数据帧，但由于它们的发送序号都不是 1 号，所以和 1 号帧一起被丢弃，这样结点 A 尽管已发完 3 号帧，但必须后退，从 1 号帧开始重发。所以连续 ARQ 协议又称为后退 N 帧 ARQ 协议。

同样的，图 3-14b 中，当 1 号帧丢失，2 号、3 号数据帧虽然正确传送到结点 B，但因序号与接收序号不一致，也不得不丢弃。当结点 A 发 3 号数据帧后，因超时定时器设置的 t_{out} 时间到，而退回到 1 号数据帧进行重传 1～3 号帧。

（2）选择重传 ARQ 协议

连续 ARQ 协议因连续发送数据帧而提高了效率。但出差错重传时，由于把出错后原来已经正确传送过的数据帧还要进行重传，导致效率降低。尤其是传输质量很差，误码率较大时，连续 ARQ 协议不一定比停止等待协议优越。为了克服 ARQ 协议后退 N 帧的缺点，进一步提高信道的利用率，可以设法只重传出现差错的数据帧或定时器超时的数据帧。

为此，接收端必须能接收多个数据帧，这样即使收、发序号不连续，那么仍在接收范围中的那些数据帧会等到缺序号的数据帧收到后，再一起送交主机，这就是选择重传 ARQ 协议。这里提到的接收端允许接收数据帧的范围就是接收窗口。

（3）滑动窗口概念

连续 ARQ 协议不能无限制地连续发送数据，因为当未被确认的帧数太多时，一旦出错，将空传很多数据帧，即使不出错，连续发送或接收的数据帧也不能过多，否则每个数据帧的发送序号其编号所占比特数就较多，增加开销。因此，在连续 ARQ 协议中，必须限制已发送而未被确认的数据帧的数目。

对选择重传 ARQ 协议，接收端允许连续接收的范围（即接收窗口）也是受限制的。

同时，在停止等待协议中，无论发多少帧，只用了 1 比特来编号，发送和接收序号轮流使用"0""1"两个序号。对于连续 ARQ 协议，仍采用有限的几个比特来编号，循环使用已被确认的数据帧用过的序号。为此，在发送端设置"发送窗口"，在接收端设置"接收窗口"。

发送窗口用来控制哪些数据帧可以发送。发送窗口的大小 W_T 表示在没有收到对方确认帧的条件下，发送端可以发送数据帧的个数，虽然停止等待协议的 $W_T = 1$。接收窗口用来控制接收端哪些数据帧可以接收而哪些数据帧不可以接收，只有当接收到的数据帧发送序号落入接收窗口 W_R 内时，才允许接收，否则丢弃。在停止等待协议和连续 ARQ 协议中 $W_R = 1$。

发送窗口和接收窗口的概念用图 3-15 来说明。

设发送序号和接收序号均用 3 位编码，取 $W_T = 4$，即发送端连续发送 4 个数据帧仍未收到确认帧就停止发送，进入等待状态。这样，发送窗口的后沿就与一个未被确认的帧相邻，而前沿与后沿之间（即发送窗口内）的序号即为允许发送的序号（见图 3-15a）。当这些序号都已发送（或发送窗口已填满），则进入等待状态。当发送端收到对方发来后沿所指的帧号 0，则发送窗口就沿顺时针方向旋转 1 个号，使窗口后沿再次与一个未被确认的帧号 1 相邻（见图 3-15b），同时使一个新的帧号 4 落入发送窗口内，因此发送端现在就可以发送这个帧号了，依此类推。

接收窗口 $W_R = 1$（见图 3-15d）表示一开始接收窗口处于 0 号帧处，接收端准备接收 0 号帧，一旦正确收到 0 号帧，接收窗口沿顺时针方向向前转一个号（见图 3-15b）并向发送端发送对 0 号帧的确认信息。此后，若收到 1 号帧，则接收窗口将顺时针旋转一个号并发出对 1 号帧的确认信息。如果收到的不是 1 号帧，比如收到的帧号落在接收窗口的后面（顺时针方向）设为 0 号帧，而 0 号帧在此以前已经收到并对它发送过确认信息，这就说明已发出的对 0 号帧的确认信息中途丢失。因此，还需要再发一次对 0 号帧的确认，但刚收到的 0 号帧是重复帧，不能再送主机。如果收到的帧号落在接收窗口的前面（比如 2 号帧），则表明序号出错，接收端必须将它丢弃，并发对 2 号帧的否认信息。

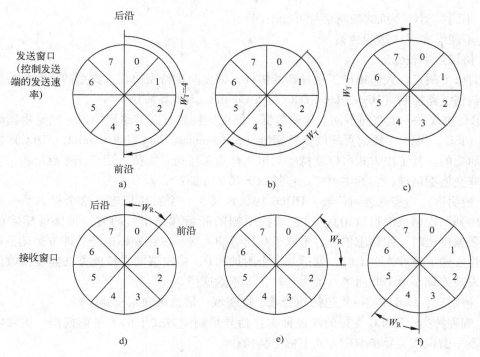

图 3-15 滑动窗口协议工作原理

a) 允许发 0~3 号帧　b) 允许发 1~4 号帧　c) 允许发 4~7 号帧
d) 准备接收 0 号帧　e) 准备接收 1 号帧　f) 准备接收 4 号帧

由此可知，当接收窗口保持不动时，发送窗口不会旋转，只有接收窗口旋转后，发送窗口才能向前旋转，这体现了接收端对发送端的控制。正是因为接收端、发送端的窗口按上述规律不断地沿顺时针方向滑动，故又将连续 ARQ 称为滑动窗口协议。显然，当 $W_T = 1$、$W_R = 1$ 时就是停止等待协议。

实际上，连续 ARQ 协议还规定接收端可以在收到几个正确数据帧后，才对最后一个数据帧发回一个确认帧。也就是说，对某一数据帧的确认表示了对该帧及其以前的所有多个数据帧的确认，从而减少开销。

选择重传 ARQ 协议的接收窗口 W_R 应大于 1。可以证明，要连续 ARQ 协议正常运行，其发送窗口的最大值必须小于 $2^n - 1$，而对选择重传 ARQ 协议，接收窗口不应大于发送窗口且 $W_T + W_R \leq 2^n$，这里 n 是发送序号所占的比特数。

3.3.5　HDLC 协议

实现数据链路层的功能就需要制定相应的数据链路层协议，数据链路层协议可分为两类：面向字符型与面向比特型。

最早出现的数据链路层协议是面向字符型协议。其特点是利用已经定义好的一种标准字编码（例如 ASCⅡ码或 EBCDIC 码）的一个子集来执行通信控制功能，以 ASCⅡ码为例，可以通过其中的 10 个控制字符（SOH、ACK、SYN 等）来实现通信控制，典型的面向字符型数据链路层协议是二进制同步通信协议（BSC，Binary Synchronous Communication）。面向字符型协议有三个明显缺点：

1）不同类型计算机的控制字符可能不同；

2）不能够实现"透明传输"；

3）协议效率较低。

针对以上缺点，人们提出了一种新的协议，即面向比特型协议。典型的面向比特型协议有高级数据链路控制（High‑level Data Link Control，HDLC协议）。

HDLC协议是一个在同步网上传输数据、面向比特的数据链路层协议，它是由国际标准化组织（ISO）根据IBM公司的同步数据链（Synchronous Data Link Control，SDLC）协议扩展开发而成的。其工作方式可以支持半双工、全双工传送，支持点到点、多点结构，支持交换型、非交换型信道，它的主要特点包括以下几个方面：

1）透明性：为实现透明传输，HDLC协议定义了一个特殊标志，这个标志是一个8位的比特序列路控制（01111110），用它来指明帧的开始和结束。同时，为保证标志的唯一性，在数据传送时，除标志位外，采取了0比特插入法，以区别标志符，即发送端监视比特流，每当发送了连续5个1时，就插入一个附加的0，接收端同样按此方法监视接收的比特流，当发现连续5个1时而第六位为0时，即删除这位0。

2）帧格式：HDLC帧格式包括地址域、控制域、信息域和帧校验序列。

3）规程种类：HDLC支持的规程种类包括异步响应方式下的不平衡操作、正常响应方式下的不平衡操作、异步响应方式下的平衡操作。

（1）HDLC协议的帧结构

数据链路层以帧为单位进行数据传输，这里的"帧"就是"数据链路协议数据单元"。HDLC协议采用同步传输方式，其帧结构具有固定的格式（见图3-16）。从网络层交下来的分组应为数据链路层的数据，放在帧的信息字段中，信息字段的长度没有具体规定，数据链路层在信息字段的首尾各加上24位控制信息构成一个帧。加这些控制信息的目的是解决同步、透明传输、寻址、流控制、顺序控制、差错控制、数据与控制信息的识别和链路管理等问题。

HDLC协议的完整的帧由标志字段（F）、地址字段（A）、控制字段（C）、信息字段（I）、帧校验序列字段（FCS）等组成，如图3-16所示。

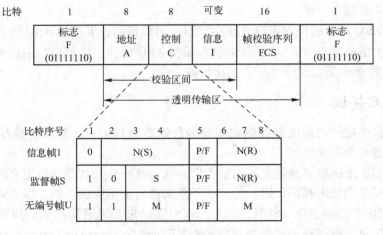

图3-16　HDLC的帧结构

1）标志字段（F）

标志字段为 01111110 的比特模式，用以标志当前数据帧的起始和前一个数据帧的终止。标志字段也可以作为帧与帧之间的填充字符。通常在不进行帧传送的时刻，信道仍处于激活状态，在这种状态下，发送方不断地发送标志字段，便可认为一个新的数据帧传送已经开始。

2）地址字段（A）

地址字段的内容取决于所采用的操作方式。在操作方式中，有主站、从站、组合站之分，每一个从站和组合站都被分配一个唯一的地址。命令帧中的地址字段携带的是对方站的地址，而响应帧中的地址字段所携带的地址是本站的地址。有的地址也可分配给不止一个站，这种地址称为组地址，利用一个组地址传输的帧能被组内所有拥有该组的站一一接收。但当一个站或组合站发送响应时，仍应当用它唯一的地址。还可用全"1"地址来表示包含所有站的地址，称为广播地址，含有广播地址的帧传送给链路上所有的站。另外，规定全"0"地址为无站地址，这种地址不分配给任何站，仅作为测试使用。

3）控制字段（C）

该字段是 HDLC 协议的关键。控制字段用于构成各种命令和响应，以便对链路进行监视和控制。发送方主站或组合站利用控制字段来通知被寻址的从站或组合站执行约定的操作；相反，从站用该字段作为对命令的响应，报告已完成的操作或状态的变化。

4）信息字段（I）

信息字段可以是任意的二进制比特串。比特串长度未做限定，其上限由 FCS 字段或通信站的缓冲器容量来决定，国际上用得较多的是 1000 ～ 2000 比特；而下限可以为 0，即无信息字段。但是，监控帧（S 帧）中规定不可有信息字段。

5）帧校验序列字段（FCS）

帧校验序列字段可以使用 16 位 CRC 对两个标志字段之间的整个帧的内容进行校验。

（2）HDLC 协议帧类型

1）信息帧

信息帧中控制字段的第 1 位为 0，第 2 ～ 4 位为发送序号 $N(S)$，即当前发送的信息帧的序号，而第 6 ～ 8 位为接收序号 $N(R)$，即一个站所期望收到对方发来的帧的发送序号，带有确认的意思，它表示序号为 $[N(R)-1](\mod 8)$ 及其在这以前的各帧都已正确无误地接收妥了，所以才期望收到序号为 $N(R)$ 的帧。因此，当本站有信息帧发送时，可以将确认信息放在接收序号 $N(R)$ 中捎带过去，$N(R)$ 和 $N(S)$ 主要用于监视所传送信息帧的丢失和重复。这样，在全双工通信的收发双方各需设置两个状态变量 $V(S)$ 和 $V(R)$，以确定发送序号 $N(S)$ 和接收序号 $N(R)$ 的值。

控制字段的第 5 位是询问/终止（Poll/Final）位，简称 P/F 位。当主站或复合站要询问从站或复合站时，将 P 置 1，表示询问，并要求对方回答；当从站/复合站发送最后一帧信息帧时，将 F 置 1，以表示终止。

2）监督帧

若控制字段的第 1、2 位分别为 1、0，则该帧为监督帧 S。监督帧共有 4 种，由第 3、4 位（即图 3-16 中持有 S 的两位）的取值决定。所有的监督帧都没有信息字段，因此，它只有 48 位长，也不需要有发送序号 $N(S)$，但接收序号 $N(R)$ 却非常重要。

监督帧的第 5 位，也是 P/F 比特，若 P/F 值为零，则该比特无任何意义，只有 P/F 比特值为 1 时才有意义。但在不同的传输方式中，P/F 比特有不同的用法。

3）无编号帧

无编号帧 U 的控制字段的第 1、2 位都是 1。因为它不带编号 $N(S)$ 和 $N(R)$，故称无编号帧。它用标有 M 的第 3、4、6、7、8 位表示不同的无编号帧，共有 32 个不同组合，但目前只定义了 15 种无编号帧，主要用于链路管理（包括数据链路的建立、释放、恢复的命令和响应）。它可以在需要时随时发出，不影响信息帧的交换顺序。

3.3.6 PPP

用户接入互联网后，在传送数据时都需要有数据链路层协议，其中最为广泛的是串行线路网际协议（SLIP）和点对点协议（PPP）。SLIP（Serial Line Internet Protocol）意为串行线路互联网协议，由于 SLIP 具有仅支持 IP 等缺点，主要用于低速（不超过 19.2 kbit/s）的交互性业务，并未成为互联网的标准协议。为了改进 SLIP，人们制定了点对点协议（Point - to - Point Protocol，PPP）。PPP 用于实现与 SLIP 一样的目的和作用，它在实现其作用的方式上比 SLIP 要优越得多。PPP 协议包括出错检测和纠正，以及分组验证，这是一个安全性特征，它能确保接收的数据分组确实来自于发送者。这些特性使得通过电话线可以建立更为安全的连接。PPP 是一种被认可的互联网标准协议，具有以下功能：

1）PPP 具有动态分配 IP 地址的能力；

2）PPP 支持多种网络协议，比如 TCP/IP、NetBEUI、NWLINK 等；

3）PPP 具有错误检测以及纠错能力，支持数据压缩；

4）PPP 具有身份验证功能。

（1）PPP 的组成

PPP 中提供了一整套方案来解决链路建立、维护、拆除、上层协议协商、认证等问题。PPP 包括：链路控制协议 LCP（Link Control Protocol）、网络控制协议 NCP（Network Control Protocol）和认证协议。LCP 负责创建，维护或终止一次物理连接。NCP 是一族协议，负责解决物理连接上运行什么网络协议，以及解决上层网络协议发生的问题。其层次结构如图 3-17 所示。

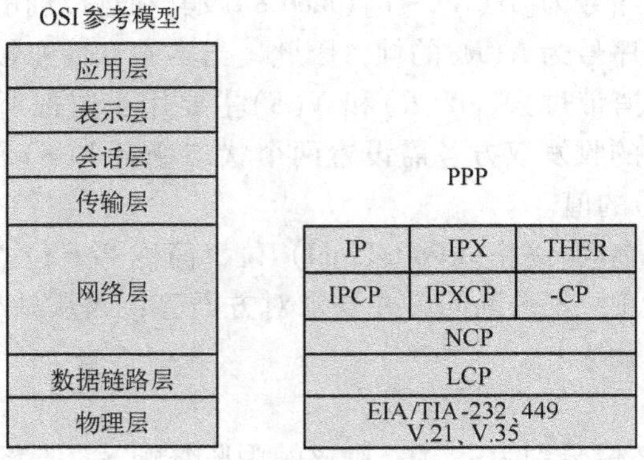

图 3-17 PPP 协议的层次结构

（2）PPP 的帧格式

PPP 的帧格式和 HDLC 的帧格式相似，如图 3-18 所示。PPP 帧的前 3 个字段和最后 2 个字段与 HDLC 协议相同。标志字段 F 仍为 01111110，即 7E，常写成 0x7E，符号"0x"表示它后面的字符是用十六进制表示的。地址字段 A 通常置为 11111111（即 0xFF）。控制字段 C 通常置为 00000011（0x03）与 HDLC 协议的无编号帧 U 的控制字段一样，即控制字段的最低两位都是 1。PPP 与 HDLC 协议不同之处为：

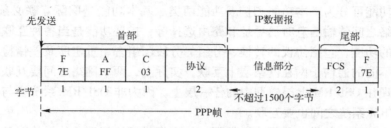

图 3-18 PPP 的帧格式

1）多了 1 个两个字节的协议字段。当协议字段为 0x0021 时，PPP 帧的信息为 IP 数据报；若为 0xC021，信息字段则为 PPP 链路控制数据；若为 0x8021，表示是网络控制数据。

2）PPP 不是面向比特而是面向字节的，因此，所有 PPP 帧的长度都是整数个字节。

3）PPP 不使用序号和确认机制，即不保证传送的帧"无差错""不丢失"和"不重复"。这不仅可以减少开销，而且也没有必要，因为在互联网下 PPP 的信息字段放入的是 IP 数据报，即使数据链路可靠也不能保证数据帧在路由器中从数据链路层上升到网络层后因网络拥塞而被丢弃（因为 IP 层提供的尽最大努力的交付）。但是，由于 PPP 帧中有帧检验字段 FCS，一旦发现差错就丢弃该帧，不会把差错的帧交付给上一层。而端到端的差错检测最后由高层协议负责，因此 PPP 可保证无差错接受。

3.4 网络层

3.4.1 网络层的基本概念

网络层是 OSI/RM 模型中的第三层，介于传输层和数据链路层之间。网络层提供路由和寻址的功能，使通信两端的发送方和接收方能够互连且决定最佳路径，同时，网络层还具有一定的拥塞控制和流量控制的能力。

网络层在数据链路层提供的两个相邻端点之间的数据帧传送基础上，进一步管理网络中的数据通信，将数据设法从源端经过若干个中间结点传送到目的端，从而向传输层提供最基本的端到端的数据传送服务。在 TCP/IP 体系中，网络层功能由 IP 规定和实现，故又称 IP 层。网络层的目的是实现两个端系统之间的数据透明传送，具体功能包括寻址和路由选择，以及网络连接的建立、保持和终止等。它提供的服务使传输层不需要了解网络中的数据传输和交换技术。

网络层最主要的作用是实现网际互联。网际互联是指一个网络上的某一主机能够与另一网络上的主机进行通信，也即一个网络上的用户能访问其他网络上的资源，使得不同网络的用户互相通信和交换信息。若互连的网络都具有相同的结构，则互连的实现比较容易。ISO的 OSI/RM 参考模型正是出于这个目的，力求所有的网络按照 OSI/RM 参考模型统一标准建设。但是在实际应用中，存在着大量的异构网络，尤其是各种类型的局域网数不胜数，而且，异构网络会在相当长一段时期内存在。

网际互联一般可分为"局域网 – 局域网""局域网 – 广域网""广域网 – 广域网""局域网 – 广域网 – 局域网"4 种形式。

网际互联功能可分为基本功能和扩展功能两类。基本功能是网际互联必须具备的功能，它包括不同网络之间传输信息时的寻址和路由选择等；扩展功能是当各种互联网络提供不同的服务时所需的功能，包括协议的转换、分组的分段、组合、重定序及差错检测等。网际互联并不单纯指不同的通信子网在网络层上互联，实际上，两个网络之间要互联时，它们之间的差异可以表现在 OSI/RM 七层模型中的任一层上，因为非 OSI/RM 系统要与 OSI/RM 系统互联，非 OSI/RM 系统之间也要互联。

用于网络之间互联的设备称网络连接器，按它们进行协议和功能转换对象的不同，可以分为以下几类。

- 中继器（Repeater）：在物理层中实现透明的二进制比特复制，以补偿信号衰减。
- 桥接器（Bridge）：在不同或相同的局域网（LAN）之间存储和转发帧，提供链路层上的协议转换。
- 路由器（Router）：在不同的网络之间存储和转发分组，提供网络层上的协议转换。

3.4.2　虚电路服务与数据报服务

在 OSI/RM 模型中把网络层服务划分为两大类：面向连接的网络服务和面向无连接的网络服务，其在网络层的具体实现分别对应虚电路服务和数据报服务两种。如图 3–19 所示。

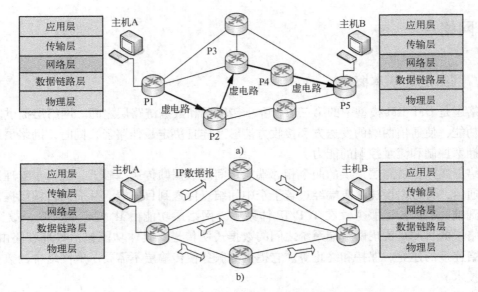

图 3–19　虚电路与数据报

a）虚电路　b）数据报

1. 虚电路

（1）虚电路操作方式

在通信子网中，为了进行数据的传输，网络的源结点和目的结点（网络设备）之间在通信之前先要建立一条逻辑通路，这条逻辑电路不是专用的，所以被称为"虚"电路。

虚电路工作过程分为三个阶段：虚电路建立阶段、数据传输阶段与虚电路释放阶段。

在虚电路建立阶段，路由器 P1 使用路由选择算法确定下一跳为路由器 P2，然后向路由器 P2 发送"呼叫请求分组"；同样，路由器 P2 也要使用路由选择算法确定下一跳为路由器 P3。以此类推，"呼叫请求分组"经过 P1、P2、P3、P4、P5 的路径到达路由器 P5。路由器 P5 向路由器 P1 发送"呼叫接收分组"，至此虚电路建立。

在数据传输阶段，利用已建立的虚电路以存储转发方式顺序传送分组。

在所有的数据传输结束后，进入虚电路释放阶段，将按照 P5、P4、P3、P2、P1 的顺序依次释放虚电路。

2. 虚电路服务

虚电路服务是网络层向传输层提供的一种能够让所有分组按顺序到达目的端系统的可靠的数据传送方式。

为了建立端系统之间的虚电路，源主机端系统的传输层首先向网络层发出连接请求，网络层则通过虚电路网络访问协议向网络结点发出呼叫分组；在目的主机端，网络结点向端系统的网络层传送呼叫分组，网络层再向传输层发出连接命令；最后，接收方传输层向发起方发回连接响应，这样虚电路建立起来以后，两个端系统之间就可传送数据，数据由网络层拆成若干个分组送给通信子网，由通信子网将分组传送到数据接收方（目的主机）。

上述虚电路的服务是网络层向传输层提供的服务，也是通信子网向端系统提供的网络服务。但是，提供这种虚电路服务的通信子网内部的实际操作既可以是虚电路方式的，也可以是数据报方式的。以虚电路方式操作的网络，一般总是提供虚电路服务，OSI/RM 中面向连接的网络服务就是虚电路服务。在虚电路操作方式中，端系统的网络层同通信子网结点的操作是一致的，比如 IBM 公司开发的网络体系结构 SNA 等多数公共网络，都采用这种以虚电路操作支持虚电路服务的方式。

2. 数据报

（1）数据报操作方式

在数据报方式中，每个分组被称为一个数据报。若干个数据报就组成了一次要传送的报文或数据块。每个数据报中都存储地址信息，当某个结点接收到一个数据报后，能够根据数据报中的地址信息和结点所存储的路由信息，找出一个合适的路径，把数据报发送到下一个结点。

当端系统要发送一个报文时，会将报文拆成若干个带有序号和地址信息的数据报，依次发给网络结点。此后，各个数据报所走的路径就可能不同了，因为各个结点会随时根据网络的流量、故障等情况选择路由分发路径。由于各自选择的路径可能会有所不同，各个数据报也无法保证按顺序到达目的结点，有的数据报还可能在传输途中丢失。

（2）数据报服务

数据报服务一般都是由数据报交换网来提供。端系统的网络层同网络结点中的网络层之间，一致地按照数据报操作方式交换数据。当端系统要发送数据时，网络层给该数据附加上地址、序号等信息，作为数据报发送给网络结点；目的端系统收到的数据报可能不是按照时序到达的，也可能存在有数据报的丢失情况。

有的时候，虚电路交换网也会提供数据报服务。例如：一个端系统的网络层已经构造好了用于处理数据报的服务，而当它要接入虚电路方式操作的网络时，网络结点就需要做一些转换工作。当端系统向网络结点发送一个携带有完整地址信息的数据报时，若发向同一地址的数据报数量足够大，则网络结点可以为这些数据报同目的结点之间建立一条虚电路，所有相同地址的数据报均在这条虚电路上传送。等一段时间后，当没有这类相同的地址的数据报要发送时，这条虚电路便可拆除。所以，这种数据报服务虽然具有了虚电路服务的通信质量，但是既不经济，效率也低。

3. 两种服务的比较

（1）两种操作方式的比较

虚电路分组交换适用于端系统之间长时间的数据交换，尤其是传送频繁但每次传送数据又很短的交互式会话情况下，免去了每个分组中地址信息的额外开销，但是每个网络结点都需要负担维护虚电路表的开销。因此，需要权衡这两个因素，同时还要考虑如果建立和拆除电路的次数过于频繁是不是合适。

数据报免去了呼叫建立过程，在分组传输数量不多的情况下要比虚电路简单灵活。每个数据报可以临时根据网络中的流量情况选取不太拥挤的链路，不像虚电路中的每个分组必须按照连接建立时的路径传送。每个结点没有额外开销，但每个分组在每个结点都要经过路由选择处理（选择合适的传输路径），这样就会影响传送速度。

虚电路提供了可靠的通信功能，能保证每个分组的正确到达，且分组保持原来顺序。另外，还可以对两个数据端点的流量进行控制，当接收方来不及接收数据时，可以通知发送方暂缓发送分组，但虚电路有一个致命的弱点，即当某个结点或某条链路出故障而彻底失效时，则所有经过该结点或该链路的虚电路将遭到破坏。而在数据报方式中，这种故障的影响要小得多，当发生上述故障时，仅在该结点上有缓存的分组可能会丢失，其他分组则可绕开故障区到达目的地，或者一直被搁置到故障修复后再传送。不过，数据报不保证数据分组的按序到达，数据的丢失也不会立即被发现。

（2）两种网络服务的比较

虚电路服务与数据报服务的差别主要体现在将顺序控制、差错控制和流量控制等通信功能交由通信子网完成，还是由端系统自己来完成。

虚电路服务向端系统保证了数据的按序到达，免去了端系统在顺序控制上的开销。但是，当端系统本身并不关心数据的顺序时，这项功能便成了多余，反倒影响了无序数据交换的整体效率。同时，虚电路服务向端系统提供了无差错的数据传送，但是，在端系统只要求快速的数据传送，而不在乎个别数据块丢失的情况下，虚电路服务所提供的差错控制也就并不很必要了。相反，有的端系统要求很高的数据传送质量，虚电路服务所提供的差错控制不能满足要求，端系统仍需要自己来进行更严格的差错控制，此时虚电路服务所做的工作又略显多余。不过，这种情况下，虚电路服务毕竟在一定程度上为端系统分担了一部分工作，为降低差错概率还是起了一定作用。

此外，虚电路服务还能够提供流量控制，但有的时候对端系统来说也并不适宜，因为虚电路服务总是将数据按固定路径传送，不能灵活地走捷径，因此，流量控制本身就很可能规定了交换速率的上限，从而影响传输效率。

从以上描述可以看出，两种服务各有优缺点，如何选择主要取决于网络用户对通信子网的要求是只管数据传送，还是希望通信子网提供更可靠的服务来减轻自身的负担。

3.4.3 路由选择与路由算法

路由选择是指选择和建立一条合适的逻辑通信路径，以保障数据从源结点传输到目的结点。在数据报方式中网络结点要为每个分组路由做出选择；而在虚电路方式中，只需在连接建立时确定路由即可。确定路由选择的策略被称作路由算法。

设计路由算法时要考虑诸多技术要素。首先是要明确路由算法所基于的性能指标，一种是选择最短路由，一种是选择最优路由；其次要考虑通信子网采用的网络服务是虚电路还是数据报方式；其三，需要明确是采用分布式路由算法（即每结点均为到达的分组选择下一步的路由）还是采用集中式路由算法（即由中央点或始发结点来决定整个路由）；其四，要综合考虑网络拓扑、流量和延迟等问题；最后，确定是采用动态路由选择策略，还是选择静态路由选择策略。

（1）静态路由选择策略

静态路由选择策略按某种固定规则进行路由选择。可分为泛射路由选择、固定路由选择和随机路由选择 3 种算法。

1）泛射路由选择法：这是一种最简单的路由算法。一个网络结点从某条线路收到一个分组后，再向除该条线路外的所有线路重复发送收到的分组。经过多次这样的重发，分组将会到达目标结点，而且所有可能的路径都被同时尝试过。这种方法可用于诸如军事网络等健壮性要求很高的场合，即使有的网络结点遭到破坏，只要源、目的网络间有一条信道存在，泛射路由选择仍能保证数据的可靠传送。另外，这种方法也可用于将一条分组从数据源传送到所有其他结点的广播式数据交换中，它还可用来进行网络最短传输延迟的测试。

2）固定路由选择：这是一种使用较多的简单算法。每个网络结点存储一张表格，表格中每一项记录对应着某个目的结点或链路。当一个分组到达某结点时，该结点只要根据分组的地址信息便可从固定的路由表中查出对应的目的结点及所应选择的下一结点。固定路由选择法的优点是简便易行，在负载稳定拓扑结构变化不大的网络中运行效果很好。它的缺点是灵活性差，无法应付网络中发生的阻塞和故障。

3）随机路由选择：在这种方法中，收到分组的结点在所有与之相邻的结点中为分组随机选择一个出路结点。方法虽然简单，也较可靠，但实际路由不是最佳路由，增加了不必要的负担，而且分组传输延迟也不可预测，故此法应用不广。

（2）动态路由选择策略

结点路由选择要依靠网络当前的状态信息来决定的策略称为动态路由选择策略，这种策略能较好地适应网络流量和拓扑结构的变化，有利于改善网络的性能。但由于算法复杂，会增加网络的负担，有时会因反应太快引起振荡或反应太慢不起作用。独立路由选择、集中路由选择和分布路由选择是 3 种常用的动态路由选择策略。

1）独立路由选择：在这类路由算法中，结点仅根据自己搜到的有关信息作出路由选择的决定，与其他结点不交换路由选择信息，虽然不能正确确定距离本结点较远的路由选择，但还是能较好地适应网络流量和拓扑结构的变化。一种简单的独立路由选择算法是 Baran 在 1964 年提出的热土豆（HotPotato）算法。当一个分组到来时，结点必须尽快脱手，将其放入输出列最短的方向上排队，而不管该方向通向何方。

2）集中路由选择：集中路由选择也像固定路由选择一样，在每个结点上存储一张路由表。不同的是，固定路由选择算法中的结点路由表由手工制作，而在集中路由选择算法中的结点路由表由路由控制中心 RCC（RoutingControlCenter）定时根据网络状态计算、生成并分送各相应结点。由于 RCC 利用了整个网络的信息，所以得到的路由选择是完美的，同时也减轻了各结点计算路由选择的负担。

3）分布路由选择：采用分布路由选择算法的网络，所有结点定期地与其每个相邻结点交换路由选择信息。每个结点均存储一张以网络中其他每个结点为索引的路由选择表，网络中的每个结点占用表中一项，每一项又分为两个部分，即预期到目的结点的输出线路和到目的结点所需要的延迟或距离。度量标准可以是毫秒或链路段数、等待的分组数、剩余的线路和容量等。对于延迟，结点可以直接发送一个特殊的被称为"回声"（echo）的分组，接收该分组的结点将其加上时间标记后尽快送回，这样便可测出延迟。有了以上信息后，结点可由此确定路由选择。

3.5　传输层

3.5.1　传输层概述

OSI/RM 的低层（1～3 层）面向通信过程，高层（5～7 层）面向应用。传输层位于高低层之间，起桥梁或承上启下作用，即弥补、加强网络层所提供的服务，为上层用户提供独立于具体网络的、可靠的端-端（源主机与目的主机内部进程之间）数据传输（见图 3-20）。传输层的信息传送的报文称为"传输协议数据单元"（Transport Protocol Data Unit，TPDU），又称为段。

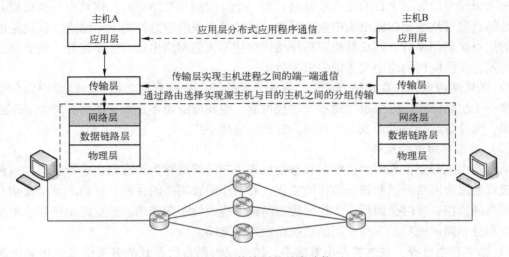

图 3-20　传输层的基本功能

74

传输层服务又分为面向连接的服务和无连接服务两类。

传输层之上的会话层、表示层和应用层都不包含任何数据传输的功能，而网络层只是根据网络地址将源结点发出的数据包传送到目的结点，不能保证数据可靠传输。因此，传输层是真正实现了从源主机到目的主机的"端到端"传输，能够负责将数据可靠地传送到相应目的主机的端口。

3.5.2 传输层的功能

当前异构网络还占有较大比重，但不同网络之间都会有连接需求，如电话交换网、分组交换网、公用数据交换网、局域网等通信子网都可互联，但它们提供的吞吐量、传输速率和数据延迟通信费用各不相同。对于会话层来说，却要求有一个性能恒定的接口，传输层就承担了这一功能。它采用分流/合流、复用/解复用技术来调节上述通信子网的差异，使会话层感受不到。上述功能的最终目的是为会话提供可靠的、无误的数据传输。一般来说，传输层的功能包含连接管理、流量控制、差错检测、请求响应和建立通信等5个方面。

1）连接管理：连接管理定义了用户建立连接的规则。通常把连接的定义和建立过程称为握手。在数据传输开始时，发送方和接收方都要通知各自的操作系统初始化一个连接，一台主机发起的连接必须被另一台主机接收才行。当所有的同步操作完成后，连接就建立成功，开始进行数据传输。在传输过程中，两台主机通过协议软件来通信以验证数据是否被正确接收。数据传输完成后，发送端发送一个标识数据传输结束的指示，接收端在数据传输完成后确认数据传输结束，连接释放。在实际的网络应用中，建立连接与释放连接均采用"三次握手"的算法。

2）流量控制：流量控制就是以网络普遍接受的速度发送数据，从而防止网络拥塞造成数据报的丢失。传输层独立于低层而运行，它定义了端到端用户之间的流量控制，一般采用滑动窗口协议等。

3）差错检验：数据链路层的差错检验功能提供了可靠的数据链路传输，但无法检测源主机和目的主机之间的传输错误。因此，需要传输层的差错检验机制来检测到这种类型的错误。

4）对用户请求的响应：对用户请求的响应，包括对发送和接收数据请求的响应，以及特定请求的响应，如用户可能要求高吞吐率、低延迟或可靠的服务。

5）建立通信：传输层建立的通信过程中，可以提供面向连接的可靠认证服务和面向无连接的不可靠非认证服务。在 TCP/IP 网络体系结构中，集中体现该类服务的协议是 TCP和 UDP。

3.5.3 传输层服务及协议

传输层既是 OSI/RM 层模型中负责数据通信的最高层，又是面向网络通信的低三层和面向信息处理的高三层之间的中间层。该层弥补了高层所要求的服务和网络层所提供的服务之间的差距，并向高层用户屏蔽通信子网的细节，使高层用户看到的只是在两个传输实体间的一条端到端的、可由用户控制和设定的、可靠的数据通路。

传输层的服务一般要经历传输连接建立、数据传送和传输连接释放3个阶段才算完成一个完整的服务过程。因此，其服务可分为传输连接服务和数据传输服务，而在数据传输阶段又分为一般数据传送和加速数据传送两种。

1）传输连接服务：通常情况下，对会话层要求的每个传输连接，传输层都要在网络层上建立相应的连接。

2）数据传输服务：一般采用全双工服务，个别也可采用半双工服务。主要强调提供面向连接的可靠服务，并提供流量控制、差错控制和序列控制，以实现两个终端系统间传输的报文无差错、无丢失、无重复、无乱序。

传输层服务通过协议体现，因此传输层协议的等级与网络服务质量密切相关。根据差错性质，网络服务按质量可分为以下3种类型：

1）A类服务：低差错率连接，即具有可接受的残留差错率和故障通知率。

2）C类服务：高差错率连接，即具有不可接受的残留差错率和故障通知率。

3）B类服务：介于A类服务与C类服务之间。差错率的接受与不可接受取决于用户。因此，网络服务质量的划分是以用户要求为依据。

OSI/RM根据传输层的功能特点，定义了以下5种协议级别：

1）TP 0级：简单连接。只建立一个简单的端到端的传输连接，并可分段传输长报文。

2）TP 1级：基本差错恢复级。在网络连接断开、网络连接失败或收到一个未被认可的传输连接数据单元等基本差错时，具有恢复功能。

3）TP 2级：多路复用。允许多条传输共享同一网络连接，并具有相应的流量控制功能。

4）TP 3级：差错恢复和多路复用。是TP 1级和TP 2级协议的综合。

5）TP 4级：差错检测、恢复和多路复用。在TP 3级协议的基础上增加了差错检测功能。

在传输层有两种主要的协议：一种是面向连接的传输控制协议（Transmission Control Protocol，TCP），一种是无连接的用户数据包协议（User Datagram Protocol，UDP）。UDP提供的是无连接服务，每个数据包独立传输，传输的可靠性无法保证但实时性较好，因此互联网上的实时视频、音频服务大多都是建立在UDP上。TCP能够保证可靠传输，一般用在互联网文件传输等对传输质量要求较高的场合。

3.6　应用层、会话层和表示层

3.6.1　应用层的基本功能

应用层（Application Layer）是7层OSI/RM模型的最高层。应用层直接通过应用程序接口为应用进程提供常见的网络应用服务，其主要作用是在实现多个系统应用进程相互通信的同时，完成一系列业务处理所需的服务。应用层的服务元素主要分为两类：公共应用服务元素（CASE）和特定应用服务元素（SASE）。

每个SASE提供特定的应用服务，例如文件运输访问和管理（FTAM）、电子文电处理（MHS）和虚拟终端协议（VAP）等。CASE提供一组公用的应用服务，如联系控制服务元素（ACSE）、可靠运输服务元素（RTSE）和远程操作服务元素（ROSE）等。

属于应用的概念和协议发展得很快，涉及的使用范围又很广泛，这给应用功能的标准化带来了复杂性和困难性。比起其他层来说，应用层需要的标准最多，但也是最不成熟的一层。但随着应用层的发展，各种特定应用服务的增多，应用服务的标准化开展了许多研究工作，ISO 已制定了一些国际标准（IS）和国际标准草案（DIS）。下面介绍几个应用层主要协议及其主要功能。

1. 文件传输访问和管理

文件传输与远程文件访问是任何计算机网络都比较常见的应用。文件传输与远程访问所使用的技术是类似的，都可以假定文件位于文件服务器上，而用户想在客户端机器上读、写整个或部分文件，目前在大多数文件服务器中实现此类应用的关键技术是虚拟文件存储器。虚拟文件存储给客户端提供了一个标准化的接口和一套可执行的标准化操作，同时隐去了实际文件服务器的不同内部接口，使客户端只看到虚拟文件存储器的标准接口，访问和传输远端文件的应用程序，可以不必知道各种不同文件服务器的所有实现细节。

2. 电子邮件

电子邮件的出现掀起了人们通信方式的一场新的革命。电子邮件像电话一样，速度快，不要求双方都同时在场，而且还留下可供处理或多处投递的文件副本。

虽然电子邮件被认为只是文件运输的一个特例，但它有一些文件运输所没有的特殊性质。电子邮件系统首先需要考虑一个完善的人机界面，如写作、编辑和读取电子邮件的接口，其次要提供一个传输邮件所需的邮政管理功能，如管理邮件表和传递通知等。此外，电子邮件与通用文件运输系统的另一个差别是，邮件文件是最高度结构化的文本。在许多系统中，每个电子邮件除了它的内容外，还有大量的附加信息域，这些信息域包括发送方名和地址、接收方名和地址、投寄的日期和时刻、接收方抄送副本的人员表、失效日期、重要性等级、安全许可性，以及其他许多附加信息。1984 年 CCITT 制定了称为 MHS（文电处理系统）的 X.400 建议的一系列协议。ISO 试图把它们收进 OSI 的应用层，并称为 MOTIS（面向文电的正交换系统），然而这种吸收并不是很简单，成效不大。

3. 虚拟终端

由于种种原因，可以说计算机终端标准化的工作已经完全失败了。后来，ISO 提出了解决这一问题的方法，那就是定义一种虚拟终端，它实际上只是替代实际终端的抽象状态的一种抽象数据结构。这种抽象数据结构可由键盘和计算机两者操作，并把数据结构的当前状态反映在显示器上。计算机能够查询此抽象数据结构，并能改变此抽象数据结构以使其在屏幕上显示并输出。

4. 其他应用功能

当前也有一些其他应用已经或正在标准化。比如目录服务、远程作业录入、图形和信息通信等。

1）目录服务：类似于电子电话本，提供了在网络上找人或查到可用服务地址的方法。

2）远程作业录入：允许在一台计算机上工作的用户把作业提交到另一台计算机上去执行。

3）图形传送与管理：能够发送地图信息，并在远端机器上显示和标绘图例。

4）信息通信：用于家庭或办公室的公用信息服务，如视频会议、即时通信等。

3.6.2　会话层与表示层

会话层、表示层和应用层构成开放系统的高 3 层。面对应用进程提供分布处理、对话管理、信息表示、恢复最后的差错等。会话层以下的 5 层完成了端到端的数据传送，并且是可靠，无差错的传送。但是数据传送只是手段而不是目的，最终是要实现对数据的使用。由于各种系统对数据的定义并不完全相同，这自然给利用其他系统的数据造成了障碍，以键盘为例，标准键盘上的某些键的含义在许多系统中都有差异。因此，表示层和应用层就担负了消除这种障碍的任务。

下面，分别来介绍会话层和表示层的主要功能特点。

1. 会话层

会话层（SESSION LAYER）位于 OSI/RM 模型的第 5 层，主要为两个会话层实体进行会话（Session）而进行的对话连接的管理服务。会话层为客户端的应用程序提供了打开、关闭和管理会话的机制。会话的实体包含了对其他程序作会话链接的要求及回应其他程序提出的会话链接要求。在应用程序的运行环境中，会话层是这些程序用来提出远程过程调用（Remote Procedure Calls，RPC）的地方。

会话层允许不同机器上的用户之间建立会话关系。会话层循序进行类似传输层的普通数据的传送，在某些场合还提供了一些有用的增强型服务。允许用户利用一次会话在远端的分时系统上登录，或者在两台机器间传递文件。会话层提供的服务之一是管理对话控制，允许信息同时双向传输，或任一时刻只能单向传输。如果属于后者，类似于物理信道上的半双工模式，会话层将记录此时该轮到哪一方。针对有些协议要求通信双方不能同时进行同样的操作，会话层提供了令牌，通过令牌管理（Token Management），令牌可以在会话双方之间移动，只有持有令牌的一方可以执行某种关键性操作。此外，会话层还提供同步服务。

会话层的主要功能包括两个方面：

（1）为会话实体间建立连接

建立会话连接需要做如下几项工作。

1）将会话地址映射为运输地址。

2）选择需要的运输服务质量参数（QOS）。

3）对会话参数进行协商。

4）识别各个会话连接。

5）传送有限的透明用户数据。

（2）数据传输阶段

这个阶段是在两个会话用户之间实现有组织的、同步的数据传输。用户数据单元为 SSDU，而协议数据单元为 SPDU。会话用户之间的数据传送过程是将 SSDU 转变成 SPDU。

（3）连接释放

连接释放是通过"有序释放""废弃""有限量透明用户数据传送"等功能单元来释放会话连接。

会话层标准为了使会话连接建立阶段能进行功能协商，也为了便于其他国际标准参考和引用，定义了 12 种功能单元。各个系统可根据自身情况和需要，以核心功能服务单元为基础，选配其他功能单元组成合理的会话服务子集。

2. 表示层

表示层就好比是应用程序和网络之间的翻译官，在表示层，数据将按照网络能理解的方案进行格式化；这种格式化也因所使用网络的类型不同而不同。表示层管理数据的解密与加密，如系统口令的加密处理等。例如：在 Internet 上查询银行账户，使用的即是一种安全连接。账户数据在发送前被加密，在网络的另一端，表示层将对接收到的数据解密。除此之外，表示层协议还对图片和文件格式信息进行解码和编码。

这里提到的表示层参与的加密是属于端到端的加密，主要指信息由发送端自动加密，并进入 TCP/IP 数据包封装，然后作为不可阅读和不可识别的数据进入互联网。到达目的地后，再自动解密，成为可读数据。端到端加密面向网络高层主体，不对下层协议进行信息加密，协议信息以明文进行传送。

表示层一般包括 3 个主要功能。

1）对应用层数据进行编码与转换，从而确保目的主机可以通过适当的应用程序理解源主机传递过的数据。

2）采用可被目的主机解压缩的方式对待发送的数据进行压缩。

3）对源主机传输的数据进行加密，并且能够在目的主机上对数据进行解密。

本章重要概念

- 网络协议是指为进行计算机网络中的数据交换而建立的规则、标准或约定的集合。
- 计算机网络体系结构可以定义为网络协议的层次划分与各层协议的集合，同一层中的协议根据该层所要实现的功能来确定。
- 开放系统互联基本参考模型简称为 OSI/RM，是一个七层的网络体系结构，模型由低到高分别是物理层、数据链路层、网络层、传输层、会话层、表示层、应用层。
- TCP/IP 参考模型以 TCP/IP 为核心，TCP/IP 参考模型分为 4 个层次，分别是：网络接口层、网际层、传输层、和应用层。
- TCP/IP 的网际层主要负责主机之间的通信，传输的数据单位是 IP 数据报，其主要协议是无连接的网际协议（IP）、互联网控制报文协议（ICMP）、互联网组管理协议（IGMP）、地址解析和逆地址解析协议（ARP/RARP）等。
- TCP/IP 的传输层主要提供端到端（即应用进程间）的通信服务，主要协议有 TCP 和 UDP。
- 数据链路。在一条链路上传输数据除物理线路外，还必须具有控制数据传输的规程，链路上加上实现这些规程的软、硬件就构成了数据链路。
- 差错控制是指在数字通信中利用编码方法对传输中产生的差错进行控制，以提高数字消息传输的准确性。
- 流量控制用于防止在端口阻塞的情况下丢帧，可以有效地防止网络中瞬间的大量数据对网络带来的冲击，保证用户网络高效而稳定地运行。
- 路由选择是指选择和建立一条合适的物理或逻辑通信路径（网络结点在收到一个分组后，要确定向下一结点传送的路径），以保障数据从通信子网络源结点传输到目的结点。

习 题

1. 网络协议的 3 个要素是什么？各有什么含义？

2. OSI/RM 参考模型的基本构成及各层的主要功能有哪些？

3. TCP/IP 的基本构成，以及其与 OSI/RM 参考模型的比较。

4. 物理层主要要解决哪些问题？主要特点是什么？

5. 物理层常用的网络连接设备有哪些？简要分析它们的区别。

6. 数据链路与物理链路有何区别？

7. 在停止等待协议中，应答帧为什么不需要序号（如用 ACK_0 和 ACK_1）？

8. 信息段为 1001110，如果加 1 位奇偶校验码，若为奇校验，是什么？若为偶校验又是什么？

9. 已知循环冗余码的生成多项式 $G(x) = x^6 + x^5 + x + 1$，若接收到的码字为 1010110001101，请问传输中是否有差错？为什么？

10. HDLC 的帧格式是怎样的？如果保证信息的透明性？

11. 网络层的主要协议有哪些？各有什么作用？

12. 传输层具有哪些网络服务？各自有什么特点？

13. 应用层具有哪些功能？请举例说明。

第4章 计算机局域网技术

学习目标

掌握局域网概念，理解局域网体系结构；掌握以太网的概念及其媒体访问控制方法，了解令牌环网和令牌总线网的工作原理；掌握交换式以太网的工作原理和交换方式、虚拟局域网的工作原理与以太网的扩展方式；了解无线局域网的概念、组成和协议标准。

本章要点

- 局域网的概念
- IEEE 802 参考模型与 OSI 参考模型
- CSMA/CD 协议
- 令牌环网的工作原理
- 交换式以太网的工作原理
- 虚拟局域网的概念
- 无线局域网的概念

4.1 局域网概述

4.1.1 局域网的概念及其特点

社会对信息资源的广泛需求及计算机技术的普及应用，促进了当今计算机网络技术的迅猛发展。20 世纪 60 年代末至 70 年代初，广域网迅速发展，网络体系结构也日益成熟。为适应小范围内组网和社会发展对信息资源共享的需求，局域网（Local Area Network，LAN）出现。20 世纪 80 年代初，在 ISO/OSI - RM 体系不断完善的同时，局域网的体系结构也得到了迅速发展，并逐渐在计算机网络中占有越来越重要的位置。

局域网是一种在较小范围（地理范围约 10 m ～ 10 km 或更大些）内，用共享通信介质将有限的计算机及各种互连通信设备连接起来的一种计算机网络。其主要特点是网络的地理范围和站点数目均有限，且为一个单位拥有。除此之外，与广域网（Wide Area Network，WAN）相比，局域网具有以下几个特点。

1）具有较高的数据传输速率、较低的时延和较小的误码率。局域网的传输速率一般为 10 ～ 1000 Mbit/s，目前已出现速率达到 10000 Mbit/s 的局域网，可交换各类数字和非数字（如语音、图像和视频等）信息，而误码率一般在在 10^{-11} 到 10^{-8} 之间。这是因为局域网通常采用短距离基带传输，使用高质量的传输媒体，从而提高了数据传输质量。

2）采用共享广播信道，多个结点连接到一条共享的通信媒体上，其拓扑结构多为总线形、环形和星形等。在局域网中各结点是平等关系，而不是主从关系，易于进行广播（一个结点发送数据，其他所有结点接收数据）和组播（一个站点发送数据，多个站点接收数据）。

3）低层协议简单。广域网范围广，通信线路长，投资大，面对的问题是如何充分有效地利用信道和通信设备，并以此来确定网络的拓扑结构和网络协议，在广域网中多采用分布式不规则的网状结构，低层协议比较复杂。而局域网由于传输距离较短，时延小，成本低，相对而言通信利用率已经不是人们考虑的主要问题，因而低层协议比较简单，允许报文有较大的报头。

4）局域网不单独设立网络层。由于局域网的结构简单，分组在网内一般无须中间转发，流量控制和路由选择大为简化，通常不单独设立网络层。因此，局域网的体系结构仅相当于 OSI/RM 的最低两层，都是一种通信网络。

5）采用多种媒体访问控制技术。由于局域网采用广播信道，而信道可以使用不同的传输媒体。因此，局域网面对的问题是多源、多目的管理，由此引出多种媒体访问控制技术，如载波监听多路访问/冲突检测（CSMA/CD）技术、令牌环控制技术、令牌总线控制技术和光纤分布式数据接口（FDDI）技术等。

4.1.2　局域网的关键技术

决定局域网的主要技术涉及拓扑结构、传输媒体和介质访问控制（Medium Access Control，MAC）3 项，其中最重要的是介质访问控制方法。这 3 项技术在很大程度上决定了传输数据的类型、网络的响应时间、吞吐量，以及网络应用等各种网络特性。

1. 拓扑结构

局域网具有几种典型的拓扑结构：星形、环形、总线型和树形。星形拓扑结构中由于是集中控制方式，较少被采用，而分布式星形结构采用较多，环形拓扑结构作为一种分布式控制方式，应用较为广泛，如 IBM 令牌环网和剑桥环网均为环形拓扑结构。总线型拓扑结构的重要特性是可采用广播式多路访问方法，它的典型代表是著名的以太网（Ethernet）。树形结构在分布式局域网系统中较适用于多监测点的实时控制和管理系统。典型的树形结构局域网是王安宽带局域网。

2. 传输形式

局域网的传输形式有两种：基带传输与宽带传输。典型的传输介质有双绞线、基带同轴电缆、宽带同轴电缆、光导纤维和电磁波等。双绞线是一种廉价介质，非屏蔽五类双绞线的传输速率已达 100 Mbit/s，在局域网上被广泛应用。同轴电缆是一种较好的传输介质，它既可用于基带系统，又可用于宽带系统，具有吞吐量大、可连接设备多、性价比高、安装和维护比较方便等优点。光导纤维（简称光纤）是局域网中最有前途的一种传输介质。其具有高达千兆 bit/s 的传输速率，误码率较低，且传输延迟可忽略不计。光纤具有良好的抗干扰性，几乎不受任何强电磁的影响，因而目前已被各机构广泛应用。除此之外，在某些特殊的应用场合，由于机动性要求，不便采用上述有线介质，而需采用微波、无线电或卫星等通信媒体传输信号。

3. 介质访问控制方法

介质访问控制方法（即信道访问控制方法）主要有 5 类：固定分配、按需分配、适应分配、探询分配和随机分配。设计一个好的介质访问控制协议有 3 个基本目标：协议要简单，获得有效的通道利用率，以及对网上各结点的用户公平合理。

4.1.3 局域网标准（IEEE 802 系列标准）

IEEE 于 1980 年成立了 IEEE 802 委员会，专门研究制定有关局域网的参考模型和标准，并陆续推出了一系列标准———IEEE 802.X 标准，其中 X 对应不同的局域网或者不同的协议层。该系列标准已被国际标准化组织采纳为 ISO 802 系列标准，并成为 LAN 的国际标准系列。具体标准系列内容如下。

- IEEE 802.1：对整个 IEEE 802 系列协议的概述。
- IEEE 802.2：逻辑链路控制。这是高层协议与任何一种局域网 MAC 子层的接口。
- IEEE 802.3：带冲突检测的载波监听多路访问（CSMA/CD）的方法和物理层规范。其中，IEEE 802.3ac 为 VLAN 帧扩展；IEEE 802.3ab 为千兆以太网物理层参数和规范；IEEE 802.3ae 为千兆以太网。
- IEEE 802.4：令牌总线网。定义令牌传递总线网的 MAC 子层和物理层的规范。
- IEEE 802.5：令牌环网。定义令牌传递环状网的 MAC 子层和物理层的规范。其中 IEEE 802.5t 为 100 Mbit/s 高速令牌环网访问方法。
- IEEE 802.6：城域网。定义了城域网的 MAC 子层和物理层的规范。
- IEEE 802.7：宽带技术。
- IEEE 802.8：光纤技术。
- IEEE 802.9：综合话音数据局域网。
- IEEE 802.10：可互操作的局域网的安全技术。还附加了安全体系结构框架的 802.10a 和密钥管理 802.10c。
- IEEE 802.11：无线局域网。定义了无线局域网的 MAC 协议和物理层规范，还附加了 35 GHz 波段高速物理层的 802.11a 和 2.4 GHz 波段高速物理层的 802.11b。
- IEEE 802.12：需求优先协议。1998 年公布的 100 Mbit/s 需求优先访问方法，物理层和中继器规范，1998 年还附加了全双工操作规范。
- IEEE 802.14：有线电视网。定义了有线电视网及其相应的技术参数。
- IEEE 802.15：短距离无线网。规定了短距离无线网（WPAN），包括蓝牙技术的所有技术参数。
- IEEE 802.16：宽带无线访问标准，由两部分组成：IEEE 802.16.1 为固定宽带无线访问的无线界面；IEEE 802.16.2 为宽带无线访问系统的共存。

IEEE 802 各标准间的关系如图 4-1 所示。这些标准在物理层和媒体访问控制子层 MAC 子层有区别，但各种局域网的逻辑链路控制 LLC 子层是相同的。事实上，LLC 子层是高层协议与任何一种 MAC 子层之间的标准接口。

其中，城域网（Metropolitan Area Network，MAN）是指地理范围比局域网大，可跨越几个街区甚至整个城市的计算机网络。因其主要使用的是 LAN 技术，所以常并入局域网的范围进行讨论。

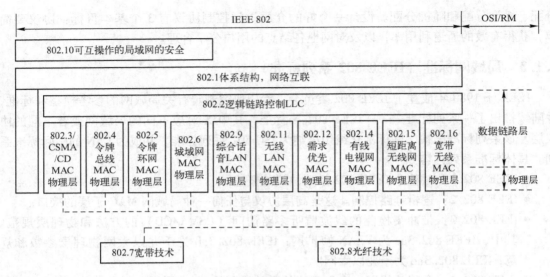

图 4-1 IEEE 802 系列标准

4.1.4 局域网的体系结构

由于局域网是一个通信网，只涉及相当于 OSI/RM 参考模型的通信子网功能，且大多数采用共享通信技术，所以通常不单独设立网络层。局域网的高层功能由具体的局域网操作系统来实现。按照前面所述的 IEEE 802 系列标准，局域网的体系结构由 3 层协议构成：物理层（Physical、PHY）、媒体访问控制层（Media Access Control，MAC）和逻辑链路层（Logical Link Control，LLC）。

其中，MAC 子层和 LLC 子层共同构成了局域网理论上的数据链路层。因此，IEEE 802 参考模型只相当于 OSI/RM 参考模型的最低两层。具体关系如图 4-2 所示。

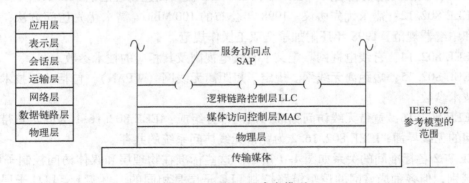

图 4-2 IEEE 802 参考模型

1. 局域网的体系结构划分原理

在局域网协议中，物理层是必需的，它负责实现机械、电气和过程方面的特性，以建立、维持和拆除物理链路。IEEE 802 系列标准中的物理层基本上对应于 OSI/RM 参考模型中的物理层。

局域网的数据链路层也是必需的，它负责把不可靠的传输信道转换成可靠的传输信道，传送具有校验码的数据帧，采用差错和帧确认技术。由于局域网的多个设备共享传输介质，因此必须解决多台设备对传输介质的争用问题。这就要在设备之间传输数据之前，首先解决由哪个设备占有媒体的问题，所以数据链路层必须设有媒体访问控制功能。媒体访问控制方法与网络拓扑结构和采用的媒体类型是密切相关的。由于 LAN 采用的拓扑结构和媒体类型有多种，相对应的媒体访问控制方法也有很多种。为了使数据帧的传输独立于所采用的物理媒体和媒体访问控制方法，IEEE 802 标准特意把 LLC 独立出来形成一个单独子层，使 LLC 子层与媒体种类无关，MAC 子层则依赖于物理媒体和拓扑结构。由于设立了 MAC 子层，既减少了数据链路层协议的复杂性，又使得 IEEE 802 标准具有良好的可扩充性，有利于将来接纳新的媒体和媒体访问控制方法。

另外，由于局域网的结构简单，网内一般无需中间转接，不需要独立路由器选择和流量控制功能，差错控制功能等都可以放在数据链路层中实现。因此，局域网中不单独设立网络层。

局域网体系结构中的物理层、MAC 子层和 LLC 子层的主要作用可概括如下。

- 物理层：实现比特流的传输与接收；为进行同步用的前同步码的产生与删除；信号的编码与译码；规定了拓扑结构和传输速率。
- 媒体访问控制 MAC 子层：发送时将上层传输下来的数据封装成帧进行发送，接收时对帧进行拆卸，将数据交给上层；实现和维护 MAC 协议；进行比特差错检查和寻址。
- 逻辑链路控制 LLC 子层：建立和释放数据链路层的逻辑连接；提供与上层的接口（即服务访问点）；给 LLC 帧加上序号；差错控制。

这种从功能上将 LLC 子层和 MAC 子层分开的方法，使得 LLC 子层的上面看不到具体的局域网。换而言之，局域网对 LLC 子层是完全透明的，只有下到 MAC 子层才能看到所连接的局域网采用的是什么标准（如总线网、令牌环网等）。

2. LLC 子层与 MAC 子层

从局域网参考模型可知，局域网数据链路层有两种不同的数据单元，即 LLC 协议数据单元（PDU，Protacol Data Unit）和 MAC 帧。高层的协议数据单元传到 LLC 子层，加上首部（包括目的服务访问点、源服务地点和控制信息）构成 LLC 子层的协议数据单元 LLC PDU，LLC PDU 再向下传到 MAC 子层，再加上首部（目的地址、源地址、控制信息）和尾部（帧校验序列等）构成 MAC 帧，如图 4-3 所示。MAC 帧再向下传递给物理层进行比特流传输。

3. 逻辑链路控制 LLC 子层

（1）LLC 子层的复用功能

在局域网中，各结点共享一条公用信道。然而一个工作结点中可能有多个进程需要在同时与其他一个或多个结点的进程进行通信。因此，在一个主机的 LLC 子层上面应设置多个服务访问点，向多个进程提供服务。例如，图 4-4 所示的局域网中有 3 个主机，主机 A 的一个进程 U 要向主机 C 中的某个进程发送报文。于是 U 要通过主机 A 的 LLC 子层的一个服务访问点 SAP1，并请求与主机 C 的服务访问点 SAP1 建立连接。问题在于主机 A 的 LLC 发出的连接请求帧如何找到主机 C 呢？这就要求在主机 A 发出的 MAC 帧中放入主机 A 在网络中的地址（源地址）和对方主机 C 在网络中的地址（目的地址）。由此可知，在网络中要实现进程通信，必须有两种地址。

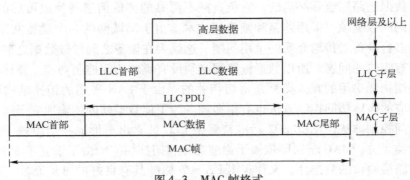

图 4-3　MAC 帧格式

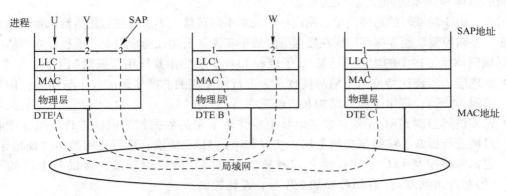

图 4-4　局域网共享信道信息交互过程

1）SAP 地址：在主机中与进程相对应的 LLC 子层上的服务访问点 SAP 地址，由 LLC 帧传送。

2）MAC 地址：主机在网络中的地址（或物理地址）也称为 MAC 地址，由 MAC 帧传送。

这样一来，网络寻址分为两步。先用 MAC 地址找到网络中的某个主机，该目的主机的 MAC 子层将 MAC 帧的首部剥去并交 LLC 子层后，再用 LLC 帧地址找到该主机的某个服务访问点 SAP，即进程地址。

也就是说，从主机 A 发出的连接请求帧的源地址和目的地址分别是 A(1)和 C(1)，其中 A 和 C 分别为主机 A 和主机 C 的 MAC 地址，而数字则是相应主机 LLC 子层上面的 SAP 地址。在数字外加圆括号是表示在 MAC 子层看不见 LLC 子层的 SAP 地址，只有剥去 MAC 的首、尾部并交给 LLC 子层后，才能识别 LLC 子层的 SAP 地址。

如果主机 C 空闲，就返回一个接受连接的帧，便建立了相应进程之间的连接。此后，所有从主机 A 进程 U 发给主机 C 的帧都携带源地址 A(1)和目的地址 C(1)。凡发给地址 C(1)的帧，若其源地址不是 A(1)，都将被拒收。

现在假设还有主机 A 的进程 V 发出连接请求帧，源地址 A(2)的目的地址为 B(1)。于是主机 A 的进程 V 与 A 的 SAP2 连接上，并且从 A(2)到 B(1)建立一条连接。同理，主机 B 的进程还可以从地址 B(2)与 A(3)建立一条连接。这就说明，只要一个主机的 LLC 子层有多个服务访问点，就可以使不同的用户进程使用不同的服务访问点复用一条数据链路。需要注意的是，一个用户可以同时使用多个服务访问点，但一个服务访问点在同一时间只能供一个用户使用。

（2）LLC 子层所提供的服务

LLC 子层向上层协议提供以下 4 种服务。

1）不确认的无连接服务，即操作类型 1（也称 LLC1）。这种服务就是数据报服务，不需要确认，最容易实现，因而在局域网中应用最广泛。这种服务可用于点到点通信，特别适用于广播和组播通信，由于局域网的传输差错率比广域网低很多，在数据链路层不要确认信息，不会引起多大麻烦，至于端到端的差错和流量控制可由高层（通常是运输层）协议提供。

2）面向连接服务，即操作类型 2（LLC2）。这种服务相当于虚电路服务，每次通信都要经过连接建立、数据传送和连接释放 3 个阶段，开销大。但是，采用这种方式时，用户和 LLC 子层商定的某些特性在连接释放以前一直有效，因此特别适合于传送很长的数据文件。此外，当主机是一个很简单的终端时，也需要面向连接服务，因为主机没有复杂的高层软件，必须依靠 LLC 子层来提供端到端的控制。

3）待确认的无连接服务，即操作类型 3（LLC3）。这种服务是"可靠的数据报"，只用在令牌总线网中，用于传送非常重要且时间性很强的信息，如过程控制中的告警信息或控制信号。

4）高速传输服务，即操作类型 4（LLC4）。用于城域网。

（3）LLC PDU 的结构

LLC PDU 的结构与 HDLC 非常相似，只是因为它要封装在 MAC 帧中，所以没有标志字段和帧校验序列字段，只有目的服务访问点 DSAP、源服务访问点 SSAP、控制和数据 4 个字段，如图 4-5 所示。

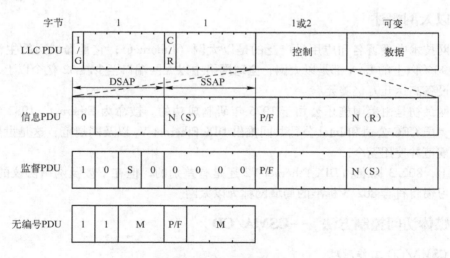

图 4-5 LLC 帧的格式

1）地址字段。目的服务访问点 DSAP 字段和源服务访问点 SAP 字段各占一个字节。DSAP 字段的第一位（即最低位）为 I/G（I：Indibidual，指"单个"，G：Group，指"组"），I/G 的值决定了 DSAP 字段是单地址还是组地址。当 I/G = 0 时，DSAP 的后面 7 位代表一个单个目的服务访问点，即单地址。单地址只能识别链路上的一个结点，这与 HDLC

的寻址概念相同。当 I/G = 1 时，DSAP 的后面 7 位代表组地址，组地址规定数据要发往某一特定站的一组服务访问点，它只适合于广播或组播的不确认的无连接服务。全 1 的组地址为该站所有工作的 DSAP。

SSAP 字段的第一位（即最低位）为 C/R（C：Command 命令，R：Respond 响应），该位用于区分 LLC PDU 是命令帧还是响应帧。当 C/R = 0 时，表示 LLC PDU 为命令帧；当 C/R = 1 时，表示 LLC PDU 为响应帧。C/R 后面的 7 位用来表示源服务访问点。因此，DSAP 值和 SSAP 值实际各占 7 位。

2）控制字段。当 LLC PDU 为信息帧或监督帧时，占两个字节。若 LLC PDU 为无编号帧，则只占一个字节。控制字段的前两位的取值决定了是信息帧、监督帧还是无编号帧。信息帧和监督帧与 HDLC 扩展的控制字段的格式相同，其序号按模 128 进行编号。无编号帧则与 HDLC 帧的格式相同。

3）数据字段。LLC PDU 的数据字段的长度应为整数个字节，其长度并无限制。但由于 LLC PDU 向下传递给 MAC 子层后被加上首部和尾部而成为 MAC 帧，而 MAC 帧的长度在不同的局域网中都有明确的规定，因此 LLC PDU 的实际长度会因 MAC 帧的长度受限而受到限制。

4. 媒体访问控制 MAC 子层

由于 MAC 子层与媒体接入有关，即在各种局域网中，MAC 子层因采用不同的媒体访问控制方法而互不相同。因此这部分内容放在相应的局域网中讨论。

4.2 以太网

4.2.1 以太网概述

局域网技术中最著名和应用最广泛的是以太网（Ethernet），它是局域网的主流网络技术。全球 90% 以上的 LAN 都是以太网，全球网络中以太网端口至少在 32 亿个以上，已安装的以太网设备高达几万亿美元。

以太网最初是由美国施乐公司于 1975 年研制成功的。被命为 Ethernet。1982 年，施乐公司联合美国 CEC 公司和 Intel 公司共同推出 DIX Ethernet V_2 以及网规范，这是世界上第一个局域网规范并使用至今。

实际上，802.3 标准和 DIX Ethernet V2 还是有差别的，但在不涉及网络协议的细节时，人们通常习惯将符合 802.3 标准的局域网称为以太网。

4.2.2 媒体访问控制方法——CSMA/CD

（1）CSMA/CD 工作原理

CSMA/CD 的全称是载波监听多路访问/冲突检测，它用于解决多个终端争用总线的机制，概括如下。

1）先听再讲。想发送数据的终端必须确定总线上没有其他终端正在发送数据后，才能开始往总线上发送数据，即先要侦听总线上是否有载波，在确定总线空闲的情况下，才能开始发送数据。一旦开始发送数据，随着电信号在总线上传播，总线上的所有其他终端都能侦听到载波存在，这就是先听（侦听总线载波）再讲（发送数据）。

2）等待帧间最小间隔。并不是一侦听到总线空闲就立即发送数据，而必须侦听到总线空闲一段时间（称为帧间最小间隔：IFG，10 Mbit/s 以太网的最小间隔为 9.6 μs）后，才能开始发送数据。这样做的目的有 3 个：一是如果接连两帧 MAC 帧的接收端相同，必须在两帧之间给接收终端一点用于腾出缓冲器空间的时间；二是一个想连续发送数据的终端，在发送完当前帧后，不允许接着发送下一帧，必须和其他终端公平争用发送下一帧的机会；三是总线在发送完一帧 MAC 帧后，必须回到空闲状态，以便在发送下一帧 MAC 帧时，能够让连接在总线上的终端正确监测到先导码和帧开始分界符。

3）边听边讲。一旦某个终端开始发送数据，其他终端都能侦听到载波，即使这些终端中存在想发送数据的终端，它也必须等待，直到总线空闲一段时间（由 IFG 确定）后，才能开始发送数据。但可能存在这样一种情况，即两个终端都想发送数据，因此都开始侦听总线，当前帧发送完毕时，两个终端同时侦听到总线空闲，并在总线空闲状态持续一段时间后同时发送数据，这样，两个终端发送的电信号就会叠加在总线上，导致冲突发生。其实，由于电信号经过总线传播需要时间，如果两个终端相隔较远，即使一个终端开始发送数据，在电信号传播到另一个终端前，另一个终端仍然认为总线空闲，因此，即使不是同时开始侦听总线，只要两个终端开始侦听总线的时间差在电信号传播时延内，仍然可能发生冲突。因此，某个终端开始发送数据后，必须一直检测总线上是否发生冲突，如果检测到冲突发生，就停止正常的数据传输，发送 4 个字节或 6 个字节长度的阻塞信号（也称干扰信号），加重冲突情况，使所有发送数据的终端都能检测到冲突情况的发生。这就是边讲（发送数据）边听（检测冲突是否发生）。检测冲突是否发生的方法很多，其中比较简单的一种是边发送边接收，并将接收到的数据和发送的数据进行比较，一旦发现不相符的情况，则表明冲突发生。

4）退后再讲。一旦检测到冲突发生，停止数据发送过程，延迟一段时间后，再开始侦听总线。两个终端的延迟时间必须不同，否则可能进入发送—冲突—延迟—侦听—发送—冲突这样的循环中。如果两个终端的延迟时间不同，延迟时间短的终端先开始侦听总线，在侦听到总线空闲并持续空闲一段时间后，开始发送数据，当延迟时间长的终端开始侦听总线时，另一个终端已经开始发送数据，它必须等待总线空闲后才可以开始发送过程，CSMA/CD 操作过程如图 4-6 所示。

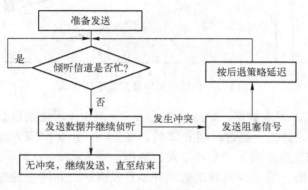

图 4-6　CSMA/CD 操作过程

（2）争用期和以太网的退避算法

CSMA 的发送数据前监听机制减少了发送冲突的机会。但是，由于传播时延的存在，冲突还是不能完全避免。CSMA/CD 在原本 CSMA 的基础上增加了冲突检测功能。所谓"冲突检测"，就是计算机边发送数据边检测信道上的信号电压的大小。当几个结点同时向总线上发送数据时，总线上的信号将互相叠加，电压的摆动值增大，一个结点只要检测到信号电压摆动值超过门限值，便认为总线上出现了两个或两个以上结点同时在发送数据，发生了冲突或碰撞，总线上传输的信号产生了严重的失真。因此，每一个正在发送数据的结点，一旦发现总线上发生了冲突，就要立即停止发送，以免浪费信道时间，然后等待一个随机时间后再监听。

既然每一个结点在发送数据之前已经监听到信道"空闲"，为什么还会发生冲突？这是因为总线有一定的长度，而且信号以有限的速度在信道上传播，因此，当一个结点发送数据时，另一个结点要经过一段传播时延才能检测到载波。也就是说，某结点监听到信道空闲，并非真正空闲，如果此时发送数据，肯定发生冲突，如图 4-7 所示，设总线网两端的结点 A 和 B 相距 1 km，用同轴电缆相连，电磁波在 1 km 电缆的传播时延约为 5 μs，这就是说，A 向 B 发出的信息，约 5 μs 后才能传输送到 B，在 A 发送的帧到达 B 之前，B 检测到信道空闲，若 B 在此时发送自己的帧，必然要在某个时间和 A 发送的帧发生碰撞，导致两个帧都变得无用。在局域网分析中，常将总线的单程端到端传播时延记为 τ。发送数据的结点希望尽早知道是否发生冲突。现在的问题是：A 发送数据后，最迟要经过多长时间才能知道自己发送的数据和其他结点发送的数据是否发生了冲突？由于局域网上的任意两个结点之间的传播时延有长有短，显然应考虑最坏情况，即取总线两端的两个结点之间的传播时延为端到端传输时延 τ。

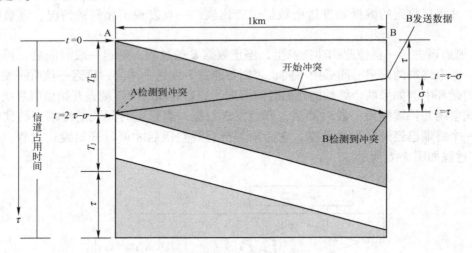

图 4-7　传播时延对载波监听的影响

设 $t=0$ 时，结点 A 发送数据，结点 B 在 $t=\tau-\sigma$ 时，A 发送的数据尚未到达 B，B 检测到信道空闲，立即发送数据，经过时间 $\sigma/2$ 后，在 $t=\tau-\sigma/2$ 时双方发送的数据发生碰撞。在 $t=\tau$ 时，B 检测到发生冲突，于是停止发送数据。在 $t=2\tau-\sigma$ 时，A 也检测到发生了冲突。因而停止发送数据，结点 A 从发送数据开始到发现冲突并停止发送的时间间隔是 T_B。

当 σ 趋于 0 时，结点 A 发现冲突的时间趋于 2τ，而 2τ 是总线的端到端往返传播时间。

这表明最先发送数据的结点 A 在发送数据后，最多经过端到端往返传播时间 2τ，就可以知道所发送的数据是否遭到碰撞。因此，以太网的端到端往返时延 2τ 称为争用期（Contention Period）或碰撞窗口（Collision Windows）。换而言之，每一个结点在自己发送数据之后的 2τ 时间内，存在着遭遇碰撞的可能性，只有经过争用期这段时间还没有检测到碰撞，才能肯定这次发送不会发生碰撞。这一特点称为以太网发送的不确定性。但实践表明，只要整个网络的通信量不是太大，以太网是能够很好地工作的。

以太网的争用期取 $51.2\,\mu s$，当数据率为 $10\,Mbit/s$ 时，在争用期内可发送 512 位，即 64 个字节。因此，以太网在发送数据时，如果发生冲突，一定是在发送的前 64 个字节之内。由于一旦检测到冲突就立即停止发送，因此协议规定，凡长度小于 64 个字节的帧都是无效帧。显然，以太网的端到端时延小于争用期的一半。这是因为除了考虑以太网的端到端时延外，还考虑了其他因素，如强化冲突的阻塞信号的持续时间等。

前面讨论了当某个结点正在发送数据时，另一个结点有数据要发送的情况。如果某结点正在发送数据，另外两个结点有数据要发送，这两个结点进行载波监听，发现总线忙，便等待，当它们发现总线变为空闲时，就立即发送自己的数据，但必然发生冲突，经检测发现了冲突，就停止发送，然后重复上述过程，一直不能发送成功，这个问题必须设法解决。

以太网采用截断二进制指数类型（Truncated Binary Exponential Type）的退避算法来解决问题。该算法的基本思路如下。

1）确定参数 K。开始时 $K=0$，每发生一次冲突，K 就加 1，但 K 不能超过 10，因此可以表示为 $K = MIN[$冲突次数, $10]$。

2）从整数集合 $[0,1,\cdots,2^k-1]$ 中随机选择某个数 r。

3）根据 r，计算后退时间 $T = r \times \tau$。

4）如果连续重传了 16 次都检测到冲突发生，则终止传输，并向高层协议报告。

一旦两个终端发生冲突，每一个终端单独执行后退算法，在计算延迟时间时，对于第一次冲突，$K=1$，两个终端各自在 $[0, 1]$ 中随机挑选一个整数，由于只有两种挑选结果，两个终端挑选相同整数的概率为 50%。如果两个终端在第一次发生冲突后挑选了相同整数，则将再次发生冲突。当检测到第二次冲突发生时，两个终端各自在 $[0, 1, 2, 3]$ 中随机挑选整数，由于选择余地增大，两个终端挑选到相同整数的概率降为 25%。随着冲突次数不断增加，两个终端产生相同延迟时间的概率不断降低。当两个终端的延迟时间不同时，选择较小延迟时间的终端先成功发送数据。

截断二进制指数类型的后退算法是一种自适应后退算法，这种退避算法可使重传需要推迟的平均时间随重传次数而增大，这有利于整个系统的稳定。

为了使每个结点都能尽可能早地知道是否发生了冲突，发送数据的结点一旦发现发生了冲突，除了立即停止发送数据外，还要再继续向总线上发送若干位的阻塞信号，强化冲突，让所有站都知道有冲突发生，以便尽早空出信道，提高信道的利用率，如图 4-7 中所示。图中只画了结点 A 发送的阻塞信号，其持续时间是 T_J，再计算结点 A 从发送数据开始到发现碰撞并停止发送的时间间隔 T_B。发生冲突使 A 浪费时间为 $T_B + T_J$，然而整个信道被占用的时间应是 $T_B + T_J + \tau$。

上述算法虽然可以大大减少发生冲突的概率，但是为了提高总线的利用率，在发生冲突时，最好同时做到下列两点：①同时参与争用总线行动的终端的延迟时间不能相同；②最小的且与其他终端的延迟时间不同的延迟时间最好为0。当参与争用总线行动的终端少时（最少为2个），有50%的可能是一个终端选择0延迟时间，另一个终端选择51.2 μs的延迟时间，选择0延迟时间的终端可以立即侦听总线，并在总线空闲时发送数据，这对提高总线利用率当然有益。但当有多个终端（假定为100台）参与争用总线的行动时，在第一次冲突发生时，其中一个终端选择0延迟时间，其余99个终端选择51.2 μs延迟时间的概率实在太小。但随着冲突次数的不断增多，整数集合的不断扩大，很有可能在发生16次冲突之前，有一个终端选择了整数r，它和所有其他终端选择的整数不同，且小于所有其他终端选择的整数。

4.2.3　以太网的 MAC 子层

（1）MAC 帧的格式

MAC 帧的格式有两种，一种是 IEEE 802.3 标准，另一种是 DIX Ethernet V2 标准。这两种格式大同小异，如图 4-8 所示。从图中可知两者的相同之处：目的地址、源地址和 FCS 三个字段是相同的，两种格式的 MAC 帧在物理层都要加上 8 个字节的前同步码和帧开始定界符。IEEE 802.3 和以太网 V2 的 MAC 帧有两个不同点，分别如下。

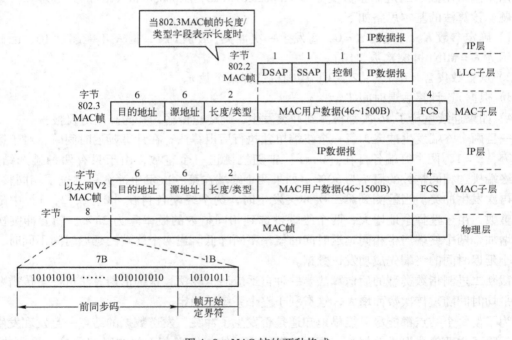

图 4-8　MAC 帧的两种格式

1）802.3 标准的第 3 个字段是长度/类型字段，而以太网 V2 标准的第 2 个字段只是类型字段。对 802.3 标准来说，根据长度/类型字段的数值大小，这个字段可以表示 MAC 用户数据字段的长度，也可以等同于以太网 V2 的类型字段。

- 当长度/类型字段的数值小于 MAC 用户数据字段的最大值 1500 字节时，该字段表示 MAC 用户数据的长度。

- 当长度/类型字段的数值大于 1536 个字节时，则该数值不可能表示以太网数据字段的有效长度。因此这个字段就表示类型。

2）当 802.3 标准 MAC 帧的长度/类型字段表示长度时，该字段的值表示 MAC 用户数据的长度，MAC 用户数据字段就装入 LLC 子层的 LLC 帧，而 LLC 帧的数据字段则装入 IP 层的 IP 数据报。当长度/类型字段表示类型时，802.3 的 MAC 帧和以太网 V2 的 MAC 帧一样，它的 MAC 用户数据字段装的是来自 IP 层的 IP 数据报。由此可知，以太网 V2 标准没有 LLC 子层，只有 MAC 子层。

（2）地址字段

目的地址和源地址均为 6 个字节（或 48 位），是全球地址（一般简称为"地址"），它是指局域网上的每一台计算机所插入的网卡上的地址。这种地址与系统的所在地无关，如果局域网上的一台计算机的网卡换了一个新的网卡，那么这台计算机的"地址"也就改变了，而这台计算机接入的局域网和地理位置没有任何改变。反之，若将这台计算机连接到另一地址的某个局域网上，虽然这台计算机的地理位置改变了，但只要这台计算机中的网卡不变，则这台计算机的"地址"就不变，也就是说，"MAC 地址"实际上就是网卡地址。因此，802 标准中的"地址"严格地讲应当是每一个结点的"名字"或标识符。不过本书仍按习惯称 48 位的"名字"为"地址"。802 标准规定 MAC 地址字段可以采用 6 B（48 位）或 2 字节（16 位）这两种中的一种。6 字节的地址字段对于一个局域网来说是长了一些，但可以使全世界所有局域网上的结点都具有不同的地址，而成为全球地址。因此，现在的局域网实际上使用的都是 6 字节 MAC 地址。

地址字段的 6 个字节的前 3 个字节（即高位 24 位）由 IEEE 注册管理委员会（Registration Authority Committee，RAC）负责分配，RAC 是局域网全球地址的管理机构。凡是要生产局域网网卡的厂家都必须向 IEEE 购买由这 3 个字节构成的一个号（即地址块）这个号通常称为公司标识符（Company_id），地址字段中的后 3 个字节（即低 24 位）则由厂家自行指派，称为扩展标识符（extended Identifier），但要保证生产的网卡没有重复地址。因此一个地址块可以生成 224 个不同的地址。用这种方式得到的 48 位地址称为扩展的唯一标识符 EUI – 48（Extended Unique Identifier，EUI）。实际上，在生产网卡时已经将 6 字节的 MAC 地址固化在网卡的只读存储器（ROM）中，故常将 MAC 地址称为硬件地址（Hardware Address）或物理地址。

IEEE 规定地址字段的第一个字节的最低位为 I/G。当 I/G = 0 时，地址字段表示一个单个结点地址；当 I/G = 1 时，表示组地址。因此，IEEE 只能分配地址字段前 3 个字节中的 23 位，而一个地址块随 I/G 为 0 或 1 可生成 224 个单个结点地址或 224 个组地址。

对地址的记法，大家都是将第 1 字节写在最左边，将第 6 字节写在最右边。但是，用二进制表示的 EUI – 48 地址有两种不同的记法。如图 4-9 所示，第一种记法是将每一个字节的最高位写在最右边，最低位写在最左边，发送时按字节顺序发送，第一个字节最先发送，而在每一个字节中最低位最先发送，这种记法的好处是和比特位的发送顺序一致，将最先发送的位写在最左边，与通常将时间轴指向右方的表示方法一致。802.3 和 802.4 标准就是采用这种二进制记法。另一种记法是将每一个字节的最高位写在最左边，和平常习惯的二进制数字的记法一致。发送时仍按字节顺序发送，但先发每一个字节中的最高位，这就是 802.5 和 802.6 标准采用的方法。

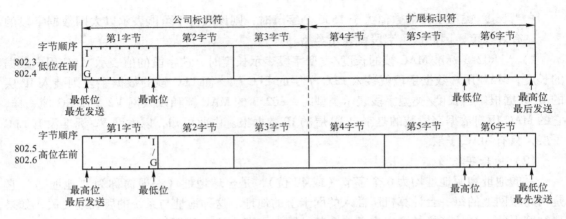

图 4-9 EUI - 48 地址的两种记法

从图 4-9 中可见，在二进制的 EUI - 48 地址中，I/G 的位置在两种表示法中是不相同的。

IEEE 还规定地址字段第 1 个字节的最低第 2 位为 G/L（global/local）。当 G/L = 1 时，是全球管理，保证在全球没有相同的地址，厂商需向 IEEE 购买公司标识符。当 G/L = 0 时，是本地管理，这时用户可以任意分配网络上的地址。当采用两字节地址时，全为本地管理。以太网几乎不使用 G/L 比特位。

于是当地址的最低第 2 位为 1 和最低位为 0 时，即在全球管理下，每一个工作站的地址有 46 位，地址空间将超过 70 万亿个地址，可保证世界上的每一个网卡有一个唯一的地址。

（3）类型字段

类型字段占 2 字节，用来标识上一层使用的是什么协议，以便把 MAC 帧的数据上交该协议。例如，当类型字段的值为 0x0800 时，就表示上层使用的是 IP。

（4）MAC 用户数据字段

MAC 用户数据字段可简称为数据字段，其长度在 46 ～ 1500 字节之间。当 MAC 用户数据的长度小于 46 字节时，应加以填充（内容不限）以保证整个 MAC 帧（包括 14 个字节的首部和 4 个字节的尾部）的最小长度是 64 字节或 512 位。

（5）FCS 字段

帧检验序列 FCS 占 4 个字节，采用了 32 位循环冗余校验 CRC。当传输媒体的误码率为 10^{-8} 时，MAC 子层可使未检测到的误码率小于 10^{-14}。检验范围不包括前同步码和帧开始定界符。

（6）前同步码与帧开始定界符

前同步码（1 和 0 交替码）共 7 个字节，其作用是使接收端在接收 MAC 帧时，能够迅速实现位同步。帧开始定界符占 1 个字节，定义为 10101011，表示在这后面的信息是 MAC 帧。前同步码和帧开始定界符的 8 个字节由硬件生成。在广域网中使用的 HDLC 规程不用前同步码，这是因为在同步传输时，收发双方总是一直保持位同步。

802.3 标准规定下述情况为无效的 MAC 帧。

1）MAC 用户数据字段的长度与长度字段的值不一致。

2）帧的长度不是整数个字节。

3）收到的帧经检验序列 FCS 查出有差错。

4）收到的帧的 MAC 用户数据字段的长度不在 46～1500 字节之间。

MAC 层将丢弃检查出的无效 MAC 帧，以太网不负责重传丢弃的帧。

为了使收到数据帧的结点的接收缓存来得及清理做好接收下一帧的准备，IEEE 802.3 标准还规定了帧间最小间隔为 9.6 μs（相当于 96 bit 的发送时间）。这就是说，一个结点在检查到总线开始空闲后，还需要等待 9.6 μs 才能发送数据。

4.2.4 以太网的组成

1. 物理层

图 4-10 包含了 IEEE 802.3 10 Mbit/s 以太网的物理层结构，它包括以下 3 部分。

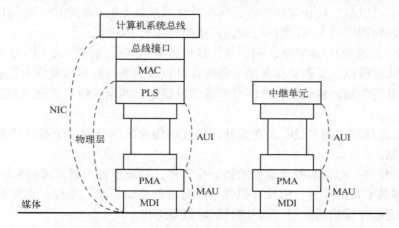

图 4-10　10 Mbit/s 以太网物理层、结构

（1）媒体链接单元（Medium Attachment Unit，MAU）

MAU 也称为收发器（transceiver），包括物理媒体连接（Physic Medium Attachment，PMA）子层和媒体相关接口（Medium Dependent Interface，MDI），在计算机和传输媒体之间提供机械和电气的接口，物理层的各个部分只有 MAU 与媒体相关。MAU 的主要功能如下。

1）连接传输媒体。MDI 实际上是连接传输媒体的连接器，媒体不同，MDI 也不同。例如，UTP 以太网的 MDI 为 RJ-45 连接器。

2）信号发送与接收。发送时向总线发送曼彻斯特编码信号，提供发送驱动；接收时从总线接收曼彻斯特编码信号。

3）冲突检测。检测总线上发生的数据帧冲突。

4）超长控制。当发生故障时，站点有可能向总线连续不断地发出无规律的数据，使其他结点不能正常工作。为此，对发送数据帧的长度设置一个上限，当检测到某一数据帧超过此上限时，就认为该结点出现故障，自动禁止该结点的发送。

（2）物理层信号（Physic Layer Signaling，PLS）

PLS 的主要功能如下。

1）编码解码。发送时，将由 MAC 子层传来的串行数据编为曼彻斯特编码并通过收发器电缆送到 MAU；反之，接收接入单元接口 AUI 送来的曼彻斯特编码信号并进行解码，并以串行方式送给 MAC。

2）载波监听。确定信道是否空闲，将载波监听信号送给 MAC 部分。

（3）链接单元接口（Attachment Unit Interface，AUI）

AUI 接口连接 PLS 和 MAU，AUI 上的信号有 4 种：发送和接收的曼彻斯特编码信号，冲突信号和电源。

以上是 IEEE 802.3 物理层的层次结构，具体的实现根据不同的 10 Mbit/s 以太网而有所不同。

2. 网络接口卡

网络接口卡也称网卡、网络适配器或者 NIC（Network Interface Card），它是一块智能接口卡，卡上有自己的处理器和存储器。目前有专门用来处理网络数据包的专用处理器——网络处理器。网卡可以是一块独立插件板，插在计算机总线上的扩展槽内，也可以集成在系统主板内，它实现物理层和 MAC 层的功能，其功能具体如下。

1）完成串/并或者并/串转换。网卡与计算机将采用并行通信方式，而与局域网接口采用串行通信方式。所以，发送数据时网卡要将计算机内的并行数据转换成串行的比特流，并通过通信介质进行传输；接收数据时网卡要将通信线路上的串行信号转变成并行数据，然后送给计算机。

2）进行数据缓存。网卡设有发送缓冲区和接收缓冲区，分别用于暂存待发送的数据或者接收到的数据。

3）和驱动程序一起实现网络通信的初始化工作，如设置各个缓冲区的起始地址。

4）是无源的半自治单元，由计算机供电，能进行差错检验，发现数据中有错误时则丢弃，同时还要完成介质访问控制、信号编码/解码等工作。

3. 中继器和集线器

（1）中继器

单个以太网网段的长度是有限制的，这一限制来自信号有限的电磁波能量在电缆上的传输过程中会不断减弱。当以太网的跨距或者网络上的站点数量超过一定数量时，中途需要对传输信号进行放大和整形，这可以通过中继器（Repeater）来实现。中继器工作在 IEEE 802.3 的物理层，接收、恢复并转发物理信号，以扩展以太网。

中继器与物理层对应的逻辑结构如图 4-10 所示，它包括 MAU、AUI 及中继单元。中继器的每个端口都有一个 MAU，负责接收和发送信号，在信号转发之前，中继器还要进行信号的放大和整形。中继器单元控制信号的转发过程。MAU 一般嵌入在中继器内部。

中继器能扩展以太网，但中继器不具备检查错误和纠正错误的功能，也没有缓冲功能，只是接收、恢复并转发物理信号。当一个网段中产生冲突时，中继器照样将其转发到其他网段。使用中继器扩展以太网会受到 CSMA/CD 冲突域最大跨距的限制。

（2）集线器

中继器至少有两个端口。早期同轴电缆的中继器多为两个端口。多个端口的中继器（即多口中继器）可以连接多个网段。多口中继器在双绞线以太网中通常被称为中继式集线器，或者简称集线器（Hub）。

集线器可以使每个端口只有一个站点相连，形成信号的点对点传输，使以太网形成星形结构。虽然形式上是星形结构，但逻辑上是总线结构，因此被称为星形总线（Star - Shaped - Bus）。

4. 传输介质

传统的以太网（即 802.3 局域网）共使用 4 种传输介质：粗同轴电缆、细同轴电缆、双绞线和光纤，每种传输介质对应不同的连接方法。目前，局域网中主要使用双绞线和光纤传输介质。下面介绍这两种传输介质。

（1）双绞线

双绞线是由一对相互绝缘的金属导线绞合而成。采用这种方式，不仅可以抵御一部分来自外界的电磁波干扰，还可以降低多对绞线之间的相互干扰。根据有无屏蔽层，双绞线分为屏蔽双绞线（Shielded Twisted Pair，STP）与非屏蔽双绞线（Unshielded Twisted Pair，UTP）。1991 年 IEEE 推出了以非屏蔽双绞线为传输介质的以太网标准 10 BASE – T，这里"BASE"表示传输媒体上的信号是基带信号，采用曼彻斯特编码，BASE 前面的数字"10"表示数据率为 10 Mbit/s。它可以运行在普通的电话双绞线上。支持 10 BASE – T 的集线器和交换机的普及使用，使得该标准得到迅速推广。其中集线器是最初使用的网络连接设备，它是一个具有多个端口的智能连接装置，每个端口通过双绞线与结点相连，逻辑上形成了星形网络，但实际上集线器相当于一根智能化的共享总线，所以集线器连接成的网络仍属于总线型。集线器的智能特性体现在当某个结点接触不好时不影响其他结点间的通信，这就很好地解决了由于细同轴电缆连接不好导致网络可靠性差的问题。每段无屏蔽双绞线的最大长度为 100 m，但实际上由于制造质量和干扰等因素，使实际的最大使用长度有所缩短。使用非屏蔽双绞线组网时，只需将两头有 RJ – 45 插头的双绞线一端连接网卡，另一端连接集线器的某个端口即可，具体连接如图 4–11 所示。

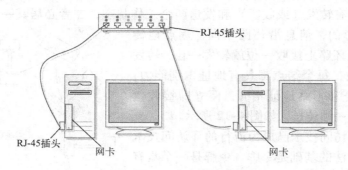

图 4–11　使用集线器进行组网

（4）光纤

光导纤维（简称光纤）是一种传输光束的细微且柔韧的介质，通常由传导光波的高纯石英玻璃纤维和保护层构成，其中纤芯的折射率大于包裹着它的包层折射率，这样光信号就被保持在纤芯中不会散播出去。光导纤维具有频带宽、损耗低、抗干扰力强和工作性能可靠等优点。10 BASE – F 是 1993 年推出的以光纤为传输介质的 10 Mbit/s 以太网标准。具体包括 10 BASE – FL、10 BASE – FB 和 10 BASE – FP 这 3 种互不兼容的标准。

1）10 BASE – FL：FL 是"光纤链路"的英文缩写。10 BASE – FL 支持双芯光缆 10 Mbit/s 以太网网段，用于计算机间、中继器间或计算机与中继器间点对点光纤链路连接。10 BASE – FL 标准接口类型光纤网段长度达 2 km，质量较好的多膜光纤可达到 5 km。因此，10 BASE – FL 标准接口可用于两个建筑物之间的光纤链路。

2）10 BASE-FB：FB 是"光纤骨干"的英文缩写。10 BASE-FB 标准接口支持在中继器间互连，它是在中继器间可采用的最佳专用同步信号链路的 10 Mbit/s 以太网技术。同步信号协议允许一定数量的中继器用于 10 Mbit/s 以太网系统的拓扑拓展。10 BASE-FB 标准局限于中继器间的点对点通信。不能用于中继器与计算机之间的连接，也不能用于 10 BASE-FL 和 10 BASE-FP 两种端口的连接。

3）10 BASE-FP：FP 是"光纤无源"的英文缩写。10 BASE-FP 标准支持具有星形拓扑结构、采用"无源光缆"的 10 Mbit/s 以太网技术。10 BASE-FP 网段长度达 500 m，一个星形网络可连接多达 33 台计算机。10 BASE-FP 星形结构由一个无源星形光耦合器和机械密封光连接器组成。

随着技术的发展，更高传输速率的以太网标准和产品不断推出，2002 年，传输速率为 10 Gbit/s 的十千兆以太网技术开始在局域网、城域网与广域网中使用，这进一步增强了以太网在局域网应用中的竞争优势。

4.3　令牌网

4.3.1　令牌环网

1. 令牌环网组成

令牌环局域网由多个用传输媒体串联起来的干线耦合器及其工作站组成，干线耦合器又称转发器，转发器有转发（或收听）和发送两个工作状态，二者必居其一。令牌环局域网的拓扑结构是环形的，信息沿环路单向、逐点地传送；每个结点都从环路上接收一位就转发一位，转发时进行整形和放大；每个结点都具有地址识别能力，一旦发现目的地址和本站地址相同，便立即接收信息，否则继续向下一站传送，如图 4-12 所示。

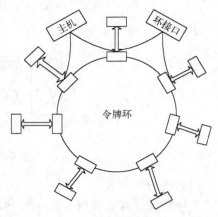

目前，令牌环访问技术已成为流行的环访问技术之一，介质访问方法的基础是令牌。令牌是一个具有特殊格式的帧，用于控制网络站点的发送权，只有抓住令牌的网络结点才能发送数据，由于环路上只有一个令牌，一次只能由一个结点发送，因此，令牌环访问不存在争用现象，是一种无争用型的媒体访问控制方法。

图 4-12　令牌环访问控制

1）转发从环路输入的比特流。转发时对比特流进行整形和放大（即再生），并且接收一位就转发一位。

2）地址识别。不停地监视令牌和非令牌帧中的目的地址，它平时不停地在环路上流动，总是沿着物理环单向逐站传送，传送顺序与工作站结点环中的顺序相同。

3）发送数据。转发器先截获令牌，将令牌帧的标志改变为数据帧的标志，接着将缓冲区中的数据等字段加上去，构成要发送的非令牌帧，并将本站的转发器置成发送方式，再将数据帧发送出去。

4）接收数据。当转发器一旦发现数据帧的目的地址等于本站地址时，说明本结点是目的结点，就复制这个帧（即收下这个帧），并将此数据帧转发给下一个结点。

令牌环主要有 3 个操作，如图 4-13 所示。

（1）截获令牌与发送帧

当一个结点要发送数据时，先要截获令牌，并将其标志转变成信息帧的标志，此时令牌变为忙令牌，接着将数据等字段加上去，构成要发送的非令牌帧并送到环上。

（2）接收帧与转发帧

非令牌帧经过每个结点时，该站的转发器将帧内的目的地址与本站地址相比较。如果相符，则复制该帧，送入本结点，并在该帧中置入已复制标志，同时将该帧再转发至下一个结点（因为一个帧可能发送给多个目的结点）。如果帧中的目的地址不是本结点地址，则转发器只将该帧向下转发。

（3）撤消帧与重新发令牌

数据在环路上转了一圈后，必然要回到发送数据的源结点，此时对返回的数据帧进行检查，看其是否发送成功。若发送成功，则撤销所发送的数据帧，并立即生成一个新的令牌发送到环上，这样以便其他结点截获令牌。

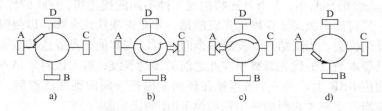

图 4-13　令牌环

a）令牌在环路上流动，A 结点截获了令牌　b）A 站发送数据给 C 结点，C 结点接收并转发数据
c）A 结点收回所发的数据　d）A 结点收完所发数据后重新发出令牌

2. IEEE 802.5 标准

IEEE 802.5 标准是在 IBM Token Ring 协议基础上发展形成的。该标准规定了令牌环的媒体访问控制子层和物理层所使用的协议数据单元格式和协议，规定了相邻实体间的服务及连接令牌环物理媒体的方法。

（1）令牌帧

如图 4-14 所示，令牌帧由起始字段、访问控制字段和结束字段组成，共占 3 个字节，不管是令牌帧还是非令牌帧，都有一个起始字段和一个结束字段，各占 1 个字节，其中每个字段都有 4 位"特殊位"（即 J、K 位），起始与结束这一字节都是固定的，是 MAC 帧的其它任何地方都不可能出现的"特殊位"。正常信号采用基带曼彻斯特编码，而 J、K 位的中间没有跳变，表示令牌帧的开始和结束。

令牌帧的第二个字节表示为访问控制字段，占 1 个字节，具体为 PPPTMRRR，其中 T 位称为令牌位，$T=0$ 时表示令牌帧，$T=1$ 时表示非令牌帧，发生截获令牌时，就是将这里的 T 从 0 改为 1，然后丢弃令牌的结束字段，再将非令牌帧从第 3 个字节起的字段都加上去，构成一个要发送的非令牌帧。M 位是监督位，为防止非令牌帧在环路上无限循环而设置的。P 比特和 R 比特分别称为优先级比特和预约比特，在无优先级的环路中不起作用，都

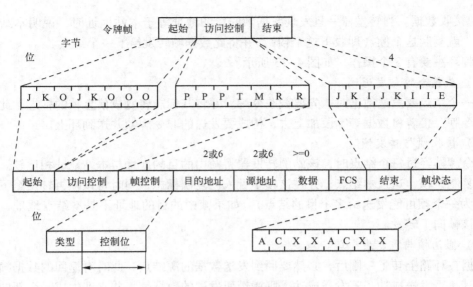

图 4-14　802.5 的 MAC 帧

被置为 0。在优先级的环路中，3 个 P 比特构成 8 种不同的优先级，000 的优先级最低，111 为最高优先级。只有优先级高于令牌优先级的站，才允许截获该令牌，以便保证高优先级的结点有更多的发送机会。当某结点要发送数据时，可以在其他结点发送的数据帧经过本站时进行预约，即只要本结点的优先级高于在此之前的预约等级，就可以将本结点的优先级写入此数据帧的预约位 RRR 上。当一个数据帧在环路上循环一周回到源结点后，源结点发出的令牌的优先级应当等于刚才收回的帧中预约位 RRR 的优先级。

（2）非令牌帧

非令牌帧的起始字段、访问控制字段和结束字段与令牌帧相同，余下各字段的作用如下。

1）帧控制字段：占 1 个字节，前两位 FF 为类型位，表示帧的类型；后 6 位 ZZZZZZ 为控制位，表示控制帧的种类。若 FF = 00，表示该帧为 MAC 控制帧；若 FF = 01，表示该帧为一般的数据帧。FF 为 11 或 10 未定义。

2）目的地址和源地址：其含义和 IEEE802.3 标准相同，两者的位数必须相等，占 2 个字节或 6 个字节。

3）数据字段：该字段长度的最小值等于 0，其最大值受令牌轮转一周的最大时间限制。

4）帧校验序列 FCS：占 4 个字节，采用 32 位循环冗余校验 CRC 码，其校验范围是从帧控制字段到数据字段。

5）结束字段：I 为后继帧位，若 I = 1，表示此帧后还有待发的帧；I = 0 表示该帧为最后一帧或单帧。E 为差错位，若 E = 1，则表示有错误。

6）帧状态字段 FS：是帧的最后一个字节，其中 A 为地址识别指示位，C 为帧已复制指示位，R 位未做规定。发送结点发送帧时将 A、C 都置成 0。若接收结点检测到帧上的目的地址与本结点的地址相同时，则将 A 置为 1；若该结点将该帧复制，则将 C 置成 1。这样，当该帧返回到发送结点时，源结点依据 A、C、E 的值就可以判断发送是否成功。

4.3.2 令牌总线网

令牌总线网（即 802.4 标准）是将令牌传递原理应用于总线拓扑的一种局域网络，它既具有总线网的接入方便和可靠性较高的优点，又具有令牌环网的无冲突和发送时延确定的优点。

1. 令牌总线网的组成

令牌总线网在物理上是一个总线网，各工作站共享一条传输信道，而在逻辑上却是一个令牌网，接在总线上的各结点组成一个逻辑环。这种逻辑环通常按工作结点地址的递减顺序排列，与结点的物理位置无关。

2. 令牌总线访问控制

令牌总线是一种在总线拓扑中利用"令牌"作为控制结点访问公共传输媒体的确定型媒体访问控制方法。在采用令牌总线方法的局域网中，任何一个结点只有在取得令牌后才能使用共享总线去发送数据。令牌是一种特殊结构的控制帧，用来控制结点对总线的访问权。图 4-15 所示为令牌总线的基本工作原理。

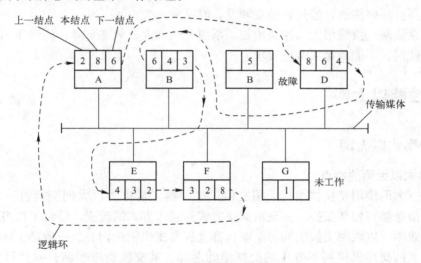

图 4-15　令牌总线的基本工作原理

令牌总线网上的每个工作结点都设置了标识寄存器，用来存储上一结点（前趋结点）、本结点及下一结点（后继结点）的地址或序号，上结点地址和下结点地址可以动态地设置。如图 4-17 所示。A→D→B→E→F→A…组成一个令牌环，即按地址从大到小 8→6→4→3→2→8…的顺序链接，而它们在物理上都接到总线上，两者截然不同。

所谓稳态操作，是指网络已经完成初始化之后，各结点进入正常传递令牌与数据，并且没有结点要加入或撤出，没有发生令牌丢失或网络故障的正常工作状态。此时，每个结点都有本结点地址，并且知道上一结点与下一结点地址。令牌传递规定由高地址向低地址传送，然后返回高地址，从而在物理上是总线网，而在逻辑上是环形网。令牌含有一个目的地址，接收到令牌针的结点可以在令牌持有最大时间内发送一个或多个数据帧；但在发生下列情况时必须交出令牌。

- 该结点没有数据帧等待发送。
- 该结点已发送完所有待发送的数据帧。

- 令牌持有最大时间。

令牌总线网的工作原理有以下几个特点。

1）通过在网络中设置令牌来控制各结点对总线的访问。网上只有一个令牌，在任一时刻只能有一个工作结点访问信道，因此不会出现冲突。

2）令牌按逻辑顺序传递。当逻辑环路建立以后，令牌便在逻辑环上不停地轮转，即令牌从高地址站传递给较低的地址，当令牌到达最低地址后，再传递给较高地址的结点。

3）各站有公平的访问权。当一个结点得到令牌后，若有数据要发送，立即向网上发送数据，数据发送结束，则将令牌传递给下一结点，以转移发送权；如果没有数据要发送，就立即把令牌送往下一结点，由于令牌是按照逻辑顺序传递的，因此网上各个结点都有公平的访问权。

3. 逻辑环网、物理环网和竞争型总线网的比较

逻辑环网：无冲突，重负载也可获得较高的效率，具有优先权策略，访问和响应时间具有确定性，实时性良好。

物理环网：环路传送，通过各结点转发，时延大

竞争型总线网：负载增大，冲突增加，系统开销加大，效率下降；访问和响应具有随机性，属概率性网，不能满足实时性要求。

4.4 高性能以太网

4.4.1 交换式以太网

1. 交换式以太网的特点

交换式以太网使用交换技术，采用交换式集线器（常称为以太网交换机）来实现多个端口之间的信息帧转发和交换。实现由共享方式到独占方式的转变，缓解了冲突的出现，提高了网络的效率。以太网交换机的每个端口都直接与主机相连，并且一般都工作在全双工方式。由于以太网交换机使用了专用的交换结构芯片，其交换速率较高，并且可扩展网络距离，起到中继器的作用。交换式以太网在工作时独占传输媒体的带宽，比如对于普通 10 Mbit/s 的共享式以太网，若共有 N 个用户，则每个用户占有的平均带宽只有总带宽（10 Mbit/s）的 N 分之一。在使用以太网交换机时，虽然在每个端口到主机的带宽还是 10 Mbit/s，但由于一个用户在通信时是独占而不是和其他网络用户共享传输媒体的带宽，因此对于拥有 N 对端口的交换机，其总容量为 $N \times 10$ Mbit/s，这正是交换机的最大优点。

2. 工作原理

交换式以太网的交换式集线器工作在数据链路层，利用快速帧交换技术，在读取局域网段传来的信息帧地址后，在源和目的端口间建立连接，提供快速的交换通路。交换式集线器由 3 部分组成：以太网帧处理器（EPP）、交换矩阵和系统模块。

以太网交换机的工作原理如图 4-16 所示。

每个帧进入 EPP 后传给系统模块，系统模块根据其目

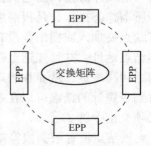

图 4-16　以太网交换机原理框图

的地址和源地址提供交换路径信息给 EPP，EPP 据此建立路由表，并利用交换矩阵实现快速硬件交换，交换矩阵可同时建立多条连接。以后，相同目的地址的分组无需经系统模块处理而直接经交换矩阵到达目的端口。

3. 工作方式

以太网交换机有 3 种工作方式，如图 4-17 所示。

图 4-17　以太网交换机的工作方式

（1）存储转发方式

存储转发方式是交换机的基本转发方式。与网桥的转发方式类似，交换机首先把整个帧全部读入到内部缓冲区中，并对信息帧进行错误检验，无错误后才执行帧过滤转发操作，因此出错的帧不会被转发。利用存储转发机制，网络管理员还可以定义一些过滤算法来过滤交换机的信息帧。另外，因为具有缓冲能力，因此存储转发方式允许在不同速率的端口之间进行转发操作。

存储转发方式的缺点在于其传输延迟较大，并且随转发帧的长短而不同。此外，由于交换机内的端口缓冲区的大小是有限的，所有当负载较重时，端口缓冲区很快会被到达的帧塞满，其后到达的帧不得不丢弃，造成帧的丢失。也就是说当负载较重时，其性能会下降。不过现在有的交换机为了解决这个问题，采用了一种被称为"背压"的控制技术，当交换机内的端口缓冲区快满时，它会自动向帧到达的端口发出拥塞信号，造成冲突的假象，使发送站停止发送，从而避免了帧的丢失。

（2）直通方式（切入式）

与存储转发方式不同，交换机以直通方式转发时，并不需要把整个帧全部接收下来后再进行转发，而只需要接收一个帧中最前面的目的地址部分即可开始执行过滤转发操作。其优点是时延短，转发速度快。缺点是可靠性差，无法进行错误检验。另外，直通式不能在两个不同速率的端口之间进行转发，如从 100 Mbit/s 高速端口向 10 Mbit/s 低速端口转发信息帧时，就必须采用存储转发方式，否则低速端口将不能及时处理从高速端口传来的信息，造成缓冲溢出错误。

（3）无碎片交换

根据以太网的结构可知，一个正常的帧长度至少是 64 个字节，而小于 64 个字节的帧（称为碎片）肯定是错误的帧。为了拥有直通方式快速的优点，又使小于 64 个字节的错误帧不再转发，可以让交换机在转发数据前，不仅接收目的 MAC 地址，还要求收到的帧必须大于 64 个字节。这种转发方式就称为无碎片交换方式。它可以在不显著增加延迟时间的前提下降低错误帧转发的概率。

4.4.2 虚拟局域网（Virtual LAN）

1. 虚拟局域网的概念

利用交换式集线器可以实现虚拟局域网（VLAN）。虚拟局域网是根据一些局域网网段具有的某些共同需求而构成的一组不受物理位置限制，而又可以像在同一个 LAN 上自由通信的逻辑组，在逻辑上等价于广播域（Broadcast Domain）。在虚拟局域网中，每一个 VLAN 的帧都有一个明确的标识符，指明发送这个帧的工作站是属于哪一个 VLAN。虚拟局域网其实只是局域网给用户提供的一种新的服务，而不是一种新型局域网。

2. 虚拟局域网的特点

1）提高管理效率。网络的设计与布线施工往往是一次性的，用户的工作位置和性质发生变更时，重新规划网络结构就会非常困难。网络中结点的移动、增加和修改一直以来都是让网管人员最头疼的一件事，同时也是网络过程中相对来说开销比较大的一部分。因为结点的变化就意味着需要重新进行布线，地址要重新的分配，交换机和路由器也要重新配置。而虚拟局域网允许用户工作站从一个地点移动到另一个地点，可以很好地解决上述问题。

2）限制网络上的广播。VLAN 可以提供建立防火墙的机制，防止交换网络的过量广播。使用 VLAN，可以将某个交换端口或用户赋于某一个特定的 VLAN 组，该 VLAN 组可以在一个交换网中跨接多个交换机，在一个 VLAN 中的广播不会送到 VLAN 之外。同样，相邻的端口不会收到其他 VLAN 产生的广播。这样可以减少广播流量，释放带宽给用户应用，减少广播的产生。

3）增强局域网的安全性。不同 VLAN 内的报文在传输时是相互隔离的，即一个 VLAN 内的用户不能和其他 VLAN 内的用户直接通信，如果不同的 VLAN 之间要进行通信，则需要通过路由器或三层交换机等三层设备。

4）增加了网络连接的灵活性。借助 VLAN 技术，能将不同地点、不同网络、不同用户组合在一起，形成一个虚拟的网络环境，就像使用本地 LAN 一样方便、灵活、有效。VLAN可以降低移动或变更工作站地理位置的管理费用，特别是一些业务情况有经常性变动的公司使用了 VLAN 后，这部分管理费用大大降低。

如图 4-18 所示，当 B1 向 VLAN2 工作组内的成员发送数据时，工作站 B2 和 B3 将会收到广播的信息。B1 发送数据时，工作站 A1 和 C1 都不会收到 B1 发出的广播信息。虚拟局域网限制了接收广播信息的工作站数，使得网络不会因传播过多的广播信息（即"广播风暴"）而引起性能恶化。

3. 虚拟局域网 VLAN 的划分方式

（1）根据端口来划分 VLAN

许多 VLAN 厂商都通过交换机的端口来划分 VLAN 成员。被设定的端口都在同一个广播域中。例如，一个交换机的 1、2、3、4、5 端口被定义为虚拟网 AAA，同一交换机的 6、7、8 端口组成虚拟网 BBB。这样做允许各端口之间的通讯，并允许共享型网络的升级。但是，这种划分模式将虚拟网限制在了一台交换机上。第二代端口 VLAN 技术允许跨越多个交换机的多个不同端口划分 VLAN，不同交换机上的若干个端口可以组成同一个虚拟网。以交换机端口来划分网络成员，其配置过程简单明了。因此，从目前来看，这种根据端口来划分VLAN 的方式仍然是最常用的一种方式。

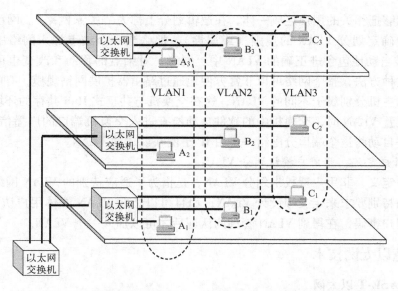

图 4-18 3 个虚拟局域网 VLAN1、VLAN2 和 VLAN3 的构成

（2）根据 MAC 地址划分 VLAN

这种划分 VLAN 的方法是根据每个主机的 MAC 地址来划分的，即对每个 MAC 地址的主机都配置它属于哪个组。这种划分 VLAN 方法的最大优点就是当用户的物理位置移动时，即从一个交换机换到其他交换机时，不用重新配置 VLAN，所以，可以认为这种根据 MAC 地址的划分方法是基于用户的 VLAN，这种方法的缺点是，初始化时所有的用户都必须进行配置，如果有几百个甚至上千个用户的话，配置是非常麻烦的。而且这种划分方法也导致了交换机执行效率的降低，因为在每一个交换机的端口都可能存在很多个 VLAN 组的成员，这样就无法限制广播包了。另外，对于使用笔记本电脑的用户来说，他们可能会经常更换网卡，这样，VLAN 就必须不停地配置。

（3）根据网络层划分 VLAN

这种划分 VLAN 的方法是根据每个主机的网络层地址或协议类型（如果支持多协议）划分的，虽然这种划分方法是根据网络地址，比如 IP 地址，但它不是路由，与网络层的路由毫无关系。这种方法的优点是用户的物理位置改变了，不需要重新配置所属的 VLAN，而且可以根据协议类型来划分 VLAN，这对网络管理者来说很重要，另外，这种方法不需要附加的帧标签来识别 VLAN，这样可以减少网络的通信量。这种方法的缺点是效率低，因为检查每一个数据包的网络层地址是需要消耗处理时间的（相对于前面两种方法），一般的交换机芯片都可以自动检查网络上数据包的以太网帧头，但要让芯片能检查 IP 帧头，需要更先进的技术，同时也更费时。当然，这与各个厂商的实现方法有关。

（4）根据 IP 组播划分 VLAN

IP 组播实际上也是一种 VLAN 的定义，即认为一个组播组就是一个 VLAN，这种划分方法将 VLAN 扩大到了广域网，因此这种方法具有更大的灵活性，而且也很容易通过路由器进行扩展。当然这种方法不适合于局域网，主要是由于其效率不高。

（5）基于规则的 VLAN

基于规则的 VLAN 也称为基于策略的 VLAN。这是最灵活的 VLAN 划分方法，具有自动配置能力，能够把相关的用户连成一体，在逻辑划分上称为"关系网络"。网络管理员只需在网管软件中确定划分 VLAN 的规则（或属性），那么当一个结点加入网络中时，将会被"感知"，并被自动地包含进正确的 VLAN 中。同时，对结点的移动和改变也可自动识别和跟踪。采用这种方法，整个网络可以非常方便地通过路由器扩展网络规模。有的产品还支持一个端口上的主机分别属于不同的 VLAN，这在交换机与共享式 Hub 共存的环境中显得尤为重要。自动配置 VLAN 时，交换机中的软件自动检查进入交换机端口的广播信息的 IP 源地址，然后软件自动将这个端口分配给一个由 IP 子网映射成的 VLAN。

（6）按用户定义、非用户授权划分 VLAN

基于用户定义、非用户授权来划分 VLAN，是指为了适应特别的 VLAN 网络，根据具体的网络用户的特别要求来定义和设计 VLAN，而且可以让非 VLAN 群体用户访问 VLAN，但是需要提供用户密码，在得到 VLAN 管理的认证后才可以加入一个 VLAN。

4.4.3 高速以太网技术

1. 100 BASE-T 以太网

100 Base-T 是一种以 100 Mbit/s 速率工作的局域网（LAN）标准，它通常被称为快速以太网。快速以太网有 3 种基本的实现方式：100 Base-FX、100 Base-TX 和 100 Base-T4。每一种规范除了接口电路外都是相同的，接口电路决定了它们使用哪种类型的电缆，除 100 Base-FX 使用光纤外，其他两种方式使用 UTP（非屏蔽双绞线）铜质电缆。为了实现时钟/数据恢复（CDR）功能，100 Base-T 使用 4B/5B 曼彻斯特编码机制。

（1）100 Base-T4

即 3 类 UTP，它采用的信号速度为 25 MHz，需要 4 对双绞线，不使用曼彻斯特编码，而是三元信号，每个周期发送 4 位，这样就获得了所要求的 100 Mbit/s，还有一个 33.3 Mbit/s 的保留信道。该方案即所谓的 8B6T（8 比特被映射为 6 个三进制位）。

（2）100 Base-TX

即 5 类 UTP，其设计比较简单，因为它可以处理速率高达 125 MHz 以上的时钟信号，每个结点只需使用两对双绞线，一对连向集线器，另一对从集线器引出。它没有采用直接的二进制编码，而是采用了一种运行在 125 MHz 下的被称为 4B/5B 的编码方案。100 Base-TX 是全双工的系统。

（3）100 Base-FX

100 Base-FX 使用光纤作为传输介质，传输距离与所使用的光纤类型及连接方式有关。在 100 Base-FX 环境中，一般选用 62.5/125 μm 多模光缆，也可选用 50/125、85/125 或 100/125 的光缆。但在一个完整的光缆段上必须选择同种型号的光缆，以免引起光信号不必要的损耗。对于多模光缆，在 100 Mbit/s 传输率，点对点的连接方式和全双工的情况下，系统中最长的媒体段可达 2 km。100 Base-FX 也支持单模光缆作为媒体，在全双工情况下，单模光缆段可达到 40 km，甚至更远，但价格要比多模光缆贵得多。在系统配置时，可以外置单模光缆收发器，也可以在多模光缆收发器的连接器上再配置一个多模/单模转换器，以驱动单模光缆。光纤接口仍然采用 MIC、ST 或 SC 光纤接口。

快速以太网具有以下几个特点。

1）可在全双工方式下工作而无冲突发生。因此，不使用 CSMA/CD 协议。MAC 帧格式仍然是按802.3标准规定的。

2）保持最短帧长不变（64字节），但将一个网段的最大电缆长度减小到100 m。帧间时间间隔从原来的9.6 s改为现在的0.96 s。

2. 千兆以太网

将10 M、100 M网络升级至千兆的条件并不多，最主要的是综合布线条件。千兆以太网指的是网络主干的带宽，要求主干布线系统必须满足千兆以太网的要求。如果原来的网络覆盖距离相隔几百米至几千米的多幢建筑物，则原来的主干布线一般采用的是多模或单模光纤，能够满足千兆主干的要求，可以不必重新铺设光纤了。在建筑物之间的距离小于550 m的情况下，一般铺设价格相对低廉的多模光纤就可以满足千兆以太网的需要。

如果原来的网络只覆盖了一幢建筑，而且最远的网络结点与网络中心的距离不超过100 m，则可以利用原来的5类或超5类布线系统。如果原来的布线系统达不到5类标准，或者采用了总线型布线系统而不是星形布线系统，则必须重新布5类线。

升级至千兆以太网，首先要将网络主干交换机升级至千兆级，以提高网络主干所能承受的数据流量，从而达到加快网络速度的目的。以前的百兆交换机作为分支交换机，以前的集线器则可以在布线点不足的地方使用。千兆交换机的产品已经很多，可以根据网络的要求和预算等实际情况来选择。

千兆以太网（也称为吉比特以太网）是一个描述各种以吉比特每秒速率进行以太网帧传输技术的术语，由IEEE 802.3z标准定义，允许在1000 Mbit/s下以全双工和半双工两种方式工作。千兆以太网和大量使用的以太网，快速以太网完全兼容，并利用了原以太网标准所规定的全部技术规范，如CSMA/CD协议（在半双工方式下使用）、以太网帧、全双工、流量控制等。目前，千兆以太网已经发展成为主流网络技术。大到成千上万人的大型企业，小到几十人的中小型企业，在建设企业局域网时都会把千兆以太网技术作为首选的高速网络技术。千兆以太网具有以下特点：

1）千兆以太网提供了完美无缺的迁移途径，充分保护在现有网络基础设施上的投资。千兆以太网将保留IEEE 802.3和以太网帧格式，以及802.3受管理的对象规格，从而使企业能够在升级至千兆性能的同时，保留现有的线缆、操作系统、协议、桌面应用程序和网络管理战略与工具。

2）千兆以太网相对于原有的快速以太网、FDDI和ATM等主干网解决方案，提供了一条最佳的路径。至少在目前看来，千兆以太网是改善交换机与交换机之间骨干连接和交换机与服务器之间连接的可靠、经济的途径。

3）IEEE 802.3工作组建立了802.3z和802.3ab千兆以太网工作组，其任务是开发适应不同需求的千兆以太网标准。该标准支持全双工和半双工1000 Mbit/s，相应的操作采用IEEE 802.3以太网的帧格式和CSMA/CD介质访问控制方法。千兆以太网还要与10 Base-T和100 Base-T向后兼容。此外，IEEE标准将支持最大距离为550 m的多模光纤、最大距离为70 km的单模光纤和最大距离为100 m的铜轴电缆。千兆以太网填补了802.3以太网/快速以太网标准的不足。

千兆以太网标准主要针对3种类型的传输介质：单模光纤；多模光纤上的长波激光（称为1000 Base-LX）、多模光纤上的短波激光（称为1000 Base-SX）；1000 Base-CX介质，该介质可在均衡屏蔽的150 Ω铜缆上传输。IEEE 802.3z委员会批准的1000 Base-T标准允许将千兆以太网在 5 类、超 5 类、6 类 UTP 双绞线上的传输距离扩展到 100 m，从而使建筑楼宇内大部分布线采用 5 类 UTP 双绞线，保障了用户先前对以太网和快速以太网的投资。对于网络管理人员来说，也不需要再接受新的培训，凭借已经掌握的以太网网络知识，完全可以对千兆以太网进行管理和维护。

3. 万兆以太网 （802.3ae）

万兆以太网 （10 Gbit/s） 的标准 IEEE 802.3ae 于 2002 年 6 月正式批准，主要用于主干网络。根据连接距离的长短，用于局域网的光纤万兆以太网规范分为：连接短距离的 10 GBase-SR （有效传输距离为 2 m 到 300 m）、连接长距离的 10 GBase-LR （有效传输距离为 2 m 到 10 km） 和连接超长距离的 10 GBase-ER （有效传输距离为 2 m 到 40 km）。

万兆以太网相对于以往代表最高适用度的千兆以太网拥有绝对的优势和特点。其技术特色首先表现在物理层面上。万兆以太网是一种只采用全双工与光纤的技术，其物理层（PHY） 和 OSI/RM 模型的第一层 （物理层） 一致，它负责建立传输介质 （光纤或铜线） 和 MAC 层的连接，MAC 层相当于 OSI/RM 模型的第二层 （数据链路层）。在网络的结构模型中，把 PHY 进一步划分为物理介质关联层 （PMD） 和物理代码子层 （PCS）。光学转换器属于 PMD 层。PCS 层由信息的编码方式 （如 64B/66B）、串行或多路复用等功能组成。

万兆以太网的应用特征如下。

1） 万兆以太网结构简单、管理方便、价格低廉。由于没有采用访问优先控制技术，简化了访问控制的算法，从而简化了网络的管理，并降低了部署的成本，因而得到了广泛的应用。

2） 过去有时需要采用数个千兆捆绑以满足交换机互连所需的高带宽，因而浪费了更多的光纤资源，现在可以采用万兆互连，甚至 4 个万兆捆绑互连，达到 40 Gbit/s 的宽带水平。

3） 采用万兆以太网，网络管理者可以用实时方式，也可以用历史累积方式轻松地看到第二层到第七层的网络流量。允许 "永远在线" 监视，能够鉴别干扰或入侵监测，发现网络性能瓶颈，获取计费信息或呼叫数据记录，从网络中获取商业智能。

4） 以太网的可平滑升级保护了用户的投资，以太网的改进始终保持向前兼容，使得用户能够实现无缝升级，一方面不需要额外的投资升级上层应用系统，也不影响原来的业务部署和应用。

4.4.4 扩展的以太网

1. 基本概念

扩展以太网首先需要了解什么是冲突域 （也称碰撞域） 和广播域。在网络内部，数据分组产生和发生冲突的这样一个区域称为冲突域；在同一个冲突域中的每一个结点都能收到所有被发送的帧，即同一时间内只能有一台设备发送信息的范围。广播域是指由所有能看到同一个广播数据帧的设备组成；网络中能接收任一设备发出的广播帧的所有设备的集合。如果一个站点发出一个广播帧，所有能接收到这个广播帧的设备范围称为一个广播域。

以太网可以利用一层设备、二层设备和三层设备来扩展以太网，一层设备 （中继器/集线器） 在物理层上实现互联，但是扩大了冲突域，并且所有的共享介质环境都是冲突域；二层设备 （网桥/交换机） 在数据链路层上实现互联，其能隔离冲突域，但扩大了广播域，交换机的每个端口就是一个冲突域；三层设备 （路由器） 在网络层上实现互联，默认路由器能隔离冲突域和广播域。扩展以太网选用不同的设备，决定了扩展后的网络性能。下面主要介绍利用一层和二层设备扩展以太网，利用路由器互联网络将在下一章介绍。

2. 用物理层设备集线器扩展以太网

集线器工作在物理层，是一个多端口的转发器，如图4-19所示，能在网段之间复制比特流，信号能得到整形和放大。集线器上拥有多个用于连接结点（工作站或服务器）的普通RJ-45端口，这类端口的数目一般有4、8、12、16或24个等。

级联端口Up-Link

图4-19　集线器

一般可以通过多集线器的级联来扩展以太网，如图4-20所示，在级联时，线段长度（网络设备到集线器或集线器到集线器）不能超过100 m，网络上连接设备的总数不能超过1024台。

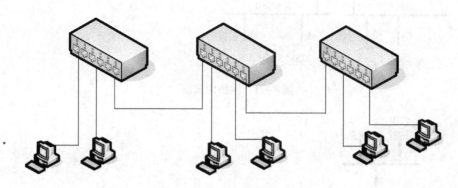

图4-20　多集线器工作原理

多集线器的级联必须遵循5-4-3规则：任意一条通路上的网段数目不能超过5个；任意一条通路上最多可以串联4个集线器；最多只能有3个集线器可以连接网络设备。

利用集线器扩展以太网具有明显的优点，它使原来属于不同冲突域的局域网上的计算机能够进行跨冲突域的通信；扩大了局域网覆盖的地理范围。其缺点是冲突域增大了，但总的吞吐量并未提高；如果不同的冲突域使用不同的数据率，那么就不能用集线器将它们互连起来。

3. 用数据链路层设备网桥扩展以太网

网桥是连接两个网段的设备，其工作在数据链路层，它根据MAC帧的目的地址对收到的帧进行转发，网桥具有过滤帧的功能，当网桥收到一个帧时，并不是向所有的端口转发此帧，而是先检查此帧的目的MAC地址，然后再确定是否要转发。网桥的内部结构如图4-21所示。

使用网桥可以扩大物理范围，过滤通信量，提高可靠性，可互连不同物理层、不同MAC子层和不同速率（如10 Mbit/s和100 Mbit/s以太网）的局域网。但使用网桥也具有一定的缺点，如存储转发增加了时延，在MAC子层并没有流量控制功能，网络负载很重时，可能会发生帧丢失；具有不同MAC子层（见图4-22）的网段桥接在一起时，时延更大。网桥只适合于用户数不太多（不超过几百个）和通信量不太大的局域网，否则有时还会因传播过多的广播信息而产生网络拥塞，这就是所谓的广播风暴。

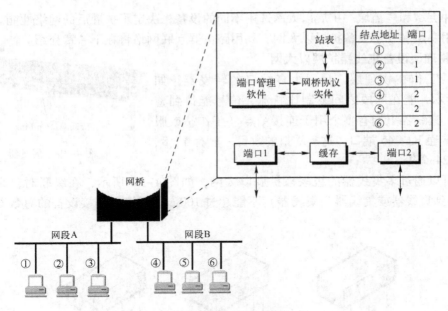

结点地址	端口
①	1
②	1
③	1
④	2
⑤	2
⑥	2

图 4-21　网桥内部图

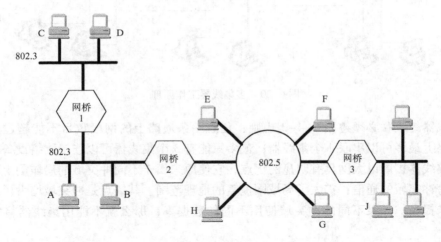

图 4-22　网段图

网桥使各网段成为隔离开的冲突域，如图 4-23 所示。

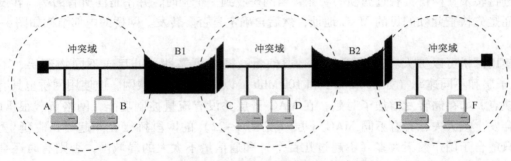

图 4-23　网桥使各网段成为隔离开的冲突域

网桥与集线器的区别是，集线器在转发帧时不对传输媒体进行检测；网桥在转发帧之前必须执行 CSMA/CD 算法，若在发送过程中出现碰撞，就必须停止发送和进行退避，在这一点上网桥的接口很像一个网卡，但网桥却没有网卡。由于网桥没有网卡，因此网桥并不改变它转发的帧的源地址。两种常见的网桥是透明网桥和源路由选择网桥。

（1）透明网桥

目前使用得最多的网桥是透明网桥（Transparent Bridge），"透明"是指局域网上的结点并不知道所发送的帧将经过哪几个网桥，因为网桥对各结点来说是看不见的。透明网桥是一种即插即用设备，其标准是 IEEE 802.1D。

透明网桥的工作特点是：透明网桥是由各网桥自己来决定路由选择，而局域网上的各结点都不管路由选择；网桥做出路由决定的根据是网桥中的站表，站表是通过学习逐渐建立起来的。

（2）源路由选择网桥

源路由选择（Source Route）网桥是由发送帧的源工作站负责路由选择，在发送帧时将详细的路由信息放在帧的首部中，用于令牌网。其路由的确定是源站以广播方式向欲通信的目的站发送一个发现帧，每个发现帧都记录所经过的路由；然后发现帧到达目的站时就沿原路径返回源站；最后源站在得知这些路由后，从所有可能的路由中选择出一个最佳路由。

4. 用数据链路层设备交换机扩展以太网

1990 年问世的交换式集线器（Switching Hub）可明显地提高局域网的性能，交换式集线器常称为以太网交换机（Switch）或第二层交换机，以太网交换机工作在数据链路层，通常都有十几个端口，以太网交换机实质上就是一个多端口的网桥。通过采用交换机可以在数据链路层扩展以太网，其工作原理可参见交换式以太网。

4.5 无线局域网

4.5.1 无线局域网概述

无线局域网（Wireless Local Area Net – work，WLAN），通俗来讲，是使用无线传输媒体的计算机局域网。无线媒体可以是无线电波、红外线或激光。无线局域网利用无线媒体在空中发送和接收数据，取代了旧式复杂的铜缆或光缆所构成的局域网络，使其能利用简单的存取架构得到更便捷的使用。无线局域网与有线的以太网相比，具有以下几个特点：①可移动性。通信不受环境条件的限制，拓宽了网络的传输范围。②灵活性。组网不受布线接点位置的制约，具有传统以太网无法比拟的灵活性。③扩展能力强。只需通过增加基站（也叫接入点，Access Point，AP）即可对现有网络进行有效扩展。④经济节约。不需要布线或开挖沟槽，安装便捷，建设成本低。

无线局域网应用无线通信技术将计算机设备互联起来，构成可以互相通信和实现资源共享的计算机局域网。在一个典型的无线局域网环境中，一个进行数据发送和接收的 AP 可以支持 15 ～ 250 个用户，AP 的数量一般为 30 个左右，其有效范围为 20 ～ 500 m。在同时具有有线和无线网络的情况下，AP 可以通过专线与传统的有线网络相联，作为无线网络和有线网络的连接点。无线局域网的终端用户可通过无线网卡等访问网络。

WLAN 是计算机网络与无线通信技术相结合的产物，可提供有线局域网的功能，能够使用户真正实现随时、随地、随意的宽带网络接入。目前，WLAN 的最高数据传输率已经达到 54 Mbit/s（802. llg），传输距离可远至 20 km 以上。WLAN 不仅可以作为有线数据通信的补充和延伸，而且还可以与有线网络互为备份。WLAN 的应用较为广泛，其应用场合主要包括以下几个方面。

1）多个普通局域网及计算机的互连。

2）多个控制模块（Control Module，CM）通过有线局域网互连，每个控制模块可支持一定数量的无线终端系统。

3）具有多个局域网的大楼之间的无线连接。

4）为具有无线网卡的便携式计算机、掌上电脑和手机等提供移动无线接入功能。

5）无中心服务器的某些便携式计算机之间的无线通信。

无线局域网目前使用在以下几个领域。

1）移动办公的环境：大型企业、医院等拥有移动工作人员的应用环境。

2）难以布线的环境：历史建筑、校园、工厂车间、城市建筑群和大型的仓库等不能布线或者难于布线的环境。

3）频繁变化的环境：活动的办公室、零售商店、售票点、医院或是野外勘测、试验、军事、公安和银行金融等，以及流动办公、网络结构经常变化或者临时组建的局域网。

4）公共场所：航空公司、机场、货运公司、码头、展览和交易会等。

5）小型网络用户：办公室、家庭办公室（SOHU）用户。

与有线网络相比，无线局域网也有很多不足。无线局域网还不能完全脱离有线网络，它只是有线网络的补充，而不是替换。首先，无线局域网产品比较昂贵，增加了组网的成本；其次，传输速率比较慢，无法实现有线局域网的高宽带。无线局域网以空气为介质信号进行传输，难免要受到外部其他电信号的干扰，给无线局域网通信的稳定性造成了很大的影响。

近年来，无线局域网产品逐渐走向成熟，价格也逐渐下降，相应的软件也日趋成熟。此外，无线局域网已能够通过与广域网相结合的形式提供移动互联网多媒体业务。无疑，无线局域网将以它的灵活性发挥更重要的作用。

4.5.2 无线局域网的组成

无线局域网（WLAN）与有线局域网（LAN）在硬件上没有大的差别。WLAN 的组网设备主要有无线网卡、无线访问接入点 AP、无线路由器和无线天线。当然，并不是所有的 WLAN 都需要这 4 种组网设备。事实上，只需要几块无线网卡，就可以组建一个小型的对等式无线网络；当需要扩大网络规模时，或者需要将无线网络与有线局域网连接在一起时，才需要使用 AP；只有当实现互联网接入时，才需要无线路由器；而无线天线主要用于放大信号，以接收更远距离的无线信号，从而扩大无线网络的覆盖范围。

无线局域网分为有固定基础设施的无线局域网和无固定基础设施的无线局域网两大类。这里的"固定基础设施"是指预先建立起来的、能够覆盖一定地理范围的一批固定的基本工作站。

1. 有固定基础设施的 WLAN

无线局域网的协议标准是 802.11，该标准规定无线局域网的最小构件是基本服务集（Basic Service Set，BSS）。基本服务集 BSS 包括一个基站（即基本工作站）和若干个移动站（能移动且可以在移动中进行通信）组成，如图 4-24 所示。

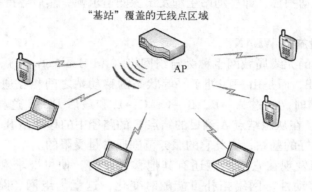

图 4-24　有固定基础设施的 WLAN

所有的结点在本 BSS 以内都可以直接通信，但在和本 BSS 以外的结点通信时都要通过本 BSS 的接入点。一个 BSS 覆盖的地理范围称为基本服务区（Basic Service Area，BSA）。BSA 由移动设备所发射的电磁波的辐射范围确定。基站作用和网桥相似。一个基本服务集可以是孤立的，也可通过接入点 AP 连接到一个主干分配系统 DS（Distribution System）。一个 DS 和所连接的若干 BSS 就构成一个扩展的服务集 ESS（Extended Service Set）。ESS 如图 4-25 所示，还可通过门桥（Portal）为无线用户提供到非 802.11 无线局域网的接入。门桥的作用相当于一个网桥。在一个扩展服务集内的几个不同的基本服务集可以有相交的部分。一个移动站在与另一个移动站通信时，可以从某一个基本服务集漫游到另一个基本服务集，当然，这个移动站在不同的基本服务集应使用不同的接入点 AP。

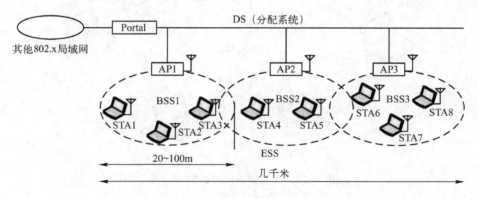

图 4-25　扩展的服务集 ESS

当一个移动站要加入某一个基本服务集 BSS 时，必须先与这个基本服务集 BSS 的接入点建立关联，将其身份和地址告诉该 BSS 的 AP，接入点 AP 可以将这些信息传送给扩展服务集的其他接入点，以便进行选择和数据传输。此后，这个移动站就可以通过该接入点来发送和接收数据。如果这个移动站要把一个已经建立的关联从一个接入点转移到另一个接入点，可以使用重建关联服务。一个移动站离开一个 ESS 或关机之前，必须使用分离服务，以便终止这种关联。MAC 管理机制能够在站点没有使用分离服务就离开的情况下保护自己。移动站与接入点建立关联的方法有两种：一种是被动扫描，即移动站等待接入点周期性发出信标帧；另一种是主动扫描，即移动站主动发出探测请求帧，然后等待接入点发回的探测响应帧。

2. 无固定基础设施的 WLAN

无固定基础设施的无线局域网也称为自组网络（Ad Hoc Network）。自组网络没有基本服务集中的接入点 AP，而是由一些处于平等状态的移动站之间相互通信组成的临时网络。当移动站 A 和 E 通信时，经过 A→B，B→C，C→D 和最后 D→E 这样一连串的过程，如图 4-26 所示。因此，在从源结点 A 到目的结点 E 的路径中的移动站 B、C 和 D 都是转发结点。由于没有预先建好的基站，因此它的服务范围通常是受限的。

一些移动站，当发现在它们附近还有其他移动站时，便可要求和其他移动站进行通信。由于移动站的移动性，网络拓扑可能随时变化，这就为组网、路由选择、多播和安全等带来许多新问题，而不能沿用固定网络中行之有效的协议或技术，而受到人们的广泛关注。

由于每一个移动站都具有路由器转发功能，这种分布式的移动自组网络具有顽强的生存性，又没有预先建立固定接入点和有无电话插头等限制，因此在军用和民用上都有很好的应用前景。在军事上，只要战士携带了移动站，就可以临时建立移动的自组网进行通信，这种组网方式对陆、海、空军都适用。在民用领域可以用于抢险救灾等场合。

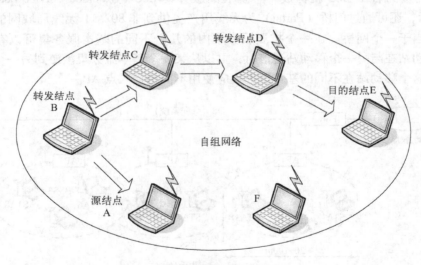

图 4-26　无固定基础设施的 WLAN

4.5.3　IEEE 802.11 标准

IEEE 802.11 是 1997 年审定通过的标准。IEEE 802.11 规定了无线局域网在 2.4 GHz 波段进行操作，这一波段被全球无线电法规实体定义为扩频使用波段。

1999 年 8 月，802.11 标准得到了进一步的完善和修订，增加了 802.11a 和 802.11b。其中 802.11a 的物理层工作在 5 GHz 频带，采用正交频分复用 OFDM，它也叫作多载波调制技术（载波数可多达 52 个）。可以提供的数据传输速率为 6 ～ 54 Mbit/s。802.11b 的物理层使用工作在 2.4 GHz 的高速直接序列扩频技术，数据传输速率为 1 ～ 11 Mbit/s。IEEE 802.11b 已成为当前主流的 WLAN 标准，被多数厂商所采用，所推出的产品广泛应用于办公室、家庭、宾馆、车站、机场等众多场合。随着 WLAN 新标准的陆续发布实施，WLAN 的数据传输能力快速提升，已从早期 802.11b 的 11 Mbit/s 提升至 802.11ac 的最大理论速率 2.34 Gbit/s，IEEE 802.11a、IEEE 802.11g 和 IEEE 802.11n 等支持更高传输速率的 WLAN 标准更是倍受业界关注。

1. 802.11 标准的物理层

无线局域网的物理层负责 MAC 帧的发送与接收，它分为物理汇聚子层 PLCP 和物理媒体相关子层 PMD 两层。PLCP 子层是连接 MAC 子层和物理层之间的桥梁，负责对数据进行必要的处理，以便于数据在 MAC 层和 PMD 层之间传输；PMD 子层是物理层与传输媒体的接口，是无线收发信息的机构。

物理层数据传输的关键技术是扩频技术。所谓"扩频通信"，是指在发送端将发送的信息展宽到一个比信息带宽宽得多的频带上发送出去，接收端再通过相关技术将接收的信息恢复到原信息带宽的一种通信手段。扩频通信具有很强的抗干扰能力，安全保密性好，可以进行多址通信。

在 802.11 最初定义的三个物理层包括了两个扩散频谱技术和一个红外传播规范，无线传输的频道定义在 2.4 GHz 的 ISM 波段内，这个频段在各个国际无线管理机构中，例如美国的 USA、欧洲的 ETSI 和日本的 MKK 都是非注册使用频段。这样，使用 802.11 的客户端设备就不需要任何无线许可。扩散频谱技术保证了 802.11 的设备在这个频段上的可用性和可靠的吞吐量，这项技术还可以保证同其他使用同一频段的设备互不影响。802.11 无线标准定义的传输速率是 1 Mbit/s 和 2 Mbit/s，可以使用跳频扩频 FHSS（Frequency Hopping Spread Spectrum）和直接序列扩频 DSSS（Direct Sequence Spread Spectrum）技术，这两个是最常用的扩频方式。需要指出的是，FHSS 和 DHSS 技术在运行机制上是完全不同的，所以采用这两种技术的设备没有互操作性。

跳频扩频 FHSS 使用 2.4 GHz 的 ISM 频段（即 2.4000 ～ 2.4835 GHz），共有 79 个信道可供跳频使用。第一个频道的中心频率为 2.402 GHz，以后每隔 1 MHz 一个信道。每个信道可使用的带宽为 1 MHz。当使用二元高斯移频键控（即信息的载波频率按一定规律在整个频带内跳变）时，基本接入速率为 1 Mbit/s；当使用 4 元高斯移频键控时，基本接入速率为 2 Mbit/s。

直接序列扩频 DSSS 也使用 2.4 GHz 的 ISM 频段，但使用的是相对移相键控，即用高速伪噪音码序列与信息码序列模 2 加后的复合码序列去控制载波的相位。当使用二元相对移相键控时，基本接入速率为 1 Mbit/s；当使用 4 元相对移相键控时，基本接入速率为 2 Mbit/s。

物理层也可采用红外技术来实现。红外技术是指使用波长为 850 ～ 950 nm 的红外线在室内传送数据，接入速率为 1 ～ 2 Mbit/s。

2. 802.11 标准的 MAC 层

（1）MAC 层的结构

鉴于无线局域网有两大类，所以 MAC 层的结构应满足两类无线局域网的需求，需设置两个子层。对于有固定基础设施的无线局域网，其基本服务集 BSS 有一个接入点 AP，因而可以通过 AP 实施集中访问（或接入）控制来避免冲突的发生，即用类似于轮询的方法将发送数据权轮流交给各个站。为此，设置点协调功能（Point Coordinatic Function，PCF）子层，提供无争用服务。这种服务对时间敏感的业务（如分组话音）是非常必要的。对于无固定基础设施的自组网络，由于没有接入点 AP，只能采用分布式的媒体访问（或接入）控制协议 CSMA，让各个站点通过争用信道来获取发送权，这就是下面的一个子层，即分布协调功能（Distributed Coordination Function，DCF）子层的功能。因此 DCF 向上提供争用服务。显然，自组网络只有 DCF 子层而没有 PCF 子层，即 PCF 是选项。

（2）CSMA/CA 协议

由于无线信道的特殊性，无线电波可能向多个方向传播且传播距离受限，当点播传播遇到障碍物时，传播距离受到的影响更大，而且无线信道的空闲状态很难检测，冲突检测的开销很大。具体来说，就是无线网络中存在的隐藏站和暴露站问题有可能使站点误判网络状态。因此，IEEE 802.11 不能使用 CSMA/CD 协议，而只能使用改进的 CSMA/CA（Collision Avoidance）协议，即"载波侦听、多路访问、避免冲突"。改进的办法是使 CSMA 增加一个避免冲突功能。

CSMA/CA 协议基于无线局域网的 MAC 子层增强的功能实现。WLAN 的 MAC 子层实际上最多由两个子层构成，分别是分布协调功能 DCF 层和点协调功能 PCF 层。

图 4-27 所示的是 IEEE 802.11 的 MAC 子层。

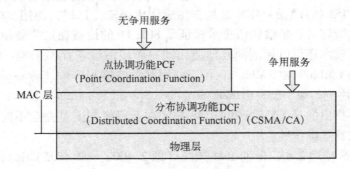

图 4-27　IEEE 802.11 的 MAC 层

MAC 子层通过协调功能确定在基本服务集（BSS）中的移动站何时能发送数据或接收数据。DCF 层靠近物理层，是必备层，为上层提供信道争用服务，每一个结点使用 CSMA 机制的分布式接入算法协助完成对信道的争用，并获取数据发送权。PCF 层是备用层，只在有固定基础设施的网络中存在，通过集中控制的接入算法，用类似探询的办法获取数据发送权，避免冲突。PCF 对时间敏感的多媒体信息传输业务的作用十分明显。

CSMA/CA 支持下列两种操作方法。

在第一种方法中，当一个站点要发送信息时，先侦听信道。如果信道空闲，则开始传送数据信息。在发送过程中，它并不侦听信息，而是直接将整个信息帧发送完毕。在这种情况下，可能因为干扰原因，接收方不能正确收到数据信息。数据发送前如果确认信道处于忙状态，则发送方推迟信息发送直至信道空闲才开始发送数据。发送过程中如果出现冲突，则冲突站等待一段时间，等待时间的长度按二进制指数退避算法计算。

第二种方法实际上是虚拟信道侦听方法。在这种方法中，发送方通过发送 RTS 帧表达请求，接收方通过回答 CTS 帧表示接收数据发送请求。发送方发出数据帧时启动一个检测定时器，接收方正确收到数据后以 ACK 回应发送方。若发送方的定时器超时，整个协议重新运行，数据发送操作也重新启动。收发双方发送的 RTS 或 CTS 帧被其他站点接收到时，RTS 帧或 CTS 帧被认为是信道占用的标志信号，相关站点从全局着想不再发送任何信息，并根据 RTS 中的信息估计需要等待的时间。

以上工作模式适用于 IEEE 802.11 的 DCF 模式。在 PCF 模式中，基站通过轮询方式询问其他站点是否发送数据帧，因此不会发生数据冲突。轮询的基本机制是基站周期性地广播一个标记帧。

WLAN 允许 DCF 和 PCF 共存。IEEE802.11 通过精确定义数据帧发送的时间间隔，即帧间间隔来实现。所有的站点发送完帧后必须再等待一段很短的时间（继续侦听）才能发送下一帧。这段时间通称为帧间间隔（InterFrame Space，IFS）。数据帧之间的发送帧间间隔硬性规定了最大值，共有 4 种用途不同的帧间间隔，它们是：短帧间间隔（Short InterFrame Spacing，SIFS）、PCF 帧间间隔（PCF InterFrame Spacing，PIFS）、DCF 帧间间隔（DCF InteFrame Spacing，DIFS）、扩展帧间间隔（Extended InterFrarne Spacing，EIFS）。帧间间隔长度取决于该站欲发送帧的类型。高优先级帧等待的时间较短，因此可优先获得发送权。若低优先级帧还没有发送而其他站的高优先级帧已发送到介质，则介质变为忙状态而低优先级帧就只能再推迟发送。这可以减少冲突。CSMA/CA 的工作原理如图 4-28 所示。

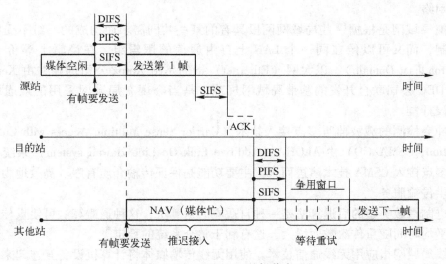

图 4-28　CSMA/CA 的操作方法

SIFS 是最短的帧间间隔，用来分隔属于一次对话的各帧。一个站应当能够在这段时间内从发送方式切换到接收方式。PIFS 比 SIFS 长，目的是在开始使用 PCF 方式时（在 PCF 方式下使用，没有争用）优先接入到介质。PIFS 的长度是 SIFS 加一个时隙（Slot）长度。DIFS 在 DCF 方式中用来发送数据帧和管理帧。DIFS 的长度是 PIFS 加一个时隙长度。

CSMA/CA 的工作原理有 3 个过程：①首先检测信道，若信道空闲，则等待 1 个 SIFS 后发送第一个 MAC 帧，等待 1 个 SIFS 的原因是让高优先级的帧优先发送。②源站点收到数据帧后等待目标站点回复的确认帧（ACK）。目标站点若正确收到数据帧，在 SIFS 后发出 ACK 帧。③源站点若在规定时间内没有收到确认帧，就必须重传此帧，直到收到 ACK 帧为止，或者经过多次失败后主动放弃。

本章重要概念

- 局域网是指一种在较小范围（地理范围约 10 m ～ 10 km 或更大些）内，用共享通信介质将有限的计算机及各种互连通信设备连接起来的一种计算机网络。
- 信道访问控制方法，是指对网络结点访问信道进行信息交互过程的控制方法，即控制网络结点何时发送数据、如何传输数据，以及怎样在介质上接收数据等。
- IEEE 802 系列标准即局域网标准，是一系列标准的集合。每个子标准都有其主要针对方向。
- 局域网的体系结构主要由三层协议构成，即物理层、MAC 子层和 LLC 子层。
- 令牌环网是由 IEEE 802.5 定义的一种局域网，其中所有的工作站都连接到一个环上，每个工作只能同直接相邻的工作站传输数据。通过围绕环的令牌信息授予工作站传输权限。
- 交换式以太网是以交换式集线器（Switching Hub）或交换机（Switch）为中心构成的，是一种星形拓扑结构的网络，简称为交换机，是为核心设备而建立起来的一种高速网络。
- 虚拟局域网是根据一些局域网网段具有的某些共同需求而构成的一组不受物理位置限制，而又可以像在同一个 LAN 上自由通信的逻辑组，在逻辑上等价于广播域（Broadcast Domain）。以太网（Ethernet）指的是由 Xerox 公司创建并由 Xerox、Intel 和 DEC 公司联合开发的基带局域网规范，是当今现有局域网采用的最通用的通信协议标准。
- 带冲突检测的载波监听多点接入技术（Carrier Sense Multiple Access with Collision Detection，CSMA/CD）由 ALOHA（Additive Link On Line Hawaii system）系统和载波监听多点接入 CSMA 技术演进而来。主要功能是保证传输介质有序、高效地为许多结点提供传输服务。
- 二进制指数类型的后退算法是一种自适应后退算法，这种退避算法可使重传需要推迟的平均时间随重传次数而增大，这有利于整个系统的稳定。
- 无线局域网指应用无线通信技术，使用无线传输媒体将计算机设备互连起来，构成可以互相通信和实现资源共享的计算机局域网。
- 无线局域网的物理层负责 MAC 帧的发送与接收，它分为物理汇聚子层 PLCP 和物理媒体相关子层 PMD 两层。PLCP 子层是连接 MAC 子层和物理层之间的桥梁，负责对数据进行必要的处理，以便于数据在 MAC 层和 PMD 层之间传输；PMD 子层是物理层与传输媒体的接口，是无线收发信息的机构。
- 无线局域网物理层数据传输的关键技术是扩频技术。所谓"扩频通信"，是指在发送端将发送的信息展宽到一个比信息带宽宽得多的频带上发送出去，接收端再通过相关技术将接收的信息恢复到原信息带宽的一种通信手段。

- CSMA/CA，是 IEEE802.11 使用的改进协议，它使 CSMA 增加一个冲突避免功能，即"载波侦听、多路访问、避免冲突"。协议基于无线局域网的 MAC 子层增强的功能实现。

习　题

1. 计算机局域网的主要特点有哪些？相比于广域网，局域网特有的特点有哪些？
2. 局域网的关键技术包括哪些？
3. 局域网有哪几种拓扑结构？简述每种拓扑结构的特点。
4. 局域网有哪几种传输形式？典型的传输介质有哪几种？其主要特点分别是什么？
5. 信道访问控制方法主要有哪几类？
6. IEEE 802 参考模型和 OSI/RM 参考模型的主要不同是什么？
7. 局域网体系结构可以分为几层？简述每层的主要功能。
8. 局域网的 LLC 子层向上层提供哪几种服务？
9. 简述 CSMA/CD 的工作原理。
10. 总线局域网主要由哪些部分组成？
11. 什么是传统以太网？以太网有哪两个主要标准？
12. 数据率为 10 Mbit/s 的以太网在物理媒体上的码元传输速率是多少码元/秒？
13. 试说明 10 BASE-T 中的 10、BASE 和 T 所代表的含义。
14. 以太网使用的 CSMA/CD 协议是以争用方式接入到共享信道，这与传统的时分复用 TDM 相比优缺点如何？
15. 假定 1 km 长的 CSMA/CD 网络的数据率为 1 Gbit/s。假设信号在网络上的传播速率为 200000 km/s。求能够使用此协议的最短帧长。
16. 假定在使用 CSMA/CD 协议的 10 Mbit/s 以太网中的某个结点在发送数据时检测到碰撞，执行退避算法时选择了随机数 r = 100。试问这个结点需要等待多长时间后才能再次发送数据？如果是 100 Mbit/s 的以太网呢？
17. 假定站点 A 和 B 在同一个 10 Mbit/s 以太网网段上。这两个站点之间的传播时延为 225 比特时间。现假定 A 开始发送一帧，并且在 A 发送结束之前 B 也发送一帧。如果 A 发送的是以太网所容许的最短的帧，那么 A 在检测到和 B 发生冲突之前能否把自己的数据发送完毕？换而言之，如果 A 在发送完毕之前并没有检测到冲突，那么能否肯定 A 所发送的帧不会和 B 发送的帧发生冲突（提示：在计算时应当考虑到每一个以太网帧在发送到信道上时，在 MAC 帧前面还要增加若干字节的前同步码和帧定界符）？
18. 假定一个以太网上的通信量中的 80% 是在本局域网上进行的，而其余的 20% 的通信量是在本局域网和外部网之间进行的。另一个以太网的情况则反过来。这两个以太网一个使用以太网集线器，另一个使用以太网交换机。你认为以太网交换机应当用在哪一个网络？

19. 有 10 个站连接到以太网上。试计算一下 3 种情况下每一个站所能得到的带宽。

1）10 个站都连接到一个 10 Mbit/s 以太网集线器。

2）10 个站都连接到一个 100 Mbit/s 以太网集线器。

3）10 个站都连接到一个 10 Mbit/s 以太网交换机。

20. 将 10 Mbit/s 以太网升级到 100 Mbit/s、1 Gbit/s 和 10 Gbit/s 时，都需要解决哪些技术问题？为什么以太网能够在发展的过程中淘汰掉自己的竞争对手，并使自己的应用范围从局域网一直扩展到城域网和广域网？

第5章　互联网的网络层

学习目标

掌握 IP 地址划分方式和子网编址的基本方法，IP、ARP 和 ICMP 协议的特点和基本内容；理解 IP 数据报的转发与路由选择的概念，RIP 和 OSPF 路由协议工作方式；了解 IPv6 协议的特点及其与 IPv4 的共存方式。

本章要点

- IP 地址和子网化、超网化
- IP 数据报和 IP 协议特点
- IP 直接交付和 ARP 协议
- IP 间接交付和路由转发
- 互联网自治系统体系结构
- RIP 和 OSPF 路由选择协议
- ICMP 协议和应用
- IPv6 协议及其与 IPv4 的共存方式

5.1　互联网网络层概述

网络层是 TCP/IP 协议族的核心，又称为 IP 层，主要关注设备（主机和路由器）之间的数据交付，解决数据包从一个设备传送到另一个设备的问题，这些设备可能位于不同的子网，以任何形式互联在一起。

互联网网络层的主要任务是：在整个互联网范围的数据包（Packet）交付。为了完成这一任务，需要有专门的数据包转发设备——路由器，路由器接收主机或其他路由器转发的数据包，判断应该走哪条路径发送到目的主机，判断的依据是目的主机的 IP 地址和路由表。

IP 地址是一种分层地址，由网络字段和主机字段组成（类似于带区号的电话号码，如 0551 – 62901901）。IP 地址不同于链路层地址（如 MAC 地址），链路层地址仅仅是设备的标识，而不能作为大范围网络寻址的依据。因此为了在互联网范围查找路径，就需要在网络层重新设计一套编址规范，即 IP 地址。

互联网的结构，是同一网段的主机聚集在一起，形成一个子网（类似于同一区号的固定电话肯定位于同一省份）。这样，在互联网范围的寻址转发，首先是根据网络字段转发到目的主机所在的子网，然后在子网内再转发到目的主机。前者称为间接交付，后者称为直接交付。

路由器（和主机）进行寻址的依据是自身的路由表，路由表中包括了到不同网段和主机应该从哪条路径走的信息。和交换机的地址表相比，因为 IP 层采用了分层地址的设计，因此路由表中不必包括每一个主机的路径信息，只需要知道网段的路径即可。同时由于互联网采用了类似于树状的分层系统设计，末端的路由器对于发往路由表中查找不到的目的主机的数据包，只需向上一级路由器（默认网关）转发即可。通过这些方式，路由表的路径记录数量就大大减少了（想象一下，如果世界上所有主机都通过交换机级联的方式连接起来，会发生什么状况）。

IP 层的报文交付过程具有以下几个特点。

1）无连接交付。IP 层在传输数据过程中要经过一个个路由器转发，转发的依据是路由表。IP 层在转发时采用无连接方式，这意味着从 A 点发送数据到 B 点时，不需要先建立连接；而是每个数据包独立寻址，即路由器对每个数据包都要执行寻址操作，再转发。由于路由表是动态变化的，意味着从 A 点发送到 B 点的多个数据包可能走不同的路径；这也意味着从 A 点发出的数据包序列到达 B 点的 IP 层后可能会出现乱序。

2）非可靠交付。IP 层在数据传输过程中采用了非可靠方式，当数据传输过程中出现了丢包或者数据错误，IP 层并不尝试恢复；当路由过程中出现拥塞或者缓冲区满，IP 层还会主动丢弃后续数据包。因此 IP 层只提供"尽力而为"的传输服务，而不保证传输的可靠性。

3）非确认交付。与非可靠特性相对应，IP 层没有确认的概念，即 IP 层将一个数据包发送出去后，就完成了一项任务，它并不管这个数据包是否成功被接收，也不期待对方的应答。然后，它接着寻址转发下一个数据包。

简而言之，IP 层的特点是：尽力转发，无连接，非可靠性，无序性，不保证数据的准确性。作为 TCP/IP 协议族中最重要的网络协议层，IP 层存在于每一个主机和路由器中，参与每一个数据包的转发工作，这样一个重要的协议，之所以采用不可靠的无连接方式，其原因在于数据传输的可靠性是以牺牲性能和占用更多资源为代价的，包括计算资源（验证数据的准确性）、存储资源（在确认数据被可靠接收前缓存数据）和带宽资源（需要接收方发送确认包）。IP 层承载了网络中绝大部分的数据流量，它的设计原则应该是简单高效，同时并不是所有的网络应用都需要保证可靠性，甚至对于音视频一类的实时性应用，效率比可靠性更重要。因此针对不同的应用需求，TCP/IP 的解决方案是在高层协议解决，例如，在运输层提供针对可靠服务的 TCP 协议。

5.2 IP 地址

5.2.1 IP 地址的概念

互联网是全世界范围内的计算机联为一体而构成的通信网络的总称。当网络上的两台计算机之间相互通信时，在它们所传送的数据包里都会含有某些附加信息，这些附加信息就是发送数据的计算机的地址和接收数据的计算机的地址。因此，人们为了通信的方便，给每一台计算机都事先分配一个类似日常生活中的电话号码一样的标识地址，该标识地址就是本节将要介绍的 IP 地址。根据 TCP/IP 规定，IP 地址是由 32 位二进制数组成，而且在互联网范围内是唯一的。例如，某台计算机的 IP 地址为：

11010010 01001001 10001100 00000010

很明显，这些数字对于人们来说不太好记忆。为了方便记忆，就将组成计算机的 IP 地址的 32 位二进制分成 4 段，每段 8 位，中间用小数点隔开，然后将每 8 位二进制转换成十进制数，这样上述计算机的 IP 地址就变成了：210.73.140.2。

5.2.2　IP 地址的分类

每个网络中的计算机通过其自身的 IP 地址而被唯一标识，可以设想，在互联网中，每个网络也有自己的标识符。这与日常生活中的电话号码很相像，例如有一个电话号码为 0551 - 12345678，这个号码中的前 4 位表示该电话是属于哪个地区的，后面的数字表示该地区的某个电话号码。与上面的例子类似，把计算机的 IP 地址也分成两部分，分别为网络标识和主机标识。同一个物理网络上的所有主机都用同一个网络标识，网络上的一个主机（包括网络上的工作站、服务器和路由器等）都有一个主机标识与其对应。将 IP 地址的 4 个字节划分为两部分，一部分用以标明具体的网络段，即网络（子网）标识；另一部分用以标明具体的结点，即主机标识，也就是说某个网络中的特定计算机号码。例如，某个主机的 IP 地址为 210.45.240.100，对于该 IP 地址，可以把它分成网络标识和主机标识两部分，这样上述 IP 地址就可以写成：

网络标识：210.45.240.0

主机标识：　　　　　　　　100

合起来写：210.45.240.100

由于每个子网中包含的计算机可能不一样多，有的网络可能含有较多的计算机，也有的网络包含较少的计算机，于是人们按照网络规模的大小，把 32 位地址信息设成 5 种定位的划分方式，这 5 种划分方法分别对应于 A、B、C、D、E 类 IP 地址，如图 5-1 所示。

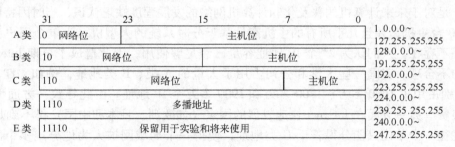

图 5-1　IP 地址分类

1. A 类 IP 地址

一个 A 类 IP 地址是指，在 IP 地址的 4 段号码中，第 1 段号码为网络号码，剩下的 3 段号码为本地计算机的号码。如果用二进制表示 IP 地址的话，A 类 IP 地址就由 1 字节的网络地址和 3 字节的主机地址组成，网络地址的最高位必须是 0。A 类 IP 地址中网络的标识长度为 7 位，主机标识的长度为 24 位，其中主机位全 0 和全 1 的地址分别作为子网号和子网广播地址（B 类和 C 类地址也相同）。A 类网络地址数量较少，可以用于主机数达 1600 多万台的大型网络。

2. B 类 IP 地址

一个 B 类 IP 地址是指，在 IP 地址的 4 段号码中，前两段号码为网络号码，剩下的两段号码为本地计算机的号码。如果用二进制表示 IP 地址的话，B 类 IP 地址就由 2 字节的网络地址和 2 字节的主机地址组成，网络地址的最高位必须是 10。B 类 IP 地址中网络的标识长度为 14 位，主机标识的长度为 16 位，B 类网络地址适用于中等规模的网络，每个网络所能容纳的计算机数为 6 万多台。

3. C 类 IP 地址

一个 C 类 IP 地址是指，在 IP 地址的 4 段号码中，前 3 段号码为网络号码，剩下的一段号码为本地计算机的号码。如果用二进制表示 IP 地址的话，C 类 IP 地址就由 3 字节的网络地址和 1 字节的主机地址组成，网络地址的最高位必须是 110。C 类 IP 地址中网络的标识长度为 21 位，主机标识的长度为 8 位，C 类网络地址数量较多，适用于小规模的局域网络，每个网络最多只能包含 254 台计算机（主机位全 0 和全 1 的地址不分配）。

除了上面 3 种类型的 IP 地址外，还有几种特殊类型的 IP 地址，TCP/IP 规定，凡 IP 地址中的第一个字节以 1110 开始的地址都称为多点广播地址。因此，任何第一个字节大于 223 且小于 240 的 IP 地址都是多点广播地址；IP 地址中的每一个字节都为 0 的地址（0.0.0.0）对应于当前主机；IP 地址中的每一个字节都为 1 的 IP 地址（255.255.255.255）是当前子网的广播地址；以十进制"127"作为开头的 IP 地址是本地测试地址（Loopback Address），例如 127.0.0.1，即使你的主机没有联网，都可以使用这个地址访问本机。

5.3 划分子网和构建超网

5.3.1 子网掩码的概念

在 Internet 发展早期，将 IP 地址大小定为 4 字节，地址空间划分为 A、B、C 共 3 类子网规模，是对于未来计算机的普及化和计算机网络的发展程度缺乏认识，当时因特网上大约只有 1000 台主机，并且几乎所有的主机都是基于分时系统的大型机，为单个用户设计的计算机几乎不存在。人们认为 2^{32} 个 IP 地址容量已经足够使用，因此造成了早期 Internet 地址分配上的不合理。美国一些大学和公司占用了大量的 A 类、B 类地址，例如 MIT、IBM 和 AT&T 分别占用了 1600 多万、1700 多万和 1900 多万个 IP 地址。由此导致一方面大量的 IP 地址被浪费。另一方面在 Internet 快速发展的国家（如欧洲、日本和中国）得不到足够的 IP 地址，往往一个单位只能分得若干 C 类地址，使得一个局域网被人为地分成多个网段，增加了路由的负担。

因此，将子网规模划分为 A 类（1000 多万个地址）、B 类（65536 个地址）和 C 类（256 个地址）并不能适应目前多样化的组网需求，其结果必然是地址的浪费和地址不够分配。为了解决这一问题，于 1985 年提出了可变长子网掩码的概念，以实现无类别域间路由。

和 IP 地址一样，子网掩码同样是 32 位长度，它必须和 IP 地址一起使用，它的位值为 1 的部分表示 IP 地址的对应位置为网络地址，位值为 0 的部分表示 IP 地址的对应位置为主机地址。

例如：一个 IP 地址为 192.168.10.123，子网掩码为 255.255.255.128，则网络部分占 25 位，主机部分占 7 位，如图 5-2 所示。

图 5-2　25 位子网掩码

如果子网掩码为 255.255.255.0，则网络部分占 24 位，主机部分占 8 位，如图 5-3 所示。

图 5-3　24 位子网掩码

通过以上实例，可以得出以下几点结论。

1）一个 IP 地址所处的网段不再是简单依据前面的标志位，而是要结合子网掩码来判断。

2）子网掩码中的网络部分所占位数不一样，子网规模也不一样。理论上可以有 32 类子网类型，其中子网掩码为 255.0.0.0，对应着 A 类地址的子网类型；子网掩码为 255.255.0.0，对应着 B 类地址；子网掩码为 255.255.255.0，对着 C 类地址。

3）子网掩码中的 1 或者 0 必须是连续的，不允许出现交叉的情况。例如：

11111111 11111111 11111011 00100000

就不是合法的子网掩码。

现在所有的主机都要求支持子网编址。不是把 IP 地址看成由单纯的一个网络号和一个主机号组成，而是把主机号再分成一个子网号和一个主机号，如图 5-4 所示。这样做的原因是因为 A 类和 B 类地址为主机号分配了太多的空间。事实上，在一个网络中人们并不安排这么多的主机。

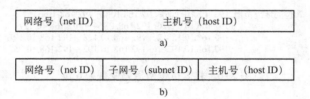

图 5-4　子网化后 IP 地址的分级
a）两级层次的结构　b）三级层次的结构

有了子网掩码，对于 IP 地址就不是简单地按照 A、B、C 类地址这样划分，而是要加上子网掩码。对于子网掩码为 255.255.255.0 的 IP 地址 192.168.10.123，一种简化的表示方法是 192.168.10.123/24，其中后面的 24 表示网络部分的位数。这种表示方法称为无类别域间路由（Classless Inter-Domain Routing，CIDR）标记法（或斜线标记法）。上述地址，如果子网掩码是 25 位，标记为 192.168.10.123/25。虽然 IP 地址一样，但是子网掩码不同，表示它们地址所在的网络范围不同。

有了子网掩码，要取出一个 IP 地址的网络部分，就将 IP 地址和子网掩码做与运算，得出的结果就是网络部分的地址。对于路由器来说，当一台主机访问另一台主机，判断它们是否在同一子网，就是看它们的网络地址是否相同。192.168.10.123 和 192.168.10.253，如果子网掩码是 24 位，它们和 255.255.255.0 做与运算，得出的结果都是 192.168.10.0，说明是在同一个子网。如果子网掩码是 25 位，它们和 255.255.255.128 做与运算，得出的结果分别是 192.168.10.0 和 192.168.10.128，说明它们不在同一子网。

5.3.2　子网化

有了子网掩码，一个重要的作用就是将一个大的网络地址划分为若干小范围的网络。到底划分为多大规模的子网，就要看更改子网掩码后网络范围的变化规律。一个 C 类地址 192.168.10.0 的子网掩码是 255.255.255.0；当把 8 位主机部分缩减为 7 位，子网掩码就变为 255.255.255.128，即子网的网络规模也缩小一半，原来是 256，变更后分为两个子网，每个子网的规模是 128，如图 5-5 所示。

```
        IP地址    11000000 10101000 00001010   00000000
    24位网络地址    11111111 11111111 11111111   00000000
    25位网络地址    11111111 11111111 11111111   10000000

  24位的地址范围    192.168.10.0/24: 192.168.10.0~192.168.10.255
  25位的地址范围    192.168.10.0/25: 192.168.10.0~192.168.10.127
                  192.168.10.128/25: 192.168.10.128~192.168.10.255
```

图 5-5　将 8 位子网掩码变更为 7 位

同样的，如果把 8 位主机部分缩减为 6 位，就划分成 4 个子网，每个子网的规模是 64，如图 5-6 所示。

```
        IP地址    11000000 10101000 00001010   00000000
    24位网络地址    11111111 11111111 11111111   00000000
    26位网络地址    11111111 11111111 11111111   11000000

  24位的地址范围  192.168.10.0/24: 192.168.10.0~192.168.10.255

  26位的地址范围  192.168.10.0/26: 192.168.10.0~192.168.10.63
                192.168.10.64/26: 192.168.10.64~192.168.10.127
                192.168.10.128/26: 192.168.10.128~192.168.10.191
                192.168.10.192/26: 192.168.10.192~192.168.10.255
```

图 5-6　将 8 位子网掩码变更为 6 位

另外，子网化的过程并不一定是一次性划分的，也可能是多次的。例如图 5-5 所示的实例，在做了一次子网划分后还可以将第二个子网继续子网化，这样就会形成 3 个子网。

192.168.10.0/25：192.168.10.0 ～ 192.168.10.127

192.168.10.128/26：192.168.10.128 ～ 192.168.10.191

192.168.10.192/26：192.168.10.192 ～ 192.168.10.255

3 个子网的网络规模分别是 128、64、64。

从以上实例可以看出，子网化并不是能划分成任意规模的子网，而只能是 2 的整数次幂。例如，一个部门有 10 台计算机需要分配 IP，那么最接近的子网规模就是 16。

另外，子网化的过程会带来 IP 地址的损失，因为一个子网中主机位全 0 和全 1 的 IP 地址分别要作为子网的网络地址和广播地址，不能分配给计算机。所以在上面划分为3子网的例子中，每个子网的前后两个地址：

192.168.10.0　　192.168.10.127

192.168.10.128　　192.168.10.191

192.168.10.192　　192.168.10.255

都不能分配给计算机，这样3个子网可容纳的主机数分别是126、62、62，总共是250个。而划分前的子网：192.168.10.0/24，可分配的主机数是254个。

5.3.3　超网化

子网化的过程是将子网掩码中部分主机位转变为子网位，从而适应更小子网规模的需求。而在现实的 Internet IP 地址的分配中，可分配的地址都是 C 类地址，但大部分申请地址的机构，其网络规模都超过了一个 C 类地址的范围，那么能否通过改变子网掩码将部分网络位转变为主机位，从而适应更大网络规模的需求呢？

因此，子网掩码的使用方式得到进一步延伸，不再受到 A、B、C 类地址的约束，而可以是任意连续的网络位和主机位，这是一种无分类编址方法，正式的名称是无分类域间路由（Classless Inter-Domain Routing，CIDR）。CIDR 的一个优点是超网化。超网化就是把几个连续的 C 类地址空间合并成一个更大范围的子网。

例如，一个单位需要申请1000个公网 IP 地址，但现在只有 C 类地址可以分配，因此得到4个 C 类网络地址：210.45.240.0/24、210.45.241.0/24、210.45.242.0/24 和 210.45.243.0/24。

如图 5-7 所示，4 个 C 类地址的网络位，除了8、9位，其他部分都是相同的，而它们的8、9位又是包含了从00开始的所有4种0、1组合。因此可以将这两个网络位转变为主机位，这样，这4个 C 类地址就合并成一个网络地址 192.168.240.0/22。

210.45.240.0	11010010 00101101 111100 00 00000000
210.45.241.0	11010010 00101101 111100 01 00000000
210.45.242.0	11010010 00101101 111100 10 00000000
210.45.243.0	11010010 00101101 111100 11 00000000
子网掩码	11111111 11111111 11111111 00000000

图 5-7　多个 C 类地址的超网化

超网化需要满足一定的条件：需要合并的若干 C 类地址必须是连续的；需要转变为主机位的网络位必须包含了所有的0、1组合变化；其他的网络位必须是相同的。

超网化带来的另外一个效果就是路由聚合。对于骨干网的路由器，需要记录通往所有 IP 地址的路径，即使只记录 A、B、C 类的网络地址，规模也是非常庞大的。但如果当初分配地址时就做好规划，同一区域中的主机分配连续的 IP 地址，那么上级路由器就可以通过 CIDR 技术聚合路由，只需要一条或几条记录就可以覆盖一个区域中的所有 IP 地址记录。这样就可以大大减少路由表的记录数，提高寻址的效率。

5.4　IP 数据报

IP 层的主要工作是经互联网在设备之间存储转发数据，将数据传送到目的结点。为了完成这一工作，数据会被封装在一个称为 IP 数据报的报文中，该数据报包含了许多字段（如源地址、目的地址等），以帮助接收设备确定应如何处理该数据。

5.4.1 IP 的格式

IP 数据报分为两部分：报头和负载。报头包含寻址信息和控制字段，又可以被分为固定字段和可选项字段，固定字段有 20 字节，可选项字段长度为 4 字节的倍数，最小可为 0。而负载部分承载了实际要在互联网上发送的数据。图 5-8 所示为各字段的具体组织形式。

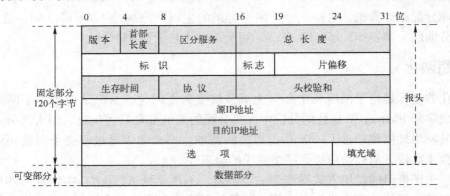

图 5-8　IP 数据报格式

1）版本号：占据了 IP 数据报的前 4 位，表示产生数据报的 IP 版本。目前互联网上使用的主要是 IPv4，那么该字段就为 4。可处理多个 IP 版本的设备通过这个字段判断 IP 报文的版本，再交给相应的 IP 协议程序处理。

2）首部长度。占 4 位，可表示的最大十进制数值是 15。这个字段所表示数的单位是 32 位字长（1 个 32 位字长是 4 字节），因此，当 IP 的首部长度为 1111 时（即十进制的 15），首部长度就达到 60 字节。当 IP 分组的首部长度不是 4 字节的整数倍时，必须利用最后的填充字段加以填充。因此数据部分永远在 4 字节的整数倍开始，这样在实现 IP 协议时较为方便。

3）区分服务。占 8 位，用来获得更好的服务。这个字段在旧标准中叫做服务类型，但实际上一直没有被使用过。1998 年 IETF 把这个字段改名为区分服务 DS（Differentiated Services）。只有在使用区分服务时，这个字段才起作用。区分服务字段各个位的定义如图 5-9 所示。

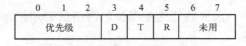

图 5-9　区分服务字段

3 位的优先级字段指明了数据报的优先级，字段的值为从 0（普通）～ 7（网络控制），路由器可以根据该字段优先级发送高优先级的数据报。

D、T 和 R 位表示本数据报所希望的传输类型，D 代表低时延（Delay）需求，T 代表高吞吐量（Throughput）需求，R 代表高可靠性（Reliability）需求。从路由器到目的地址有多条路径，而每条路径的时延、吞吐量和可靠性的指标不同，则路由选径时可以根据数据报的需求选择最合适的路径。

区分服务的字段有助于互联网实现基于服务质量（QoS）的应用（如实时语音、视频的应用）。但互联网发展初期缺乏该类需求，因此该字段基本未使用。

4）总长度：以字节为单位的 IP 数据报长度，包括报头和数据部分。该字段有 16 位，所以 IP 数据报的最大长度为 $2^{16}-1$（65535）字节。

5）标识：从源主机发送的每个数据报都被赋予一个独有的 ID 值，该字段占用 16 位，一般是按序递增的。如果一个数据报在传输过程中需要拆分成多个数据报（称为分片），则拆分后的数据报具有相同的标识，这样接收方可以根据标识重组报文，如图 5-10 所示。

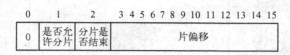

图 5-10　与分片相关的字段

6）标志：报头第 7 个字节的第 1 位标识该数据报是否运行分片，值 1 表示不允许分片；第 2 位标识分片是否结束，值 1 表示后续还有分片，值 0 表示是最后一个分片。

7）片偏移：报头第 7 个字节的 3 ~ 7 位和第 8 个字节共 13 位，标识本分片在原有数据报中的偏移位置，该值是以 8 字节为单位的（例如，片偏移值为 100，表示该分片在数据报的位置是 $100 \times 8 = 800$）。

8）生存时间（TTL）：TTL 占 8 位，表示数据报在传输过程中的生存时间。一般在源结点赋一个较大的值（如 64 或 128），每经过一个路由器 -1，当 TTL 减为 0 时该数据报被丢弃。该字段是防止因网络问题出现循环路径，数据报无法消除而设置的。

9）协议：协议号占 8 位，表示当 IP 层处理后，下一个应交给哪个协议处理。例如值 6 代表 TCP，表示再交给 TCP 层处理。

10）头校验和：占 16 位，表示报头的校验和。注意该字段的计算不包括数据部分，这意味着 IP 不保证数据部分的可靠性。

11）源 IP 地址和目的 IP 地址：各占 4 个字节（32 位），表示数据报发送的源地址和目的地址，由发送报文的源结点填入，在数据报的传输过程中，这两个字段一般不发生改变。

12）选项：这部分占 32 位，是可选的，主要用于网络测试或调试。

5.4.2　IP 直接交付

直接交付是指在一个物理网络中，一台机器直接传输给另一台机器，这是所有互联网通信的基础。只有当两台机器同时连接到同一物理传输系统时（如一个以太网），才能进行直接交付。当源站点和目的站点不在同一物理网络，或者不在同一 IP 子网时，就要进行间接交付，需要经过路由器转发。

如图 5-11 所示，当机器 A 要发送报文到机器 B 时，它检查 B 的 IP 地址，发现 B 的地址 192.168.1.12 和自己的地址 192.168.1.10 在同一子网，这样它就会将数据报直接发送到机器 B。

主机 A 在发送数据前，首先在 IP 层构建 IP 报文，填入各个字段；然后报文转移到链路层，构建链路层帧头。这时候存在一个问题，就是如何填写目的主机的物理地址（如图 5-12）。如果目的主机的物理地址填写错误，报文在接收主机的链路层时就会被丢弃，根本不会传送到 IP 层。因此需要有一种协议来实现 IP 地址和物理地址的转换。

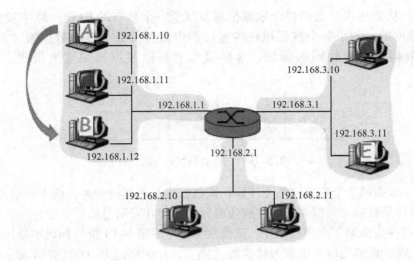

图 5-11 IP 直接交付

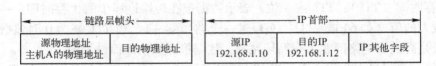

图 5-12 数据报的封装

5.4.3 ARP

地址解析协议（Address Resolution Protocol，ARP）用于从 IP 地址到物理地址的映射。假定在某广播型网络上，主机 A 想要解析主机 B 的物理地址，A 首先广播一个 ARP 请求报文，报文携带了 A 自己的 IP 地址和物理地址，以及需要解析的 B 的 IP 地址。由于 A 不知道 B 的物理地址，所以链路层的目的物理地址使用了广播地址，这样在广播域里的所有主机的链路层都接收了该报文，并交给了自己的 ARP 层处理。主机 B 的 ARP 发现请求报文是给自己的，就会向 A 返回一个 ARP 应答报文，其中包含了自己的物理地址，这样 A 就知道了 B 的物理地址，如图 5-13 所示。而其他主机发现收到的 ARP 请求并非是给自己的，就会丢弃该报文。图 5-14 所示为 ARP 报文格式。

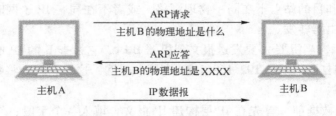

图 5-13 ARP 流程

图 5-14 中的数据以比特为单位，ARP 被设计为能适应各种物理地址和协议地址的格式，因此两个长度域分别指出地址的长度。硬件类型域表示源端本机网络接口类型（如值 1 代表以太网）。协议类型域表示源端所请求的高级协议地址类型（如十六进制 0800 代表

0	15	16	31
硬件类型		协议类型	
硬件地址长度	协议地址长度	操作	
源主机硬件地址（0～31）			
源主机硬件地址（32～47）		源主机协议地址（0～15）	
源主机协议地址（16～31）		目的主机硬件地址（0～15）	
目的主机硬件地址（16～47）			
目的主机协议地址			

图 5-14　ARP 报文格式

IP）。操作域指出本报文的类型（1 为 ARP 请求，2 为 ARP 响应，3 为 RARP 请求，4 为 RARP 响应）。

结合 ARP，当主机 A 发送 IP 报文给主机 B 时，如果 A 不知道 B 的物理地址，就要通过 ARP 解析，这样在 A 和 B 之间要来回发送 3 个报文。但如果每次发送 IP 报文之前都要做 ARP 解析，就大大浪费了网络带宽。因此网络设备都会建立一个 ARP 缓存，用于保存最近解析的 IP 地址和物理地址的映射表。当发送 IP 报文前首先查询 ARP 缓存，如果缓存中没有目的主机的映射，才进行 ARP 解析，如图 5-15 所示。

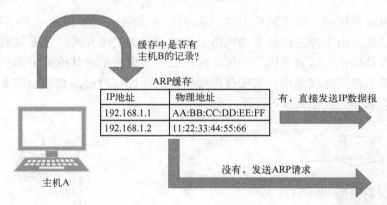

图 5-15　ARP 缓存的作用

由于一台主机的 IP 地址是可以更改的，因此 IP 地址和物理地址的映射关系不是固定的，所以 ARP 缓存所存储的动态映射是有时效性的，超时后自动删除，以后访问时会再利用 ARP 解析。

除了 ARP 之外，还有反向地址转换协议 RARP（Reverse Address Resolution Protocol），RARP 的作用正好与 ARP 相反，就是用自身的物理地址请求获取自己的 IP 地址。一般主机的 IP 地址是在操作系统中设置并存储在硬盘等外存上的。但是有一种无盘工作站，它并没有硬盘，也没有操作系统，它开机后运行内置固件的自启动代码，从服务器下载操作系统，安装到自身的内存虚拟磁盘上，才能正常运行。那么它在下载操作系统前和服务器建立网络连接时，必须要有自己的 IP 地址，这时就依赖于 RARP，利用自己的物理地址从 RARP 服务器上获取 IP 地址，如图 5-16 所示。

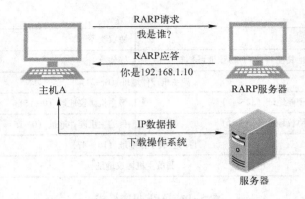

图 5-16 RARP 的应用

与 RARP 具有相似功能的协议是动态主机配置协议 DHCP（Dynamic Host Configuration Protocol）。目前，上网时大多不需要手动设置 IP 地址，将网络配置为"自动获取 IP"，主机就会通过 DHCP 从服务器上获取 IP 地址、子网掩码、网关地址和域名服务器等信息，从而自动设置好网络，这与 RARP 很相似，但是 RARP 是工作在数据链路层协议之上的，而 DHCP 是基于 UDP，工作在应用层。DHCP 处理的信息和具有的功能也比 RARP 强得多。

5.4.4 IP 间接交付和路由转发

当两台主机不在同一个物理网络上时，从一个（子网）网络到另一个（子网）网络交付数据报是间接的。由于源主机在本地网络上无法与目的主机互通，它必须通过一台或多台中间设备来转发数据报，这就是间接交付。间接交付就像寄信给其他城市的一个朋友，不能自己送信，而必须使用邮政系统。实现这种间接交付的设备就是路由器（又称为网关），间接交付也被称为选径，如图 5-17 所示。

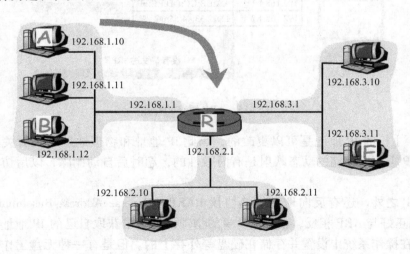

图 5-17 间接交付从源主机到路由器

如图 5-18 所示，有 3 个网段，通过路由器 R 连接，R 连接到各个网段的网口分配一个对应的 IP 地址，这就是所在网段的网关地址。当机器 A 要发送报文到机器 E 时，它检查 E

的 IP 地址，发现 E 的地址 192.168.3.11 和自己的地址 192.168.1.10 不在同一子网，这时它无法将数据报直接发给 E，而需要通过路由器 R。

链路层帧头		IP首部		
源物理地址 主机A的物理地址	目的物理地址 R的物理地址	源IP 192.168.1.10	目的IP 192.168.3.11	IP其他字段

图 5-18　间接交付时数据链路层帧头的改变

当 A 构建 IP 报文时，目的 IP 地址填入的是主机 E 的地址；由于 A 是将报文实际发送给路由器 R，因此数据链路层的目的物理地址要填入 R 的地址。这样 A 发送的报文、目的 IP 地址和目的物理地址就不是对应到同一台设备上了。但该报文会被 R 的数据链路层所接收，并上传到 R 的 IP 层。R 的 IP 层发现目的 IP 地址不是它自己（报文不是发给它的），就会进入选径转发流程。

路由器 R 检查自己的路由表，发现 192.168.3.11 所在的网段是自己的直连网段，就会将数据报通过 192.168.3.1 所对应的网口转发出去，该报文的 IP 层地址保持不变，但数据链路层帧头重新构建，源物理地址是 192.168.3.1 所对应的网口的物理地址，目的物理地址是主机 E 的物理地址（192.168.3.11 所对应的物理地址）。这样该报文将会被主机 E 所接收，如图 5-19 所示。

目的网络	下一跳网关	跳数	网络接口
192.168.1.0	－	0	192.168.1.1
192.168.2.0	－	0	192.168.2.1
192.168.3.0	－	0	192.168.3.1

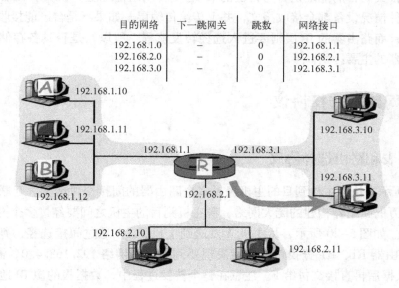

图 5-19　间接交付从路由器到目的主机

TCP/IP 网络中的路由器形成了一个协作的互连结构，数据报从一个路由器传输到下一个路由器，直到到达某个可直接交付数据报的路由器。路由器转发 IP 数据报的依据是路由表，路由表中并不需要指定到网络上每个主机的路径，只需要包含到特定网络的信息就可以了，这样就大大减少了路由表的记录数量。

一般互联网的组成是一个层次结构，核心层是骨干路由器组成的网络，骨干路由器连接各个网络分支，最后到末端的接入路由器。对于某个分支路由器，并不一定清楚其他分支路由器所连接的子网情况，若它收到的数据报的目的地址在路由表中无法查到，就只能交给上级路由器来处理，这条路由信息就称为默认路由。

所以路由器 IP 选径的算法如下。

1）从数据报中取出目的 IP 地址 D，计算其网络地址 N。

2）如果 N 是路由器直接相连的子网，则直接交付给目的主机 D。

3）如果路由表中包含了到特定主机 D 的一条路由信息，则将数据报发送给表中的下一跳。

4）如果表中包含了到网络 N 的一条路由信息，则将数据报发送给表中的下一跳。

5）如果表中包含了一条默认路由，则将数据报发送给表中指定的默认路由器。

6）选径失败。

上述讨论的路由选径都是以路由器举例，其实主机也有路由表，发送数据报中也会依据路由表选径，从这点来说，主机和路由器的选径没有区别。只不过主机的路由表相对简单，只包括所在子网网段和默认路由的信息。当然，如果一台主机通过多种方式同时联网（如通过有线、WLAN 或 3G/4G 同时上网），路由表就会存在多条默认路由，这时选径取决于路由在表中排列的先后顺序。

主机和路由器的区别在于对传入数据报的处理上，在收到数据链路层上传的数据报后，两者都会检查报文的目的地址是否与自己的 IP 地址（或组播地址）匹配，或者是子网的广播地址，这两种情况设备都会接收报文，并上传给传输层。如果不是自己能接收的报文，主机则直接丢弃；而路由器的 IP 层则要进入选径转发流程。所以，是否具备存储转发的功能是主机和路由器的主要区别。

5.5 互联网路由选择协议

5.5.1 路由表和路由选择协议

图 5-20 所示为从源主机到目的主机经过多个路由器的间接交付情况。互联网的通信网络是由成千上万的路由器构建的庞大网络，源主机到目的主机之间要经过多个网络，通过多个路由器转发。如图 5-20 所示，从主机 A 发送到主机 F，A 通过间接选径，判断出要将数据报发送到路由器 R1，R1 查找路由表后发现要到达目的网络 192.168.4.0，需要经 R2 转发，R2 收到数据后再直接交付给 F。注意在整个转发过程中，数据报的源 IP 地址和目的 IP 地址始终保持不变，一直变化的是数据链路层的源物理地址和目的物理地址。

路由器 R1 和 R2 选径的依据是路由表，而路由表又是如何产生的呢？有些路由是设置 IP 地址后自动生成的，例如 R1 的一个网口地址是 192.168.1.1，子网掩码是 255.255.255.0，那么 R1 肯定直连在 192.168.1.0/24 的网段上。有些路由是人工设定的，例如主机的默认路由（设置默认网关）。而对于图 5-20 中的 R1 来说，192.168.4.0 并不是它直连的网段，而是连接在 R2 上，R1 又是如何知道的呢？一种方式是由构建整个网络的工程师人工设定，但这种方式对于局域网是可行的，而互联网上的子网和路由器成千上万，根本无法通过人工设定的方式维护路由表。因此就需要一种方式，由路由器相互之间通信，告知对方自己连接子网的情况，从

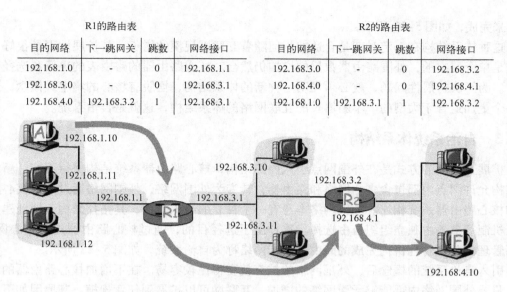

R1的路由表					R2的路由表			
目的网络	下一跳网关	跳数	网络接口		目的网络	下一跳网关	跳数	网络接口
192.168.1.0	-	0	192.168.1.1		192.168.3.0	-	0	192.168.3.2
192.168.3.0	-	0	192.168.3.1		192.168.4.0	-	0	192.168.4.1
192.168.4.0	192.168.3.2	1	192.168.3.1		192.168.1.0	192.168.3.1	1	192.168.3.2

图 5-20   经过多个路由器的间接交付

而实现路由表的自主建立和动态维护。这种路由器之间交换选径信息的协议称为路由选择协议。

5.5.2   互联网的核心结构

互联网的选径结构和网络体系结构密切相关，体系结构直接反映在路由表的内容中，影响选径和传输的效率，决定了网络对变化的适应能力。

例如，一个星形网络，将路由器作为其中心，则中心路由器将包含通往所有子网的路径，所有的报文也将通过中心路由器转发，这种结构无疑将给路由带来工作负荷。当网络数量增加到一定程度，转发的数据就可能"淹没"中心路由器，造成网络拥塞。显然，这种结构缺乏扩展性，不适合大规模广域网的情况。

再比如，一个任意网状结构的互联网，其中每个路由器都知道去往所有可能目的结点的路径，则每个路由器的路由表会随着网络的扩张而增大。为保证整个网络路由的一致性，互联网拓扑结构的一点小变动都将导致大量的广播消息。当网络规模大到一定程度后，需要广播的信息过多，就会浪费大量带宽，导致网络数据传输率下降。可见，这样的结构也是不合理的。

早期的互联网仅由少量核心路由器构成，这些路由器含有所有互联网络的全部路由信息，当时互联网规模非常小，因此通过向核心添加更多的路由器来扩展互联网。但是，每次核心扩展时，需要维护的选径信息也随之增加。后来，核心不能再扩大了，通过一种两级的层次结构来做扩展，非核心路由器位于外围，仅包含部分选径信息，如果要完成跨互联网络的访问就必须经由核心路

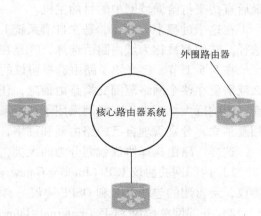

图 5-21   两级路由器系统

由器来完成，如图 5–21 所示。

这种体系结构在一定时期是合适的，但随着互联网规模的增长，其扩展性不是很好，因为它是单个层次的，外围路由器数量的增加仍然会对核心路由器的路由表的更新和选径产生影响。为解决扩展性问题，就必须发明一种新的体系结构，摆脱有核心的集中式概念，过渡到一个更加适合于大型的、不断增长的互联网络的体系结构，这就是自治系统。

5.5.3 自治系统体系结构

扩展互联网的方式是在外围网点引入内部结构，核心路由器系统结构保持不变。新的内部结构允许网点内部包含多个网络和路由器，转变为外围网络，外围网络通过某一核心路由器和核心路由器系统相连。外围网络本身有一个独立的组织管理，其拓扑结构、地址建立与刷新机制等事务由独立组织自由选择。这种出于选径目的，通过核心路由器连入核心网络，内部管理由独立管理机构完成的路由器群和网络称为自治系统，如图 5–22 所示。

引入自治系统的概念后，外围网络的扩充就变得比较容易。在不增加核心路由器的情况下，只要外围网络内部能够承受网络的增加，互联网可以扩展到任意规模。其原因如下。

1）外围网络的扩张对核心网络的结构没有影响。

2）外围网络采用独立的路由算法，网络的内部变化并不会影响到核心网络的寻径算法和信息。

3）外围网络内部的数据流量增加并不会传播到核心网络上。

4）只有外围网络间的通信才需要通过核心网络。

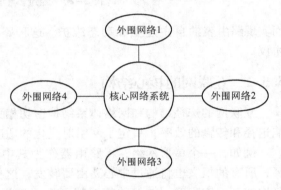

图 5–22　自治系统体系结构

如图 5–23 所示，自治系统 1 中的路由器 a 所连接的局域网中有一台主机，需要发送 IP 数据报到自治系统 2 中的路由器 e 所连接局域网中的一台主机。首先报文从 a 经 b 传输到骨干网路由器 A，然后转发到另一台骨干网路由器 B，再进入自治系统 2，经 d 传给 e，最后直接交付给局域网中的目的主机。

在这个过程中，①、②是在自治系统 1 中的路由选径，④、⑤是在自治系统 2 中的路由选径，它们都被称为域内路由选择，③是在自治系统间的路由过程，被称为域间路由选择。

在 5.5.1 节，已介绍了路由选择协议的概念，如果互联网是一个无层次的网状结构，那么就需要在整个网络范围交换路由信息，任何地点的网络变动都将造成全网路由器的路由更新，影响巨大。而由于互联网采用了自治系统构建分层网络的理念，而自治系统和核心网络相互独立，分别管理自己的路由器和网络，域内的网络变动不会影响其他域和核心系统。

这样，路由选择协议就划分为两大类，分别如下。

1）内部网关协议 IGP（Interior Gateway Protocol）。即在一个自治系统内使用的路由选择协议，最常用的包括 RIP 和 OSPF 协议。自治系统可以选择各自的内部网关协议。

2）外部网关协议 EGP（External Gateway Protocol）。当源主机和目的主机处在不同的自治系统中，并且这两个自治系统使用不同的内部网关协议时，那么当分组传送到一个自治系

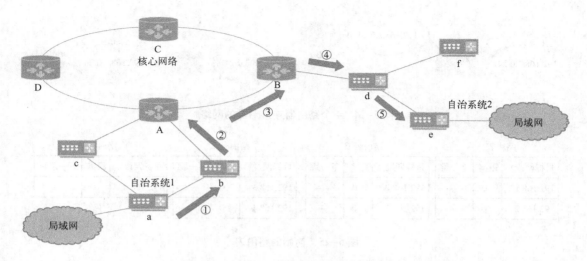

图 5-23　跨自治系统的路由过程

统的边界时，就需要使用一种协议将路由选择信息传递到另一个自治系统中，这时需要使用外部网关协议。目前常用的外部网关协议是 BGP（Border Gateway Protocol）。

5.5.4　RIP

RIP（Routing Information Protocol）是一种分布式的基于距离向量的路由选择协议。距离向量协议的思想很简单，路由器周期性地向外广播路径刷新报文，报文内容是由一组（V，D）记录组成的表，V 代表向量，标识该路由器可以到达的网络（或主机），D 代表距离，意味着该路由器到达目的网络（或主机）的距离，一般用途经的路由器数量表示。其他路由器收到这个刷新报文后，依据最短路径原则更新自己的路由表。

RIP 中的跳数是指到目的网络所经过路由器的数量，一般直连网络的跳数为 1（也可以为 0，但在网络中所有的路由器保持一致），每经过一个路由器加 1。RIP 规定一条路径最多只能包含 15 个路由器，因此距离等于 16 表示网络不可达，可见 RIP 只适合于小型 IP 网。

RIP 的特点如下。

1）仅和相邻路由器交换信息。如果两个路由器有端口连接在同一网段，它们之间通信不需要经过另一个路由器，那么这两个路由器就是相邻的。不相邻的路由器不能交换信息。

2）交换的信息是本路由器能够直接和间接到达的网段的所有信息，就是自己的路由表。

3）信息的交换是周期性进行的，例如，路由器每隔 30 s 向周边的路由器更新路由表。当然如果网络拓扑发生变化，路由器也会及时发布变化后的路由信息。

4）RIP 报文采用传输层的 UDP 进行传送。

图 5-24 所示为由 4 个路由器连接形成的网络。

初始阶段，路由器根据自身所邻接网络建立直接可达的路由表，如图 5-25 所示。

路由器之间相互交换路由信息，更新了包含非邻接网络的新的路由表，如图 5-26 所示。

经过多次扩散后，形成了新的稳定的路由信息，如图 5-27 所示。

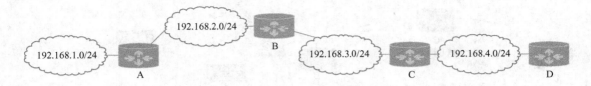

图 5-24　4 个路由器连接形成的网络

路由表 A		
目标网段	距离	下一跳
192.168.1	0	—
192.168.2	0	—

路由表 B		
目标网段	距离	下一跳
192.168.2	0	—
192.168.3	0	—

路由表 C		
目标网段	距离	下一跳
192.168.3	0	—
192.168.4	0	—

路由表 D		
目标网段	距离	下一跳
192.168.4	0	—

图 5-25　初始的路由表

路由表 A		
目标网段	距离	下一跳
192.168.1	0	—
192.168.2	0	—
192.168.3	1	B

路由表 B		
目标网段	距离	下一跳
192.168.2	0	—
192.168.3	0	—
192.168.1	1	A
192.168.4	1	C

路由表 C		
目标网段	距离	下一跳
192.168.3	0	—
192.168.4	0	—
192.168.2	1	B

路由表 D		
目标网段	距离	下一跳
192.168.4	0	—
192.168.3	1	C

图 5-26　1 次路由信息交换后的路由表

路由表 A		
目标网段	距离	下一跳
192.168.1	0	—
192.168.2	0	—
192.168.3	1	B
192.168.4	2	B

路由表 B		
目标网段	距离	下一跳
192.168.2	0	—
192.168.3	0	—
192.168.1	1	A
192.168.4	1	C

路由表 C		
目标网段	距离	下一跳
192.168.3	0	—
192.168.4	0	—
192.168.2	1	B
192.168.1	2	B

路由表 D		
目标网段	距离	下一跳
192.168.4	0	—
192.168.3	1	C
192.168.2	2	C
192.168.1	3	C

图 5-27　最终稳定的路由表

如果路由器 A 新建了一条连接到网段 192.168.3.0/24 的路径。A 和 C 交换路由信息，获取到一条新的到达 192.168.4.0/24 的路径，该路径比从 B 绕行的距离更短，因此更新路由表。相应的，C 也获取到网段 192.168.1.0/24 的更短路径，如图 5-28 所示。

因此，当接收到相邻路由器发送过来的 RIP 报文后，路由器按以下步骤处理。

1）先将报文中各项目的距离加 1，将下一跳路由器设置为 RIP 报文的发送方。

2）若项目中的目的网络不在现存的路由表中，则将该项目添加到路由表中。

3）若目的网络已在路由表中，而且下一跳的路由器地址与报文的发送方相同，则直接将收到的项目替换原路由表中的项目（无论距离是否增减）。

4）若项目中的距离比路由表中的距离值小，则进行更新。

5）如果一段时间内没有收到相邻路由器的 RIP 报文，则将相邻路由器设置为不可达，

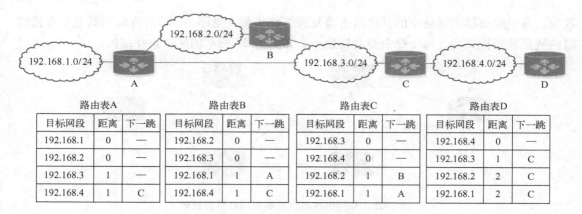

图 5-28　变动了的网络及路由表

将距离值设置为 16。

RIP 的优点是实现简单，开销较小。但缺点也比较多，RIP 限制了网络的规模，适合于中小规模的网络；跳数仅仅提供对网络可达距离的估计，并不能反映网络时延和网络负载。因此，针对规模较大的复杂网络，应当采用下一节将要介绍的 OSPF 协议。

5.5.5　OSPF 协议

OSPF 协议称为开放最短路径优先协议（Open Shortest Path First），它是为克服 RIP 的缺点在 1989 年开发出来的。它采用了 Dijkstra 提出的最短路径算法 SPF。OSPF 协议最主要的特征是采用了分布式的链路状态协议（Link State Protocol），而不是距离向量协议。它和 RIP 相比，有 3 点不同。

1）OSPF 协议向本自治系统中的所有路由器发送消息，而不仅仅是相邻路由器。它采用的是洪泛法，即路由器向所有相邻路由器发送消息，而每一个相邻路由器又将该消息发往其所有的相邻路由器（除了报文的源端），这样区域中的所有路由器都收到该消息的一个副本。

2）发送的信息是与本路由器相邻的所有路由器的链路状态。即本路由器与哪些路由器相邻，以及该链路的"权值"，权值可以表示费用、距离、时延和带宽等，由管理员设定。这就比 RIP 的跳数更灵活。

3）只有当链路状态发生变化时，路由器才利用洪泛法向所有路由器发送变动信息。而不是像 RIP 一样周期性地交互路由表信息。

4）OSPF 报文直接用 IP 数据报传送。从这一点来看，OSPF 协议好像是传输层的协议（位于 IP 层之上），其实 OSPF 协议只是借用了 IP 数据报传输，它本身还是工作在 IP 网络层的。

自治系统内所有的路由器相互交换链路状态消息，这样每个路由器都建立了一个全网的拓扑结构图（即链路状态数据库），这个结构图在全网范围内是一致的。当路由器接收到需转发的 IP 报文后，会依据这张结构图，搜索一条从当前路由器到目的地址所连接的目的路由器之间的最短路径，然后将 IP 报文转发给这条路径上的下一个路由器。

图 5-29 所示的网络中有 6 个路由器，相互连接形成网状结构，每条链路设定了不同的

权值。每个路由器向网络中的其他路由器发送链路状态（见图5-30）。在收到其他所有路由器的链路状态报文后，每个路由器会构建一个如图5-29所示的网络拓扑结构。

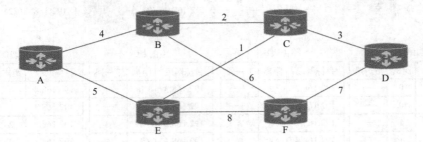

图5-29　邻接路由器组成的网络及链路权值

路由表A	
邻接点	权值
B	4
E	5

路由表B	
邻接点	权值
A	4
C	2
F	6

路由表C	
邻接点	权值
B	2
D	3
E	1

路由表D	
邻接点	权值
C	3
F	7

路由表E	
邻接点	权值
A	5
C	1
F	8

路由表F	
邻接点	权值
B	6
D	7
E	8

图5-30　邻接路由器的信息

当有一个IP数据报从路由器A转发到路由器D所连接网段中的一个主机时，A根据最短路径算法搜索到从A到D的路径A→B→C→D，A根据这条路径将数据报转发给B；同样，B根据拓扑图搜索到D的最短路径B→C→D，然后将数据报转发给C；C搜索到最短路径C→D，再转发给D，从而到达目的路由器。

由于OSPF的链路状态交换是在全自治系统中进行的，而路径选择也是基于整个网络的拓扑结构计算的，因此当网络规模扩大后，通信量和计算量也随之增加。为了解决这个问题，OSPF将一个自治系统再划分为若干个更小的范围，称为区域。图5-31所示的一个自治系统被划分为4个区域。其中上层的区域称为主干区域，主干区域是用于连接其他下层的区域，执行连接工作的路由器称为区域边界路由器，图5-31中的A、B、C都是区域边界路由器；主干区域内的路由器称为主干路由器，如A、B、C、D、E；主干区域中通往其他自治系统的路由器称为自治系统边界路由器（如D）。

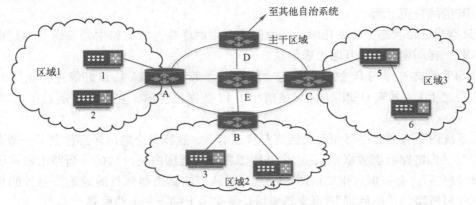

图5-31　OSPF的分级系统

划分区域后，交换链路状态的路由器就局限在区域范围内，这就减少了整个网络的通信量。如果报文转发跨越本区域范围之外，就要经过主干区域。通过进一步的分层，使得 OSPF 可以用于大规模的自治系统，而互联网也不再局限于两层系统。

5.6　ICMP

5.6.1　ICMP 的特点

在 IP 数据报的传输过程中，路由器自主完成寻址和转发的工作，无需源主机参与，而系统一旦发生传输错误，IP 本身并没有一种内置的机制来获取差错信息并进行相应控制。而发生错误的原因很多，例如通信线路出错，路由器或主机故障，以及 IP 数据报不能传输、系统拥塞等。

为了处理上述错误，TCP/IP 专门设计了 Internet 控制报文协议 ICMP（Internet Control Message Protocol），当路由器发现传输错误时，就立即向源主机发送 ICMP 报文，报告出错情况，以便源主机采取应对措施。除此之外，ICMP 还可以用于传输控制报文。

ICMP 具有以下特点。

1）ICMP 差错报告采用路由器—源主机的模式，路由器在发现数据传输错误时只向源主机报告差错原因。

2）从协议体系上看，ICMP 的差错和控制信息传输主要是解决 IP 可能出现的不可靠问题，它不能独立于 IP 而单独存在，因此把它看作是 IP 层的一部分。

3）ICMP 本身是网络层的协议，但报文不是直接传给数据链路层，而是封装到 IP 数据报中，再传给网络链路层。这是因为路由器发送 ICMP 报文到源主机，仍然要通过 IP 层进行路由转发。

4）ICMP 不能纠正差错，只能报告差错。差错处理需要由其他协议去完成。

5.6.2　ICMP 报文格式

ICMP 报文也分为头部和数据区两大部分，其中头部包含类型、代码和校验和 3 个域，ICMP 报文格式如图 5-32 所示。

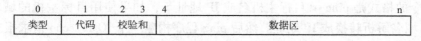

图 5-32　ICMP 报文格式

类型域占用 1 字节，指出 ICMP 报文的类型，代码域也占用 1 字节，提供报文类型的进一步信息，校验和域共 2 字节长，提供整个 ICMP 报文的校验和。

ICMP 报文数据区包含出错数据报报头及该数据报前 64 位数据，提供这些信息的目的在于帮助源主机确定出错的数据报。图 5-33 所示为 ICMP 报文类型。

ICMP 报文包括分为两类：ICMP 差错报告报文和 ICMP 查询报文。

差错报告报文共有 5 种，分别如下。

1）终点不可到达：当路由器或主机无法找到到达终点时，向源主机发送终点不可到达

类型	ICMP报文类型
0	回应（echo）应答
3	终点不可到达
4	源抑制
5	重定向
8	回应（echo）请求
11	数据报超时
12	数据报参数错
13	时间戳请求
14	时间戳应答
17	地址掩码请求
18	地址掩码应答

图 5-33 ICMP 报文类型

报文。

2）源抑制：当路由器或主机由于拥塞而丢弃数据报时，就向源主机发送源抑制报文，通知源主机放缓发送速率。

3）数据报超时：当路由器收到 TTL 字段为 0 的数据报时，说明该数据报已经经过太多路由器，就要丢弃该数据报。同时向源主机发送超时报文。

4）数据报参数错：当路由器或目的主机收到的数据报的头部有字段值不正确时，就丢弃该数据报，并向源主机发送参数错报文。

5）重定向：当路由器希望源主机改变路由时，就发送该报文，让主机知道下次应改变路由，选择其他路由器。

ICMP 查询报文有两种，分别如下

1）回应（echo）请求和应答：ICMP 回应请求报文是由主机或路由器向一个特定的目的主机发送的查询，收到此报文的主机必须给源主机或路由器发送 ICMP 回应应答报文。

2）时间戳请求和应答：该功能是请求某个主机或路由器回答当前的日期和时间。

5.6.3 ICMP 的应用

对于网络工程师来说，应用得最多而且最普遍的一个命令也许就是 ping。ping 命令常用于测试网络的连通性，或者某一台主机是否在网。而 ping 实际上就是 ICMP echo 的过程。

ping 命令的格式是 ping <目标主机名或 IP 地址 >，如果使用目标主机的域名，ping 还要通过 DNS 域名解析转换成 IP 地址。然后 ping 程序构建一个 ICMP echo 请求报文，在报文中有本次请求的序号，报文向目的主机传送。如果目的主机不在网，则 ping 程序收不到应答，则超时失败。如果目的主机在网，则当网络层的 ICMP 收到报文后，会马上返回一个 ICMP echo 应答报文。当 ping 收到应答后，会检查序号，匹配序号相同的请求报文，然后计算收发时间的差值，得到往返时间，这个时间也就反映了到目的主机的数据传输延时和拥塞状况。图 5-34 为 ping 命令的执行结果。

如果分不同时间段 ping 目的主机，往返时间都比较稳定，那么这个时间就是正常的传输延时，如果突然有些报文的往返时间变长，那么就说明网络上出现了拥塞。

从 ping 执行的过程来看，它的连通性测试是双向的，即从源主机到目的主机是通的，从目的主机到源主机也是通的。

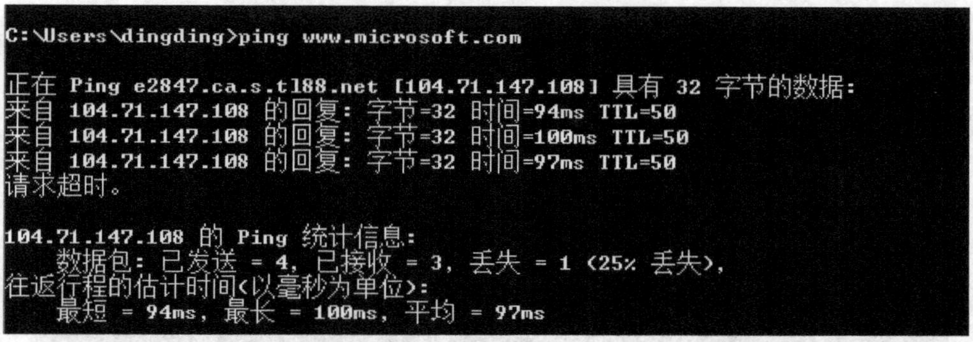

```
C:\Users\dingding>ping www.microsoft.com

正在 Ping e2847.ca.s.t188.net [104.71.147.108] 具有 32 字节的数据:
来自 104.71.147.108 的回复: 字节=32 时间=94ms TTL=50
来自 104.71.147.108 的回复: 字节=32 时间=100ms TTL=50
来自 104.71.147.108 的回复: 字节=32 时间=97ms TTL=50
请求超时。

104.71.147.108 的 Ping 统计信息:
    数据包: 已发送 = 4, 已接收 = 3, 丢失 = 1 (25% 丢失),
往返行程的估计时间(以毫秒为单位):
    最短 = 94ms, 最长 = 100ms, 平均 = 97ms
```

图 5-34　ping 执行的结果

那么只要源主机和目的主机在网络上是连通的，ping 就一定能收到应答吗？实际 ping 执行的效果还会受到其他因素的影响。

1）如果 ping 的目的主机使用了域名地址，由于 ping 需要先做域名解析，将域名转换成 IP 地址，但如果请求的域名服务器出现故障，或者根本就没有配置域名服务器，那么域名解析是失败的，发送 ICMP echo 请求也就无从谈起了。

2）如果目的主机出于安全性考虑不允许返回 ICMP echo 应答，也会造成 ping 的失败。例如，Windows 的防火墙一旦启用，那么默认是禁止返回 echo 应答的。这样，就会出现明明 Windows 的主机是开机的，也是联网的，但就是无法 ping 通的情况。

3）还有一种情况，也是从安全性的角度出发，有的企业防火墙过滤了外部的 ICMP echo 请求，这是为了防止黑客刺探内部网络中主机的运行状态。

另一个在网络测试中广泛使用的命令是 traceroute（这是 UNIX/Linux 系统中的名称，在 Windows 系统中是 tracert）。它是用于探测从源主机到目的主机所经过的所有路由器及到达这些路由器的往返时间。traceroute 同样使用了 ICMP echo 请求及数据报超时应答。traceroute 运行的流程如下。

1）当 traceroute 开始运行时，源主机首先构建一个 echo 请求报文发给目的主机，但报文中 IP 头部的 TTL 字段值设为 1。

2）当报文到达第一个路由器，路由器在转发前将 TTL 减 1，结果 TTL 字段变为 0，按照 IP 规则，路由器认为数据报已经超时，丢弃报文，同时向源主机返回一个"数据报超时"的差错报告报文。

3）源主机收到这个报文后，就得到了到目的主机路径的第一个路由器的 IP 地址，然后计算发送和接收的时间差，得到往返时间。这样的过程 traceroute 要做 3 次。

4）然后继续发送 echo 请求，将 TTL 值设置为 2，探测第二个路由器。

5）这样一直继续下去，直到 echo 请求到达目的主机，返回了正常的 echo 应答。整个探测过程结束。图 5-35 所示为 tracert 命令的执行结果。

如果从源主机到目的主机网络不通，那么就会出现 3 次 echo 请求都没有超时报告的情况，这时就可以判断出在哪个路由器的边界出现问题了。

从图 5-35 中还可以发现，从 202.97.35.238 到 203.181.102.41，往返时间突然从 60 ms 增加到 139 ms，经查询归属地得知，这段正好是从国内到日本的线路。

与 ping 相同，traceroute 如果碰到防火墙过滤 ICMP echo 的情况，也会出现无法探测下

```
C:\Users\dingding>tracert www.microsoft.com

通过最多 30 个跃点跟踪
到 e2847.ca.s.t188.net [104.71.147.108] 的路由:

  1     2 ms     3 ms     4 ms  OpenWrt.lan [192.168.250.1]
  2     1 ms     2 ms     1 ms  1.1.1.1
  3     4 ms     6 ms     3 ms  17.23.191.61.broad.static.hf.ah.cndata.com [61.1
91.23.17]
  4     4 ms     4 ms     5 ms  61.190.245.245
  5     3 ms     3 ms     4 ms  202.102.206.17
  6    12 ms    13 ms    14 ms  202.97.82.141
  7    65 ms     *       67 ms  202.97.33.38
  8     *       14 ms    12 ms  202.97.34.102
  9    58 ms    60 ms    65 ms  202.97.35.238
 10   136 ms   139 ms   143 ms  203.181.102.41
 11   141 ms     *      144 ms  otejbb206.int-gw.kddi.ne.jp [106.187.3.37]
 12   140 ms     *      140 ms  cm-ote247.int-gw.kddi.ne.jp [59.128.7.140]
 13   139 ms   145 ms   149 ms  111.87.18.54
 14   145 ms   144 ms   145 ms  a104-71-147-108.deploy.static.akamaitechnologies
.com [104.71.147.108]

跟踪完成。
```

图 5-35　tracert 执行的结果

去的情况。

与 ping 相比，traceroute 的使用频率就低得多，一方面，普通用户只需要知道网络通断的情况，并不需要知道在哪里断开了，另一方面，在公共网范围出现网络断开的情况还是非常罕见的，所以能用到 traceroute 的情况就很少了。

5.7　IPv6

5.7.1　IPv6 的特点

自从 1981 年正式推出 IPv4 标准后，Internet 经历了几十年的飞速发展，全球上亿的计算机接入到 Internet 上，至 2011 年 2 月，IPv4 地址已经耗尽。IP 地址严重不足，成为制约物联网、移动互联网、云计算及三网融合发展的瓶颈。虽然网络地址转换（NAT）延缓了 IP 地址危机的爆发，但并不能从根本上解决问题。

早在 1992 年，Internet 工程任务组 IETF 就提出了要制定下一代 IP，即 IPng（IP Next Generation），现正式称为 IPv6。IPv6 的推出主要是解决地址问题，但不仅限于此。事实上，IPv4 在实时性、安全性和移动支持等方面仍然存在问题，IPv6 也做出了有针对性的改进，其主要特点有以下几个。

1）更大的地址空间：IPv6 地址由原来的 32 位扩展到 128 位，如果说整个 IPv4 的地址空间大小是一张信用卡大小的话，IPv6 的地址空间则是整个太阳系平面的大小。

2）层次化地址空间：IPv6 拥有如此大的地址空间，也就能支持更多的层次划分。

3）新的数据报格式：IPv6 重新定义了 IP 数据报格式，除了固定的头部外，可选项放到扩展头部中，扩展头部与数据合起来构成有效载荷（Payload）。路由器不处理扩展头部，这样提高了路由器的处理效率。

4）服务质量（QoS）支持：IPv6 数据报包含了 QoS 特性，能更好地支持多媒体和其他对 QoS 有要求的应用。

5）安全性支持：IPv6 的安全性设计借鉴了鉴别和加密扩展头部及其他特性。

6）其他协议的转变：随着 IPv6 的引入，其他几个和 IP 相关的 TCP/IP 也得到了更新，其中之一就是 ICMP，已被修改为支持 IPv6 的 ICMPv6。

5.7.2 IPv6 报文格式

IPv6 的数据报包括固定头部、扩展头部和数据部分，如图 5-36 所示。其中扩展头部和数据合在一起称为数据报的有效载荷，路由器在存储转发时只处理固定头部。由于固定头部的长度不变（40 字节），因此路由器无需再计算头部长度，这样就提高了处理效率。

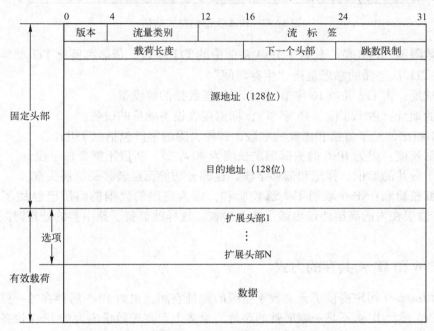

图 5-36　IPv6 的报文格式

固定头部包含以下几个字段。

1）版本：占 4 位，标识了产生数据报的 IP 版本号，其使用与 IPv4 的使用相同，但值为 6。

2）流量类别：占 8 位，该字段取代了 IPv4 的服务类型字段，区分不同的 IPv6 数据报的类别和优先级。

3）流标签：占 20 位，"流" 是指从一个源主机到一个或多个目的主机的一系列数据报，唯一的流标签用来标记某个特定流中的所有数据报，使得从源路由器到目的路由器进行相同的处理。这就为 IPv6 的资源预分配机制提供了支持，当传输实时音视频数据时，可以预先向传输路径上的路由器申请资源，并指定使用资源的流标签，这样使用该流标签的实时数据就能得到路由器的优先处理。

4）载荷长度：占 16 位，该字段代替了 IPv4 头部中的总长度字段。不同的是，该字段只包括载荷（扩展头部和数据）的字节数，而不是整个数据的长度。

5) 下一个头部：占 8 位，该字段代替了 IPv4 中的协议字段。当数据报中有扩展头部时，该字段指明第一个扩展头部的标识，即数据报的下一个头部（见图5-37）。如果数据报只包含固定头部而没有扩展头部，其作用与 IPv4 的协议字段相同。通过这一设计，IPv6 淡化了报文头部的分层概念，而将扩展头部和传输层头部一起设计成了链式结构。

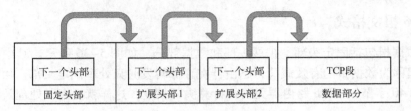

图 5-37　IPv6 头部的链式结构

6) 跳数限制：占 8 位，代替了 IPv4 头部中的 TTL 字段，但名称要比 TTL 更能反映它所起的作用（TTL 从字面的意思是指"生存时间"）。

7) 源地址：占 128 位（16 字节），标识发送数据的源设备。

8) 目的地址：占 128 位（16 字节），标识接收设备的目的设备。

与 IPv4 相比，除了替换和修改的字段，其他去除的字段包括以下几个。

1) 头部长度：因为 IPv6 的头部固定长度为 40 字节，所以不需要该字段。

2) 用于分片的标识、标记和偏移字段，这部分功能已经转移到扩展头部。

3) 头部校验和：IPv6 取消了头部校验和，因为底层的数据链路层已经做了 CRC，另外，包括传输层在内的高层协议也做了错误检查。这样就节省了路由器的处理时间和头部的两个字节。

5.7.3　IPv6 和 IPv4 共存的方式

IPv6 为 Internet 用户提供了天文数字量级的地址空间，也对 IPv4 所存在的一些问题做了改进，但 IPv6 替代 IPv4 不是一蹴而就的事情。世界上存在着数量庞大的 IPv4 设备，不可能说换就换。因此，向 IPv6 的过渡只能是循序渐进，在很长一段时间内，IPv4 和 IPv6 都是共存的。

1. 双栈方式

双栈方式就是使得某些主机（或路由器）装有双协议栈，同时支持 IPv4 和 IPv6，同时和两种网络连接，也就拥有 IPv6 和 IPv4 两种地址。这样其他 IPv4 和 IPv6 的设备都可以访问到它。例如谷歌的主机，就同时支持 IPv4 和 IPv6。

那么其他主机访问谷歌时，如何知道应该访问哪个地址呢？这要靠 DNS 来区分，如果客户端主机在 IPv6 的网络上，访问 DNS 服务器就会使用 IPv6 的地址，这时 DNS 就会返回谷歌服务器 IPv6 的地址；如果客户端通过 IPv4 的网络访问域名服务器，DNS 就会返回 IPv4 的地址。

2. 隧道技术

目前的 Internet，IPv4 的网络类似一片大海，IPv6 的网络只是在局部出现，类似于大海中的一个个孤岛。因此在当前的共存阶段，实际要解决的问题是如何让 IPv6 的孤岛经由 IPv4 的海洋连通起来。

隧道技术就是解决这类问题的常用技术。IPv6 网络边界的路由器同时跨接在 IPv6 和 IPv4 的网络上，当有 IPv6 的数据报要转发到另一端 IPv6 的局部网络时，路由器将 IPv6 的数据报封装入 IPv4 数据报的数据部分中，而 IPv4 报文的源地址和目的地址分别是隧道入口和出口的 IPv4 地址。在隧道的出口处，再将 IPv4 报文中封装的 IPv6 数据报取出，通过 IPv6 网络转发给目的站点，如图 5-38 所示。

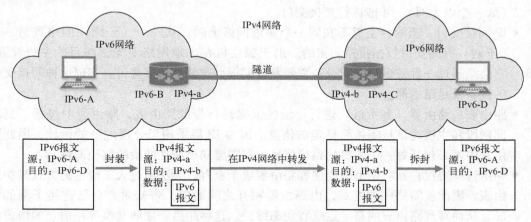

图 5-38　IPv6 通信的隧道技术

隧道技术只要求在隧道的入口和出口处进行修改，对其他部分没有要求，因而非常容易实现。但是隧道技术不能实现 IPv4 主机与 IPv6 主机的直接通信。

本章重要概念

- IP 网络层通信：IP 网络层通信主要完成在整个互联网范围的数据报交付任务，解决数据报从一个设备传送到另一个设备的问题，这些设备可能位于不同的子网，以不同的形式互连在一起，因此网络层通信是采用点对点通信的方式。IP 网络层通信的特点是尽力转发，无连接，非可靠性，无序性，不保证数据的准确性。

- IP 地址：IP 地址是在 Internet 范围标识主机或网络设备的地址，在全网范围内是唯一的。IP 地址由 32 位二进制数组成，分为网络部分和主机部分。网络部分标识了全网中的一个唯一子网，主机部分标识了子网中的一个主机地址。按照子网中网络规模的不同，IP 地址可以分为 A、B、C 类。

- 子网掩码：子网掩码是划分 IP 地址中网络部分和主机部分的另一种方式，它的长度与 IP 地址相同，也是 32 位，位值为 1 的部分表示 IP 地址的对应位置为网络地址，位值为 0 的部分表示 IP 地址的对应位置为主机地址。

- 子网化：A、B、C 类 IP 地址同样可以用子网掩码来表示，当把一个 IP 子网地址的子网掩码中最左边的主机位变为网络位后，就能将一个子网划分为多个更小规模的子网。

- 超网化：超网化就是把几个连续的 IP 子网地址空间合并成一个更大范围的子网，相应的，子网掩码中最右边的网络位也变为主机位。

- ARP 解析：用于从 IP 地址到物理地址的解析。假定在某广播型网络上，主机 A 想要解析主机 B 的物理地址，A 首先广播一个 ARP 请求报文，报文中含有需要解析的 B 的 IP 地址。主机 B 的 ARP 收到这个报文后，发现请求报文是给自己的，就会向 A 返回一个 ARP 应答报文，其中包含了自己的物理地址，这样 A 就知道了 B 的物理地址。

- IP 直接交付：直接交付是指在一个物理网络中，一台机器直接将数据报传输给另一台机器，这是所有互联网通信的基础。只有当两台机器同时连到同一物理传输系统时（如一个以太网），才能进行直接交付。
- IP 间接交付：当两台主机不在同一个物理网络上时，从一个（子网）网络到另一个（子网）网络交付数据报是间接的。由于源主机在本地网络上无法与目的主机互通，它必须通过一台或多台中间设备来转发数据报，这就是间接交付。实现这种间接交付的设备就是路由器。
- 路由表：路由器（和主机）进行寻址的依据是自身的路由表，路由表中包括了到不同网段和主机应该从哪条路径走的信息。因为 IP 层采用了分层地址的设计，因此路由表中不必包括每一个主机的路径信息，只需要知道所在网段的路径即可。
- 路由选择协议：互联网上的子网和路由器成千上万，无法通过人工设定的方式维护路由表。因此就需要一种方式，由路由器相互之间通信，告知对方自己连接子网的情况，从而实现路由表的自主建立和动态维护。这种路由器之间交换寻径信息的协议称为路由选择协议。
- 自治系统：自治系统是由一组路由器群和网络组成的，它们由独立的管理机构管理，运行相同的路由选择协议，通过核心路由器连入核心网络。
- RIP：是一种分布式的基于距离向量的路由选择协议。路由器周期性地向外广播路径刷新报文，报文内容是由一组（V，D）记录组成的表，V 代表向量，标识该路由器可以到达的网络（或主机），D 代表距离，意味着该路由器到达目的网络（或主机）的距离，一般用途经的路由器数量表示。其他路由器收到这个刷新报文后，依据最短路径原则更新自己的路由表。
- 跳数：跳数是指到目的网络所经过路由器的数量。
- OSPF 协议称为开放最短路径优先（Open Shortest Path First）协议，它是为了克服 RIP 的缺点在 1989 年开发出来的。它采用了 Dijkstra 提出的最短路径算法 SPF。自治系统内所有的路由器相互交换链路状态消息，这样每个路由器都建立了一个全网的拓扑结构图（即链路状态数据库），这个结构图在全网范围内是一致的。当路由器接收到需要转发的 IP 报文后，会依据这张结构图，搜索一条从当前路由器到目的地址所连接的目的路由器之间的最短路径，然后将 IP 报文转发给这条路径上的下一个路由器。
- ICMP：ICMP 是用于报告网络差错的协议。在 IP 数据报的传输过程中，路由器自主完成寻址和转发工作，无需源主机参与，而系统一旦发生传输错误，路由器就会通过 ICMP，立即向源主机发送 ICMP 报文，报告出错情况，以便源主机采取应对措施。另外，ICMP 还用于主机和时间戳的查询。
- IPv6：IPv6 又称为下一代 IP，它的推出主要是解决 IPv4 地址匮乏，以及在实时性、安全性和移动支持方面存在的问题。IPv6 拥有更大的地址空间，支持更多层次的地址划分，采用重新设计的数据报格式，能够提高路由器的处理效率。同时 IPv6 还具有极强的扩展能力，能提供 QoS 和安全性的支持。

习 题

1. 请简述 IP 层报文交付过程的特点。

2. IP 地址分为哪几类？如何表示？各有什么特点？

3. 某学校有 3 个系需要接入教育科研网，共用一个 C 类地址（210. 45. 240. 0/24）。数学系有 100 台计算机，物理系有 31 台计算机，其中化学系有 60 台计算机需要上网。请将 C 类地址进行子网划分，分为 3 个逻辑网段，满足 3 个系上网的要求。

4. IP 是否能保证报文的准确性？

5. 如果 IP 报文在转发过程中 TTL 被减为 0，说明网络可能出现了什么问题？

6. 在 IP 数据报的转发过程中，报文中的源 IP 地址和目的 IP 地址是否会发生变化？

7. 说明在直接交付过程中，IP 数据报是如何从源主机发送到目的主机的？

8. 说明在间接交付过程中，IP 数据报是如何从源主机发送到目的主机的？

9. 如果没有 ARP，IP 报文能否从源主机发送到同一子网的目的主机？

10. 主机中是否有路由表？主机中是否有路由选择的过程？

11. 请简述互联网网络结构的演变过程。

12. 互联网自治系统间和自治系统内分别运行什么路由协议？

13. 请简述 RIP 和 OSPF 协议的特点和区别。

14. 在网络层，ICMP 起着什么作用？

15. 当在本机无法访问某一网站，如何排查所发生的网络问题？

16. 与 IPv4 相比，IPv6 做了哪些改进？

17. 在目前运行 IPv4 的 Internet 上，分布在不同地点的 IPv6 网络如何通信？

第6章 互联网的传输层

学习目标

掌握传输层的基本概念，端口号的作用和客户机—服务器的通信模式；了解 TCP 的特点，掌握 TCP 连接建立和释放的过程，TCP 的流量控制机制、拥塞控制机制和差错控制机制；了解 UDP 的特点和应用领域；了解 NAT 和 VPN 的工作原理和应用领域。

本章要点

- 传输层的作用
- 端口号的概念和连接的基本要素
- TCP 的特点
- TCP 的滑动窗口机制
- TCP 的拥塞控制机制
- TCP 的差错控制机制
- UDP 的特点和应用领域
- NAT 所解决的问题和工作原理
- VPN 所解决的问题和工作原理

6.1 互联网传输层协议概述

6.1.1 互联网传输层的作用

IP 层解决了从源主机到目的主机数据传输的问题，但在一台计算机中，可能运行了多个进行网络通信的进程（如在下载文件的同时浏览网站），那么在网络数据流进入计算机后，如何分辨应该传给哪个进程？

IP 层设备的数据转发是无连接、不可靠和无确认的，因此如果主机 IP 层的数据直接交给应用层，就要由应用程序解决数据丢失、乱序和错误等可靠性问题，增加应用程序的设计难度和复杂度。

运行于网络上的应用发布在不同的主机上，不同的主机配置，程序运行的速度有快有慢，网络接口的数据吞吐量有大有小，不同时刻网络的拥塞程度不同，而通信两端的收发程序需要严格的"同步"，这就要求双方有着良好的流控机制，这些工作交给不同的应用软件设计者完成，在广域网上很难保证流控能够协调执行。

因此在 IP 层和应用层之间，还需要有一个传输层来完成上述任务。传输层是解决通信两端主机不同进程（连接）标识的问题，处理通信可靠性问题。在 TCP/IP 中，这些工作是在通信双方进行的，中间负责分组转发的路由器并不参与，因此传输层只存在于收发的两个端点上，是端到端的通信。

互联网的传输层提供了两种协议：TCP 和 UDP。TCP 为应用层提供了面向连接、基于数据流、可靠的服务。它允许一对主机创建一条虚拟连接，连接类似于一条 FIFO 管道，发送端按顺序放入数据，接收端从管道的另一端读出数据，只要能够正常收发，数据就是可靠的。虚拟连接是双向的，两端的主机在发送的同时可以接收。

UDP 则是一个简单的传输层协议，它仅仅在 IP 数据报的基础上提供了针对不同进程的标识，以及包括用户数据的校验。所以 UDP 为应用层提供了无连接的、基于数据报的、不可靠的数据服务。

6.1.2　网络环境的进程标识

如图 6-1 所示，主机 2 有多个进程和其他主机通信，和主机 1 有一个 TCP 连接，和主机 3 有 2 个 TCP 连接。虽然多连接是因为有并发的进程通信所形成的，但如果使用进程号作为连接的标识是不合适的，因为一个进程可能会存在多个连接，而且进程号是由操作系统管理的，不同操作系统对进程号的定义是不同的。因此互联网的传输层规定了新的连接标识，称为端口号（Port），是一个 16 位的数字。注意，在计算机领域很多地方都用到了端口（Port）这一名词，如硬件端口、软件接口等。这些概念与传输层的端口含义是不同的，在应用时注意区分。

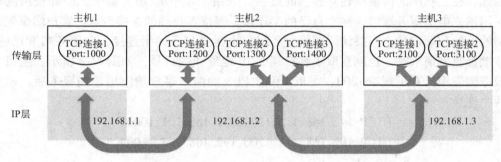

图 6-1　传输层的进程间通信

定义端口号是为了标识每一个通信连接，但是仅利用端口号并不能达到这个目的。当一个进程需要和另一台主机的某个进程通信前，需要分配用于连接的本地资源，其中就包括本地端口号。协议类型（TCP 或 UDP）、主机 IP 地址和本地端口号这 3 个元素标识了一个全网唯一的访问点，称为半连接。当一台主机的半连接和另一台主机的半连接建立连接后，构成一个全连接，就可以双向通信了。所以，协议类型、本机 IP 地址、本地端口号、远端 IP 地址和远端端口号这 5 个元素定义了一个全网唯一的全连接。之所以全连接要加上协议类型，是因为 TCP 和 UDP 的端口号是独立编址的，TCP 会有端口号 1200，UDP 也有端口号 1200。传输层的半连接或全连接，在应用层会建立对应的数据结构存储相关信息，称为套接口（Socket），作为应用程序访问传输层的服务端点。

在互联网的数据链路层帧中有参与通信设备的物理地址，如以太网的 MAC 地址；在网络层数据报中有 IP 地址，标识了每个主机和网络设备（路由器）；而传输层的地址就是端口号。有地址就有寻址的过程。如图 6-1 所示，主机 2 和主机 3 有两个连接：{TCP，192.168.1.2,1300,192.168.1.3,2100}，{TCP,192.168.1.2,1400,192.168.1.3,3100}。从主机 2 的两个连接发送数据给主机 3 时，TCP 的报文头携带了源端口和目的端口号，数据进入 IP 层后，打上 IP 数据报头，由于目的地址相同，所以虽然数据来自于不同的数据源，但对于 IP 层来说都一样。数据经路由进入主机 3 的 IP 层后，上传到传输层，TCP 协议栈 TCP/IP 根据数据报的目的端口号分送到不同的连接。整个过程体现了传输层的复用和分用功能。

6.1.3 客户端/服务器模式

在图 6-1 所示的实例中，主机 2 向主机 3 中发送数据时，在传输层的报文头部中需要填入目的端口号，在 IP 层需要填入目的 IP 地址，这意味着通信的双方必须事先知道对方的地址和端口号。例如，两台主机之间的两个应用需要互传数据，两者约定自己的端口号，并告知对方，然后在建立连接时互连对方主机的指定端口。但这种方式对于互联网上的大量网络服务是不可行的。

对于网络服务，会有大量的客户端建立连接，请求服务。客户端可以知道网络服务的 IP 地址和端口号，但网络服务无法预先知道客户端的信息。另外，客户端连接网络服务的时刻也是不确定的，无法做到通信双方同步互连对方。

因此，在互联网的传输层建立连接的过程，采用了客户端/服务器模式，即提供网络服务的应用预先申请服务端口，建立自己的半连接，等待客户端的连接请求。客户端事先知道服务端的地址和端口号，当要访问网络服务时，也建立自己的半连接，向服务端发送请求。当服务端接收到请求时，也就获取了客户端的 IP 地址和端口号。如图 6-2 所示，主机 2 的一个服务端应用打开了端口 1200，主机 1 和主机 3 的两个客户端应用连接服务后，建立了以下两个连接。

(TCP,192.168.1.2,1200,192.168.1.1,1000)

(TCP,192.168.1.2,1200,192.168.1.3,2100)

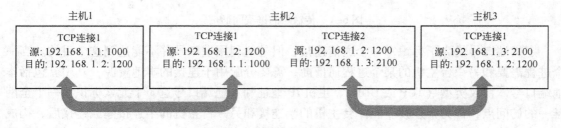

图 6-2　传输层连接的要素

注意，在这两个连接中，服务端的 IP 地址和端口号都是 192.1681.2 和 1200。因此，虽然一台主机的端口数是有限的（端口号是 16 位的，从 0 ～ 65535），但能够建立的连接数可以有无穷多个。

作为网络服务的端口号，必须是众所周知的。互联网号码分配机构规定从 0 ～ 1023 的端口为常用服务端口。表 6-1 列出了一些常用的服务端口。

表 6-1　常见的 TCP/IP 服务端口

端　口　号	TCP/UDP	服　务　名	注　　　释
7	TCP + UDP	ECHO	回显协议
13	TCP + UDP	DAYTIME	日期时间协议
20	TCP	FTP – DATA	文件传输协议数据服务
21	TCP	FTP	文件传输协议
23	TCP	TELNET	远程登录协议
25	TCP	SMTP	简单邮件传输协议
53	TCP + UDP	DNS	域名服务
69	UDP	TFTP	普通文件传输协议
80	TCP	HTTP	超文本传输协议
110	TCP	POP3	邮局协议
123	UDP	NTP	网络时间协议
161	UDP	SNMP	简单网络管理协议
443	TCP	HTTPS	安全超文本传输协议

6.2　TCP

6.2.1　TCP 的特点

TCP 是一个提供可靠性服务的传输层协议，为需要跨越任意互联网络、可靠传输数据的应用程序提供保障。TCP 采用客户端/服务器模式，提供服务的应用打开端口，等待连接，客户端应用主动连接服务端的端口，创建连接，然后双方双向传递数据。

在传输过程中，TCP 将应用层发送的数据打上 TCP 包头。打包后的数据称为 TCP 数据段（Segment），数据段存放在 TCP 输出缓存中，TCP 依据流控机制决定何时发送数据，一次性发送多少数据，并在接收到对方的确认或者超时后决定是否需要重发数据。数据段到达目的主机后存放在 TCP 接收缓存中，并向接收端的应用发送通知，在应用程序读取数据后，一次发收过程即结束。当 TCP 通信结束后，双方应用程序各自关闭自己的连接。

TCP 具有以下几个特点。

1）面向连接。TCP 要求主机在发送数据前必须在彼此之间创建一条连接，建立连接的过程类似于电话呼叫过程，连接成功后就相当于建立了一条电话专线，双方可以可靠地传输数据，而不必关注底层的存储转发，以及数据错误、丢包等问题。

2）针对字节的确认。提供可靠性的一个重要手段是接收方对发送方的所有数据给予确认，这样发送方就知道已传送的数据已被正确接收，然后继续发送后续的数据。确认的方式有两种：针对包的确认和针对字节的确认。TCP 采用针对字节的确认机制，如图 6-3 所示。

3）面向流的传输。在底层协议中，由于信道传送能力的限制和满足时分复用的要求，数据是分块转发的，最典型的就是 IP 的分组转发，当上层下发了一个报文后，IP 装上报头后形成一个新的数据报，再进行转发。但 TCP 通过 TCP 缓存和滑动窗口机制，允许应用层

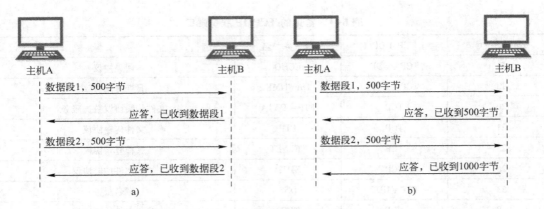

图 6-3 两种确认方式的时序

a) 针对包的确认 b) 针对字节的确认

发送连续的数据流，应用层无须关心数据的分组，如图 6-4 所示。

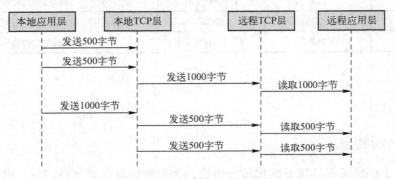

图 6-4 TCP 面向流的传输

4）无结构数据。TCP 面向流传输的一个后果是，在应用层的数据流中没有了报文的自然分界。例如，发送端先后发送了两个报文，但是接收端可能会一次全部接收，这样接收端应用程序就要自己区分两个报文；或者发送端发送了一个长报文，但是接收端可能一次接收不完，这时就要判断报文是否结束。

5）滑动窗口流控机制。TCP 的流控不是简单的"发–应答–发"的停止等待机制，这种方式浪费在网络往返上的时间过长。TCP 采用了滑动窗口的流控机制，发送方根据接收端的接收能力（接收缓存容量），连续发送报文，然后等待接收端的应答；当接收端应答确认已接收的字节数后，发送方再发送后续的报文。这种方式类似于窗口向前滑动。

6）基于网络带宽刺探的拥塞控制机制。TCP 连续发送报文，不仅依据接收端的接收能力，还要防止引起全网络的拥塞，因此发送端在发送时要检测网络是否出现拥塞。一旦出现，就要大幅减少数据传输量，避免加剧拥塞。互联网从早期的几台主机，发展到现在全球上亿的设备互连，而没有因网络协议缺陷出现频繁的大规模断网，TCP 采用的这一系列机制功不可没。

6.2.2 TCP 报文段格式

TCP 报文段的格式如图 6-5 所示。

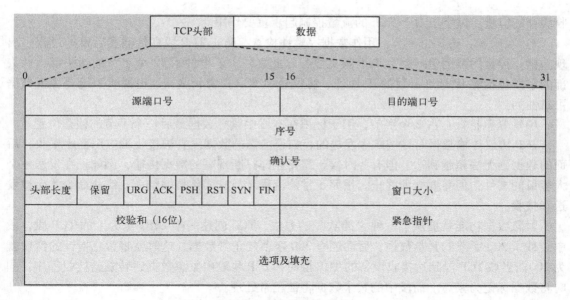

图6-5 TCP报文段格式

与 IP 层的报文封装相同，当应用层数据传入到 TCP 层时，TCP 也会在数据前面封装 TCP 段的头部。头部又分为固定部分和选项部分，固定部分的长度是 20 个字节，选项部分长度是 4 个字节的倍数。

1）源端口号：占 2 个字节，是本方的端口号。

2）目的端口号：占 2 个字节，是远端对方的端口号。

3）序号：指出本 TCP 段在发送端数据流中的偏移位置。这个序号是一个相对值（并不是从 0 开始计数），起始值是在建立 TCP 连接时确定的。序号占 4 个字节，并不意味着数据流的最大数据量是 4 GB 字节，因为序号值为全 1 后又会从 0 开始。

4）确认号：是对远端发送数据的确认，意味着对方发送的确认号之前的数据均已正确接收，也意味着本地希望接收的下一个数据（以字节计）的序号。每个发送的 TCP 段都带有对对方数据的确认，这样就大大节省了传送的报文数。当然，如果接收到数据的一方没有需要发送给对方的数据，也会返回一个数据部分为空的报文作为应答。

5）头部长度：占 4 位（0～3），是以 4 字节为单位的包括变长的选项部分的段头部长度。如果头部只有固定部分，该字段的值为 5。

6）保留部分：占 6 位（4～9），组装报文时各位应置为 0。

7）控制位：占 6 位（10～15），各个位具有不同的控制功能。

- URG：紧急位，置 1 表示紧急字段有效。
- ACK：确认位，置 1 表示 TCP 段带有确认功能，确认号有效。
- PSH：推送位，置 1 表示请求立即将数据推送给接收设备的应用程序。
- RST：复位位，置 1 表示发送方遇到无法恢复的问题，希望对连接复位。
- SYN：同步位，用于创建连接的时候，置 1 表示同步序号。
- FIN：结束位，用于关闭连接的时候。

8）窗口大小：占 2 个字节，表示本 TCP 段的发送方能够接收的字节数，实际也就是接收缓存的容量。该字段对于 TCP 的流量控制起着重要作用。

9）校验和：占 2 个字节，用作数据完整性检查，防止 TCP 段在传输和转发的过程中出现差错。计算的范围包括整个 TCP 报文段，除此之外，还增加了 12 个字节的伪头部，伪头部的字段包括源 IP 地址、目的 IP 地址、协议号和 TCP 报文长度。这也说明 TCP 是保证数据可靠性的。

10）紧急指针：占 2 个字节，用于标识在本段中紧急数据最后一个字节的偏移位置。

TCP 协议传输数据时是按顺序发送的，如果前面的数据没有被接收端应用程序接收，后面的数据则无法超越到达。但有些时候，需要立即打断现有的数据传输，例如正在发送一个大容量的文件，但需要立即终止。按照正常的流程，只有文件传输结束，终止命令才会被发送和接收。

紧急数据功能就提供了一种"插队"的方法，TCP 创建一个 URG 位为 1 的 TCP 段，段中装载了 200 字节的紧急数据，后面还有 300 字节的正常数据，这时就将紧急指针的值设置为 200。当该 TCP 段到达接收设备的 TCP 层时，TCP 将取出紧急数据，转发给接收程序，同时将数据标记为紧急。而段中的其余数据将被正常处理。

11）选项：该部分是为了支持一些附加功能，例如，通报本方的最大段长度、为了支持更大窗口长度的窗口倍数，以及替换校验和算法等功能。选项部分扩展的字节数应该是 4 的倍数，如果不足就要填充。所以整个 TCP 段的头部长度是 4 字节的倍数。

6.2.3　TCP 连接的建立与释放

TCP 是面向连接的协议，在传输数据之前要建立连接。在 6.1.3 节，已提到两个主机通信是采用客户机—服务器模式。那么同样，在建立 TCP 连接的时候，是客户机向服务器发送连接请求，服务器等待请求并返回应答。理想的连接过程如图 6-6 所示。

但是这种理想模型在实际应用中却存在问题，如果网络出现丢包了该怎么办？常用的解决方法是超时重传机制，客户机发出请求后就启动一个定时器，如果超时没有收到响应，就再次发出请求，直到成功建立连接。或当重传达到一定次数，就放弃连接。

但如果请求根本没有丢失，而是因网络阻塞严重，到达服务器时的时延过长，而客户机判断请求丢失从而重发请求，这就是所谓的延迟重复问题。延迟重复造成的后果就是服务器接收了一次请求

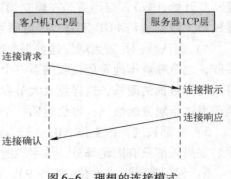

图 6-6　理想的连接模式

后，又过来一个重复的连接请求，这样服务器就会建立多个重复的连接，从而浪费了服务器的资源，如图 6-7 所示。

TCP 协议解决延迟重复的方法是采用三次握手法。首先对本次连接的所有报文进行编号，常用的方法是取当前时钟的最低 n 位作为连接的初始序号。由于序号字段具有足够的长度（32 位），可以保证在一段时间内不会出现重复的序号。一开始，客户机向服务器发出连接请求，其中包含了客户机的初始报文序号 X。服务器收到请求后，发回连接确认，其中包含了服务器的初始序号 Y，以及对客户机初始序号 X 的确认。客户机收到确认后再对服务器

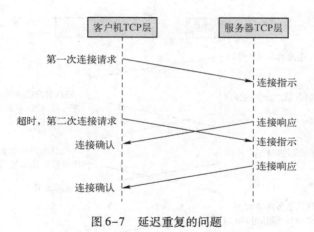

图 6-7　延迟重复的问题

的序号 Y 进行确认，这样双方的连接就建立了，如图 6-8 所示。

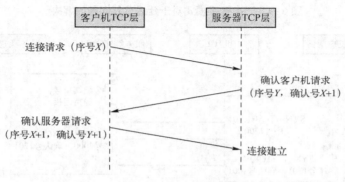

图 6-8　三次握手的连接过程

　　注意：服务器的确认号是 $X+1$，表示序号 X 及 X 之前的数据都已正确接收，期待 $X+1$ 的数据，确认号 $Y+1$ 也是同样意思。虽然三次握手的报文中没有数据，但是第三个报文客户端的序号还是加 1，这是 TCP 的规定。

　　由于双方对报文进行了编号，并在返回的报文中都对对方的序号进行了确认，所以客户机能够知道哪些序号是过时的。假如服务器收到了一个过时的连接请求，并进行了确认，客户机收到后就会判断出它是过时的，将对服务器进行拒绝。这样就不会在旧的重复连接请求上建立错误连接了，如图 6-9 所示。从这一点来说，TCP 连接的起始序号不能默认从 0 开始。

　　拆除连接的过程类似于三次握手法，A 方发出拆除连接请求后并不立即拆除连接，而要等待 B 方的确认。B 方收到请求后，发送确认报文，拆除 A 方的连接。然后 B 方也发送拆除连接的请求，A 方发送确认报文给 B，B 收到确认报文后，拆除 B 方的连接。这样双方连接才完全拆除。

　　图 6-10 所示是一个完整的建立 TCP 连接、传输数据和拆除连接的过程，可以看到建立连接的 TCP 段 SYN 位置位，拆除连接的 TCP 段 FIN 位置位。

　　三次握手法实际上是客户机和服务器各自发送请求并确认连接的过程，但由于服务器一直在等待连接，所以第二个 TCP 段是服务器对客户机请求的确认，以及服务器连接请求功

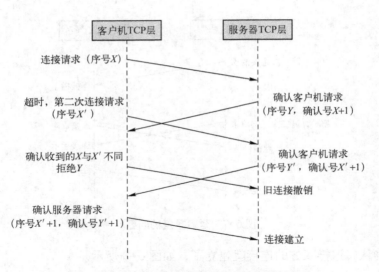

图 6-9 三次握手模式对于延迟重复问题的解决

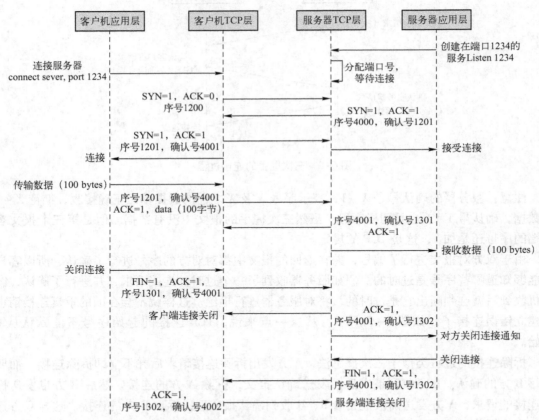

图 6-10 完整的建立 TCP 连接、传输数据和拆除连接的过程

能的组合。那么拆除连接时为什么却需要传输四个报文？这是因为拆除连接是通信双方的应用程序各自发起的，一方关闭连接，另一方并没有马上关闭连接，两者并没有同步。

所以，在一方先关闭连接后，并没有马上释放资源，而是启用一个定时器，等待对方关闭连接，超时后才释放本方资源。在关闭连接时，如果出现丢包，发送方不会重发 FIN，而是超时未收到应答也进入到关闭连接的状态。

6.2.4 TCP 的滑动窗口机制

面向连接传输最简单的控制协议是：每发送一个分组，就等待确认；收到确认后，再发送下一个分组，这种协议存在的问题是效率太低。发送端发出数据的速度很快，而网络传输的速度较慢，因此发送端长时间处于等待状态。在网络上只有一个数据包在传递（理想状态下只有两台主机在收发），因此网络带宽没有得到充分利用。这种协议称为简单停止等待协议，如图 6-11a 所示。

与之相对应的是另一种极端，就是发送方一味向网络注入数据，而不管网络是否阻塞，对方是否能收到，这样就很难保证传输的可靠性，如图 6-11b 所示。

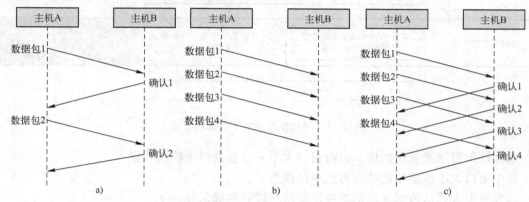

图 6-11　数据传输的控制方式
a）简单停止等待协议　b）无流控方式　c）滑动窗口的机制

介于两者之间的方案，就是既能充分利用网络资源，又能保证可靠性，这种方案允许发送方一次传输若干数据包，在发送过程的同时等待对方的确认。当收到接收方的确认后，说明前面的数据已经被正确接收，这时就可以继续发送后续的数据，这就是滑动窗口的机制，如图 6-11c 所示。

对于滑动窗口机制，最重要的是确定发送端在无需确认的情况下能连续发送多少数据。如图 6-12 所示，当主机 B 发送报文给主机 A 时，说明本机窗口大小为 4000 字节，这时主

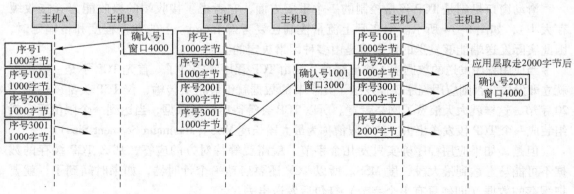

图 6-12　滑动窗口的流控方式

机 A 可以连续给 B 发送 4000 字节，之后等待 B 的确认。B 收到 1000 字节后，返回应答包，确认已收到 1000 字节，同时窗口大小变为 3000。A 收到确认，虽然 B 的窗口还有空间，但是 A 还有 3000 字节在途中，仍然不能继续发送。当第二个包到达 B 后，B 的应用层取走了总共 2000 字节，窗口恢复为 4000，并给 A 发确认。这时 A 还有 2000 字节在途中，而对方缓存有 4000 字节，所以 A 又可以继续发送 2000 字节。

因此，随着时间的推移，进入 TCP 发送缓存的数据会存在 3 种状态：已发送且已得到确认；已发送但尚未确认；未发送但可继续发送。发送端收到对方的确认包后，要确认"未发送但可继续发送"的数据大小，如图 6-13 所示。

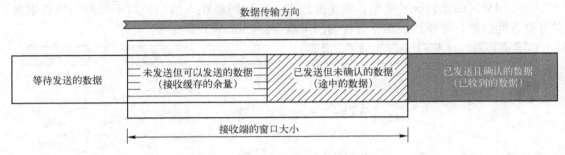

图 6-13　滑动窗口方式下数据的状态

未发送但可继续发送数据 = 接收窗口大小 - 已发送但未确认数据

其中窗口大小在接收端的应答包中已携带了。

已发送但未确认数据 = 发送端待发序号 - 接收端确认号

所以，未发送但可继续发送数据 = 接收窗口大小 - （发送端待发序号 - 接收端确认号）。

当接收端的应用程序一直没有读取接收缓存的数据，而发送端一直有数据传送，接收缓存填满，接收窗口就为 0。这种情况下，发送端就不能再发送数据，而是启动一个持续计数器，每过一段时间，发送一个零窗口探测报文段（仅携带 1 字节数据），而对方在确认这个报文段时就给出了现在的窗口值。如果接收端的应用读取了数据，接收缓存留出了空间，返回给发送端的确认窗口值就不为 0，这样数据传输又会重新开始。

6.2.5　TCP 的发送端输出控制

滑动窗口机制是 TCP 流量控制的一个重要方面，它考虑了接收端的接收能力（接收缓存大小），如图 6-14 所示。但实际上流量控制还要考虑 Internet 上的拥塞程度和传输延时，因此实际发送端能够发送的数据量是由多种因素决定的。

当应用程序发送的数据接入输出缓存，就由 TCP 程序来控制了。首先 TCP 不是一有数据就立即发送。否则应用程序仅仅发送了几字节的数据就组装报文传输，仅 TCP 头部就占据了 20 字节，这样就大大浪费了网络带宽。所以 TCP 会等待后续的数据，当达到一个限值后，就组装成一个 TCP 段发送出去。这个限值称为最大段长度 MSS（Maximum Segment Size）。

但是，如果应用程序确实只发几个字节，就需要等待对方的应答，那么 TCP 缓存的数据不可能马上达到最大段长度 MSS。所以 TCP 还要启动一个计时器，如果时间到了，就要把缓存的数据（即使只有 1 个字节）打包后发送出去。

另外还有一种情况，就是一些对通信实时性要求比较高的应用，发送的数据不多，但需

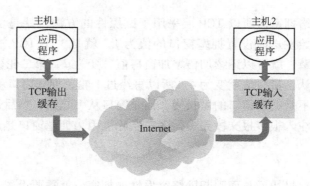

图 6-14　TCP 的数据流

要马上传输，不能在 TCP 缓存等待。这时应用程序就要使用 TCP 提供的推送（PUSH）操作，将段头部的 PSH 置位为 1，并迅速将本段发送出去，而接收端收到 PSH 置位的段后，也会立即交给应用程序。

6.2.6　TCP 的拥塞控制

互联网连接了上亿的主机和网络设备，如果它们仅仅根据接收端的接收能力发送数据，如果数据量过大，就可能造成整个网络的拥塞。网络拥塞是由很多因素造成的。例如，当某个结点缓存的容量太小，则到达该结点的数据包因无存储空间缓存而被丢弃。又如，转发设备的处理速率太慢或网速较慢，就会造成较长的网络延时，而发送端长时间收不到应答就会重传。

拥塞常常趋于恶化。如果一个路由器没有足够的缓存空间，就会丢弃一些新到的数据包，但当数据包被丢弃时，发送方又会重传，甚至可能重传多次。这样就会引起更多数据流入网络，加重拥塞。

因此，TCP 设计除了要考虑收端的流量控制，还要考虑全网络的拥塞控制。拥塞控制要解决以下几个问题。

1）如何启动传输，逐步达到正常传输的上限。

2）如何探测网络出现拥塞。

3）出现拥塞后如何避免。

TCP 的拥塞控制是通过限制发送端连续发送数据的速率而达到控制拥塞的目的。因此决定发送窗口的因素，除了接收方的窗口大小外，还有发送方拥塞窗口的限制。因此：

$$发送窗口 = \min(接收窗口, 拥塞窗口) \tag{6-1}$$

接收端窗口是接收端根据其目前的接收缓存大小所允许的窗口值，是来自接收端的流量控制。拥塞窗口是发送端根据自己估计的网络拥塞程度而设置的窗口值，是来自发送端的流量控制。

在非拥塞状态下，发送端 TCP 程序逐步增大拥塞窗口，直到和接收端接收窗口大小相等；一旦发现拥塞，TCP 将迅速减小拥塞窗口，然后再逐步增加。拥塞窗口的变化主要涉及两种机制：慢启动和拥塞避免。

1. 慢启动

当主机开始发送数据时，因为不了解网络目前的负荷情况，如果立即向网络注入大量数据，就有可能引起网络拥塞。所以 TCP 层采用了试探性的方法，就是由小到大逐渐增大发送窗口。通常在刚开始发送时设置拥塞窗口的值为 1，就是 1 个 TCP 报文段，如果收到确认，说明网络没有拥塞，就可以继续加倍增加窗口值，变为 2，第二轮就连续发送两个报文段，如果都收到了确认，窗口值就变为 4。所以每经过 1 轮，拥塞窗口就加倍。

当然，慢启动并不是拥塞窗口的增长慢，而是窗口从 1 起始，然后逐渐增大，这个过程要比一下子向网络中注入很多报文段要慢得多。实际上因为拥塞窗口是加倍增长的，增长速度非常快。

2. 拥塞避免

为了防止拥塞窗口过快增长而引起网络突发性的拥塞，就需要设置一个慢启动门限，当拥塞窗口的值超过了慢启动门限，就进入拥塞避免过程。拥塞避免的思路就是让拥塞窗口缓慢增大，每经过 1 轮往返，窗口值加 1，而不是加倍。这样，拥塞窗口就按线性方式缓慢增加，比慢启动算法要慢得多。

无论在慢启动状态还是拥塞避免状态，只要发送方判断网络出现拥塞（如没有按时收到确认），就会把拥塞窗口重新设置为 1，执行慢启动算法，同时将慢启动门限值设置为出现拥塞时窗口值的一半，这样就会迅速减少数据的发送量，有利于网络中的拥塞恢复。

图 6-15 说明了拥塞控制的过程。

1）当 TCP 连接初始阶段，将拥塞窗口（cwnd）设置为 1，即 1 个报文段，将慢启动阈值（Threshold）设置为 8。

2）在慢启动过程中，拥塞窗口加倍增长，第一轮为 1，收到确认后，变为 2，再到 4、8。

3）如果再次成功收到确认，下一轮窗口值应该变为 16，但是 16 超过了慢启动阈值 8，所以这时进入拥塞避免过程，拥塞窗口线性增长，所以窗口值加 1 后变为 9，再到 10、11、12。

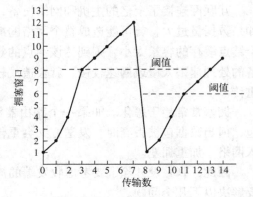

图 6-15　TCP 的拥塞控制

4）当 TCP 层连续发送 12 个报文段后，如果丢失了确认，造成数据重发，这时发送端认为出现了网络拥塞，将拥塞窗口重置为 1，慢启动阈值设置为出现拥塞时窗口值的一半，为 6。然后重新进入慢启动状态。

5）慢启动时，拥塞窗口的增长变化为 1、2、4，下一轮为 8，但是超过了阈值 6，就从 6 开始，加 1 增长。

在以上过程中，TCP 层判断网络拥塞的依据是无法收到确认（数据丢失或确认丢失），那么如何判断无法收到确认呢？简单一点的做法是设置一个较大的固定时间阈值，超过这个阈值未收到确认，就说明需要重传。

但 TCP/IP 应用的环境非常复杂，既有高速的光纤网、以太网，也有低速的电话拨号网。阈值设置得过大，对于高速网，就浪费了等待时间；设置得过小，对于低速网，就会因等不到确认而重传，浪费网络带宽。因此针对不同的网络环境，这个阈值是不同的。而且因为网络带宽和拥塞状况是变化的，这个阈值也应该是动态值。

TCP 采用了一种自适应的算法计算超时重传时间。它记录了一个报文段发出的时刻，以及收到相应确认的时刻，两者差值作为段的往返时间 RTT（Round – Trip Time）。由于网络通路的流量状况的变化，RTT 也是变化的。每当新测了一个 RTT 值，它就要与以前的 RTT 值进行加权平均，所以实际采用的 RTT 值是一个加权平均值。计算公式为：

$$新的\ RTT\ 均值 = (1-\alpha)\times 旧\ RTT\ 均值 + \alpha\times 新的\ RTT\ 采样值 \qquad (6-2)$$

式（6-2）中，$0\leqslant\alpha<1$，若 α 接近 0，说明新的 RTT 均值和旧的 RTT 均值相比差别不大，这样 RTT 均值的波动较小。如果 α 接近 1，则 RTT 均值受新的 RTT 采样值影响大，波动也大。

当然，如果直接以 RTT 均值作为超时重传阈值 RTO（Retransmission Time – Out）是不合适的，RTO 应该比 RTT 均值略大，计算公式如下，β 的典型取值为 2。

$$RTO = \beta\times RTT\ 均值 \qquad (\beta>1) \qquad (6-3)$$

6.2.7 TCP 的差错控制

TCP 为应用层提供可靠的传输方式，针对各种通信错误都有相应的手段来检测和纠正错误。下面举例说明 TCP 的差错控制机制。

1. 错误的报文段

如果在传输过程中，报文的内容发生变化，由于 TCP 头部带有针对全段的校验和，因此在接收端 TCP 层做校验检查时就会发现出错，接收端将直接丢弃报文，然后重发确认，通知发送端自己所需要接收的数据序号，如图 6-16 所示。

2. 报文段丢失

如果发送端的报文段在传输过程中丢失，那么将无法收到对新发送数据的确认，超时后发送端将重发报文段，如图 6-17 所示。

3. 确认丢失

如果接收端返回的含确认信息的报文段丢失，而且发送端后续没有再发送数据，那么由于长时间未收到确认，发送端将超时重发报文，效果和报文段丢失一样，如图 6-18 所示。

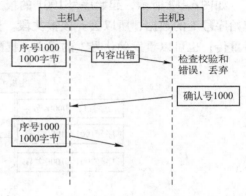

图 6-16　报文段出错

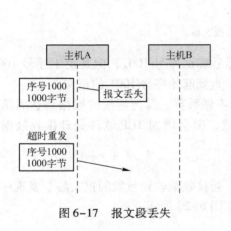

图 6-17　报文段丢失

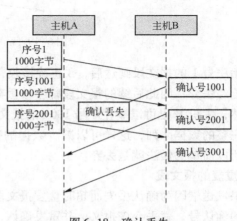

图 6-18　确认丢失

如果发送端连续发送多个报文段，而接收端对每个段都返回了确认，中间的某个确认（不是最后一个）丢失，并不一定会造成重传。

由于 TCP 采用了面向流的传输机制，数据是有序传输的；而 TCP 的确认机制又是基于字节的（而不是针对段），TCP 头部的确认号表示该序号之前的数据都被正确接收了，因此带来的结果就是"累计确认"。累计确认的优点就是确认丢失不一定导致重传。例如图 6-18 中，针对序号 1001 之前数据确认的包失丢后，针对序号 2001 之前数据确认的包到达主机 A，也就包含了对 1001 之前数据的确认，这样序号 1 ~ 1000 的报文段就不会再重发了。

4. 乱序的报文段

虽然 TCP 通信的双方建立了虚拟连接，但这个连接是端到端的，在中间的路由转发过程中，路由器仍然是针对每个报文单独寻址，并不会因为报文是来自同一个主机或者同一个连接而走同一条路径。这样，从源端按序发送的多个报文就不一定按照同样顺序到达目的端。

如图 6-19 所示，起始序号 1001 的报文段早于序号 1 的报文段到达，但是主机 B 要接收起始序号 1 的数据，所以丢弃该报文段。然后 B 可以什么都不做，等待 A 超时未接到确认后重传；也可以重发确认号 1 的报文，提醒 A 发送序号 1 的数据。

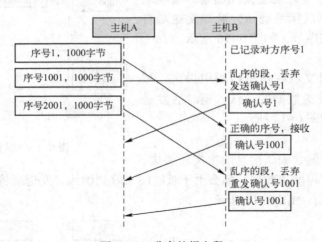

图 6-19　乱序的报文段

起始序号 1 的报文段到达后，B 正确接收，然后确认序号 1001，但是由于序号 1001 的报文段已经丢弃，因此后续的报文段都会被丢弃，直到起始序号 1001 的报文。

当然，主机 B 也可以缓存序号 1001 的报文，不做丢弃。等待后续的数据到达后填充形成一个完整的数据队列，这样可以减少数据的重发，但会增加 TCP 软件处理接收数据的复杂性，所以简单的做法就是丢弃。

5. 重复的报文段

如果发送端因为确认丢失而超时重发报文段，当接收端收到重发的报文后，发现序号早于当前的确认号，就丢弃该报文，并重发确认，如图 6-20 所示。

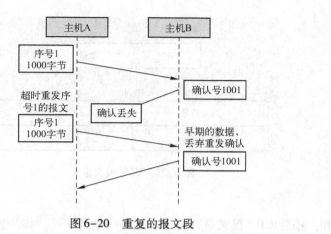

图 6-20 重复的报文段

6.3 UDP

6.3.1 UDP 的特点

与 TCP 相反，UDP 提供的是一种无连接、不保证可靠性的传输层服务。它仅仅是在 IP 的基础上，增加了对进程通信标识（端口号）和差错检验的功能。UDP 的主要特点如下。

1）UDP 是无连接的。即 UDP 端口发送数据之前不需要和目的主机的目的端口建立连接，可以直接发送，因此减少了网络流量和发送时延。而且一个打开的 UDP 端口可以和其他不同的主机端口互通，而不像 TCP 端口，建立连接后只能和固定的主机端口通信。

2）UDP 是面向报文的。对于应用层下发的数据，UDP 添加头部后就交给 IP 层，并不像 TCP 那样进行合并或拆分；发送到目的主机后，UDP 层也是按照报文递交给应用层。这种方式对于一些基于报文传输的应用程序来说特别有用。

3）UDP 提供"尽力而为"的服务。实际含义就是 UDP 不保证可靠的交付，在传输过程中可能会出现丢包或乱序，而接收端的 UDP 都不会进行纠错。这些工作只能由应用层自己解决。

4）UDP 支持组播和广播。TCP 基于连接的特性限制了通信只能在固定的两个结点之间进行。而 UDP 的无连接特性使得它可以实现一对多、多对多的交互通信。这是 UDP 所特有的。

UDP"不可靠"的特性，是否意味着 TCP 完全可以替代 UDP 而做得更好？恰恰相反，对于有些应用，UDP 会更有效率，甚至只有 UDP 才能完成。

6.3.2 UDP 数据报的格式

如图 6-21 所示，UDP 包括头部和数据两部分，其中头部占 8 个字节，由 4 个字段组成。

1）源端口号：占 2 个字节，是本方的端口号。

2）目的端口号：占 2 个字节，是远端对方的端口号。

3）总长度：UDP 数据报的整个长度。占 2 个字节，意味着 UDP 报文的最大长度

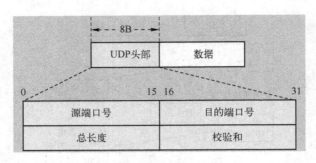

图 6-21   UDP 报文格式

为 65535。

4）校验和：检验 UDP 报文是否有错。这是一个可选项，如果置为 0，则表示无校验。

UDP 计算校验和的方法和 TCP 一样，参与计算的数据除了 UDP 数据报之外，还增加了 12 个字节的伪头部。伪头部的字段包括源 IP 地址、目的 IP 地址、协议号和 UDP 长度。

如图 6-22 所示，使用伪头部是为了验证 UDP 数据是否传到正确的目的端。UDP 数据报的目的端包括目的 IP 地址和目的端口号。UDP 数据报本身只包括目的端口号，由伪头部补充目的 IP 地址部分。如果接收端计算校验和与数据报所携带的校验和字段相同，说明 UDP 数据报到达了正确主机上的正确端口。

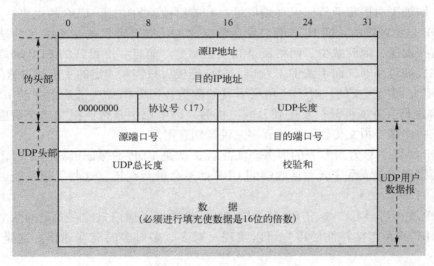

图 6-22   UDP 伪头部

UDP 伪头部信息来自于 IP 层，这意味着 UDP 和 IP 之间存在一定程度的交互作用。而这是违背计算机网络分层设计的原则的，但这种违背是出于实际的需求。

6.3.3   UDP 的应用

从 UDP 数据报格式中可以看出，UDP 提供的功能非常有限，无法像 TCP 那样实现复杂的流量控制、拥塞控制和差错控制。但另一方面，UDP 的这一特点也使得它更有效率，适合简单、高效的应用环境，而可靠性方面的不足则通过应用层协议来解决。

有很多 TCP/IP 的应用程序，只是从客户端向服务器发送一条查询指令，然后服务器返回一个结果，用 UDP 的两条报文就能解决问题。如果用 TCP 实现，双方建立连接和拆除连接就需要来回 7 个报文，数据量和所耗时间都远超 UDP。而且，如果报文比较简短，用单个 IP 数据报就能承载整个报文，这就不需要考虑失序、流控等问题。如果请求或应答丢失，则可以在应用层使用定时器进行简单处理。一旦请求发出后超时未收到应答，就重新发送。这种类型的应用包括常用的 DNS 域名解析、网络管理（SNMP）和网络时间同步（NTP）等。

网络音视频播放的实时性应用对传输延时的稳定性要求高，而偶尔的丢帧并不会引起人们的注意。如果用 TCP 传输，一旦出现丢包就要通过确认超时和重传来保证数据的可靠性，反而造成了帧间的过大延时。这种情况下用 UDP 反而更合适。实时传输协议 RTP 就使用 UDP 作为传输层。

还有一些应用，因为一些特殊原因，也用 UDP 来实现。例如小型文件传输协议 TFTP 就是基于 UDP 的，常用于嵌入式系统升级固件，这是因为 UDP 的软件实现非常简单，适合嵌入式系统使用。在局域网络上的服务发现（简单服务发现协议 SSDP）也用 UDP 实现，是因为需要用到组播和广播。一些 P2P 的应用使用 UDP 实现不同内网主机的数据互传，是因为一个打开的 UDP 端口可以和不同的端点通信。

所以，UDP 和 TCP 有着各自不同的应用领域。

6.4 内部网络的访问——NAT 与 VPN

6.4.1 内部网络的访问需求

在理想的 Internet 环境中，每一个上网的主机都应该拥有自己的公网 IP 地址，和其他主机能够直接通信。但现实是：由于 IP 地址的紧缺，一个机构内不可能所有主机都能直接接入 Internet。同时在实际工作环境中，大部分情况是使用 TCP/IP 做内部的网络通信，而不是访问 Internet。这时，使用公网 IP 就没有必要了。这种情况下，可以使用 TCP/IP 专门规定的私有 IP 地址，内部自由分配，而不需要向 IP 地址管理组织专门申请。

这样，在 Internet 的海洋中就会存在一个个内部网，内部的主机都使用私有 IP 地址，但是在内部网上会有一个路由器接入 Internet，这个路由器同时分配有私有 IP 地址和公网 IP 地址。这就存在下列 3 个问题。

1）这些内部网里的主机能否访问 Internet 的资源？

2）Internet 上的主机能否访问内部网里的资源？

3）不同内部网中的主机能否互通？

第一个问题是要解决目前大部分无法获取公网 IP 地址的内网主机的上网需求。第二个问题是针对企业外出员工，需要通过 Internet 访问企业内部资源的需求。第三个问题是针对大型企业在不同地域的分支机构，它们各自的内部网络需要经由 Internet 互通的需求。

第一个问题的解决方法是采用网络地址转换（NAT）技术，第二、三个问题的答案是采用虚拟专用网（VPN）。

6.4.2 NAT

网络地址转换（Network Address Translation，NAT）是内网主机访问外网主机的一种方式。在内部网中有一台路由器跨接在内部网和 Internet 上，当内部主机发往公网 IP 的数据报转发到路由器上后，路由器将把数据报上源 IP 地址字段上的私有 IP 替换成自己的公网 IP，再转发到公网上。同样当有外部的 IP 报文发送给该路由器后，路由器将把报文的目的 IP 地址字段替换成内部主机的私有 IP 地址，再转发给目的主机。

NAT 的这种工作方式类似于一个单位的内线电话呼叫外线电话，单位的总机会将呼叫的内线和外线连接起来，这样内线电话就可以通过它和外部通话了。但采用这种方式，如果路由器只有 1 个公网 IP，被 1 台内部主机占用了，其他主机就无法和外部通信了。所以路由器必须预先分配一定数量的公网 IP 地址，然后动态分配给内部主机使用。但如果一段时间内需要访问外网的主机超过了公网 IP 地址数，那么就会有主机无法上网。

这种 NAT 方式称为多地址 NAT（见图 6-23），它适合拥有大量公网 IP 地址的机构，如电信运营商。现在电信运营商的网络就类似于一个大型的内部网，人们通过 3G/4G 和有线拨号上网，分配的都是私有 IP 地址，访问因特网时才通过 NAT 转换成公网 IP。

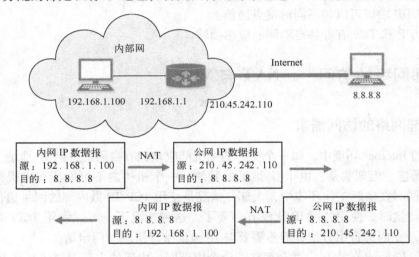

图 6-23　多地址 NAT 的过程

但是对于中小型的企业，甚至家庭，没有条件获取大量的公网 IP 供许多的内部主机使用。这时候就要采用结合端口映射的 NAT——NAPT（Network Address Port Translation）了，如图 6-24 所示。

在介绍传输层协议时，已经知道一个完整的连接包括了协议类型、本方 IP 地址、本方端口号、远端 IP 地址和远端端口号，其中多地址 NAT 是将本方 IP 地址替换成了出口路由器的公网 IP，同时默认本方端口号映射为路由器的端口号，而且这种映射是全映射，即内网主机的端口号 0 ~ 65535 全部映射到了路由器上的端口号 0 ~ 65535。但实际上一个连接只需要占用一个路由器端口，这样就造成了路由器端口的极大浪费。

而多端口 NAT 则是将 IP 地址和端口号同时做转换。这样一个连接只会占用路由器的一个端口，对于一种协议类型，路由器的 1 个公网 IP 理论上能提供 65535 个端口号，也就同

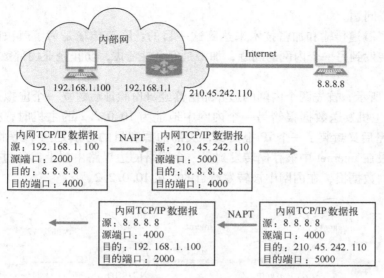

图 6-24　NAPT 的过程

时可以有 65535 个连接，基本能满足一个局域网内所有主机的上网需求了。

对于执行 NAT 的路由器来说，不仅对出内网的数据报要做 IP 地址和端口的转换，对于进内网的数据报同样要做转换。因此路由器要维护一张表格，这张表格记录了内网 IP 地址和端口号，转换后的 IP 地址和端口号，远端的 IP 地址和端口号，以及协议类型等字段。表中记录的增删是由路由器完成的。对于 TCP 来说，有三次握手的过程，路由器会在转发内网主机的第一个握手包时分配转换端口号，并在表中添加记录，以后双方往返的数据报都按照这条记录的值进行转换。当拆除连接后删除记录；或者经过一段时间双方一直没有通信，也会因超时而删除记录。对于 UDP 来说，因为没有建立连接的过程，就会在第一个发出的数据报经过路由器时分配转换端口号。

这样，对于一个执行 NAT 的路由器来说，其所做的事情就超越了普通路由器的路由寻址和存储转发，而是涉及了传输层。实际上，现在路由器的功能远远超过了协议层面上的路由器，流量过滤、负载均衡和入侵检测等功能都需要通过传输层，甚至应用层进行处理。

对于 NAT，只能解决内网主机作为客户端访问公网服务器的问题，而不能实现公网访问内网。假如公网主机作为客户端访问内网主机，如果使用私有 IP 地址作为目的地址，是无法寻址的。如果使用路由器的公网 IP 作为目的地址，虽然数据报能够到达路由器，但是路由器上没有建立 IP 地址和端口号的转换映射表，所以路由器根本不知道要送往哪个内网主机。所以一种特殊的解决方式是：在路由器上预先建立内网主机地址和端口号，以及路由器地址和端口号的静态映射表。但这样的特权只会属于路由器的管理员，绝大多数人是无法享受这样的福利的。

6.4.3　VPN

对于一个分布在多个地域的企业来说，如果要建立企业内部网，就要租用专用线路，将各个分支机构连接起来。这种方式虽然可靠、安全，但是成本很高。如果大家都能接入到互联网，能否基于公网建立一个内部网？虚拟专用网 VPN（Virtual Private Network）的出现就是为了解决这个问题。

　　VPN 采用了隧道传输和加密技术来达到这一目的。隧道传输是为了解决内网的数据报如何通过公网转发到另一个内网的问题，加密是安全性考虑，防止企业内部数据在公网传输时泄密。

　　如图 6-25 所示，首先两个内网的边界路由器经身份验证后建立一个虚拟连接（隧道），当 10.0.1.2 的主机发送数据报给另一个内网中地址为 10.0.2.2 的主机时，报文在路由器 10.0.1.1 被加密后又封装了一个 IP 报文头，头部的源和目的分别是两个路由器的公网 IP。这样一个数据报在 Internet 中被存储转发到另一个网络的边界路由器上，经过拆包解密后恢复成原有的内网数据报，在内网中被转发给目的主机 10.0.2.2。

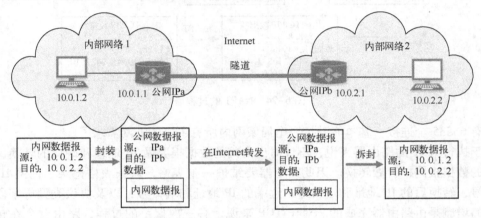

图 6-25　VPN 的隧道技术

　　这一过程与两个 IPv6 网络经隧道连通的方式是一样的。虽然两个内部网络的主机不在一起，它们的通信跨越了 Internet。但是对于内网主机来说，并不知道这些，而认为仍然是在一个网络，这也就是虚拟网的含义。

　　公网的主机访问内网同样是采用 VPN。公网上的主机首先连接到内网边界路由器上，经身份验证后，在本地新建一个虚拟网网口，虚拟网网口上的 IP 地址就是自动分配的内网 IP。当访问内网的主机时，应用层数据被送到虚拟网口的协议栈，在 IP 层构建内网的数据报，然后这个数据报并没有被送到物理网口，而是继续传递给连接公网的网络接口的协议栈，又封装了公网的 IP 报头，目的主机是内网边界路由器的公网地址，新生成的数据报被输出到公网。经路由转发到边界路由器，解包后得到内网数据报，再被转发给内网的目的主机。

本章重要概念

- 传输层通信：传输层用来解决通信两端主机不同进程（连接）标识的问题，处理通信的可靠性问题、流量控制问题，解决网络的拥塞问题。在 TCP/IP 中，这些工作是在通信双方进行的，中间负责分组转发的路由器并不参与，因此传输层只存在于收发的两个端点上，是端到端的通信。

- 端口号：一个主机同时会有多个进程和其他主机通信，也就会有多个连接。虽然多连接是因为有并发的进程通信所形成的，但如果使用进程号作为连接的标识是不合适的，因为一个进程也可能会存在多个连接，而且进程号是由操作系统管理的，不同操作系统对进程号的定义是不同的。因此，互联网的传输层规定了新的连接标识，称为端口号，端口号是一个16位的数字。

- 半连接和全连接：定义端口号是为了标识每一个通信连接，但是仅仅使用端口号并不能达到这个目的。当一个进程需要和另一台主机的某个进程通信前，需要分配用于连接的本地资源，其中就包括本地的端口号。协议类型（TCP或UDP）、本机IP地址和本地端口号这3个元素标识了一个全网唯一的访问点，称为半连接。当一台主机的半连接和另一台主机的半连接建立连接后，构成一个全连接，就可以双向通信了。所以协议类型、本机IP地址、本地端口号、远端IP地址和远端端口号这5个元素定义了一个全网唯一的全连接。

- 客户机—服务器模式：互联网的传输层在建立连接的过程中，采用了客户机—服务器模式，即提供网络服务的应用预先申请服务端口，建立自己的半连接，等待客户端的连接请求。客户端事先知道服务端的地址和端口号，当要访问网络服务时，也建立自己的半连接，向服务端发送请求。当服务端接收到请求时，也获取了客户端的IP地址和端口号，一个全连接也就建立起来了。

- TCP：TCP是一个提供可靠性服务的传输层协议，为需要跨越任意互联网络、可靠传输数据的应用程序提供保障。TCP是基于连接的，采用流传输的模式；TCP规定了通信双方基于滑动窗口的流量控制机制和针对全网的拥塞控制机制。

- UDP：UDP提供的是一种无连接、不保证可靠性的传输层服务。它仅仅是在IP的基础上增加了对进程通信标识（端口号）和差错检验的功能。

- TCP建立连接的过程：TCP建立连接采用了三次握手法，首先客户机向服务器发出连接请求，其中包含了客户机的初始报文序号 X。服务器收到请求后，发回连接确认，其中包含了服务器的初始序号 Y，以及对客户机初始序号 X 的确认。客户机收到确认后再对服务器的序号 Y 进行确认，这样双方的连接就建立了。

- TCP的滑动窗口机制：TCP的滑动窗口机制允许发送方依据接收方的接收能力，一次传输多个数据报文，在发送过程的同时等待对方的确认。当收到接收方的确认后，说明前面的数据已经被正确接收，这时就可以继续发送后续的数据。

- TCP的拥塞控制机制：TCP的拥塞控制是通过限制发送端连续发送数据的速率而达到控制拥塞的目的。因此决定发送窗口的因素，除了接收方的窗口大小外，还有发送方拥塞窗口的限制。在非拥塞状态下，发送端TCP程序逐步增大拥塞窗口，直到和接收端接收窗口大小相等；一旦发现拥塞，TCP将迅速减小拥塞窗口，然后再逐步增加。

- NAT：NAT全称为Network Address Translation，是内网主机访问外网主机的一种方式。在内部网中有一台路由器跨接在内部网和Internet上，当内部主机发往公网IP的数据报转发到路由器上后，路由器将把数据报上源IP地址字段上的私有IP替换成自己的公网IP，再转发到公网上。

- VPN：VPN全称为Virtual Private Network，是一种利用Internet组建企业内部网的技术。VPN采用了隧道传输和加密技术来达到这一目的。隧道传输是为了解决内网的数据报如何通过公网转发到另一个内网的问题，加密是为了安全性考虑，防止企业内部数据在公网传输时泄密。

习 题

1. 传输层与网络层的通信有什么区别？
2. 传输层的端口号有什么作用？
3. 标识网络上唯一的一个连接需要哪些要素？
4. 两台主机上的两个进程如何能建立连接相互通信？
5. TCP 报文段包括哪些字段？TCP 具有哪些特点？
6. TCP 如何建立连接的？
7. 计算机 A 通过 TCP 向远端发送报文，初始拥塞窗口 cwnd 为 1（1 次 transmission 发送 1 个报文），慢启动阈值为 8，当 A 的一次 transmission 连续发送 10 个报文时网络会发生拥塞，产生报文丢失。请画出在 TCP 拥塞机制作用下，计算机 A 的 12 次 transmission 的拥塞窗口变化曲线图。
8. 为什么说 TCP 中针对某数据包的应答包丢失也不一定导致该数据包重传？
9. TCP 如何判断网络出现拥塞？如果出现拥塞，发送方是否能避免拥塞的加剧？如何操作？
10. TCP 通信的双方，如果处理速度不一样，发送方发送得快，接收方接收得慢，接收方是否会因此出现数据丢弃？实际情况下 TCP 是如何处理的？
11. 当 TCP 发送端发送的报文段队列到接收端出现乱序时，接收端的 TCP 会如何处理？
12. 有哪些应用使用了 UDP？
13. 目前 Internet 的公网 IP 地址已经分配殆尽，但为什么新购买的计算机仍然能够访问 Internet？
14. 采用 NAT 技术的 IP 地址解决方案仍然存在哪些问题？
15. 如果在内网中建立了一个网站，Internet 上的其他主机是否有措施能访问这个网站？
16. 跨国公司是否能够建立一个跨越全球的内部网？
17. VPN 的登录验证有什么作用？

第 7 章　互联网的应用层

学习目标

掌握域名系统的概念，理解 DNS 的层次命名结构、域名解析方法和解析过程；掌握万维网的基本概念，了解 HTTP 的工作原理；掌握 FTP 的基本概念，了解 FTP 的主要工作原理和实现技术；掌握电子邮件的基本概念，了解电子邮件协议的工作原理和工作流程；掌握 Telnet 协议和 SSH 协议的基本工作原理。

本章要点

- DNS 名字空间
- DNS 域名转换过程
- URL
- HTTP
- HTML
- FTP
- 电子邮件主要构件
- SMTP
- POP3、IMAP
- MIME 协议
- Telnet 协议
- SSH 协议

7.1　DNS

7.1.1　DNS 的基本概念

在互联网环境中，每台主机都有一个 IP 地址作为网络标识，用户可以通过 IP 地址访问对应的主机。IP 地址能够直接被机器识别和读取，然而用户却很难记住这些看起来似乎"毫无意义"的数字串，并直接利用它们去进行网络通信。相比起来，人们更愿意使用易于记忆的主机名称。在网络规模较小的情况下，如 ARPANET 时代，整个网络下仅有数百台计算机，当时使用一个单独的文件（Hosts. txt）来存放主机名与 IP 地址的对应关系。然而随着网络规模的迅速增长，这种使用一个文件或一台服务器管理主机名和 IP 地址的做法显然无法负荷。由此就催生出了现在被广泛使用的域名系统（Domain Name System，DNS），实现了主机域名和 IP 地址间的相互映射，使得用户能够通过更直观、更有意义的主机域名来方便地访问互联网。

DNS 最早于 1983 年由保罗·莫卡派乔斯（Paul Mockapetris）发明，原始的技术规范在第 882 号互联网标准草案（RFC882）中发布。1987 年发布的第 1034 和 1035 号草案修正了 DNS 技术规范，并废除了之前的第 882 和第 883 号草案。在此之后，对互联网标准草案的修改基本上没有涉及 DNS 技术规范部分的改动。早期的域名必须以英文句号"."结尾，这样 DNS 才能够进行域名解析，如今 DNS 服务器已经可以自动补上结尾的句号。当前对于域名长度的限制是 63 个字符，包括 www. 和 .com 或者其他的扩展名。域名同时也仅限于 ASCⅡ 字符的一个子集，这使得很多其他语言无法正确表示它们的名称和单词。

DNS 系统是一个联机分布式数据库系统，并采用客户端/服务器方式，大部分主机域名都在本地进行映射，仅有少量映射需要网络通信，因此系统效率很高，并具有很强的鲁棒性。即使某个结点发生故障，整个系统仍能正常运行。其中主机域名到 IP 地址的映射是由域名服务器完成的，相应的 DNS 协议一般运行在 UDP 之上，并使用 53 号端口实现 DNS 客户与域名服务器间的通信。当某个进程需要进行域名解析时，它作为域名系统的一个客户，将待转换域名放在 DNS 请求报文中，以 UDP 数据报方式向本地域名服务器（Local Name Server）发出请求，本地域名服务器在自己存储的信息中查找是否有要解析的域名，若找到则将对应 IP 地址放在应答报文中返回，若未找到则作为 DNS 中的另一个客户向其他域名服务器发出请求，直至找到能应答请求的域名服务器为止。

7.1.2　DNS 的层次化命名结构和命名管理

DNS 采用层次化的树形结构来组织其名字空间（Name Space），如图 7-1 所示。其中最上面的是树根，没有名字。树根下面的结点是顶级域结点，顶级域结点下面是二级域结点，之后是三级域结点，最下面的是叶子结点。

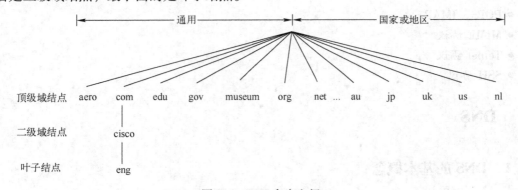

图 7-1　DNS 名字空间

在名字空间的树状结构中，树上的每个结点都有一个域名，是由多个以"."隔开的分量组成的。域名总是由结点向上读到根，其表现形式为：…三级域名．二级域名．顶级域名。每一级的域名都由英文字母和数字组成，级别最低的域名写在最左面，级别最高的顶级域写在最右边。域名不区分大小写，最长为 255 个字符，每部分最长 63 个字符。

各级域名由其上一级域名管理机构管理，顶级域名则由"Internet 名称与数字地址分配机构"（The Internet Corporation for Assigned Names and Numbers，ICANN）管理，表 7-1 列出

了常见的顶级域名。

表 7-1　Internet 顶级域名

顶级域名	含 义	顶级域名	含 义
com	商业组织	firm	公司企业
edu	教育机构	shop	销售公司和企业
gov	政府机构	web	万维网活动机构
mil	军事机构	arts	文化娱乐活动机构
net	网络提供者	rec	消遣娱乐活动机构
org	其他组织	info	提供信息服务机构
cn	国家域名，如 cn 表示"中国"	nom	个人

我国将二级域名划分为"类别域名"和"行政区域名"两类。其中"类别域名"有 6 个，分别为：ac 表示科研机构；com 表示工商金融机构；edu 表示教育机构；gov 表示政府部门；net 表示互联网、接入网络的信息中心和运行中心；org 表示各种非盈利性组织。"行政区域名"有 34 个，适用于我国各省、自治区、直辖市。例如，bj 表示北京，sh 表示上海等等。

7.1.3　域名解析方法和过程

域名解析也称域名指向、域名配置等，是指将域名解析成 IP 地址，并在对应主机上实现域名绑定的过程。DNS 系统中域名解析服务是由域名服务器完成的，根据服务器管辖范围的不同，可以将域名服务器分为 3 种类型：本地域名服务器、根域名服务器和授权域名服务器。

其中本地域名服务器也称默认域名服务器，每一个 Internet 服务提供商都可以拥有一个本地域名服务器，在 Windows 系统中"DNS 配置"选项设置的 DNS 服务器就是本地域名服务器。本地域名服务器离用户较近，通常不超过几个路由器的距离。当一个主机发出 DNS 查询报文时，它首先被送往该主机的本地域名服务器，若该主机与本地域名服务器属于同一个本地 ISP，则该本地域名服务器就能将所查询的主机名转换为 IP 地址，而无须询问其他的域名服务器。

当本地域名服务器不能立即回答某个主机的查询时，它就会以 DNS 客户的身份向某个根域名服务器查询。根域名服务器目前有十几个，大多分布在北美，通常用于管理顶级域。若根域名服务器有被查询主机的信息，就发送 DNS 应答报文给本地域名服务器，再由本地域名服务器应答发起查询的主机；若根域名服务器无该主机信息，它一定知道保存有被查询主机名字映射的某个授权域名服务器的 IP 地址，可以通过它找到该授权域名服务器进行查询和应答。

授权域名服务器是负责管辖范围内主机注册登记的域名服务器，通常它也是其本地 ISP 的某个域名服务器，授权域名服务器总是能将其管辖的主机名转换为主机的 IP 地址。Internet 允许各机构将本机构域名划分为若干个域名服务器管辖区，并在管辖区中设置相应的授权域名服务器，如图 7-2 所示。

图 7-3 展示了利用 DNS 域名解析查询 IP 地址的过程。假定域名为 m. xyz. com 的主机想知道另一个域名为 w. t. abc. com 的主机的 IP 地址，它首先向其本地域名服务器 dns. xyz. com

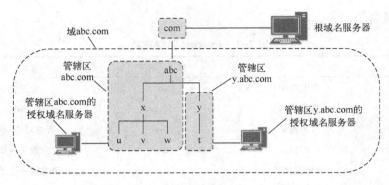

图 7-2 域名服务器管辖区划分示例

查询，若查询不到则向其根域名服务器 dns.com 查询，再由被查询主机域名中的 abc.com 向授权域名服务器 dns.abc.com 发送查询报文，最后再向授权域名服务器 dns.t.abc.com 查询；查询到被查询主机的 IP 地址后再按相反次序依次应答。可以看出，DNS 系统采用了递归查询的方法进行 DNS 域名解析。

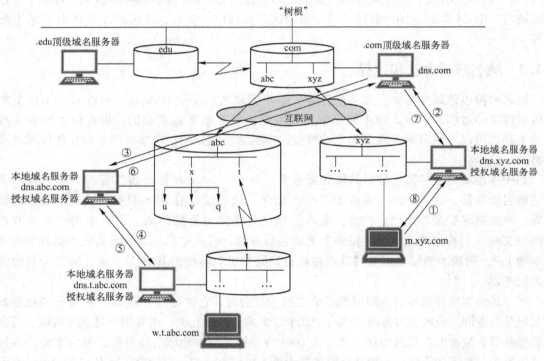

图 7-3 域名转换递归查询过程示例

7.2 WWW

7.2.1 WWW 概述

万维网（World Wide Web，WWW）又称环球网，英文简称 Web，是 Internet 发展

史上的一个里程碑。它是一个大规模、开放式的联机信息储存与共享系统，是一个由众多互相链接的超文本组成的网络系统。在 WWW 中，每个网页都用唯一的统一资源定位器（Uniform Resource Locator，URL）进行标识，并以客户端/服务器的方式进行工作，WWW 用户可以通过 Web 客户端向 WWW 服务器发出对指定 URL 的 Web 网页请求，WWW 服务器则利用 URL 定位网页并将网页传送给用户，从而实现对网页资源的浏览与分享。

其中，超文本概念起源于 20 世纪 60 年代泰德·尼尔森的"仙那都"项目和道格拉斯·英格巴特的 NLS 项目，此后蒂姆·伯纳斯·李将超文本概念嫁接到 Internet 上，发明了统一资源标识符，而万维网最早的构想则可以追溯到 1980 年蒂姆·伯纳斯·李构建的 ENQUIRE项目。该项目构建了一个类似维基百科的超文本在线编辑数据库，其中涵盖了万维网的许多核心思想。1989 年 3 月，伯纳斯·李撰写了《关于信息化管理的建议》一文，文中提及 ENQUIRE 并且描述了一个更加精巧的管理模型。1990 年 11 月 12 日，他和罗伯特·卡里奥合作提出了一个更加正式的关于万维网的建议，并于 1990 年 11 月 13 日在一台 NeXT 工作站上写了第一个网页，以实现他文中的想法。在同年的圣诞假期，伯纳斯·李制作了第一个万维网浏览器和第一个网页服务器。1991 年 8 月 6 日，他在 alt. hypertext 新闻组上贴了万维网项目简介的文章，标志着万维网公共服务的首次亮相。1993 年 4 月 30 日，欧洲核子研究组织宣布万维网对任何人免费开放，并不收取任何费用。1994 年 6 月，北美的中国新闻计算机网络（China News Digest，CND）在其电子出版物《华夏文摘》上将 World Wide Web 称为"万维网"，这一名称后来被广泛采用。

超文本（HyperText）是万维网中的核心概念，它是一种按信息之间的关系非线性地存储、组织、管理和浏览信息的计算机技术。它采用超链接的方法，将各种不同空间的文字信息组织在一起，形成由若干信息结点和表示信息结点间相关性的链构成的具有一定逻辑结构和语义关系的非线性网络。现时超文本普遍以电子文档方式存在，其中的文字包含可以链接到其他位置或者文档的链接，允许从当前阅读位置直接切换到超文本链接所指向的位置。人们日常浏览的网页上的链接都属于超文本。

超链接（HyperLink）在本质上属于网页的一部分，是一种允许人们同其他网页或站点之间进行连接的元素。它是指从一个网页指向一个目标的连接关系，这个目标可以是另一个网页，也可以是相同网页上的不同位置，还可以是一个图片、一个电子邮件地址、一个文件，甚至是一个应用程序。当浏览者单击已经链接的文字或图片后，链接目标将显示在浏览器上，并且根据目标的类型来打开或运行。

按照连接路径的不同，网页中的超链接一般分为以下 3 种类型：内部链接、锚点链接和外部链接。内部链接是指同一网站域名下的内容页面之间互相链接，如频道、栏目、终极内容页之间的链接，乃至站内关键词之间的 Tag 链接，都可以归类为内部链接，因此内部链接也可以称为站内链接。锚点链接（也称书签链接）即 HTML 中的链接，常常用于那些内容庞大烦琐的网页，通过单击命名锚点，不仅能指向文档，还能指向页面里的特定段落，更能当作"精准链接"的便利工具，让链接对象接近焦点，从而便于浏览者查看网页内容。外部链接又常被称为"反向链接"或"导入链接"，是指通过其他网站链接到自己网站的链接。

7. 2. 2   URL

URL 是对能从 Internet 上得到的资源的位置和访问方法的一种简洁的表示。URL 给资源的位置提供一种抽象的识别方法，并用这种方法给资源定位，使得系统得以对资源进行各种操作，如存取、更新、替换和查找其属性。这里所说的"资源"是指在 Internet 上可以被访问的任何对象，包括文件目录、文件、文档、图像和声音等，以及与 Internet 相连的任何形式的数据。

URL 相当于一个文件名在网络范围的扩展，因此 URL 是与 Internet 相连的机器上的任何可访问对象的一个指针。由于对不同对象的访问方式不同，所以 URL 还指出了读取某个对象时所使用的访问方式。这样，URL 的一般形式如下：

< URL 的访问方式 >：// < 主机 >：< 端口 >/ < 路径 >

在左边的 < URL 的访问方式 > 中，最常用的方式有 3 种，即文件传送协议（File Transfer Protocol，FTP）、超文本传送协议（HyperText Transfer Protocol，HTTP）和新闻组（USENET）；第一个冒号的右边部分 < 主机 > 一项是必需的，而 < 端口 > 和 < 路径 > 则有时可以省略。

下面简单介绍一下使用得较多的前两种 URL。

（1）使用 FTP 的 URL

对于使用 FTP 访问站点的 URL 的最简单形式是下面的例子：ftp://rtfm. mit. edu。这里的 rtfm. mit. edu 就是麻省理工学院（MIT）的匿名服务器 rtfm 的 Internet 域名（如果不使用域名，而是把服务器的 IP 地址写在两个斜线后面也是可以的）。假定要直接访问上面的服务器中在目录 pub 下的一个文件 abc. txt，那么该文件的 URL 就是：ftp://rtfm. mit. edu/pub/abc. txt/，而该目录 pub 的 URL 是：ftp://rtfm. mit. edu/pub/。

某些 FTP 服务器要求用户提供用户名和口令，那么这时就要在 < 主机 > 项之前填入用户名和口令。FTP 的默认端口号是 21，一般可省略。

（2）使用 HTTP 的 URL

对于万维网网点的访问要使用 HTTP 协议。HTTP 的 URL 的一般形式是：

http:// < 主机 >：< 端口 >/ < 路径 >

HTTP 的默认端口号是 80，通常可省略。若再省略文件的 < 路径 > 项，则 URL 就指到 Internet 上的某个主页（home page）。主页可以是以下几种情况之一：①一个 WWW 服务器的最高级别的页面；②某一个组织或部门的一个定制的页面或目录；③由某一个人自己设计的描述他本人情况的个人主页。

例如，要查看有关清华大学的信息，就可先进入到清华大学的主页，其 URL 为 http://www. tsinghua. edu. cn，在此基础上可以附加端口和地址，以指向其从属页面，例如 http://www. tsinghua. edu. cn:100/netsalon 是清华大学的"网上学术沙龙"页面，这里 URL 在主机后面使用了端口号 100。一个 HTTP 的 URL 也可以直接指向可从该 WWW 页面得到的一个文件，例如 http://www. tsinghua. edu . cn/chn/yxsz/index. html 是清华大学 WWW 主机中的目录/docs/kjc/下的一个有关"国家实验室"的文件 gjsys. html。

用户使用 URL 并非仅仅能够访问万维网的页面，而且还能够通过 URL 使用其他的 Internet应用程序，如 FTP 或 USENET 新闻组等。用户在使用这些应用程序时，只使用一个浏览器即可。

7.2.3 HTTP

为了使超文本链接能够高效率地完成，就需要使用 HTTP 来传送必要的信息。从层次的角度看，HTTP 是面向事务的应用层协议，每一个事务都是独立进行处理的。当一个事务开始时，就在 Web 客户与 Web 服务器之间建立一个 TCP 连接，而当事务结束时就释放这个 TCP 连接。HTTP 是万维网上能够可靠地交换文件的重要基础。

HTTP 是一个简单的请求——响应协议，通常运行在 TCP 之上，它指定了客户端可能发给服务器什么样的消息，以及得到什么样的响应。请求和响应消息的头以 ASCⅡ码的形式给出，而消息内容则具有类似 MIME 的格式。HTTP 报文通常都使用 TCP 连接传送。

浏览器与服务器间联系最常用的方法是与服务器机器上的端口 80 建立一个 TCP 连接。在 Web 早期的 HTTP 1.0 中，连接被建立起来后浏览器只发送一个请求，也只接收一个响应消息，然后 TCP 连接就被释放了。当时 Web 页面通常只包括 HTML 文本，因此这种方法已经够用了。然而，很快 Web 页面中就发展成包含大量嵌入式内容的链接，这时利用单独的 TCP 连接来传输每个链接内容就太浪费了。

上述现象导致了 HTTP 1.1 的诞生，它支持"持续连接"，因此可以建立一个 TCP 连接，发送一个请求得到一个响应，发送额外的请求得到额外的响应，即实现"连接重用"，这时 TCP 连接的建立、启动和释放等开销就被分摊到多个请求上，单个请求的 TCP 开销被大大降低，另外这种策略也支持发送流水线请求。HTTP 中持续连接的请求与响应过程如图 7-4 所示。这时新的问题出现了：什么时候关闭连接？实际上客户端和服务器通常将持续连接打开状态，直至它们闲置一段时间或已经打开太多的连接为止。

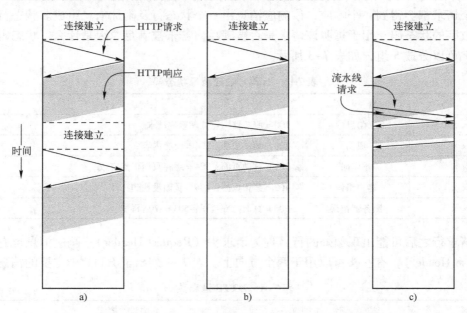

图 7-4　HTTP 持续连接的请求与响应过程示例

a）具有多个连接和系列请求　b）具有一个持续连接和系列请求　c）具有一个持续连接的流水线请求

HTTP 在设计时有意识地更加通用，它不仅支持请求一个 Web 页面，而且支持操作/方法（Method）。在 HTTP 中，每个请求由一行或多行 ASCⅡ文本组成，其中第一行的第一个词是被请求的方法名称。HTTP 的内置方法如表 7-2 所示，这里注意方法名区分大小写。

表 7-2　HTTP 内置请求方法

方　法	描　述	方　法	描　述
GET	读取一个 Web 页面	DELETE	删除一个 Web 页面
HEAD	读取一个 Web 页面的头	TRACE	回应调试请求
POST	附加一个 Web 页面	CONNECT	通过代理连接
PUT	存储一个 Web 页面	OPTIONS	一个页面的查询选项

GET 方法请求服务器发送页面，该页面被编码成类 MIME 形式，大部分发送给 Web 服务器的请求都是 GET 方法，GET 的通用形式为：GET filename HTTP/1.1，其中 filename 是预取页面名称，1.1 是协议版本号。

HEAD 方法只请求消息头而不需要真正的页面，此方法通常用于收集索引所需信息或是测试 URL 有效性。POST 方法用于需要提交表单的场合，与 GET 方法相比，它不仅检索页面，而且还上载数据（表单内容或 RPC 参数）到服务器。PUT 方法与 GET 方法相反，它不用于读取页面，而是用于写入页面，利用该方法可以在远程服务器上建立一组页面。DELETE 方法用于删除页面或指出 Web 服务器已经同意删除该页面。TRACE 方法用于调试，当请求未被正确处理或是客户希望知道服务器收到的实际请求时，利用该方法可以指示服务器发回收到的请求。CONNECT 方法用于使用户通过中间设备与 Web 服务器建立连接。OPTIONS 方法使得用户能够向服务器查询一个页面，并获取该页面的方法和头。

每个请求都会得到一个响应，该响应消息由一个状态行及附加信息组成。状态行包括一个 3 位数字的状态码，用于指明该请求是否被满足，若未被满足原因是什么。状态码按照第一位数字可以分成 5 组，如表 7-3 所示。

表 7-3　HTTP 响应消息状态码

代　码	含　义	例　子
1××	信息	100 = 服务器同意处理客户请求
2××	成功	200 = 请求成功；204 = 没有内容
3××	重定向	301 = 移动页面；304 = 缓存页面仍然有效
4××	客户错误	403 = 禁止页面；404 = 页面没找到
5××	服务器错误	500 = 页面内部错误；503 = 稍后再试

在请求行之后可能出现额外的行，称为请求头（Request Header），响应消息也有响应头（Response Header），有些头可以用于两个方向上。表 7-4 列出了 HTTP 中主要的消息头。

表 7-4　HTTP 消息头

头	类　型	内　容
User – Agent	请求	有关浏览器及其平台的信息
Accept	请求	客户可处理的页面类型

头	类　型	内　　容
Accept – Charest	请求	客户可接受的字符集
Accept – Encoding	请求	客户可处理的页面编码
Accept – Language	请求	客户可处理的自然语言
If – Modified – Since	请求	检查新鲜度的时间和日期
If – None – Match	请求	为检查新鲜度发送的标签
Host	请求	服务器的 DNS 名称
Authorization	请求	列出客户的信任凭证
Referer	请求	发出请求的先前 URL
Cookie	请求	给服务器发回 Cookie 的先前 URL
Set – Cookie	响应	客户存储的 Cookie
Server	响应	关于服务器的信息
Content – Encoding	响应	内容如何编码
Content – Language	响应	页面使用的自然语言
Content – Length	响应	页面以字节计的长度
Content – Type	响应	页面的 MIME 类型
Content – Range	响应	标识了页面内容的一部分
Last – Modified	响应	页面最后修改的日期和时间
Expires	响应	页面不再有效的日期和时间
Location	响应	告诉客户向谁发送请求
Accept – Ranges	响应	服务器能接受的请求的字节范围
Date	请求/响应	发送消息的日期和时间
Range	请求/响应	标识一个页面的一部分
Cache – Control	请求/响应	指示如何处理缓存
ETag	请求/响应	页面内容的标签
Upgrade	请求/响应	发送方希望切换的协议

在网上浏览时，人们经常会浏览过去浏览过的页面，由于浏览器已经有了该页面的副本，因此每次显示这些页面都去服务器获取全部资源是非常浪费的。针对该问题，HTTP 内置了一种支撑技术——缓存（caching），即在本地存储页面，使用户能以尽可能小的网络流量和延迟重用页面。

HTTP 缓存技术的难点在于如何确定被缓存的页面副本和当前页面是相同的，因为页面的内容可能是实时更新的。HTTP 采用了两种策略来解决该问题，如图 7-5 所示。第一种策略是检查过期（第 2 步），即访问高速缓存，若请求的 URL 有页面副本，且该副本仍然有效，则无须重新从服务器获取，直接返回缓存页面，这里可以利用最初获取页面时返回的 Expires 头与当前日期时间来判定该副本是否有效。第二种策略是利用条件 GET 询问服务器缓存副本是否有效，如图 7-5 中第 3 步所示。若副本有效，则服务器仅需发送简短回复（第 4a 步），否则需要发送完整的响应消息（第 4b 步）。

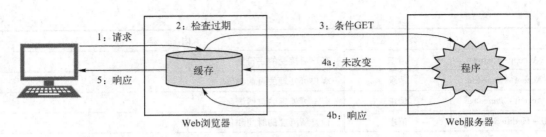

图 7-5　HTTP 缓存策略

7.2.4　HTML

超文本标记语言（HyperText Markup Language，HTML）是一种制作万维网页面的标准语言，它消除了计算机间信息交流的障碍。HTML 定义了很多用于排版的命令，即"标签"（Tag），将各种标签嵌入到万维网的页面中就构成了 HTML 文档。HTML 文档是一种可以用任何文本编辑器创建的 ASCⅡ码文件，但只有以 .html 或 .htm 为扩展名时，浏览器才能对文档中的各种标签进行解释。当浏览器从服务器读取某个页面的 HTML 文档后，就按照HTML文档中的各种标签，根据浏览器所使用的显示器的尺寸和分辨率大小，重新进行排版并恢复出所读取的页面。

元素（Element）是 HTML 文档结构的基本组成部分。一个 HTML 文档本身就是一个元素。每个 HTML 文档由两个主要元素组成：首部（Head）和主体（Body），主体紧接在首部的后面。首部包含文档的标题（Title），以及系统用来标识文档的一些其他信息。标题相当于文件名，用户可使用标题来搜索页面和管理文档。文档的主体是 HTML 文档最主要的部分，文档所包含的主要信息都在主体中。当浏览器工作时，浏览器最上面的标题条显示出文档的标题，而在浏览器最大的主窗口中显示的就是文档的主体。主体部分常由若干更小的元素组成，如段落（Paragraph）、表格（Table）和列表（List）等。

HTML 用一对标签（即一个开始标签和一个结束标签）或几对标签来标识一个元素。开始标签由一个小于字符 <、一个标签名和一个大于字符 > 组成，结束标签和开始标签的区别只是在小于字符的后面要加上一个斜线字符"/"，标签名不区分大小写，但习惯上用大写字符表示一个标签名。并非所有的浏览器都支持所有的 HTML 标签，若某一个浏览器不支持某一个 HTML 标签，则浏览器将忽略此标签，但在一对不能识别的标签之间的文本仍然会被显示出来。当浏览器显示 HTML 文档时，连续的空格、回车和换行都被当成是一个空格。浏览器在显示文本时，会根据显示器的尺寸在适当的地方自动换行，而与 HTML 文档的一个段落里面的换行没有关系。

题头（Heading）是位于主体中的标题，共分为 6 级，其中 1 级最高、6 级最低，级别越高的题头所用的字体也越大，题头标签 < Hn > 中的 n 表示题头的级别。在某些标签名后面还可加上属性，如：ALIGN = center（居中），ALIGN = right（右对齐），默认的属性是左对齐 ALIGN = left。在 HTML 中有 3 个字符具有特殊的意义，即 <（表示一个标签的开始）、>（表示一个标签的结束）和 &（表示转义序列的开始）。当这 3 个字符在文件中出现时，HTML 文档就要将其转换为转义序列，每个转义序列都以字符 & 开始，以分号；结束。这 3 个字符 <、> 和 & 所对应的转义序列分别为下面引号中的字符序列："<"">"和

"&"。需要注意在转义序列中的字符是区分大小写的。表7-5给出了常用的HTML标签及简要说明。

表7-5　HTML常用标签

标　　签	说　　明
< HTML > … </ HTML >	声明这是用HTML写成的万维网文档
< HEAD > … </ HEAD >	定义页面的首部
< TITLE > … </ TITLE >	定义页面的标题
< BODY > … </ BODY >	定义页面的主体
< Hn > … </ Hn >	定义一个n级题头
< B > … </ B >	设置…为黑体字
< I > … </ I >	设置…为斜体字
< UL > … </ UL >	设置…为无序列表，列表中每个项目前面出现一个圆点
< OL > … </ OL >	设置…为编号列表
< MENU > … </ MENU >	设置…为菜单
< LI >	开始一个列表项目，</ LI >可不用
< BR >	强制换行
< P >	一个段落开始，与上个段落空一行或缩进几个字符。</ P >可不用
< HR >	强制换行，同时画出一条水平线
< PRE > … </ PRE >	设置…为已排版的文本，浏览器显示时不再排版
< IMG SRC = "…" >	插入一张图像，其文件名为…
< A HREF = "…" > X </ A >	定义一个链接，链接的起点为X，终点为…

表7-5中的标签 < UL > 表示无序列表（Unordered List），在列表中的每一个项目都不编号，而是在项目前面出现一个圆点。标签 < OL > 则表示编号列表（Ordered List），列表中的项目都按顺序编号。无论是无序列表还是编号列表，都可以嵌套使用。标签 < MENU > 使列表中的项目前面既没有圆点，也没有编号；若浏览器不支持 < MENU > 标签，则在每个项目前仍然使用圆点。标签 < PRE > 表示已排版（PREformatted）。HTML允许在万维网页面中插入图像。一个页面本身带有的图像称为内含图像（Inline Image）。标签 < IMG > 即表示在当前位置装入一个内含图像，其来源是文件…。在插入图像时，在标签 < IMG > 中还可使用一些参数：例如，参数ALIGN表示给图像定位，并将与图像一起出现的文字放在合适的地方；参数HEIGHT和WIDTH指明图像装入时在屏幕上显示时的大小，一般用像素（Pixel）数表示。如 < IMG SRC = portrait. gif HEIGHT = 100 WIDTH = 65 > 表示装入一个文件名为portrait. gif的图像，其高度和宽度分别为100像素和65像素。HTML还可插入表格，这就要使用标签 < TABLE > 。与此标签配套使用的还有 < CAPTION > （表格的标题）、< TR > （表格的行）、< TH > 或 < TD > （表格每格中应填入的数据）等。

表7-5中的最后一项为HTML的链接定义标签。在HTML中，每个链接有一个起点和终点，其中起点表明在页面中的什么地方可以引出一个链接，当鼠标移动到链接起点位置时，鼠标箭头就会变成一只手的形状，若此时单击，链接就会被激活。定义链接的标签是 < A > ，其中字符A表示锚（Anchor）。在HTML文档中定义一个链接的语法是：

＜A HREF＝"⋯"＞X＜/A＞，其中 X 表示链接的起点，HREF＝"⋯"引号中的内容表示链接终点的 URL。

在 HTML 中链接可分为远程链接和本地链接，远程链接中的链接终点为其他网点上的页面，本地链接中的链接指向本地计算机中的某个文件。在进行本地链接时，链接终点不需要完整的 URL（绝对路径名），可以用相对路径名进行简化，简化方法如下。

- 当协议被省略时，默认与当前页面协议相同。
- 当主机域名被省略时，默认为当前主机域名。
- 当目录路径被省略时，默认为当前目录。
- 当文件名被省略时，默认为当前文件。

当有很长的文件需要在浏览器中显示时，为了方便查找内容，可以在文件的开始位置放入一个详细目录，目录中的每一节都是一个链接的起点，这时链接的终点不再是某个 URL，而是文件中指明的特定地方。为了标识链接的终点，HTML 将其称为命名锚，并给每个链接终点命名。HTML 规定命名锚的定义语法如下：＜A NAME＝"⋯"＞Y＜/A＞，这里 Y 为链接终点的一个或多个字符，NAME＝"⋯"引号中写入命名锚的名称，HTML 规定链接到命名锚的 HTML 文档的语法是＜A HREF＝"#⋯"＞X＜/A＞。

7.3 Web 2.0

Web 2.0 指的是利用 Web 平台、由用户主导生成内容的互联网产品模式，为了区别传统的由网站雇员主导生成内容而定义为第二代互联网。Web 2.0 概念始于 2004 年，更注重用户的交互作用，用户既是网站内容的浏览者，也是网站内容的制造者，用户在模式上由单纯的"读"向"写"，以及"共同建设"发展，由被动地接收互联网信息向主动创造互联网信息发展。Web 2.0 可以说是信息技术发展引发网络革命所带来的面向未来、以人为本的创新模式在互联网领域的典型体现，是由专业人员组网到所有用户参与组网的创新民主化进程的生动注释。

Web 2.0 模式下的互联网应用具有去中心化、开放和共享等显著特点，具体如下：

1）用户参与网站内容制造。与 Web 1.0 网站单向信息发布的模式不同，Web 2.0 网站的内容通常是用户发布的，为用户提供了更多参与机会。

2）Web 2.0 更加注重交互性。它不仅实现了用户与网络服务器之间的交互，而且也实现了同一网站中不同用户间的交互，以及不同网站间信息的交互。

3）符合 Web 标准的网站设计。Web 标准是国际上正在推广的网站标准。通常所说的 Web 标准，一般是指网站建设采用基于 XHTML 语言的网站设计语言，其典型的应用模式是 CSS＋XHTML，摒弃了 HTML 4.0 中的表格定位方式，规范了网站设计代码，减少了网络带宽浪费，加快了网站访问速度，同时也使用户和搜索引擎更加友好。

4）Web 2.0 是互联网的一次理念和思想体系的升级换代。由原来的自上而下的、由少数资源控制者集中控制主导的互联网体系，转变为自下而上的、由广大用户集体智慧和力量主导的互联网体系。

Web 2.0 的技术主要包括：博客（Blog）、RSS、维客（Wiki）、网摘、社交网络（SNS）、P2P 和即时信息（IM）等。下面将对 Web 2.0 的相关技术进行简单介绍。

1）博客/网志（Blog）。其全名是 Web log，后来缩写为 Blog，它是一个易于使用的网站，可以免费在其中迅速发布想法、与他人交流，以及从事其他活动。

2）简易信息聚合（RSS）。它是站点用来和其他站点之间共享内容的一种简易方式，最初源自浏览器"新闻频道"的技术，通常被用于新闻和其他按顺序排列的网站。

3）维客（Wiki）。Wiki 是一种多人协作的写作工具，Wiki 站点可以由多人维护，每个人都可以发表自己的意见，或者对共同的主题进行扩展和探讨。它属于一种超文本系统，不仅支持面向社群的协作式写作，也包括一组支持这种写作的辅助工具。人们可以在 Web 的基础上对 Wiki 文本进行浏览、创建和更改，且代价远比 HTML 文本小；同时 Wiki 系统还支持面向社群的协作式写作，为协作式写作提供必要的帮助；由此 Wiki 的写作者自然构成了一个社群，Wiki 系统为这个社群提供简单的交流工具。与其他超文本系统相比，Wiki 有使用方便和开放的特点，可以帮助人们在一个社群内共享某领域的知识。

4）网摘。网摘提供了一种收藏、分类、排序和分享互联网信息资源的方式，使用它存储网址和相关信息列表，并使用标签（Tag）对网址进行索引，使得网址及相关信息的社会性分享成为可能，同时在分享的人为参与过程中网址的价值被给予评估，通过群体的参与使人们挖掘有效信息的成本得到控制，通过知识分类机制使具有相同兴趣的用户更容易彼此分享信息和进行交流。

5）社交网络（SNS）。它是指帮助人们建立社会性网络的互联网应用服务，是一种采用分布式技术构建的下一代基于个人的网络基础软件。

6）P2P。P2P 可以简单地定义成通过直接交换来共享计算机资源和服务，而对等计算模型应用层形成的网络通常称为对等网络。在 P2P 网络环境中，成千上万台彼此连接的计算机都处于对等的地位，整个网络一般来说不依赖专用的集中服务器。网络中的每一台计算机既能充当网络服务的请求者，又对其他计算机的请求做出响应并提供资源和服务。

7）即时通信（IM）。它是一种可以让使用者在网络上建立类似私人聊天室的实时通信服务。

7.4　FTP

7.4.1　FTP 概述

文件传送协议（File Transfer Protocol，FTP）是 Internet 上使用最广泛的文件传送协议。FTP 提供交互式的访问，允许客户指明文件的类型与格式，并允许文件具有存取权限。FTP 屏蔽了各计算机系统的细节，因而适合于在异构网络中的任意计算机之间传送文件。在 Internet 发展的早期阶段，用 FTP 传送文件约占整个 Internet 通信量的 1/3，而由电子邮件和域名系统所产生的通信量还小于 FTP 所产生的通信量。直至 1995 年，WWW 的通信量才首次超过了 FTP。

基于 TCP 的 FTP 和基于 UDP 的 TFTP 都是文件共享协议中的一大类，即复制整个文件，其特点是：存取一个文件之前首先需要获得本地的文件副本，若要对文件进行修改，只能对文件的副本进行修改，然后将修改后的副本传回到原结点。文件共享协议中的另一大类是联机访问（On-Line Access），它允许多个程序同时对一个文件进行存取，和数据库系统的不同之处是用户不需要调用一个特殊的客户进程，而是由操作系统提供对远端共享文件进行访问的服务。

7.4.2 FTP 的主要工作原理

网络环境中的一项基本应用就是将文件从一台计算机中复制到另一台可能相距很远的计算机中。初看起来，在两个主机之间传送文件是很简单的事情。其实这往往非常困难，原因是众多的计算机厂商研制出的文件系统多达数百种，并且差别很大。经常遇到以下几个问题。

1）计算机存储数据的格式不同。

2）文件的目录结构和文件命名的规定不同。

3）对于相同的文件存取功能，操作系统使用的命令不同。

4）访问控制方法不同。

FTP 只提供文件传送的一些基本服务。FTP 的主要功能是减少或消除在不同操作系统下处理文件的不兼容性。FTP 使用客户端/服务器模式，一个 FTP 服务器进程可同时为多个客户进程提供服务。FTP 的服务器进程由两大部分组成：一个主进程，负责接受新的请求；另外还有若干个从属进程，负责处理单个请求。

主进程的工作步骤如下。

1）打开熟知端口（端口号为 21），使客户进程能够连接上。

2）等待客户进程发出连接请求。

3）启动从属进程来处理客户进程发来的请求。从属进程对客户进程的请求处理完毕后即终止，但从属进程在运行期间根据需要还可能创建其他一些子进程。

4）回到等待状态，继续接收其他客户进程发来的请求。主进程与从属进程的处理是并发进行的。

FTP 工作的情况如图 7-6 所示。客户端与服务器端各有两个运行的从属进程：控制进程和数据传送进程。为简单起见，图 7-6 中未画出服务器的主进程。在进行文件传输时，FTP 的客户端和服务器端之间要建立两个连接：控制连接和数据连接。图 7-6 中的控制进程就是上述的从属进程。在创建该进程时，控制连接随之创建并连接到控制进程上。控制连接并不用来传送文件，实际用于传输文件的是数据连接。控制进程在接收到 FTP 客户发送来的文件传输请求后就创建一个数据传送进程和一个数据连接，并将数据连接连接到数据传送进程，数据传送进程实际完成文件的传送，在传送完毕后关闭数据传送连接并结束运行。

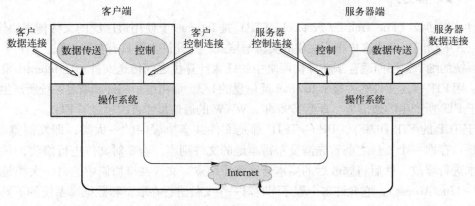

图 7-6　FTP 的两个 TCP 连接

在图 7-6 中，控制连接的箭头是从客户端指向服务器，表示客户端发起控制连接。但数据连接则按相反的方向形成，即服务器发起数据连接。这时 FTP 服务器作为客户端，而 FTP 客户端则作为服务器。当客户端进程向服务器进程发出建立连接请求时，要寻找连接服务器进程的熟知端口（21），同时还要告诉服务器进程自己的另一个端口号码，用于建立数据传送连接。接着，服务器进程用自己传送数据的熟知端口（20）与客户端进程所提供的端口号码建立数据传送连接。由于 FTP 使用了两个不同的端口号，所以数据连接与控制连接不会发生混乱。

FTP 一般是交互式地进行工作，如图 7-7 所示，图中的编号是编者为了便于说明而增加的，图中的黑体字是用户键入的字符。

```
[01]  ftp nic.ddn.mil
[02]  connected to nic.ddn.mil
[03]  220 nic FTP server (Sunos 4.1) ready.
[04]  Name: anonymous
[05]  331 Guest login ok, send ident as password.
[06]  Password:abc@xyz.math.yale.edu
[07]  230 Guest login ok, access restrictions apply.
[08]  ftp>cd rfc
[09]  250 CWD command successful.
[10]  ftp> get rfc1261.txt nicinfo
[11]  200 PORT command successful.
[12]  150 ASCII data connection for rfc 1261.txt
       (128.36.12.27.1401)(4318bytes).
[13]  226 ASCII Transfer complete.
       local: nicinfo remote: rfc1261.txt
       4488 bytes received in 15 seconds(0.3Kbytes)
[14]  ftp>quit
[15]  221 Goodbye.
```

图 7-7　FTP 示例

图 7-7 中各行信息的解释如下。

［01］ 用户要用 FTP 和远地主机（网络信息中心 NIC 上的主机）建立连接。

［02］ 本地 FTP 发出的连接成功信息。

［03］ 从远程服务器返回的信息，220 表示"服务就绪"。

［04］ 本地 FTP 提示用户键入名字。用户键入的名字表示"匿名"。

［05］ 数字 331 表示"用户名正确"，需要口令。

［06］ 本地 FTP 提示用户键入口令。用户这时可键入 guest 作为匿名的口令，也可以键入自己的电子邮件地址。

［07］ 数字 230 表示用户已经注册完毕。

［08］ "ftp＞"是 FTP 的提示信息。用户键入的是将目录改变为包含 RFC 文件的目录。

［09］ 字符 CWD 是 FTP 的标准命令，代表 Change Working Directory。

［10］ 用户要求将名为 rfc1261.txt 的文件复制到本地主机上，并改名为 nicinfo。

［11］ 字符 PORT 是 FIT 的标准命令，表示要建立数据连接。200 表示"命令正确"。

［12］ 数字 150 表示"文件状态正确，即将建立数据连接"。

［13］ 数字 226 表示"释放数据连接"。现在一个新的本地文件已产生。

［14］ 用户键入退出命令 quit。

［15］ 表明 FTP 工作结束。

7.4.3 简单文件传送协议（TFTP）和网络文件系统（NFS）

TCP/IP 协议族中还有一个简单文件传送协议（Trivial File Transfer Protocol，TFTP），它是一个很小且易于实现的文件传送协议。虽然 TFTP 也使用客户端/服务器方式，但它使用 UDP 数据报，因此 TFTP 要有自己的差错改正措施。TFTP 只支持文件传输，而不支持交互，且没有一个庞大的命令集。TFTP 没有列目录的功能，也不能对用户进行身份鉴别，它的主要优点有两个：第一，TFTP 可用于 UDP 环境，例如，当需要将程序或文件同时被许多机器下载时往往需要使用 TFTP；第二，TFTP 代码所占内存较小，这对较小的计算机或某些特殊用途的设备是很重要的。

TFTP 的主要特点如下。

1）每次传送的数据 PDU 中有 512 字节的数据，但最后一次可不足 512 字节。

2）数据 PDU 也称为文件块（Block），每个块按序编号，从 1 开始。

3）支持 ASC Ⅱ 码或二进制传送。

4）可对文件进行读或写。

5）使用很简单的首部。

TFTP 的工作很像停止等待协议。发送完一个文件块后就等待对方确认，确认时应指明所确认的块的编号。发完数据后，在规定时间内收不到确认就要重发数据 PDU。发送确认 PDU 的一方若在规定时间内收不到下一个文件块，也要重发确认 PDU。这样就可保证文件的传送不至于因某一个数据报的丢失而失败。

TCP/IP 协议族中的另一个文件传输协议是网络文件系统（NFS）。NFS 最初在 UNIX 操作系统环境下实现文件和目录的共享，它可使本地计算机共享远程的资源，就像这些资源在本地一样。由于 NFS 原先是 SUN 公司在 TCP/IP 网络上创建的，因此目前 NFS 主要应用在 TCP/IP 网络上。然而，现在 NFS 也可以在 OS/2、MS Windows 和 NetWare 等操作系统上运行。

FTP 并非对所有的数据传输都是最佳的。例如，计算机 A 上运行的应用程序要在远程计算机 B 的一个很大的文件末尾添加一行信息。若使用 FTP，则应先将文件从计算机 B 传送到计算机 A。添加上这行信息后，再用 FTP 将此文件传送到计算机 B。来回传送这样大的文件很费时间，而且这种传送是不必要的，因为计算机 A 并没有使用该文件的内容。

NFS 则采用另外一种思路。NFS 允许应用进程打开一个远程文件，并能在该文件的某一个特定位置上开始读写数据。这样，NFS 可使用户只复制一个大文件中的一个很小的片段，而不需要复制整个大文件。对于上述例子，计算机 A 中的 NFS 客户软件，将要添加的数据和在文件后面写数据的请求一起发送到远程计算机 B 中的 NFS 服务器。NFS 服务器更新文件后返回应答信息。在网络上传输的只是少量的修改数据。实际上，计算机 B 上的文件可以被多个客户存取。NFS 允许客户对文件进行加锁。当一个客户完成修改后就对文件解锁，从而使其他客户进行存取。

NFS 的界面与 FTP 不同。从用户的视角看，NFS 几乎是看不见的，它被集成在操作系统的文件系统中，用普通的系统调用即可访问 NFS 文件。通过 NFS 的配置，可使计算机的文件系统创建一个特殊的目录与远程计算机相关联，所有在该目录中的文件都被认为是远程文件。每当一个程序请求一个文件操作时，计算机的文件系统根据被操作文件所在的目录就知道应将此请求传递给本地文件系统或 NFS 客户软件。若属于后一种情况，NFS 客户软件就利用网络对远程计算机文件系统进行操作。因此，只要安装和配置了 NFS 客户软件，计算机的文件系统就包含了相当于远地文件系统的目录。

7.5 电子邮件

7.5.1 电子邮件概述

电子邮件（E－mail）是 Internet 上使用最多的、最受用户欢迎的一种应用，它具有使用方便、传递迅速和费用低廉的特点。它把邮件发送到收件人使用的邮件服务器，并放在收件人的邮箱（Mail Box）中，收件人可随时上网到自己使用的邮件服务器进行读取。

1982 年，ARPANET 的电子邮件标准问世，简单邮件传送协议（Simple Mail Transfer Protocol，SMTP）和 Internet 文本报文格式都是 Internet 的正式标准。由于 Internet 的 SMTP 只能传送可打印的 7 位 ASC Ⅱ 码邮件，因此在 1993 年又提出了多用途 Internet 邮件扩展类型 MIME（Multipurpose Internet Mail Extensions），并于 1996 年经修订后成为 Internet 的草案标准。MIME 在其邮件首部中说明了邮件的数据类型（如文本、声音、图像和视像等），在 MIME 邮件中可同时传送多种类型的数据。此后于 2001 年 4 月，电子邮件标准 RFC821 和 RFC822 在经过多次修订后，形成了新的文档 RFC2821 和 RFC2822。

一个电子邮件系统应具有如图 7-8 所示的 4 个主要组成构件，即用户代理、邮件服务器、邮件发送协议（如 SMTP）和邮件读取协议（如 POP3，邮局协议的版本 3）。

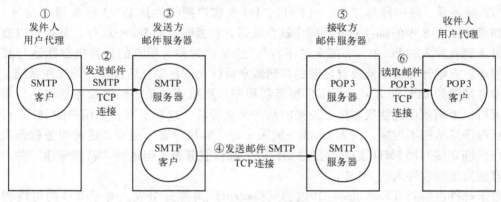

图 7-8　电子邮件的主要组成构件

其中用户代理（User Agent，UA）就是用户与电子邮件系统的接口，在大多数情况下，它就是运行在用户 PC 中的一个程序，因此用户代理又称为电子邮件客户端软件。用户代理向用户提供一个十分友好的接口来收发邮件，如微软公司的 Outlook Express 和我国开发者张小龙制作的 Foxmail 等。

用户代理至少应当具有以下 4 个功能。

1）撰写。给用户提供编辑信件的环境。

2）显示。能方便地在计算机屏幕上显示出发过来的信件。

3）处理。包括发送邮件和接收邮件。

4）通信。发信人在撰写完邮件后，要利用邮件发送协议发送到用户所使用的邮件服务器。收件人在接收邮件时，要使用邮件读取协议从本地邮件服务器接收邮件。

Internet 上有许多邮件服务器可供用户选用，邮件服务器 24 小时不间断地工作，并且具有很大容量的邮件信箱。邮件服务器的功能是发送和接收邮件，同时还要向发件人报告邮件传送的结果。邮件服务器按照客户端/服务器方式工作。邮件服务器需要使用两种不同的协议：一种协议用于用户代理向邮件服务器发送邮件或在邮件服务器之间发送邮件，如 SMTP 协议，而另一种协议用于用户代理从邮件服务器读取邮件，如邮局协议 POP3。

图 7-8 给出了 PC 之间发送和接收电子邮件的几个重要步骤：①发件人调用 PC 中的用户代理撰写和编辑要发送的邮件；②发件人单击屏幕上的"发送邮件"按钮，把发送邮件的工作全都交给用户代理，将邮件用 SMTP 协议发给发送方邮件服务器，用户代理充当 SMTP 客户，而发送方邮件服务器充当 SMTP 服务器；③SMTP 服务器收到用户代理发来的邮件后，就把邮件临时存放在邮件缓存队列中，等待发送到接收方的邮件服务器；④发送方邮件服务器的 SMTP 客户与接收方邮件服务器的 SMTP 服务器建立 TCP 连接，然后就把邮件缓存队列中的邮件依次发送出去。如果 SMTP 客户超过了规定的时间还不能把邮件发送出去，那么发送邮件服务器就把这种情况通知用户代理；⑤运行在接收方邮件服务器中的 SMTP 服务器进程收到邮件后，把邮件放入收件人的用户邮箱中，等待收件人进行读取；⑥收件人在打开收信时，就运行 PC 中的用户代理，使用 POP3（或 IMAP）协议读取发送给自己的邮件。请注意，在图 7-8 中，POP3 服务器和 POP3 客户之间的箭头表示的是邮件传送的方向，它们之间的通信是由 POP3 客户发起的。

请注意这里有两种不同的通信方式：一种是"推"（Push），SMTP 客户把邮件"推"给 SMTP 服务器；另一种是"拉"（Pull），POP3 客户把邮件从 POP3 服务器"拉"过来。那么如果让图 7-8 中的邮件服务器程序就在发送方和接收方的 PC 中运行，是否可以直接把邮件发送到收件人的 PC 中？答案是"不行"。这是因为并非所有的计算机都能运行邮件服务器程序。有些计算机可能没有足够的存储器来运行允许程序在后台运行的操作系统，或是可能没有足够的 CPU 能力来运行邮件服务器程序。更重要的是，邮件服务器程序必须不间断地运行，否则就可能使很多外面发来的邮件无法接收。这样看来，让用户的 PC 运行邮件服务器程序显然很不现实。在 Foxmail 中使用一种"特快专递"服务，这种服务就是发件人的用户代理直接利用 SMTP 把邮件发送到接收方邮件服务器，但这种"特快专递"并没有把邮件直接发送到收件人的 PC 中。

电子邮件由信封（Envelope）和内容（Content）两部分组成。电子邮件的传输程序根据邮件信封上的信息来传送邮件。在邮件的信封上，最重要的就是收件人的地址。TCP/IP 体系的电子邮件系统规定电子邮件地址的格式如下：收件人邮箱名@邮箱所在主机的域名。收件人邮箱名又简称为用户名，是收件人自己定义的字符串标识符。但应注意，标志收件人邮箱名的字符串在邮箱所在邮件服务器的计算机中必须是唯一的，这样就保证了这个电子邮件地址在世界范围内是唯一的。

7.5.2　简单邮件传送协议（SMTP）

SMTP 规定了在两个相互通信的 SMTP 进程之间应如何交换信息。由于 SMTP 使用客户端/服务器方式，因此负责发送邮件的 SMTP 进程就是 SMTP 客户，而负责接收邮件的 SMTP 进程就是 SMTP 服务器。至于邮件内部的格式、邮件如何存储，以及邮件系统应以多快的速度来发送邮件等，SMTP 均未做出规定。

SMTP 规定了 14 条命令和 21 种应答信息。每条命令用 4 个字母组成，而每一种应答信息一般只有一行信息，由一个 3 位数字的代码开始，后面附上（也可不附）很简单的文字说明。下面通过发送方和接收方的邮件服务器之间的 SMTP 通信的 3 个阶段，来介绍几个最主要的命令和响应信息。

1. 连接建立

发件人的邮件送到发送方邮件服务器的邮件缓存后，SMTP 客户就每隔一段时间对邮件缓存扫描一次。若发现有邮件，就使用 SMTP 的熟知端口号码（25）与接收方邮件服务器的 SMTP 服务器建立 TCP 连接。在连接建立后，接收方 SMTP 服务器要发出 220 Service ready（服务就绪）。然后 SMTP 客户向 SMTP 服务器发送 HELO 命令，附上发送方的主机名。SMTP 服务器若有能力接收邮件，则回答 250 OK，表示已准备好接收。若 SMTP 服务器不可用，则回答 421 Service not available（服务不可用）。如果在一定时间内发送不了邮件，邮件服务器会把这个情况通知发件人。SMTP 不使用中间的邮件服务器，TCP 连接总是在发送方和接收方这两个邮件服务器之间直接建立。当接收方邮件服务器出现故障而不能工作时，发送方邮件服务器只能等待一段时间后再尝试和该邮件服务器建立 TCP 连接，而不能先找一个中间的邮件服务器建立 TCP 连接。

2. 邮件传送

邮件的传送从 MAIL 命令开始。MAIL 命令后面有发件人的地址，例如，MAIL FROM：< xiexiren@ tsinghua. org. cn >。若 SMTP 服务器已准备好接收邮件，则回答 250 OK；否则返回一个代码，并指出原因。

下面跟着一个或多个 RCPT 命令，取决于把同一个邮件发送给一个或多个收件人，其格式为 RCPT TO：< 收件人地址 >。RCPT 是 recipient（收件人）的缩写。每发送一个 RCPT 命令，都应当有相应的信息从 SMTP 服务器返回，如 250 OK，表示指明的邮箱在接收方的系统中，或 550 No such user here（无此用户），即不存在此邮箱。RCPT 命令的作用就是：先弄清接收方系统是否已做好接收邮件的准备，然后再发送邮件，这样做是为了避免浪费通信资源。

再下面就是 DATA 命令，表示要开始传送邮件的内容了。SMTP 服务器返回的信息是 354 Start mail input；end with < CRLF >. < CRLF >。若不能接收邮件，则返回 421（服务器不可用）、500（命令无法识别）等。接着 SMTP 客户就发送邮件的内容。发送完毕后，再发送 < CRLF >. < CRLF >（两个回车换行中间用一个点隔开）表示邮件内容结束。若收到邮件，则 SMTP 服务器返回信息 250 OK，否则返回差错代码。

虽然 SMTP 使用 TCP 连接试图使邮件的传送可靠，但它并不能保证不丢失邮件。也就是说，使用 SMTP 传送邮件只能说能够可靠地传送到接收方的邮件服务器。接收方的邮件服务器也许会出现故障，使收到的邮件全部丢失。然而，基于 SMTP 的电子邮件通常都被认为是可靠的。

3. 连接释放

邮件发送完毕后，SMTP 客户应发送 QUIT 命令。SMTP 服务器返回的信息是 221（服务关闭），表示 SMTP 同意释放 TCP 连接。邮件传送的全部过程即结束。

7. 5. 3 邮件读取协议（POP3 和 IMAP）

现在常用的邮件读取协议有两个，即邮局协议第 3 个版本（POP3）和网际报文存取协议（Internet Message Access Protocol，IMAP）。

其中邮局协议 POP 是一个非常简单、但功能有限的邮件读取协议，它最初公布于 1984 年，并于 1996 年发布 POP3，现已成为 Internet 的正式标准。大多数的 ISP 都支持 POP，POP3 可简称为 POP。POP 也使用客户服务器的工作方式。在接收邮件的用户 PC 中的用户代理必须运行 POP 客户程序，而在收件人所连接的 ISP 的邮件服务器中则运行 POP 服务器程序。POP 服务器只有在用户输入鉴别信息后，才允许对邮箱进行读取。POP3 协议的一个特点就是只要用户从 POP 服务器读取了邮件，POP 服务器就把该邮件删除。为了解决这一问题，POP3 进行了一些功能扩充，其中包括让用户能够事先设置邮件读取后仍然在 POP 服务器中存放的时间。

另一个读取邮件的协议是网际报文存取协议（IMAP），它比 POP3 复杂得多。IMAP 和 POP 都按客户端/服务器方式工作，但它们有很大的差别。现在 IMAP 较新的版本是 2003 年 3 月修订的版本 4，即 IMAP4，目前它还只是 Internet 的建议标准。在使用 IMAP 时，在用户的 PC 上运行 IMAP 客户程序，然后与接收方的邮件服务器上的 IMAP 服务器程序建立 TCP 连接；当用户 PC 上的 IMAP 客户程序打开 IMAP 服务器的邮箱时，用户就可看到邮件的首部；若用户需要打开某个邮件，则该邮件才传到用户的计算机上。用户可以根据需要为自己的邮箱创建便于分类管理的层次式的邮箱文件夹，并且能够将存放的邮件从某一个文件夹中移动到另一个文件夹中，用户也可按某种条件对邮件进行查找，在用户未发出删除邮件的命令之前，IMAP 服务器邮箱中的邮件一直保存着。

IMAP 最大的好处就是用户可以在不同的地方使用不同的计算机随时上网阅读和处理自己的邮件，IMAP 还允许收件人只读取邮件中的某一个部分。IMAP 的缺点是如果用户没有将邮件复制到自己的 PC 上，则邮件一直都存放在 IMAP 服务器上，因此用户需要经常与 IMAP 服务器建立连接。

7.5.4 通用互联网邮件扩充（MIME）

前面所述的电子邮件协议 SMTP 有以下几个缺点：

1）SMTP 不能传送可执行文件或其他的二进制对象。

2）SMTP 限于传送 7 位的 ASCⅡ码。许多其他非英语国家的文字就无法传送。

3）SMTP 服务器会拒绝超过一定长度的邮件。

4）某些 SMTP 的实现并没有完全按照 SMTP 的 Internet 标准。常见的问题如下：回车、换行的删除和增加；超过 76 个字符时的处理（截断或自动换行）；后面多余空格的删除；将制表符 Tab 转换为若干个空格等。

于是在这种情况下就提出了通用 Internet 邮件扩充 MIME。MIME 并没有改动或取代 SMTP，但增加了邮件主体的结构，并定义了传送非 ASCⅡ码的编码规则，即 MIME 邮件可在现有的电子邮件程序和协议下传送。图 7-9 展示了 MIME 和 SMTP 的关系。

MIME 主要包括以下 3 部分内容。

1）5 个新的邮件首部字段，这些字段提供了有关邮件主体的信息。

2）定义了许多邮件内容的格式，对多媒体电子邮件的表示方法进行了标准化。

3）定义了传送编码，可对任何内容格式进行转换，而不会被邮件系统改变。

为了适应任意数据类型和表示，每个 MIME 报文包含告知收件人数据类型和使用编码的信息，MIME 将增加的信息加入到邮件首部中。下面是 MIME 增加的 5 个新的邮件首部的名

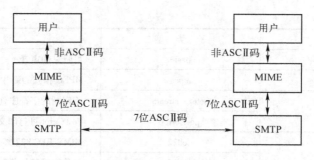

图 7-9　MIME 和 SMTP 间关系

称及其意义。

1）MIME – Version：标识 MIME 的版本。现在的版本号是 1.0。若无此行，则为英文文本。

2）Content – Description：可读字符串，说明此邮件是什么。

3）Content – Id：邮件的唯一标识符。

4）Content – Transfer – Encoding：说明在传送时邮件的主体是如何编码的。

5）Content – Type：说明邮件的性质。

其中邮件主体编码方式主要有 3 种：①最简单的编码就是 7 位 ASCⅡ码，每行不能超过 1000 个字符。MIME 对这种由 ASCⅡ码构成的邮件主体不进行任何转换。②另一种编码称为 quoted – printable，这种编码方法适用于当所传送的数据中只有少量的非 ASCⅡ码的情况，如汉字。这种编码方法对于所有可打印的 ASCⅡ码，除特殊字符等号 "＝" 外，都不改变。等号 "＝" 和不可打印的 ASCⅡ码，以及非 ASCⅡ码的数据的编码方法是：先将每个字节的二进制代码用两个十六进制数字表示，然后在前面再加上一个等号 "＝"。③对于任意的二进制文件，可用 base64 编码。这种编码方法是先把二进制代码划分为一个个 24 位长的单元，然后把每一个 24 位单元划分为 4 个 6 位组，每一个 6 位组按以下方法转换成 ASCⅡ码：6 位的二进制代码共有 64 种不同的值，用 A 表示 0，B 表示 1，26 个大写字母排列完毕后，再排 26 个小写字母，再排 10 个数字，最后用 "＋" 表示 62，用 "/" 表示 63，再用两个连在一起的等号 "＝＝" 和一个等号 "＝" 分别表示最后一组的代码只有 8 位或 16 位。回车和换行都将被忽略，它们可在任何地方插入。

MIME 标准规定 Content – Type 说明必须含有两个标识符，即内容类型（Type）和子类型（Subtype），中间用 "/" 分开。MIME 标准定义了 7 个基本内容类型和 15 种子类型，除此之外，MIME 还允许发件人和收件人自己定义专用的内容类型，但是专用的内容类型的名称要以字符串 X – 开始。表 7 – 6 列出了 MIME 的 7 种基本内容类型和 15 种子类型。

表 7 – 6　MIME 基本内容类型和子类型

内 容 类 型	子 类 型	说　　明
Text（正文）	plain	无格式文本
	richtext	有少量格式命令的文本
Image（图像）	gif	GIF 格式的静止图像
	jpeg	JPEG 格式的静止图像

内 容 类 型	子 类 型	说 明
Audio（音频）	basic	可听见的声音
Video（视频）	mpeg	MPEG 格式的影片
Application（应用）	octet – stream	不间断的字符序列
	postscript	PostScript 可打印文档
Message（报文）	rfc822	MIME RFC 822 邮件
	partial	为传输将邮件分割开
	external – body	邮件必须从网上获取
Multipart（多部分）	mixed	按规定顺序的几个独立部分
	alternative	不同格式的同一邮件
	parallel	必须同时读取的几个部分
	digest	每个部分是一个完整的 RFC 822 邮件

MIME 标准为 multipart 定义了 4 种可能的子类型，每个子类型都提供重要功能。

1）mixed 子类型允许单个报文含有多个相互独立的子报文，每个子报文可有自己的类型和编码。mixed 子类型报文使用户能够在单个报文中附上文本、图形和声音，或者用额外数据段发送一个备忘录，类似商业信笺含有的附件。在 mixed 后面还要用到一个关键字，即 Boundary = ，此关键字定义了分隔报文各部分所用的字符串，只要在邮件的内容中不会出现这样的字符串即可。若某一行以两个连字符"－－"开始，后面紧跟上述的字符串，就表示下面开始了另一个子报文。

2）alternative 子类型允许单个报文含有同一数据的多种表示。当给多个使用不同硬件和软件系统的收件人发送备忘录时，这种类型的 multipart 报文很有用。例如，用户可同时用普通的 ASCⅡ文本和格式化的形式发送文本，从而允许拥有图形功能的计算机用户在查看图形时选择格式化的形式。

3）parallel 子类型允许单个报文含有可同时显示的各个子部分。

4）digest 子类型允许单个报文含有一组其他报文。

7.6 DHCP

动态主机配置协议（Dynamic Host Configuration Protocol，DHCP）提供了一种被称为"即插即用联网"（plug – and – play networking）的机制。这种机制允许一台计算机自动加入新的网络和获取 IP 地址，而不用手动参与。

DHCP 对运行客户软件和服务器软件的计算机都适用。当运行客户软件的计算机移至一个新的网络时，就可使用 DHCP 获取其配置信息而不需要手动干预。DHCP 给运行服务器软件且位置固定的计算机指派一个永久地址，而当这台计算机重新启动时地址不改变。

DHCP 使用客户端/服务器方式。当一台计算机启动时就广播一个 DHCP 请求报文，DHCP 服务器收到请求报文后返回一个 DHCP 应答报文。DHCP 服务器先在其数据库中查找该计算机的配置信息。若找到，则返回找到的信息；若找不到，则从服务器的按需分配的地址库中取一个地址分配给该计算机。

DHCP 很适合于经常移动位置的计算机。当计算机使用 Windows 操作系统时，若单击控制面板中的"网络"图标，就可以找到某个连接中的"网络"下面的菜单，找到 TCP/IP 后单击其"属性"按钮，若选择"自动获得 IP 地址"和"自动获得 DNS 服务器地址"单选按钮，就表示使用的是 DHCP。

有的书将 DHCP 放在网络层和 IP 一起讨论，这是考虑到 DHCP 给主机分配的临时 IP 地址是属于网络层的内容。但是，由于 DHCP 报文使用 UDP 用户数据报传送（UDP 再使用 IP 传送），因此 DHCP 在协议栈中的位置应当是应用层。DHCP 服务器使用的常用端口号是67，而 DHCP 客户使用的常用端口号是68。

7.7 Telent 协议和 SSH 协议

7.7.1 Telent 协议

远程登录 Telnet 协议是一个简单的远程终端协议。用户用 Telnet 协议就可在其所在地通过 TCP 连接注册到远地的另一个主机上。Telnet 协议能将用户的击键传到远程主机，同时也能将远程主机的输出通过 TCP 连接返回到用户屏幕。这种服务是透明的，因此 Telnet 协议又称为终端仿真协议。

现在由于 PC 的功能越来越强，用户已较少使用 Telnet 协议了。Telnet 协议也使用客户端/服务器方式，在本地系统运行 Telnet 客户进程，而在远程主机则运行 Telnet 服务器进程。和 FTP 的情况相似，服务器中的主进程等待新的请求，并产生从属进程来处理每一个连接。

Telnet 协议能够适应许多计算机和操作系统的差异。例如，对于文本中一行的结束，有的系统使用 ASCⅡ码的回车（CR），有的系统使用换行（LF），还有的系统使用两个字符，回车—换行（CR – LF），等等。为了适应这种差异，Telnet 协议定义了数据和命令应如何通过 Internet，即网络虚拟终端（Network Virtual Terminal，NVT）。图 7–10 说明了 NVT 的意义：客户软件把用户的击键和命令转换成 NVT 格式，并送交服务器；服务器软件将收到的数据和命令从 NVT 格式转换成服务器端所需的格式；向用户返回数据时，服务器将自己的格式转换为 NVT 格式，本地客户再从 NVT 格式转换到本地系统所需的格式。

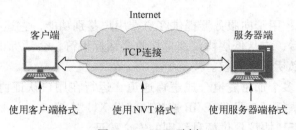

图 7–10　NVT 示例

NVT 的格式定义很简单。所有的通信都是使用 8 位 ASCⅡ码传送的。在运转时，NVT 使用 7 位 ASCⅡ码传送数据，而当高位置为 1 时用作控制命令。ASCⅡ码共有 95 个可打印字符和 33 个控制字符，所有可打印字符在 NVT 中的意义和在 ASCⅡ码中一样，但 NVT 只使用了 ASC Ⅱ 码的控制字符中的几个。此外，NVT 还定义了两字符的 CR – LF 为标准的行结束控制符。当用户按【Enter】键时，Telnet 的客户端就把它转换为 CR – LF 再进行传输，而 Telnet 服务器要把 CR – LF 转换为远程机器的行结束字符。虽然 Telnet 协议的 NVT 功能非常简单，但 Telnet 协议定义了一些自己的控制命令。通过 Telnet 协议的选项协商（Option Negotiation），Telnet 客户和 Telnet 服务器还可以商定使用更多的终端功能。

7.7.2　SSH 协议

安全外壳（Secure Shell，SSH）协议由 IETF 的网络工作小组制定，是建立在应用层和传输层基础上的安全协议。SSH 协议是目前较可靠、专为远程登录会话和其他网络服务提供安全性的协议，利用该协议可以有效防止远程管理过程中的信息泄露问题。SSH 协议最初是 UNIX 系统上的一个程序，后来又迅速扩展到其他操作平台。

SSH 协议由客户端和服务器端软件组成，有两个不兼容的版本 1.x 和 2.x。其中服务器端是一个守护进程（Daemon），它在后台运行并响应来自客户端的连接请求。服务器端一般是 sshd 进程，提供了对远程连接的处理，一般包括公共密钥认证、密钥交换、对称密钥加密和非安全连接；客户端包含 ssh 程序，以及如 scp（远程复制）、slogin（远程登录）和 sftp（安全文件传输）等其他的应用程序。

SSH 协议的工作机制大致是本地的客户端发送一个连接请求到远程的服务器端，服务器端检查申请的包和 IP 地址后发送密钥给 SSH 的客户端，本地再将密钥发回给服务器端，自此连接建立。一旦建立了一个安全传输层连接，客户机就发送一个服务请求。当用户认证完成之后，会发送第二个服务请求。这样就允许新定义的协议可以与上述协议共存。SSH 协议被设计成为工作于自己的基础之上而不利用超级服务器（Inetd）。启动 SSH 服务器后，sshd 进程运行起来并在默认的 22 端口进行监听。如果不是通过 Inetd 启动的 SSH 服务器，那么 SSH 服务器就将一直等待连接请求。当请求到来时 SSH 守护进程会产生一个子进程，该子进程进行这次的连接处理。

SSH 协议主要由 3 部分组成

1）传输层协议：提供了服务器认证、保密性及完整性。传输层协议通常运行在 TCP/IP 连接上，也可能用于其他可靠数据流上，它提供了强力的加密技术、密码主机认证及完整性保护。该协议中的认证基于主机，并且该协议不执行用户认证，更高层的用户认证协议可以设计为在此协议之上。

2）用户认证协议：用于向服务器提供客户端用户鉴别功能，它运行在传输层协议上面。当用户认证协议开始后，它从低层协议那里接收会话标识符，会话标识符唯一标识此会话并且适用于标记以证明私钥的所有权。

3）连接协议：将多个加密隧道分成逻辑通道，运行在用户认证协议上。提供了交互式登录话路、远程命令执行、转发 TCP/IP 连接和转发 X11 连接。

从客户端来看，SSH 协议提供两种级别的安全验证

1）第一种级别：基于口令的安全验证。只要知道自己的账号和口令，就可以登录到远程主机。所有传输的数据都会被加密，但是不能保证正在连接的服务器就是自己想连接的服务器，可能会有别的服务器在冒充真正的服务器，也就是受到"中间人"这种方式的攻击。

2）第二种级别：基于密钥的安全验证。该级别需要依靠密钥，也就是必须为自己创建

一对密钥，并把公用密钥放在需要访问的服务器上。如果要连接到 SSH 服务器上，客户端软件就会向服务器发出请求，请求用密钥进行安全验证。服务器收到请求之后，先在该服务器上主目录下寻找公用密钥，然后把它和发送过来的公用密钥进行比较。如果两个密钥一致，服务器就用公用密钥加密"质询"并把它发送给客户端软件。客户端软件收到"质询"之后就可以用私人密钥解密，再把它发送给服务器。用这种方式，必须知道自己密钥的口令，但是不需要在网络上传送口令。

SSH 的启动方法有 3 种。

1）方法一：使用批处理文件。在服务器端安装目录下有两个批处理文件 start - ssh. bat 和 stop - ssh. bat。运行 start - ssh. bat 文件就可以启动 SSH 服务，要停止该服务只要执行 stop - ssh. bat 文件即可。

2）方法二：使用 SSH 服务配置程序。在安装目录下，运行 fsshconf. exe 程序，它虽是 SSH 服务器的配置程序，但也可以用来启动和停止 SSH 服务。在打开的 F - Secure SSH Server Configuration 窗口中，单击左面列表框中的 Server Settings 后，在右边的 Service status 栏中会显示服务器状态按钮，如果服务器是停止状态，则按钮显示为 Start service，单击该按钮就可启动 SSH 服务，再次单击可停止 SSH 服务。

3）方法三：使用 net 命令。在服务器端的"命令提示符"窗口中，输入 net start " F - secure SSH Server" 命令，就可以启动 SSH 服务，要停止该服务，输入 net stop " F - Secure SSH Server" 命令即可。其中 F - Secure SSH Server 为 SSH 服务器名，net start 和 net stop 为 Windows 系统启动和停止系统服务所使用的命令。

本章重要概念

- DNS 名字空间：采用了层次化的树形结构来组织。其中最上面的是树根，没有名字；树根下面的结点是顶级域结点，顶级域结点下面是二级域结点，之后是三级域结点，最下面的是叶子结点。

- URL：即统一资源定位符，是对能从互联网上得到资源位置和访问方法的一种简洁的表示。它给资源的位置提供一种抽象的识别方法，并用这种方法给资源定位，使得系统得以对资源进行各种操作。

- HTTP：是一种面向事务的应用层协议，通常运行在 TCP 之上，它指定了客户端可能发给服务器什么样的消息，以及得到什么样的响应。HTTP 协议是万维网上能够可靠地交换文件的重要基础。

- HTML：即超文本标记语言，是一种制作万维网页面的标准语言，它定义了很多用于排版的命令，即"标签"（Tag），并将标签嵌入到万维网的页面中以构成 HTML 文档。浏览器从服务器读取某个页面的 HTML 文档后，可以按照 HTML 文档中的各种标签，根据浏览器所使用的显示器的尺寸和分辨率大小，重新进行排版并恢复出所读取的页面。

- FTP：即文件传送协议，能够提供交互式的访问，允许客户指明文件的类型与格式，并允许文件具有存取权限。它能够减少或消除在不同操作系统下处理文件的不兼容性，并使用客户端/服务器方式进行文件传输。

- SMTP：即简单邮件传送协议，是一种用于用户代理向邮件服务器发送邮件或在邮件服务器之间发送邮件的协议，它规定了在两个相互通信的 SMTP 进程之间应如何交换信息，客户可以利用 SMTP 将邮件"推送"给 SMTP 服务器。
- Telnet 协议：Telent 协议是一个简单的远程终端协议，用户用 Telent 就可在其所在地通过 TCP 连接注册到远地的另一个主机上，并能将用户的击键传到远程主机，同时也能将远程主机的输出通过 TCP 连接返回到用户屏幕。
- SSH 协议：即安全外壳协议，是建立在应用层和传输层基础上的安全协议，主要由传输层协议、用户认证协议和连接协议 3 部分组成，并为客户提供两种级别的安全验证。SSH 协议是目前较可靠、专为远程登录会话和其他网络服务提供安全性的协议，利用该协议可以有效防止远程管理过程中的信息泄露问题。

习 题

1. 简述 DNS 的域名解析过程。
2. 简述 HTTP 持续连接的请求与响应过程。
3. Web 2.0 的主要技术有哪些？
4. 简述 FTP 的工作原理。
5. 简述电子邮件的主要构件及电子邮件收发流程。
6. 简述 SSH 协议的工作机制和组成部分。

第8章 计算机网络安全与管理

学习目标

理解网络安全的基本概念；掌握数据加密技术，掌握数据鉴别与认证技术；了解互联网的安全体系与相关协议；掌握防火墙和入侵检测的基本概念和分类；了解网络管理基本概念，掌握网络管理的主要功能。

本章要点

- 网络安全的基本概念
- 数据加密技术
- 鉴别与认证技术
- 网络安全体系结构
- 防火墙和入侵检测技术
- 网络管理主要功能

8.1 网络安全概述

网络安全主要是指网络系统的信息安全，它通过保护网络系统的硬件、软件及数据的安全，避免其遭到破坏、更改和泄露，确保系统能连续、可靠和正常地提供网络服务。

8.1.1 网络安全威胁

网络中的数据在传输和存储过程中可能被盗用、暴露或篡改，或者网络受到攻击而瘫痪，其安全威胁主要来自内部和外部两个方面。内部威胁主要来自网络设计和网络协议本身等的安全缺陷。如传输口令时采用容易被窃取的明文；密码保密性不强，容易被破解；某些协议存在安全漏洞等，这些都使得网络攻击者有可乘之机。外部威胁主要指来自系统外部的故意攻击，分为被动攻击和主动攻击两种，如图8-1所示。

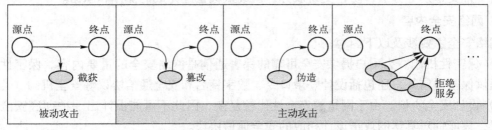

图 8-1 主动攻击与被动攻击

被动攻击是指攻击者只对信息进行监听而不干扰信息源，如窃听、截获、监视、非法查询及通信量分析（指攻击者通过对信息的流向、流量、通信频度和长度等进行分析，了解交换数据的性质，获取有用的信息）等，其攻击目的主要是收集和获取信息。由于被动攻击不对信息源做任何改动，因此数据的合法用户对这种活动一点也不会觉察到，这也导致检测被动攻击变得十分困难。

主动攻击是指采取特殊手段有选择地破坏信息的真实性、完整性和有序性。它可以通过伪造身份，企图建立新的连接，盗窃有用信息；或者延迟信息，或者插入之前复制的信息，使接收服务器拒绝报文服务；甚至传播病毒，干扰和破坏整个系统的正常运行。主动攻击包括篡改、伪造和拒绝服务等攻击方法。

1）篡改。指攻击者在未经授权访问的情况下改动了原始数据，从而使合法用户得到虚假的信息或错误的服务。

2）伪造。指攻击者未经许可在系统中伪造出假的信息或服务，以欺骗接收者。

3）拒绝服务。指攻击者向互联网中的某个服务器集中不停地发送大量的分组，使系统响应减慢甚至瘫痪，导致互联网或服务器无法提供正常服务。

对于主动攻击，由于信息的真实性和完整性遭到了破坏，可以采取适当的措施对其加以检测，并采用加密、鉴别反拒认和完整性技术来对付；而对于被动攻击，通常检测不出来，因此需要采用各种数据加密技术来防止数据被盗用或分析。

8.1.2　网络安全的目标和内容

1. 网络安全目标

针对网络中的不安全因素和威胁，提出了网络安全的目标，即防止盗用信息、防止通信量分析、检测报文流的更改、检测拒绝报文服务、以及检测伪造连接等，从而实现信息的可用性、保密性、完整性和不可抵赖性。

1）可用性。授权的合法用户在其需要时可正常访问数据，即不允许攻击者占用网络资源而阻碍授权用户的访问。

2）保密性。通过数据加密技术，确保信息不泄露给未授权的实体或进程。

3）完整性。通过完整性鉴别机制，能够保证只有得到允许的用户才能对数据进行修改，并且能够检测出收到的数据在传输过程中是否被篡改。

4）不可抵赖性。又称不可否认性，是指使用审计、监控和防抵赖等安全机制，通过数据签名、报文鉴别等方法，防止交易双方否认或抵赖曾经完成的操作和承诺。

2. 网络安全内容

网络安全主要涉及以下内容。

1）保密性机制。为用户提供安全可靠的保密通信是网络安全的重要内容。保密性机制除了提供保密通信外，还包括设计登录口令、数字签名和安全通信协议等安全机制。

2）设计安全协议。由于网络的安全性比较复杂，因此不可能设计出一种彻底安全的通信协议，只能针对具体的攻击设计相应的安全通信协议。

3）访问控制。也称存取控制。由于网络系统的复杂性，其访问控制也变得更加复杂。

必须对每个用户的访问权限进行设定，对接入网络的权限加以控制。

8.1.3　网络安全的技术体系

由于计算机网络上的任何通信系统都面临不同程度的安全威胁，因此通常采用数据加密、数字签名、报文鉴别、CA 认证、防火墙和入侵检测等技术手段来防御和抵制这些威胁。

1. 数据加密

数据加密是指将原始信息（或称明文）通过加密密钥和加密算法变换成密文，实现信息隐蔽，而接收方则将此密文经过解密算法和解密密钥还原成明文。由于数字签名、报文鉴别和身份认证等技术都是以加密技术作为基础，因此，数据加密技术可以看作是网络安全技术的基石。

2. 数字签名

数字签名是在加密技术的基础上，由发送方通过公钥密码技术对传送的报文进行处理，产生其他人无法伪造的密文，这个密文用来认证报文的来源并核实报文是否发生了变化，防止发送者的抵赖行为。

3. 报文鉴别

报文鉴别是用来确定报文的确是由报文发送者发送的，而不是其他冒充者伪造或篡改的。通过报文鉴别可以使通信的接收方能够验证所接收报文的来源和真伪，报文鉴别通过对报文摘要进行数字签名来达到鉴别目的。

4. CA 认证

密钥管理是密码学中的一个重要分支，密钥分配又是密钥管理中最大的问题。密钥分配根据密钥的不同分为对称密钥分配和非对称密钥分配两种。CA（Certification Authority）认证中心则是对非对称密钥进行分配认证的权威机构。

5. 防火墙技术

防火墙是建立在内外部网络之间的一种设备，主要起到访问控制的作用。它严格控制进出网络边界的信息，只允许那些授权的数据通过，防止内外部网络之间非法传递信息。同时，它也阻止未经许可的用户访问内部网络。作为内部网络和外部网络之间的安全屏障，防火墙目前使用的技术主要有包过滤技术和代理服务技术等。

6. 入侵检测技术

入侵检测技术是继防火墙、数据加密等保护措施后又一种新一代的安全保障技术。由于防火墙事实上不能阻止所有的入侵行为，因此在入侵已经开始，但还没有造成危害或更大危害前，使用入侵检测技术可以将危害降到最低。目前，入侵检测已经成为防火墙之后的第二道安全闸门。

根据 OSI 和 TCP/IP 参考模型各层上所使用的安全技术不同，下面给出网络安全技术体系结构图，如图 8-2 所示。

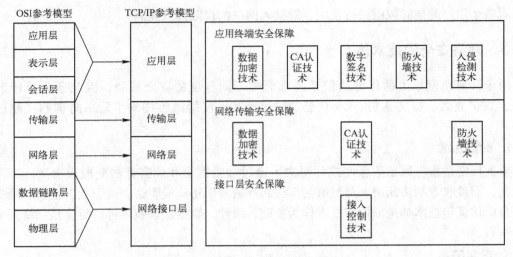

图 8-2　网络安全技术体系结构图

8.2　数据加密技术

数据加密技术是避免秘密数据被攻击者破解所采用的主要技术手段之一，它能够提高网络系统的安全性和保密性，是实现所有安全服务的基础。

8.2.1　数据加密的基本概念

一般的数据加密模型如图 8-3 所示。用户 A 向用户 B 发送明文 X，通过加密算法 E 和加密密钥 K_e 运算后得到密文 Y，然后在接收端利用解密算法 D 和解密密钥 K_d，解出明文 X，传给最终用户 B。在这个过程中，解密算法是加密算法的逆运算。图 8-3 中的相关概念如表 8-1 所示。

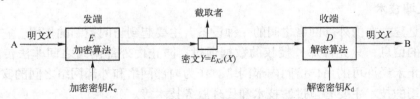

图 8-3　一般的数据加密模型

表 8-1　数据加密的基本概念

基本概念	定义
明文	原来的信息（报文）、消息，也就是所说的报文
密文	经过加密后得到的信息
加密密钥	加密时所使用的一串秘密的字符串（即比特串）
解密密钥	解密时所使用的一串秘密的字符串（即比特串）
加密	把信息从一个可理解的明文形式变换成一个错乱的、不可理解的密文形式的过程
解密	将密文还原为明文的过程
密码算法	加密和解密变换的规则（数学函数），有加密算法和解密算法

根据加密密钥与解密密钥是否相同，将加密技术分为常规密钥密码体制和公开密钥密码体制。

8.2.2 常规密钥密码体制

在常规密钥密码体制中，加密密钥与解密密钥是相同的。常规密钥密码体制主要包括替代密码和置换密码、数据加密标准 DES、国际数据加密算法 IDEA 等几种类型。

1. 替代密码和置换密码

替代密码是按一定规则将明文中的每个字母都替换成另一个字母，以隐藏明文。例如，将明文字符顺序保持不变，每个字符按字母表顺序向后移 3 个字符，即密钥为 3。

明文：HE   IS   A   MAN

密文：kh   lv   d   pdq

替代加密法虽然可以通过一个字母替换另一个字母起到混淆效果，但是字母的频率并没有改变，因此通过字母频率的匹配可以破解密码。

与替代密码不同，对于置换密码而言，原来明文的字符不会被隐藏，而是按某一规则将字符重新排序。例如，以 CHINA 在字母表中的顺序作为密钥，将明文按 5 个字符为一组写在密钥下，如：

密钥：C   H   I   N   A

顺序：2   3   4   5   1

明文：a   b   c   d   e

　　　f   g   h   i   j

　　　k   l   m   n   o

　　　p   q   r   s   t

然后按密钥中的字母在字母表中的排列顺序，按列抄出密文，得 ejotafkpbglqchmrdins。接收方按照密钥中字母的顺序将密文按列写下，再按行读出，则可以得到明文。

置换密码和替代密码一样，都属于传统的加密方法，这种基本的加密模型是稳定的。它的好处是可以秘密而又方便地更换密钥，从而达到保密的目的。但由于这些密码比较简单，很容易被破译，所以这种加密方法一般作为复杂编码过程中的中间步骤。

2. 数据加密标准 DES

DES（Data Encryption Standard）算法是最具代表性的一种对称加密算法，它由 IBM 公司研制而成，后被美国国家标准局和国家安全局选为数据加密标准。DES 将二进制序列的明文分为每 64 位为一组，使用 64 位的密钥（除去 8 位奇偶校验码，实际密钥长度为 56 位）对 64 位二进制数进行分组加密。

DES 首先将 64 位明文 X 进行一个初始置换运算，初始置换运算的结果被分为左半部分 L_0 和右半部分 R_0，各 32 位，这是算法的第一阶段。然后对其进行 16 轮完全相同的复杂变换运算后，最终得到左半部分 L_{16} 和右半部分 R_{16}。在运算过程中，数据和密钥结合，这是算法的第二阶段。最后，通过初始置换的逆置换将 L_{16} 和 R_{16} 合在一起，得到一个 64 位的密文 Y，这是算法的第三阶段。DES 加密流程如图 8-4 所示。

DES 除了密钥输入顺序之外，其加密和解密步骤完全相同，这使得制作 DES 芯片时，易于做到标准化和通用化，适合现代通信的需要。经过分析论证，DES 是一种性能良好的

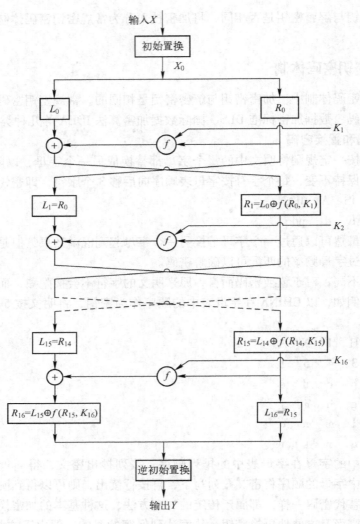

输入 X

初始置换

X_0

L_0 R_0

K_1

$+$ f

$L_1=R_0$ $R_1=L_0 \oplus f(R_0, K_1)$

K_2

$+$ f

$L_{15}=R_{14}$ $R_{15}=L_{14} \oplus f(R_{14}, K_{15})$

K_{16}

$+$ f

$R_{16}=L_{15} \oplus f(R_{15}, K_{16})$ $L_{16}=R_{15}$

逆初始置换

输出 Y

图 8-4 DES 加密流程

数据加密算法，不仅随机特性好，线性复杂度高，而且易于实现，能够标准化和通用化，因此在国际上得到了广泛应用。

DES 的算法是公开的，因此其保密性仅取决于对密钥的保密。但由于 DES 的密钥长度太短，只有 56 位，也就是说可能的密钥只有 2^{56} 个。如今已经设计出了一些专用计算机，如果每秒测试 5 亿个密钥，则在 4 小时以内便可把所有可能的密钥都测试一遍。因此，随着计算机性能的提高，DES 的破解难度已经降低，不太实用了。

3. 国际数据加密算法 IDEA

国际数据加密算法（International Data Encryption Algorithm，IDEA）是在 DES 算法的基础上发展起来的，在常规密钥密码体制中也十分著名。IDEA 采用 128 位的密钥，因而更加不容易被攻破。类似于 DES，IDEA 先将明文划分成一个个 64 位长的数据分组，然后经过 8 次迭代和一次变换，得到 64 位密文。经计算，当密钥长度为 128 位时，若每微秒可搜索 100 万次，则破译 IDEA 密码需要花费 5.4×10^{18} 年。显然 128 位的密钥是安全的。

8.2.3　公开密钥密码体制

公开密钥密码体制（又称为公钥密码体制，PKI）使用不同的加密密钥与解密密钥，因此也被称为非对称密钥体系。在公钥密码体制中，加密密钥 PK（Public Key）是向公众公开的，而解密密钥 SK（Security Key）则是需要保密的，加密算法 E 和解密算法 D 也都是公开的。

公钥密码体制具有以下几个特点。

1）加密和解密分别使用不同的密钥进行，即如果使用加密密钥 PK 对明文进行加密后，不能再用 PK 对密文进行解密，而只能用相应的另一把密钥 SK 进行解密得到明文。即 $D_{PK}(E_{PK}(X)) \neq X$，$D_{SK}(E_{PK}(X)) = X$。

2）加密密钥和解密密钥可以对调使用，即 $D_{PK}(E_{SK}(X)) = X$。

3）在计算机上可以容易地产生成对的 PK 和 SK，但根据已知的 PK 不能推导出未知的 SK，即从 PK 到 SK 是"计算上不可能的"。

下面以两方通信为例，介绍公钥密码体制的加密与解密过程。

1）密钥产生器为接收者（B）产生一对密钥：加密密钥 PK_B 和解密密钥 SK_B。PK_B 是公钥，向公众公开，而 SK_B 是 B 的私钥，对其他人保密。

2）发送者 A 用 B 的公钥 PK_B 通过 E 运算对明文 X 加密，得到密文 Y，发送给 B，即

$$Y = E_{PK_B}(X) \tag{8-1}$$

3）B 接收到密文 Y 后，用自己的私钥 SK_B 通过 D 运算进行解密，恢复出明文 X，即

$$D_{SK_B}(Y) = D_{SK_B}(E_{PK_B}(X)) = X \tag{8-2}$$

如图 8-5 给出了公钥密码体制的加解密过程。

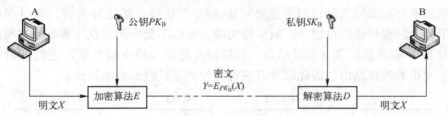

图 8-5　公钥密码体制

公开密钥密码算法的优点是安全性高，密钥易于保管，缺点是计算量大，加密和解密速度慢。因此，公开密钥密码算法适合于加密短信息。实际应用中，通常将公开密钥密码算法和对称密钥密码算法构成混合密码系统，充分发挥各自的优点。采用对称密码算法加密数据，提高加密速度；采用公开密钥密码算法加密对称密码算法的密钥，保证密钥的安全性。

常规密钥密码体制和公开密钥密码体制的优缺点如比较表 8-2 所示。

表 8-2　常规密钥密码体制和公开密钥密码体制优缺点比较

指　标	常规密钥密码体制	公开密钥密码体制
加密解密密钥	同一密钥	不同密钥
安全条件	密钥必须保密	其中一个保密
加密速度	快	慢
方便性	密钥初始分配不便	密钥公开方便
功　能	加密	加密、签名、密钥分配

8.2.4　链路加密与端到端加密

从数据传输的角度来看，实现通信安全的加密策略一般有链路加密和端到端加密两种。

1. 链路加密

链路加密是指对网络中的每条通信链路使用不同的加密密钥进行独立加密，如图 8-6 所示。链路加密将 PDU（协议数据单元）中的协议控制信息和数据都进行了加密，掩盖了源结点和目的结点的地址。若结点能够保持连续的密文序列，则 PDU 的频度和长度也能得到掩盖，这样可以防止各种形式的通信量分析。由于上一结点的加密密钥与相邻下一结点的解密密钥是相同的，因而密钥管理易于实现。

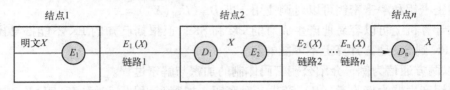

图 8-6　链路加密

链路加密的最大缺点就是信息在中间结点加解密时会以明文的形式出现，一旦中间结点被攻击，整个通信安全就得不到保证，因此仅采用链路加密是不能实现安全通信的。此外，由于广播网络没有明确的链路存在，若加密整个 PDU 会导致接收者和发送者无法确定。因此链路加密不适用于广播网络。

2. 端到端加密

端到端加密是在源结点和目的结点处对传送的 PDU 进行加密和解密，其过程如图 8-7 所示。由于整个过程传输的是密文，所以报文的安全性不受中间结点的影响。在端到端加密中，不能对 PDU 的控制信息（如源结点、目的结点地址和路由信息等）进行加密，否则中间结点就不能正确选择路由，因此这种方法容易受到通信量分析的攻击。

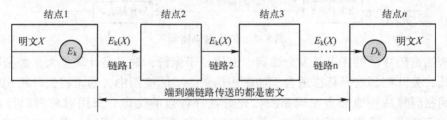

图 8-7　端到端加密

端到端加密需要在传输层及其以上各层实现。如果在传输层加密，安全措施对用户来说是透明的，但是容易遭受传输层以上的攻击。如果选择应用层加密，用户可以根据自己的特殊要求选择不同的加密算法，而且不会影响其他用户。端到端加密既可以适用于互联网环境，又可以适用于广播网。由于整个传输过程中，各结点所使用的密钥是相同的，所以需要对全网范围内的各结点进行密钥管理和分配。

为了得到更好的安全性，可将链路加密和端到端加密结合使用，用链路加密来加密 PDU 的目的地址，用端到端加密来加密数据。

8.3 数据签名与鉴别技术

随着技术的发展和各种新型应用的不断出现，如何防止攻击者对信息系统的主动攻击变得越来越重要。鉴别与认证技术作为防止主动攻击的重要手段，其主要目的是提供信息的真实性、完整性和不可抵赖性，以应对伪造、篡改和重放等攻击。

8.3.1 数字签名

数字签名是非对称加密算法的典型应用，其目的是验证信息的真伪性。数字签名必须具有以下功能。

1）接收者能够核实发送者对报文的签名，其他人无法伪造签名，这就是报文鉴别。

2）发送者事后不能抵赖对报文的签名，这称为不可否认。

3）接收者可以确信收到的报文和发送者发送的完全一样，没有被篡改过，这称为报文的完整性。

下面通过介绍数字签名的过程来讨论这 3 个功能。

签名过程为：发送者 A 先用自己的私钥 SK_A 对报文 X 进行 D 运算，将结果 $D_{SK_A}(X)$ 传送给接收者 B。B 为了核实签名，用已知的 A 的公开密钥 PK_A 和 E 算法还原明文 X。

1）由于 A 的解密密钥 SK_A 只有 A 知道，所以除 A 外无人能产生密文 $D_{SK_A}(X)$，这样，B 完全可以相信报文 X 是 A 签名发送的，这就是报文鉴别的功能。

2）如果报文被篡改过，由于攻击者无法得知 A 的私钥 SK_A 对报文 X 加密，所以 B 收到篡改的报文，解密后得到的明文将不可读。这样就可以知道 X 被篡改过，保证了报文完整性的功能。

3）如果 A 要抵赖曾发过报文给 B，B 可以把 X 及 $D_{SK_A}(X)$ 出示给公证的第三方，第三方用 PK_A 可以很容易地证实 A 确实发送 X 给 B 了，这就是不可否认的功能。

为了同时实现数字签名和保密通信的功能，可以采用如图 8-8 所示的方法。

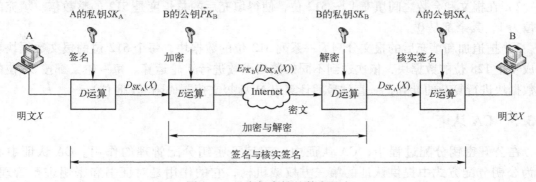

图 8-8 具有保密性的数字签名

8.3.2 报文鉴别

对于被动攻击，可以对信息进行加密，但对于主动攻击，则要使用报文鉴别等方法。通过报文鉴别，通信接收方可以鉴别报文的真伪。数字签名虽然也可以鉴别报文的真伪，但在实际应用中，许多报文不需要加密但又要接收者能辨别其真伪。例如，网上发布的通告或告警信号。对这些报文进行数字签名会增大计算机的负担，而且也没有必要。这时就可以通过报文鉴别的方法去鉴别报文的真伪。

报文摘要（Message Digest，MD）是进行报文鉴别的简单方法，如图 8-9 所示。用户 A 把报文 M 输入单向散列函数 H，得到固定长度的报文摘要 $H(M)$，然后用自己的私钥 SK_A 对 $H(M)$ 加密，即进行数字签名，得到被签名的报文摘要，称为报文鉴别码（Message Authentication Code，MAC）。然后将其追加在报文 M 后面一同发送出去。B 收到"报文 M + 报文鉴别码 MAC"后，用 A 的公钥对报文鉴别码 MAC 进行解密运算，还原报文摘要 $H(M)$，再对报文 M 进行报文摘要运算，看能否得到同样的报文摘要。若一样，则可以判定收到的报文是 A 产生的，否则就不是。

报文摘要方法的优点是：对相对很短的报文摘要 $H(M)$ 进行数字签名要比对整个长报文签名简单得多，所耗费资源和时间也小得多。但对于鉴别整个报文 M 来说，效果是一样的。

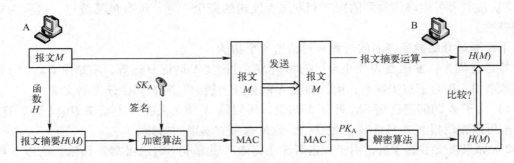

图 8-9　用报文鉴别码鉴别报文

现在 Internet 上广泛应用的是 MD5 报文摘要算法，它可以对任意长的报文进行运算，得到 128 位的 MD5 报文摘要代码。MD5 的算法过程如下。

1）对任意长的报文按模 2^{64} 计算其余数（64 位），并追加在报文的后面。

2）在报文和余数之间填充 1 ~ 512 位，使得填充后的总长度是 512 的整数倍。填充的首位为 1，其余都是 0。

3）把追加和填充后的报文分割为一系列 512 位的数据块，每个 512 位的报文数据块再分成 4 个 128 位的数据块，依次送到不同的散列函数进行 4 轮运算。每一轮又都按 32 位的小数据块进行复杂的计算，一直到最后计算出 MD5 报文摘要代码（128 位）。

8.3.3　CA 认证

在公开密钥分配过程中，CA 认证中心起到了密钥分配管理的作用。CA 认证中心作为公钥分配方式中提供认证的第三方权威机构，它的作用是对证书和密钥进行管理，检查证书持有者身份的合法性并签发证书，以防止证书被伪造或篡改。证书包括证书申请者的名称及相关信息、申请者的公钥、签发证书的 CA 的数字签名及证书的有效期等内容。

为了和其他用户进行保密通信，CA 也有一对自己的公开密钥和秘密密钥（PK_{CA}，SK_{CA}）。

每个用户在通信之前都应先向 CA 认证中心申请获得属于自己的证书，在 CA 判明申请者的身份之后，将该公钥与申请者的身份信息绑在一起并为之签字后，形成证书发给申请者。

例如，用户 A 和用户 B 从 CA 机构获得属于自己的证书 C_A 和 C_B，分别为：

$$C_A = D_{SK_{CA}}(A, PK_A, T_A) \tag{8-3}$$

$$C_B = D_{SK_{CA}}(B, PK_B, T_B) \tag{8-4}$$

证书中的 A 和 B 为用户名等相关信息，PK_A 和 PK_B 分别为用户 A 和 B 的公开密钥，T_A 和 T_B 为证书 C_A 和 C_B 的时间戳。因为不怕被攻击者得到，所有有效期一般较长（如一年）。

如果用户 A 要与用户 B 进行保密通信，A 首先从用户 B 那里获得用户 B 的证书 C_B 后，为了验证 C_B 的确是 B 的证书，A 从可信的公共平台那里获得 CA 认证中心的公钥 PK_{CA}，然后用此公钥对证书 C_B 进行解密验证，并获得用户 B 的公钥及证书有效期等相关信息。同理，用户 B 也可以对用户 A 进行验证。

验证通过之后，用户 A 和 B 之间则可以按照以下步骤商讨得到工作密钥 SK。

1）用户 A 先将自己的证书 C_A 发给用户 B，B 获得 A 的公开密钥 PK_A。

2）用户 B 将自己的证书 C_B 和 $\text{TokenBA} = E_{PK_A}(D_{SK_B}(A, SK, T_D))$ 发送给 A，A 通过 CA 的公钥 PK_{CA} 对 C_B 进行解密验证，并获得到 B 的公开密钥 PK_B，然后 A 再用自己的私钥 SK_A 和 PK_B 解密得到工作会话密钥 SK。T_D 为时间戳，一般较短，每次都不一样。

3）用户 A 将 $\text{TokenAB} = E_{PK_B}(D_{SK_A}(B, SK, T_D))$ 发送给用户 B，B 接收之后可以轻松地得到经 A 确认的会话密钥 SK，验证一致之后，双方便可以使用工作会话密钥 SK 进行保密通信了。

如图 8-10 所示，展示了 CA 认证中心对公钥的分配管理。

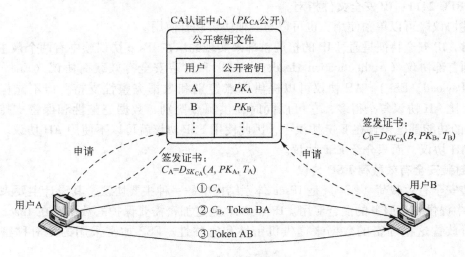

图 8-10　CA 认证公钥分配

在公钥分配过程中，CA 认证中心并不参与用户之间的保密通信活动。因此，即使 CA 认证中心遭到了破坏，在公开密钥体制下，攻击者仍然无法窃听用户的通信。

8.4　互联网的安全体系结构

随着 TCP/IP 的普遍使用，它的各种安全脆弱性也逐步体现出来，但目前又不能设计出一种全新的协议来取代 TCP/IP。因此，可以通过在 TCP/IP 参考模型的各层上增加一些安全协议来保证安全，这些安全协议主要分布在最高 3 层，即网络层、传输层和应用层。

8.4.1　网络层安全协议

1. IPsec 的产生背景

IPsec 协议（IP security，IPsec）是在制定 IPv6 时产生的，用于提供 IP 层（即网络层）的安全性。它通过使用现代密码学方法支持机密性和认证性服务，使用户能够得到所期望的安全服务。

IP 的最初设计没有过多地考虑安全性，不能够对通信双方的真实身份进行很好的验证，同时也无法对网上传输的数据的完整性和机密性进行保护。为了实现 IP 层的安全，互联网工程组 IETF 于 1994 年专门成立了 IP 安全协议工作组 IPSEC，制定和推动了一套被称为 IP-sec 的 IP 安全协议标准。其目的就是把安全特征集成到 IP 层，以便对互联网的安全业务提供底层的支持。主要的安全协议标准有以下几个。

1）RFC 2401：IP 安全体系结构。

2）RFC 2402：IP 鉴别首部协议。

3）RFC 2406：封装安全净负荷协议。

4）RFC 2409：互联网密码交换协议。

5）RFC 2411：IP 安全文件指南。

上述协议既可以单独使用，也可以与其他协议联合使用。

通常，IP 安全特征是通过 IP 的扩展首部来实现的。在 IPsec 协议族中有两个最主要的协议：鉴别首部协议（Authentication Header，AH）和封装安全有效载荷协议（Encapsulating Security Payload，ESP）。AH 协议可以提供源点鉴别和数据完整性支持，但不能保密。而 ESP 协议比 AH 协议复杂得多，它可以同时提供源点鉴别、数据完整性和保密支持。由于 AH 协议的功能都已包含在 ESP 协议中，因此使用 ESP 协议就可以不使用 AH 协议。本书不再讨论 AH 协议，而只介绍 ESP 协议。

2. 封装安全有效载荷 ESP 协议

封装安全有效载荷（ESP）是 IPsec 体系结构中的一种主要协议，其设计主要来自 IPv4 和 IPv6 中提供安全服务的混合应用。IPsec ESP 通过加密需要保护的数据并在 IPsec ESP 的数据部分放置这些加密的数据来提供机密性和完整性。ESP 加密采用的是对称密钥加密算法。

ESP 是一个通用的、易于拓展的安全机制，其组成格式如图 8-11 所示，各字段含义如下。

- 安全参数索引（SPI）：32 位，用来标识一个安全关联，SPI 本身可以被鉴别，但不会被加密，否则无法处理。

- 序列号：32 位，作为 ESP 首部中的序号字段值，用于防止重放攻击，也不会被加密。

- 净荷（变长）：即通过加密保护的数据段或 IP 数据报。
- 填充：0 ～ 255 字节，用于将明文扩充到所需要的长度，保证边界的正确，同时隐藏载荷数据的实际长度。
- 填充长度：8 位，表示填充字段的字节数目。
- 下一个首部：8 位，指出下一个首部的类型，从而表示净荷数据的数据类型。
- 鉴别数据（变长）：消息鉴别码（MAC），用于鉴别源端身份和数据完整性检测，必须是 32 位的整数倍。

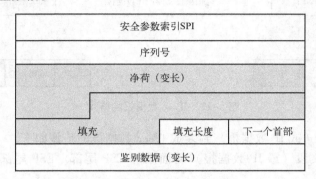

图 8-11　ESP 协议的格式

3. 安全关联

安全关联（Security Association，SA）是单向的，是在两个使用 IPsec 协议的实体（主机或路由器）间建立的逻辑连接。通过安全关联，IPsec 就可以把传统互联网中无连接的网络层变为具有逻辑连接的一个层。安全关联是发送者与接收者之间经过协商后建立的一个单向关系，如果要进行双向的安全通信，则需要建立两个方向的安全关联。每一个安全关联都可以用一个 IP 目的地址、安全协议和一个在扩展首部中的安全参数索引（Security Parameter Index，SPI）唯一地识别。

例如，在两个路由器 R1 和 R2 之间建立一条安全关联（由 R1 到 R2），它的目的就是安全地传输 IPsec 数据报（使用 IPsec 协议的 IP 数据报）。每个安全关联 SA 的状态参数信息包括以下几个方面。

- 一个 32 位的连接标识符，即安全参数索引 SPI。
- SA 的源点地址和终点地址。
- SA 所使用的加密类型（如 DES）。
- 加密密钥。
- 完整性检查的类型（如报文摘要 MD5 的报文鉴别码 MAC）。
- 鉴别使用的密钥。

当路由器 R1 通过 SA 发送 IPsec 数据报时，首先读取该 SA 的状态参数，以便知道如何对 IPsec 数据报进行加密和鉴别。当 IPsec 数据报到达路由器 R2 时，路由器 R2 通过读取 SA 的这些状态信息对数据报进行解密和鉴别。因此，在整个通信过程中，路由器 R1 和 R2 均要维护这条安全关联 SA 的状态信息。

4. IPsec 数据报

IPsec 数据报可以在两个主机之间、两个路由器之间或在一个主机和一个路由器之间发送。由于 AH 协议的功能都已包含在 ESP 协议中，因此，本书以 ESP 协议来讨论 IPsec 数据报的格式，如图 8-12 所示。

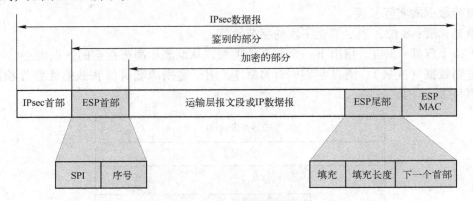

图 8-12　IPsec 数据报的格式

将传输层报文段（或 IP 数据报）封装成 IPsec 数据报的步骤如下。

1）在传输层报文段（或 IP 数据报）后面添加 ESP 尾部。ESP 尾部有 3 个字段，每个字段的含义见图 8-11。

2）按照安全关联 SA 确定的加密算法和密钥，对运输层报文段（或 IP 数据报）和 ESP 尾部一起进行加密。

3）在已加密部分的前面添加 ESP 首部。ESP 首部的字段含义见图 8-11。

4）按照 SA 确定的算法和密钥，对 ESP 首部、传输层报文段（或 IP 数据报）和 ESP 尾部一起生成报文鉴别码 MAC。

5）把 MAC 添加在 ESP 尾部的后面。

6）生成新的 IP 首部，即图 8-12 中的 IPsec 首部，这个首部就是标准的 IP 数据报首部。

5. IPsec 数据报工作模式

IPsec 数据报工作模式有两种，即传输模式和隧道模式。传输模式保护的是有效载荷，隧道模式是将原有的 IP 数据报整个作为上层数据，然后加上新的 IP 头封装起来。这些模式和协议有 4 种可能的组合：传输模式中的 AH、隧道模式中的 AH、传输模式中的 ESP 和隧道模式中的 ESP。在实际应用中，不采用隧道模式中的 AH，因为它保护的数据与传输模式中的 AH 保护的数据是一样的。

（1）传输模式

在传输模式中，AH 和 ESP 保护的是传输层报文段。在这种模式中，AH 和 ESP 会保护从运输层到网络层的数据包，并根据具体的配置提供安全保护。传输模式 ESP 如图 8-13 所示。

图 8-13　传输模式 ESP

在传输模式中，在源站只对 ESP 尾部和整个 TCP 报文所构成的数据块进行加密。在目的站，先检查明文的 IPsec 首部，然后根据 ESP 首部中的安全参数索引 SPI，将密文部分进行解密，并将 TCP 报文段恢复成明文。

这种加密方式可对任何应用层数据进行加密，而且整个 IP 数据报的长度增加不多，运行效率较高。但是，在 IP 数据报传输过程中，当被截获时，攻击者可进行通信量分析。

（2）隧道模式

与传输模式不同，隧道模式有两层 IP 数据报。为了能使路由器进行选择，在原 IP 报文段前面加上一个 ESP 首部和 IPsec 首部构成一个外层 IP 数据报。隧道模式 ESP 如图 8-14 所示。

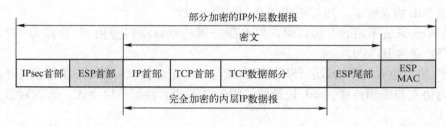

图 8-14　隧道模式 ESP

在隧道模式中，源站准备一个内层 IP 数据报（IP 首部 + TCP 报文段），然后将内层数据报和 ESP 尾部一起进行加密保护。内层 IP 数据报的目的结点地址为内部网络的主机，外层 IP 数据报的目的结点地址为安全网关。在传输过程中，沿途的路由器只检查 IPsec 首部的内容，并选择路由，安全网关检查外部 IP 数据报的首部，并根据 ESP 首部中的安全参数索引 SPI，对后面的密文进行解密，将内层 IP 数据报恢复成明文，然后在内部网络中传送。在内部网络中，内部 IP 数据报根据 IP 首部就可以很容易经过路由器传送到目的结点主机了。

这种模式由于外层数据报的首部只包含必要的路由信息，因而在一定程度上可以防止攻击者进行通信量分析。

传输模式 ESP 是在两个都支持 ESP 协议的主机之间建立一条秘密的端到端连接，保护的是两个主机之间的连接，经过路由器时，路由器无法获得内层加密的报文信息。而隧道模式 ESP 适用于利用防火墙或其他形式的安全网关来保护内部网络免受外部网络的攻击。这种情况下，只在外部主机和安全网关或者安全网关之间进行加密，内部网络的主机之间不需要加解密。

8.4.2　传输层安全协议

当买家在网上购物，需要用信用卡进行网上支付时，需要使用安全的浏览器。这时，需要确保服务器属于真正的销售商而非冒充者，同样销售商也需要对买家进行鉴别。买家与卖家之间需要确保账单信息在传输过程中没有被更改，并且诸如信用卡号之类的敏感信息没有被泄露。像这些安全服务，都要使用传输层的安全协议。目前广泛使用的协议是安全套接字层（Secure Sockets Layer，SSL）协议和传输层安全（Transport Layer Security，TLS）协议。

1. SSL 协议

SSL 协议是当前使用最广泛的运输层安全协议。SSL 协议作为万维网安全性的一个解决方案，位于 HTTP 和 TCP 之间，提供安全的 HTTP 连接。SSL 协议使用非对称加密技术和数字证书技术，保护数据在传输过程中的机密性和完整性，是国际上最早应用于电子商务中的一种网络安全协议。SSL 协议具有以下几个特点。

1）SSL 协议目前主要应用于 HTTP，为基于 Web 服务的客户与服务器之间的用户身份认证与安全数据传输提供服务。除此之外，它也可应用于 FTP、Telnet 等。

2）SSL 协议处于网络系统的应用层与传输层之间，通过在 TCP 上建立一个加密的安全通道，为 TCP 之间传输的数据提供安全保障。

3）当 HTTP 使用 SSL 协议时，HTTP 的请求、应答报文格式和处理方法都不变化。应用进程产生的报文通过 SSL 协议加密后，再通过 TCP 连接传送出去。在接收端 TCP 将加密的报文传送给 SSL 协议解密，然后再传送给应用层 HTTP。

4）当 Web 系统采用 SSL 协议时，Web 服务器的默认端口号由 80 变换为 443，Web 客户端由 HTTP 变为 HTTPS。

5）SSL 协议包含两个协议：SSL 握手协议与 SSL 记录协议。SSL 握手协议用于实现双方加密算法的协商与密钥传递；SSL 记录协议则定义了 SSL 数据传输格式，实现对数据的加密与解密操作。

SSL 协议提供的安全服务可以归纳为以下三种。

1）SSL 服务器鉴别，即允许用户证实服务器的身份。支持 SSL 协议的客户端可以通过验证来自服务器的证书，鉴别服务器的真实身份并获得服务器的公钥。

2）SSL 客户鉴别，即允许服务器证实客户身份。

3）加密的 SSL 会话，即对客户和服务器之间发送的所有报文进行加密，并检测报文是否被篡改。

2. TLS 协议

TLS 协议是 1996 年 IETF 在 SSL3.0 的基础上修改得到的，目的是为所有基于 TCP 的网络应用提供安全的数据传输服务。TLS 协议为传输层提供的安全连接具有以下几个特点。

1）TLS 协议可以通过公钥密码技术进行身份验证。

2）TLS 协议连接是保密的，它通过使用加密方法来协商一个对称密钥作为会话密钥，用于数据的加密传输。

3）TLS 协议连接是可靠的，传输中含有数据完整性的检验码。

TLS 协议工作在传输层，由两层协议组成：上层主要是 TLS 握手协议，还有密码变更规范协议和报警协议；下层则是 TLS 记录协议。

TLS 握手协议、密码变更规范协议及报警协议用于建立安全连接、协商记录层的安全参数、进行身份认证和报告错误信息等。在 TLS 协议上层的握手协议建立安全连接后，TLS 协议下层的记录协议使用安全连接封装高层协议的数据。

8.4.3 应用层安全协议

网络层和传输层的安全协议分别是在主机之间和进程之间建立安全数据通道，而应用层安全协议可以实现更细化的安全服务。针对各种应用的需求不同，所采用的安全策略也不同。本书只对电子邮件和安全支付的相关协议进行介绍。

1. 电子邮件的安全协议

电子邮件在传送过程中可能经过很多路由器，因此存在着邮件被截获篡改的可能。而且发送电子邮件是一个即时的行为。如 A 向 B 发送电子邮件，A 和 B 并不会建立任何会话，B 读取这个邮件后，他有可能会回复，也可能不会回复这个邮件，即这是一个单向传输报文的问题。由于电子邮件是即时的行为，那么发送方和接收方如何就电子邮件安全的加密算法达成一致的意见呢？要解决这个问题，就要使用电子邮件的安全协议。不同的电子邮件安全协议有不同的方法来验证密钥，本书只介绍在应用层为电子邮件提供安全服务的协议 PGP（Pretty Good Privacy）。

PGP 协议是于 1995 年开发的一个完整的安全电子邮件系统，包括加密、认证、电子签名和压缩等技术。它采用一种分布式的信任模式，把现有的一些加密算法综合在一起。用户可以自己决定信任哪些用户，从而形成自己的信任网。虽然 PGP 协议应用广泛，但不是 Internet 正式的安全电子邮件标准。

PGP 协议可以提供电子邮件的安全性、发送方鉴别和完整性，其工作原理如下。

假如 A 向 B 发送一封电子邮件，里面包含重要的内容，A 希望邮件的信息是保密的，除 B 之外的任何人都不能阅读到信件的内容。因此 A 可以采用 PGP 实现这个目的。

PGP 协议的发送过程如图 8-15 所示。发送方一侧 A 的工作如下。

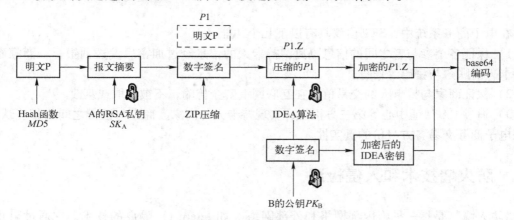

图 8-15 PGP 的发送过程

1）PGP 协议首先使用哈希函数 MD5 算法对要发送的明文做散列运算，得到报文摘要 H，然后用 A 的私有密钥 SK_A 对 MD5 报文摘要进行 RSA 加密。

2）将经过加密的报文摘要和原始的报文（明文 P）连接，形成密文 $P1$。

3）对 $P1$ 运用 ZIP 压缩算法进行压缩，形成 $P1.Z$。

4）用 IDEA 加密算法对 $P1.Z$ 进行加密，用 B 的 RSA 公钥 PK_B 对 IDEA 加密算法的密钥 K_{IDEA} 进行加密。再将这两个加密后的信息串接起来。

5）最后转换成 base64 编码。

接收方一侧的工作如下。

1）B 首先做一个反向的 base64 解码过程。

2）B 用自己的私有 RSA 密钥 SK_B 解密得到 IDEA 密钥 K_{IDEA}。

3）B 用 K_{IDEA} 对 IDEA 加密的消息 IDEA（$P1.Z$）进行解密，得到 $P1.Z$，即压缩后的报文。

4）经过解压缩后，B 得到明文 P 和经过加密的报文摘要 H，同时 B 对明文 P 进行散列值计算（使用相同的散列函数），如果两个散列值相等，B 就可以确信邮件 P 的确来自于发送方 A。

2. 安全支付的相关协议

SET 协议是目前公认的最成熟的应用层电子支付安全协议，目的是为了保证电子商务和网上支付的安全性。它使用了加密技术、数字签名技术、报文摘要技术和双重签名技术，以此来保证信息在传输和处理过程中的安全性。基于 SET 协议构成的电子商务系统由以下 6 个部分组成。

1）持卡人。由发卡银行所发行的支付卡的合法持有人。

2）商家。向持卡人出售商品或提供服务的个人或商店。商家必须能接受电子支付形式，并且和收单银行建立相关业务联系。

3）发卡银行。向持卡人提供支付卡的金融授权机构。

4）收单银行。与商家建立了业务联系，可以处理支付卡授权和支付业务的金融授权机构。

5）支付网关。由收单银行或第三方运作，对商家支付信息进行处理的机构。

6）认证中心。是一个可信任的实体，可以为持卡人、商家和支付网关签发数字证书的机构。

在电子商务系统中，SET 协议具有以下几个功能。

1）保证各个参与者之间的信息隔离，持卡人的信息经过加密后发送到银行，商家看不到持卡人的账户与密码等信息。

2）保证商家与持卡人的交易信息在互联网上安全传输，不被窃取或篡改。

3）通过 CA 认证中心等第三方机构，实现持卡人与商家、商家与银行之间的相互认证，确保电子商务交易各方身份的真实性。

8.5 防火墙技术和入侵检测

"防火墙"是指一种将内部网络和外部网络（如 Internet）隔离的技术，它通过阻止外部网络中的非法用户访问内部网络来增强内部网络的安全性。而入侵检测是从计算网络中搜集信息并对其进行分析，从而发现网络中是否有违反安全策略的行为或遭遇攻击的一种机制，是一种积极主动的安全防护技术。

8.5.1 防火墙

1. 防火墙的概念

防火墙（Firewall）是在内外部网络之间执行控制策略的系统，它允许授权的数据通过，但限制外部未经许可的用户访问内部网络资源及内部用户非法向外部传递信息。防火墙既可以是硬件系统，也可以是软件系统，还可以是软硬件相结合的系统。硬件防火墙采用电路级设计，使用算法设计专用芯片，效率最高，但是价格昂贵；软件防火墙通过软件的方式实现，价格便宜，但这类防火墙只能通过设计一定的规则来达到限制非法用户访问内部网络的目的。防火墙一般安放在被保护网络的边界，如图 8-16 所示。

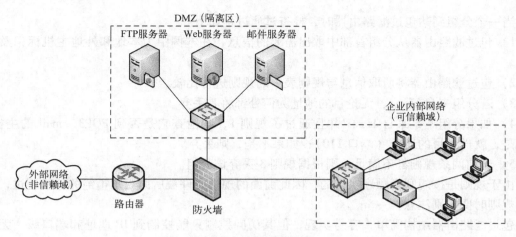

图 8-16　网络防火墙

防火墙的主要功能包括以下几个。

1）检查所有从外部网络进入内部网络的数据包。

2）检查所有从内部网络流出到外部网络的数据包。

3）执行安全控制策略，所有不符合安全策略要求的数据包不允许通过。

4）具备保证自身安全性的能力，能够防止一定的攻击。

防火墙技术主要分为包过滤技术和代理服务技术，分别对应于包过滤路由器与应用网关，应用网关也称为代理服务器。包过滤技术是 IP 级防火墙，代理服务技术是应用级防火墙。

2. 包过滤技术

网络设备（路由器或防火墙）根据包过滤规则检查所接收的每个数据包，做出允许数据包通过或丢弃的决定，这样的技术称为包过滤技术，也称为分组过滤技术。它利用 IP 数据报的源地址、目的地址、源端口号和目的端口号等组成包过滤技术规则，对 IP 数据报进行过滤，允许或阻拦来自或去往某些 IP 地址或端口的访问。

数据包中的信息如果与某一条过滤规则相匹配，并且该规则允许数据包通过，则该数据包会被转发；如果与某一条过滤规则匹配，但规则拒绝数据包通过，则该数据包会被丢弃；如果没有可匹配的规则，默认规则会决定数据包是被转发还是被丢弃。下面举例说明分组是如何过滤的。规则中本地主机和外地主机都用主机名，实际规则是用它们的 IP 地址标识的。

规则 1：不允许来自外地特定主机 Host1 上的分组通过。

规则 2：允许位于本地主机上的端口 110 连接到离线电子邮件协议 POP3 – mail。

将上述规则列成规则表，如表 8-3 所示。

表 8-3　规则表

规则号	动作	本地主机（目标）	外地主机（源）	本地端口（目标）	外地端口（源）
1	阻止	！	Host1	！	！
2	通过	POP3 – mail	！	110	！
3	阻止	！	！	！	！

注：！ 即任何值。

当一个分组到达包过滤路由器时，检查过滤过程如下。

1）包过滤路由器从分组首部中取出需要的信息，在本例中为本地和外地主机标识及其端口。

2）包过滤路由器将所取信息与规则表中的规则进行比较。

3）若分组来自 Host1，无论目的地址为何处都将其丢弃。

4）如果分组不是来自 Host1 并且通过了规则 1，则检查它是否到 POP3 – mail 的主机。如果是，就送到目的地址（端口 110）；如果不是，则丢弃。

5）若前两条规则都不满足，则根据规则 3 丢弃该分组。

由于规则是按规则表顺序执行的，因此前面的规则允许被后面规则拒绝的分组通过，在设计规则时要特别注意。

包过滤路由器结构简单，容易实现，但其访问控制只能控制到 IP 地址和端口级，无法对用户级别的身份进行认证和访问控制，而且包过滤规则的建立也比较困难。

3. 代理服务技术

代理服务技术是将过滤路由器和软件代理技术结合在一起，过滤路由器负责网络互连，对经过的数据进行严格筛选，然后将筛选过的数据传给代理服务器。代理服务器的功能类似于一个数据转发器，起到外部网络申请访问内部网络的中间转接作用。

实际上，代理服务技术从应用程序进行接入控制的过程是由应用网关实现的，应用网关是运行应用代理服务程序的主机，即代理服务器。因此，代理服务技术也可以称为应用网关防火墙技术。

所有进出网络的应用程序报文都必须通过应用网关。当某个客户应用进程向服务器发送一份请求报文时，先发给应用网关，应用网关在应用层打开报文，查看该请求是否合法。如果合法，应用网关以客户进程的身份将报文转发给原始服务器；如果不合法，则被丢弃。这个过程中，应用网关作为代理服务器起到一个连接作用，直到应用结束代理服务器释放连接，才完成本次代理工作。

这一过程对合法用户来说，代理服务是透明的，用户好像与外部网络直接相连，外部合法用户对内部网络服务器的访问也必须通过代理服务器进行，但对外部非法入侵者来说，由于代理服务机制完全阻断了内、外网络的直接联系，保证了内部网络的拓扑结构、IP 地址、应用服务的端口号等信息不会外泄，从而减少了对内部网络的攻击。

代理服务一般情况下可应用于特定的互联网服务，如超文本传输（HTTP）、远程文件传输（FTP）等，还可应用于实施较强的数据流监控、过滤、记录和报告等。除此之外，代理服务器还可以隐藏内部 IP 地址，给单个用户授权，即使攻击者盗用了一个合法的 IP 地址，也通不过严格的身份验证。由此可见，代理服务技术可以解决包过滤防火墙无用户日志和 IP 地址欺骗的缺点。但是这种认证使得应用网关不透明，用户每次连接都要受到认证，给用户带来许多不便，而且这种代理技术需要为每个应用写专门的程序。

4. 防火墙的配置

目前防火墙的配置主要有以下 4 种。

（1）包过滤防火墙

包过滤路由器是最简单也是最常见的防火墙，它位于内部网络和外部网络之间，是数据的唯一通道，除具有传统的路由器功能外，还装有分组过滤软件，利用分组过滤规则完成防火墙功能。

（2）双穴主机网关防火墙

双穴主机是一台装有两块网卡的计算机，两块网卡分别与内部网络和外部网络相连，如图 8-17 所示，内、外网络之间的通信必须通过双穴主机。双穴主机运行各种应用代理服务程序，通过代理服务提供网络安全控制，构成双穴主机网关防火墙。为了提高安全性，双穴主机网关防火墙常采用另一种配置，即在双穴主机的外侧再连接一台包过滤路由器，通过它连接到外部网络。

（3）屏蔽主机网关防火墙

在这种防火墙系统中，内部网络通过一台包过滤路由器连接到外部网络，内部网络上再安装一台堡垒机。堡垒机运行应用代理服务程序，它与双穴主机不同，只有一块网卡连接到内部网络上，成为外部网络唯一可以访问的站点。网络服务由堡垒主机上相应的代理服务程序来支持，包过滤路由器拒绝内部网络中的主机直接对外通信，必须通过堡垒机的代理内部主机才能访问外部网络，但对一些可以信赖的网络应用，允许不经过堡垒主机代理。

（4）屏蔽子网防火墙

屏蔽子网防火墙通过在内、外网络之间建立一个独立的过滤子网，形成一个缓冲区，进一步隔离内部网络和外部网络，如图 8-18 所示。对外的信息服务，如 WWW、E-mail 等服务器一般放在过滤子网内，供内、外网络访问某些资源。但不能穿过过滤子网，让内部网络和外部网络直接进行信息传输，跨越防火墙的数据流需经过外部包过滤路由器、堡垒主机和内部包过滤路由器。

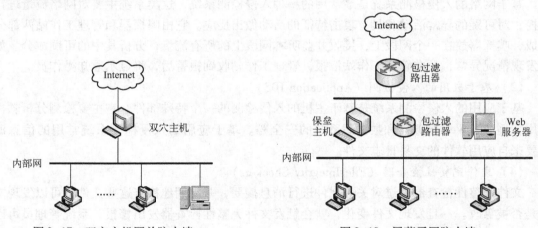

图 8-17　双穴主机网关防火墙　　　　图 8-18　屏蔽子网防火墙

在这里应当指出的是，防火墙不是万能的，对于受保护的网络内部的安全问题，防火墙则无能为力。而且防火墙不能防止感染了病毒的软件或文件传输，不能阻拦不经过它的攻击，所以防火墙只能解决网络安全的部分问题，而且在实际应用中，防火墙也常常会成为网络流量的瓶颈。

8.5.2　入侵检测

1. 入侵检测的概念

入侵检测系统（Intrusion Detection System，IDS）是一种能够及时发现并报告未授权或异常现象的系统。它既能识别和响应网络外部的入侵行为，又能监督内部用户的未授权活动。

入侵检测系统主要通过以下几种活动来完成任务。

1）监视、分析用户及系统活动。

2）对系统配置和系统弱点进行审计。

3）识别与已知的攻击模式匹配的活动。

4）对异常活动模式进行统计分析。

5）评估重要系统和数据文件的完整性。

6）对操作系统进行审计、跟踪和管理，并识别用户违反安全策略的行为。

2. 入侵检测的分类

按照检测的对象和基本方法，通常入侵检测可以分为5类：基于主机的入侵检测、基于网络的入侵检测、基于应用的入侵检测、文件完整性检查器和蜜罐系统。

（1）基于主机的入侵检测（Host IDS）

基于主机的入侵检测系统主要对本地主机的用户、进程、系统和事件日志进行监控，检测所有的可疑事件，例如，登录、不合法地存取文件，以及未经授权地使用系统等。这种类型的检测系统对网络流量不敏感，效率高，能准确定位入侵并及时进行反应。但它占用主机资源，依赖于主机的可靠性，所能检测的攻击类型受限，不能检测网络攻击。

（2）基于网络的入侵检测系统（Network IDS）

基于网络的入侵检测系统是最常用的一种入侵检测系统，这类系统主要对网络流量进行监控，对可疑的异常活动和具有攻击特征的活动做出反应。它由嗅探器和管理工作站两部分组成，嗅探器放在一个网段上，接收并监听本网段上的所有流量，分析其中的可疑成分。如果发现情况异常，便向管理工作站汇报，管理工作站收到报警后，将显示通知操作员。

（3）基于应用的入侵检测（Application IDS）

基于应用的入侵检测系统是基于主机的入侵检测的一个特殊部件。它主要检测分析软件应用，例如，Web服务器和数据库系统的安全等。基于应用的入侵检测系统常用的信息源主要来自应用软件的交易日志文件。

（4）文件完整性检查器（File Integrity Checkers）

文件完整性检查器通过对关键文件进行消息摘要，并周期地检查这些文件，可以发现文件是否被篡改。一旦发现文件变化，就会触发文件完整性检查器发出警报，系统管理员可以通过同样的处理，确定系统的受害程度。

（5）蜜罐系统（Honey Poted）

蜜罐的设计目标是收集攻击者的入侵证据。蜜罐系统就是诱骗系统，它是一个包含漏洞的系统，通过模拟一个或多个易受攻击的主机，给黑客提供一个容易攻击的目标。蜜罐主机不提供其他任何服务，所有连接到蜜罐主机的连接都是可能的攻击途径。蜜罐的另一个用途是拖延攻击者对真正目标的攻击，让攻击者在蜜罐上浪费时间，使真正有价值的内容不受侵犯。

3. 入侵检测的方式

目前，入侵检测主要有3种方式：异常检测、特征检测和协议分析。

（1）异常检测

异常检测也称为基于行为的检测技术，它通过对主机或网络的异常行为进行跟踪，将异常活动与正常情况进行对比，判断是否存在入侵。异常行为检测通常采用阈值检测，如用户登录失败的次数、进程的 CPU 利用率和磁盘空间变化等。这种检测方式的特点是漏报率低，因为不需要对每种入侵行为进行定义，所以能有效检测未知的入侵，但由于用户和系统的行为非常不确定，异常行为检测经常产生错误警报，导致误报率高。目前在商用系统中，多数产品仅包括有限的异常行为检测功能。

（2）特征检测

特征检测也称基于知识的检测或模式匹配检测，检测与已知的不可接受行为之间的匹配程度。它是建立在使用某种模式或特征描述方法，能够对任何已知攻击进行表达的理论基础上。特征检测通过搜集非正常操作的行为特征，建立相关的特征库（规则库），当监测的用户或系统行为与库中的记录相匹配时，系统就认为这种行为是入侵。

与异常检测相反，特征检测方法误报率低、漏报率高。对已知的攻击，它可以详细、准确地报告出攻击类型，但是对于未知攻击却效果有限，因此要有效地捕捉入侵行为，必须拥有一个强大的入侵特征数据库。随着网络攻击的变化和网络漏洞的发现，入侵特征数据库必须及时更新。

（3）协议分析

协议分析是新一代的入侵检测技术，它利用网络协议的高度规则性来快速检测攻击的存在。在基于协议分析的入侵检测中，各种协议都被解析。如果出现 IP 碎片设置，首先重装数据报，然后详细分析是否存在潜在的攻击行为。目前，一般的检测系统只能处理常用的HTTP、FTP 和 SMTP 等协议。

8.6　网络管理

网络管理是指通过监视、协调与控制网络中的硬软件等资源，对网络状态进行调整，来保证网络正常、高效地运行。网络管理通常具有 5 个功能域，即故障管理、配置管理、性能管理、安全管理和计费管理。

8.6.1　网络管理概述

网络是一个大型的、相互连接的、复杂的分布式系统，其中存在着许多不同的结点设备（如路由器），它们由不同厂家生产，运行着多种协议，而这些结点的状态也在不断发生变化，相互之间还在不断地交换信息和进行通信。因此，为了读取和管理这些结点的状态信息，不仅需要遵循某种网络管理标准进行集中管理，还需要通过相应的网络管理系统（Network Management System，NMS）对其进行自动管理。通常，对一个网络管理系统需要定义以下几项内容。

1）系统的功能。即明确一个网络管理系统应该具有的功能。

2）明确网络资源的表示。由于网络管理中对资源的管理占很大一部分比重，通常网络中的资源就是指硬件、软件，以及提供的服务和信息等。因此，要想对其进行管理，必须在系统中将它们明确表示出来。

3）网络管理信息的表示。网络管理系统主要依靠传递管理信息来实现对网络的管理。因此，网络管理信息如何表示、如何传递及采用什么传递协议等都是一个网络管理系统必须考虑的问题。

4）系统的结构。即确定网络管理系统的结构。

实际上，网络管理可以分为两类：第一类是对计算机网络应用程序、用户账号和存取权限等与软件有关的管理；第二类是对计算机网络的硬件管理，包括对工作站、服务器、网卡和路由器等的管理。通过对这些硬、软件等资源的使用、综合和协调，以便能够更加高效地利用网络中的各种资源，及时监测和处理网络中出现的故障，以合理的成本满足实时运行性能和服务质量的要求。

8.6.2　网络管理的功能

国际标准化组织（ISO）在网络管理的标准化上做了许多工作，定义了网络管理的五大功能，这五大功能的具体内容如下。

1. 故障管理

故障管理是最基本的网络管理功能，它的目标是记录、检测、定位和排除网络中的故障情况，保证网络的正常运行。网络故障管理包括故障检测、隔离和纠正3个方面，它的功能如下。

1）维护并检查错误日志。

2）接收差错检测报告并做出响应。

3）跟踪并辨别故障。

4）执行诊断测试。

5）纠正故障，重新开始服务。

2. 配置管理

网络的不断发展使得网络设备不断更新，用户要求也不断变化，网络设备的功能、连接关系和工作参数等配置信息也会经常发生变化。配置管理就是通过监视网络和系统的配置信息、跟踪被管设备及其软硬件配置，来定义、识别、初始化和监控网络中的被管对象。其目的是为了实现某个特定功能，使网络性能达到最优。配置管理包括以下内容。

1）设置开放系统中有关的操作参数。

2）被管对象及其组属性的管理。

3）初始化或关闭被管理对象。

4）根据要求收集系统当前状态的有关信息。

5）获取系统重要变化的信息。

6）更改系统配置。

3. 性能管理

性能管理是指收集和分析被管对象的性能数据，通过网络吞吐量、用户响应时间、错误率和利用率等指标来对系统运行及通信效率等系统性能进行评价。目的是在具有最小延迟的前提下，使用最少的网络资源来确保网络能提供可靠连续的通信能力。性能管理具有以下一些典型的功能。

1）收集并统计与性能有关的参数等信息。

2）维护检查系统状态日志。

3）确定系统的性能。

4）改变操作模式以管理系统性能。

4. 安全管理

安全管理的目的是确保网络资源不被非法使用，防止网络资源遭到破坏和攻击。安全管理提供的主要功能有以下几个。

1）鉴别身份、控制和维护访问权限。

2）信息加密管理。

3）维护和检查安全日志。

5. 计费管理

计费管理是指通过记录网络资源的使用情况，对用户收取合理的费用。其目的是估算出用户对网络资源的使用费用和代价，通过收取一定的费用来控制用户过多地占用网络资源，提高网络的使用效率。

8.6.3　网络管理体系结构

网络管理系统通常由管理者和代理组成，各个代理收集本地的管理信息并传输给管理者，管理者进行分析处理，提供相应的管理控制和命令，达到代理管理的目的。图8-19给出了网络管理体系结构图。

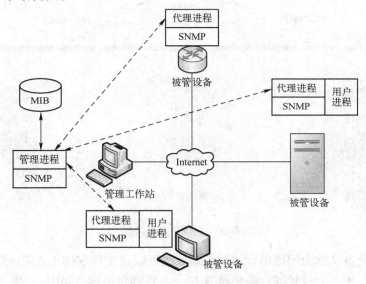

图 8-19　网络管理体系结构

1）管理者。图8-19中的管理工作站或者管理进程都称为管理者，其中管理站又称为网络运行中心，是整个网络管理系统的核心。管理进程就是正在运行的管理程序，是管理站的关键构件。在网络管理系统中，可以有一个或多个管理者，网络管理员通过管理者中的管理进程对网络管理系统进行操作控制，完成各项管理任务。

2）代理进程。被管系统由被管设备和代理进程组成。被管设备包括主机、路由器、交换机和服务器等。为了实现管理站中的管理进程与被管设备的通信，每一台被管设备都有一个相应的代理进程来控制其运行。代理进程通过网络管理协议来接受管理进程的命令和控制。

3）网络管理信息库（Management Information Base，MIB）。MIB 是指管理者所能管理的所有对象的控制或状态信息的集合。管理进程可以通过读取或重置 MIB 中这些信息的值来对网络进行控制和管理。

4）网络管理协议。是指用于管理者与代理进程之间传递、交换信息，以及安全控制的通信规则。网络管理协议向代理进程发送命令或者从代理进程处获取信息，代理进程可以通过网络管理协议报告紧急通知。互联网中采用的网管标准为简单网络管理协议（Simple Network Management Protocol，SNMP），网络管理员通过管理站利用 SNMP 对网络中的被管设备进行管理控制。

8.6.4　简单网络管理协议（SNMP）

简单网络管理协议（SNMP）是基于 TCP/IP 协议族的网络管理标准，是一种在 IP 网络中管理网络结点的标准协议。SNMP 能够使网络管理员提高网络管理效能，及时发现并解决网络问题，规划和配置网络。网络管理员还可以通过 SNMP 接收网络结点的通知消息及告警事件报告等来获知网络出现的问题。SNMP 管理的网络主要由 3 部分组成：被管理设备、SNMP 代理和网络管理系统（NMS），它们之间的关系如图 8-20 所示。

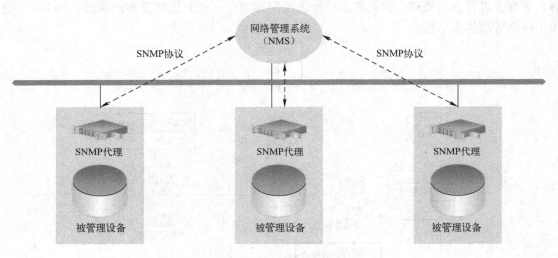

图 8-20　SNMP 网络示例

其中被管理设备又称为网络单元或网络结点，可以是支持 SNMP 的路由器、交换机、服务器或者主机等，每一个被管理设备中都存在一个管理信息库（MIB），用于收集并储存管理信息，NMS 能通过 SNMP 获取这些信息。SNMP 代理是被管理设备上的一个网络管理软件模块，拥有本地设备的相关管理信息，并将它们转换成与 SNMP 兼容的格式后传递给 NMS。NMS 运行应用程序来实现监控被管理设备的功能，此外，NMS 还为网络管理提供大量的处理程序及必需的储存资源。

SNMP 具有下列几个消息类型。

1）Get Request。NMS 发给代理的"查询变量"的请求，要求管理代理响应指定变量的具体值。

2）Get Next Request。NMS 发给代理的"查询下一个变量"的请求，要求管理代理响应

224

下一个变量的具体值。

3）Get Response。表示代理对 NMS 的响应，并提供差错码、差错状态等状态信息。

4）Set Request。表示 NMS 对代理的"设置变量"的请求，命令各代理对本地 MIB 设置响应的变量值。

5）Trap。代理主动向 NMS 发送状态信息，报告代理中发生的事件，NMS 可以根据接收到的 Trap 信息进行差错诊断和处理。

作为一种应用层的管理协议，SNMP 的设计目的就是简化网络设备之间的信息管理工作。网络管理员通过 SNMP 访问管理信息数据，能够更加容易地管理网络性能和解决网络问题。目前，SNMP 已拓展到第三版 SNMPv3，相比于第二版主要强化了 SNMP 的安全性和远端配置。SNMPv3 提供以下安全性功能：信息完整性、认证和封包加密，它定义了基于用户的安全模型，使用共享密钥进行报文认证。在 SNMPv3 中引入了下列 3 个安全级别。

1）noAuthNoPriv：不需要认证，不提供隐私性（加密）；

2）authNoPriv：基于 HMAC – MD5 或 HMAC – SHA 的认证，不提供加密；

3）authPriv：除了认证之外，还将 CBC – DES 加密算法用做隐私性协议。SNMPv3 虽然提升了安全性，但支持的管理应用软件有限。

本章重要概念

- 计算机网络上的通信面临的威胁可分为两大类，即被动攻击（如截获等）和主动攻击（如篡改、伪造、拒绝服务攻击等）。
- 计算机网络安全的目标是实现信息的可用性、保密性、完整性和不可抵赖性。它主要包括以下内容：保密性机制、设计安全协议和访问控制。
- 常规密钥密码体制的加密密钥与解密密钥是相同的，典型的有数据加密标准 DES 和国际数据加密算法 IDEA。这种加密的保密性仅取决于对密钥的保密，而算法是公开的。
- 公开密钥密码体制（又称公钥密码体制）使用不同的加密密钥与解密密钥。加密密钥（即公钥）是公开的，而解密密钥（即私钥）则是需要保密的，加密算法和解密算法也都是公开的。
- 数字签名的目的是反拒认，必须保证以下几点：接收者能够核实发送者对报文的签名，其他人无法伪造签名，这就是报文鉴别；发送者事后不能抵赖对报文的签名，这称为不可否认；接收者可以确信收到的报文和发送者发送的完全一样，没有被篡改过，这称为报文的完整性。
- 鉴别是要验证通信的对方的确是自己所要通信的对象，而不是其他的冒充者。报文鉴别即确定报文是发送者发送的，主要用来对付主动攻击的篡改和伪造，通过鉴别可以使通信的接收方能够验证所接收报文的真伪。
- CA（数字证书认证中心）是提供认证的第三方机构，通常由一个或多个用户信任的组织实体组成。CA 的功能主要有接收注册申请、处理、批准/拒绝请求和颁发证书。
- 在网络层可使用安全协议 IPsec，它包括鉴别首部协议 AH 和封装安全有效载荷协议 ESP。AH 协议提供源点鉴别和数据完整性，但不能保密。而 ESP 协议提供源点鉴别、数据完整性和保密。IPsec 协议支持 IPv4 和 IPv6，在 IPv6 中，AH 协议和 ESP 协议都是扩展首部的一部分。IPsec 数据报的工作方式有运输方式和隧道方式两种。
- 运输层的安全协议有 SSL 协议（安全套接字层）和 TLS 协议（运输层安全）。SSL 协议是保护万维网 HTTP 通信量公认的事实上的标准，也是 TLS 协议的基础。
- PGP 协议是一个完整的电子邮件安全软件包，包括加密、鉴别、电子签名和压缩等技术。
- 防火墙是一种特殊编程的路由器，安装在一个网点和网络的其余部分之间，目的是实施访问控制策略。防火墙的功能有两个：一个是阻止；另一个是允许。
- 防火墙技术可分为 3 类：包过滤技术、代理服务技术和状态监测防火墙。
- 入侵检测系统 IDS 是在入侵已经开始，但还没有造成危害或在造成更大危害之前，及时检测到入侵，以便尽快阻止入侵，把危害降到最小。

习 题

1. 计算机网络的安全是指（　　　　）。
   A、网络中设备设置环境的安全　　　　B、网络中信息的安全
   C、网络中使用者的安全　　　　　　　D、网络中财产的安全

2. 拒绝服务攻击（　　　　）。
   A、用超出被攻击目标处理能力的海量数据包消耗可用系统、带宽资源等方法的攻击
   B、全称是 Distributed Denial Of Service
   C、拒绝来自一个服务器所发送回应请求的指令
   D、入侵控制一个服务器后远程关机

3. 下面不是采用对称加密算法的是（　　　　）。
   A、DES　　　　　B、AES　　　　　C、IDEA　　　　　D、RSA

4. DES 算法的入口参数有 3 个：Key、Data 和 Mode。其中 Key 的实际长度为（　　　）位，是 DES 算法的工作密钥。
   A、64　　　　　B、7　　　　　C、8　　　　　D、56

5. 数据完整性指的是（　　　　）。
   A、保护网络中各系统之间交换的数据，防止因数据被截获而造成泄密
   B、提供连接实体身份的鉴别
   C、防止非法实体对用户的主动攻击，保证数据接收方收到的信息与发送方发送的信息完全一致
   D、确保数据是由合法实体发出的

6. 安全套接字层协议是（　　　　）。
   A、SET　　　　　B、SSL　　　　　C、HTTP　　　　　D、S－HTTP

7. 数字签名功能不包括（　　　　）。
   A、防止发送方的抵赖行为　　　　　　B、接收方身份确认
   C、发送方身份确认　　　　　　　　　D、保证数据的完整性

8. 防火墙能够（　　　　）。

A、防范通过它的恶意连接   B、防范恶意的知情者

C、防备新的网络安全问题   D、完全防止传送已被病毒感染的软件和文件

9. PGP 协议可对电子邮件加密，如果发送方要向一个陌生人发送保密信息，又没有对方的公钥，那么他可以（   ）。

A、向对方打电话索取公钥   B、从权威认证机构获取对方的公钥

C、制造一个公钥发送给对方   D、向对方发送一个明文索取公钥

10. 包过滤技术与代理服务技术相比较，（   ）

A、包过滤技术安全性较弱，但会对网络性能产生明显影响

B、包过滤技术对应用和用户是绝对透明的

C、代理服务技术安全性较高，但不会对网络性能产生明显影响

D、代理服务技术安全性高，对应用和用户的透明度也很高

11. 包过滤防火墙通过（   ）来确定数据包是否能通过。

A、路由表   B、ARP 表   C、NAT 表   D、过滤规则

12. 以下（   ）不是包过滤防火墙主要过滤的信息。

A、源 IP 地址   B、目的 IP 地址

C、TCP 源端口和目的端口   D、时间

13. 计算机网络都面临哪几种威胁？网络安全主要包括哪些内容？

14. 常规密钥体制与公开密钥体制各有什么特点，并简述各自的优缺点？

15. 试述 DES 加密算法的步骤，DES 的保密性取决于什么？

16. 数字签名的根据是什么？如何实现数字签名？

17. 链路加密与端到端加密各有什么特点，各用在什么场合？

18. 为什么需要进行报文鉴别？报文的保密性与完整性有什么区别？

19. 互联网 IP 安全体系 IPsec 包括哪些主要内容？

20. 在组建企业网时，为什么要设置防火墙？防火墙的基本结构是怎样的？如何起到"防火"作用？有哪几种防火墙配置？

21. 简述包过滤防火墙的概念、优缺点和应用场合。

22. 编写包过滤防火墙规则：禁止除管理员计算机（IP 为 172.18.25.110）外的任何一台计算机访问某主机（IP 为 172.18.25.109）的终端服务（TCP 端口 3389）。

23. 什么是入侵检测系统？入侵检测分哪几类？入侵检测的方法有哪几种？

24. 网络管理包括哪几部分内容，并简单描述之。

第 9 章　计算机网络新技术

学习目标

掌握蜂窝移动网络的概念，理解移动 IP 工作原理与移动用户的路由选择过程；掌握物联网的基本概念和结构，了解物联网的关键技术和相关应用；掌握云计算体系结构，了解云计算的实现技术和应用。

本章要点

- 移动通信种类
- 蜂窝移动通信的组成构件
- 移动 IP 的概念和路由选择过程
- 物联网的概念和特征
- 物联网的三层体系架构
- 物联网的关键技术与应用
- 云计算的特点和服务类型
- 云计算的体系结构
- 云计算的实现技术与应用

9.1　蜂窝移动网络

蜂窝移动网络是基于数字通信技术，由蜂窝结构覆盖组成服务区的大容量移动通信网络，它是用户数量最大的无线网络，相当于无线网络中的广域网。近年来，蜂窝无线通信技术迅速发展，网络覆盖面也已相当广阔。如今，蜂窝移动网络已经进入 4G 时代。

9.1.1　蜂窝移动通信技术

移动通信是一项复杂的高新技术，尤其是蜂窝移动通信。要使通信的一方或双方在移动中实现通信，就必须采用无线通信方式。它不但集中了无线通信和有线通信的技术成果，而且集中了网络技术和计算机技术的许多新成果。

1. 移动通信

移动通信是指通信双方至少有一方处于移动状态。因此，移动通信包括两种基本形式：移动体与固定点之间的通信和移动体之间的通信。移动通信与固定通信相辅相成，是通信领域的重要组成部分。无线通信是移动通信的基础。

移动通信的种类繁多，常用的移动通信系统主要有以下几种。

（1）蜂窝移动通信系统

蜂窝移动通信系统是基于"蜂窝"的概念建立的移动通信系统。它是移动通信的主体，是全球性的、用户容量最大的移动电话网。

（2）集群移动通信系统

集群移动通信系统又称集群调度系统。它实际上是把若干个单独频率的单工工作调度系统集合到一个基台工作，使原来由一个系统单独使用的频率成为几个系统共用。

（3）公用无绳电话系统

公用无绳电话是在公共场所使用的无绳电话系统，如商场、机场和火车站等。无绳电话可以呼入市话网，也可以实现双向呼叫。

（5）移动卫星通信系统

移动卫星通信系统是为舰船、车辆、飞机、边远地点用户或运动部队提供通信手段的一种卫星通信系统。它把卫星作为中心转发台，各移动台通过卫星转发通信。

（6）移动数据通信

移动数据通信包括电子信箱、传真、信息广播、局域网接入和无线环境下特有的业务，如计算机辅助调度、自动车辆定位和远程数据库接入等，主要有蜂窝分组数据网络、电路交换蜂窝数据网和数字蜂窝分组数据网。

目前，应用最为广泛的移动通信是蜂窝移动通信系统。它所涉及的技术领域广、技术难度高、网络能力强，在现代通信领域中占有重要地位。

2. 蜂窝移动通信系统

早期的移动通信系统是在其覆盖区域中心设置大功率的发射机，采用高架天线把信号发射到整个覆盖地区，如图 9 - 1 所示。这种系统的主要问题是它能同时提供给用户使用的信道数极为有限，远远满足不了移动通信业务迅速增长的需要。

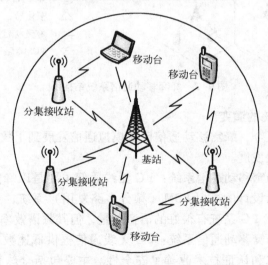

图 9-1　早期移动通信系统结构图

蜂窝概念是解决频率资源不足和用户容量增加问题的一项重大技术。它通过频率复用，使有限的带宽可以容纳巨大数量的用户。相比早期的大区制移动通信系统，蜂窝移动通信系统也称小区制系统，是基于数字通信技术的由蜂窝结构小区覆盖范围组成服务区的大容量移动通信系统。

蜂窝移动通信系统一般由移动台（Mobile Station，MS）、基站（Base Station，BS）、移动业务交换中心（Mobile Switching，MSC），以及与公共交换电话网络（Public Switched Telephone Network，PSTN）相连的中继线等组成。

1）移动台（MS）：移动用户的终端设备，用来在移动通信网络中进行通信。

2）基站（BS）：用于维护无线网络与移动台之间的连接，包括基站控制器（BSC）、基站收发机（BTS）等。

3）移动业务交换中心（Mobile Switching Center，MSC）：负责管理一个地理区域内的多个基站控制器。

蜂窝移动通信系统结构如图 9-2 所示。每个小区设有一个（或多个）基站，它与若干个移动台建立无线通信链路。若干个小区组成一个区群（蜂窝），区群内各个小区的基站通过电缆、光缆或微波链路与移动业务交换中心相连。移动交换中心的主要功能是信息的交换和整个系统的集中控制管理。移动交换中心通过脉冲编码调制（Pulse Code Modulation，PCM）电路与市话交换局相连接，从而形成一个完整的蜂窝移动通信系统结构。

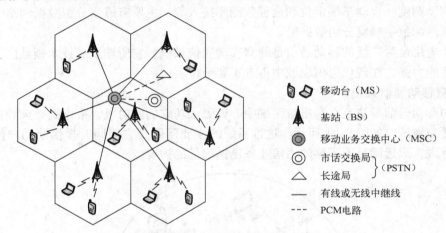

图 9-2　蜂窝移动通信系统结构图

3. 蜂窝移动通信系统的演变

从 20 世纪 80 年代至今，蜂窝移动通信已从模拟通信发展到了数字通信阶段，正朝着第四代通信系统和更高阶段发展。

1）第一代（1 G）蜂窝移动通信系统：1 G 无线通信主要是以蜂窝网为代表的公用移动通信系统，是为语音通信设计的模拟 FDM（频分多路复用）系统，如北美商用的高级移动电话系统（AMPS）。虽然 1 G 系统有很好的语音质量，但其频谱效率有限，容量小。

2）第二代（2 G）蜂窝移动通信系统：2 G 无线通信提供低速数字通信，使增加容量成为可能，并通过加密技术和认证技术改善了安全性。主要包括全球移动通信系统（GSM）、通用分组无线业务（GPRS）和码分多址接入（CDMA）等。从 1 G 到 2 G 的主要变革，在于其实现了通信系统的数字化。

3）第三代（3 G）蜂窝移动通信系统：3 G 移动通信使用 IP 的体系结构和混合的交换机制（电路交换和分组交换），能够提供移动宽带多媒体业务，包括语音、数据和视频等。常用的标准有美国提出的 CDMA2000、欧洲提出的 WCDMA 和中国提出的 TD – SCDMA。3G 改进了系统容量和频谱效率,实现了数据传输速率的飞跃。

4) 第四代 (4G) 蜂窝移动通信系统:国际电信联盟将 LTE – Advanced 和 Wireless MAN – Advanced (802.16m) 技术规范确立为 IMT – Advanced (即 4G) 国际标准,中国主导制定的 TD – LTE – Advanced 和 FDD – LTE – Advance 同时并列成为 4G 国际标准。第四代移动通信系统是多功能集成的宽带移动通信系统,在业务、功能和频带上都与第三代系统不同,可以在不同的固定和无线平台及跨越不同频带的网络运行中提供无线服务,比第三代移动通信更接近于个人通信。4G 拥有更快的无线通信速度,能够以 100 Mbit/s 以上的速度下载,智能性高且兼容性好,有着不可比拟的优越性。

9.1.2 移动 IP

移动 IP (Mobile IP,MIP) 是移动通信技术与互联网的结合。传统 IP 技术无法支持移动性,当用户从一个无线接入网络漫游到另一个无线接入网络时,用户所分配到的 IP 地址发生了变化,从而引起路由失效并导致通信中断。为了解决这一问题,互联网工程任务组 IETF 提出了移动 IP 架构,扩展了 IP 网络的移动性支持。

1. 移动 IP 的基本概念

移动 IP 技术是指移动用户离开原接入网络,在不同网络链路中移动和漫游时,不需要修改其原有的 IP 地址,仍能继续享有原接入网络中的一切权限和服务的技术。移动 IP 通过特殊的 IP 路由机制,使用户可以凭借一个固定的 IP 地址连接到任何链路上,从而保持其可寻址性。

在介绍移动 IP 的原理之前,首先介绍相关术语。

- 移动结点:指从一个链路移动到另一个链路的主机或路由器 (移动台)。
- 通信对端结点:指与移动结点通信的对应结点,它可以是移动的,也可以是固定的。
- 家乡链路:指移动结点在家乡网络 (归属地网络) 时接入的本地链路。
- 家乡代理:指移动结点家乡链路上的路由器。
- 家乡地址:指"永久"分配给移动结点的 IP 地址,当移动结点切换链路时,家乡地址并不改变。
- 外地链路:指移动结点在访问外地网络时接入的链路。
- 外地代理:指移动结点所访问的外地网络上的路由器,为已注册的移动结点提供路由器服务。
- 转交地址:指移动结点在外地链路上获得的临时 IP 地址。

当移动结点连接在家乡链路上时,它与固定结点一样工作,无须使用移动 IP。当移动结点离开家乡网络连接到外地链路上时,移动结点将通过特定方式获得一个转交地址,并向家乡代理注册该转交地址。注册完成后,家乡代理负责维护转交地址和家乡地址的对应关系,并建立一条到达转交地址的隧道,使得通信对端结点可以与移动结点进行通信。移动 IP 的工作原理如图 9-3 所示。

当通信对端结点向移动结点发送数据时,数据报首先被路由到移动结点的家乡网络。家乡代理接收该分组后,查找移动结点的注册信息,确认该移动结点当前的转交地址。之后,家乡代理利用隧道技术封装数据报,并通过隧道将其发往转交地址。在转交地址处,隧道终点（外地代理或移动结点本身）接收并拆封数据报，再转交给移动结点。相反，由移动结点发出的数据报则直接经过外地代理路由到通信对端结点，无须经过隧道。

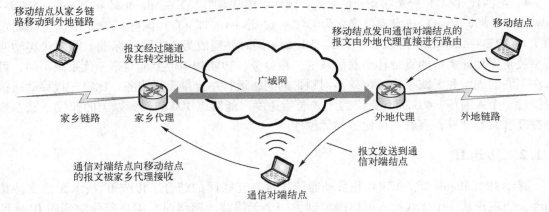

图 9-3　移动 IP 工作原理

2. 移动 IP 的路由选择

上述数据报的转发过程称为**间接路由选择**，又称为"三角路由"问题。通信对端结点向处于外地链路的移动结点发送数据时，并不知道移动结点的当前地址，而是把数据报发往移动结点的家乡代理，再通过家乡代理与外地代理构成的隧道传送到外地代理，继而转交给移动结点。然而，移动结点给通信对端结点发送数据时，却可以直接发送，因此，形成类似三角形的路由路径。三角路由通常不是最优路径，容易出现"绕路"现象，造成数据报转发的低效。

解决上述问题的方法是使用**直接路由选择**，即通信代理路由优化方案。该方法引入一种新的通信代理，它是通信对端结点所在网络上的一个代理。当通信对端结点向移动结点发送数据时，仍向移动结点的家乡网络发送。当家乡代理截获数据报后，一方面将该数据报转发到外地代理，另一方面向通信对端结点发送移动结点的转交地址等消息。通信对端结点得知移动结点已移动，则向通信代理登记，请求建立通信代理至外地代理的通道。此后，通信对端结点就可以把发往移动结点的数据报发给通信代理，由通信代理通过隧道直接发往外地代理，再由外地代理转交给移动结点，从而优化了路由，提高路由效率。

9.1.3　移动用户的路由选择

在移动网络中，用户的移动使其 IP 地址发生变化，因此移动用户的路由选择是解决动态寻址问题的关键。

在移动通信系统中，无线网络主要通过移动业务交换中心（MSC）、归属位置寄存器（HLR）和访问位置寄存器（VLR）等功能实体来实现本网内用户的移动性支持。

1. 移动业务交换中心（Mobile Service Switching Center，MSC）

MSC 是移动网络的核心，完成最基本的交换功能，实现移动用户与其他网络用户之间的通信连接。它提供面向系统其他功能实体的接口、公共信道信令，以及与其他网络互连的功能。为了建立到移动台的呼叫路由，每个 MSC 要完成查询移动台位置信息的功能，即 MSC 从 HLR、VLR 和鉴权中心（AUC）这 3 种数据库中取得处理用户呼叫请求所需的全部数据。同时，MSC 也负责根据移动台的最新数据更新这 3 个数据库。

2. 归属位置寄存器（Home Location Register，HLR）

HLR 是系统的中央数据库，用于存储所管辖用户的相关信息。从逻辑上讲，每个移动网有一个 HLR，所存储的用户信息分为两类：一类是一些永久性的信息，如用户类别、业务限制、用户的国际移动用户识别码（IMSI）和用户的保密参数等；另一类是有关用户当前位置的临时性信息，如移动用户漫游号（MSRN）等，用于建立到移动台的呼叫路由。存储在 HLR 的数据由授权维护人员设置。

3. 访问位置寄存器（Visitor Location Register，VLR）

VLR 是另一个重要的动态数据库，用于存储所管辖区域中所有移动台来话、去话呼叫所需的相关信息。当一个移动台进入一个位置区域时，相关的 VLR 就会从该移动台的 HLR 处获取并暂时存储相关信息，同时分配一个临时的漫游号码 MSRN，并将该 MSRN 告知移动用户归属网络的 HLR。一旦用户离开该 VLR 的控制区域，则重新在另一个 VLR 上登记，原 VLR 将取消该移动用户的所有临时数据记录。VLR 和 HLR 所组成的架构能够防止 HLR 被频繁更新。

当一个固定用户对移动用户进行呼叫时，其路由进程如图 9-4 所示。固定用户拨打移动用户的号码时，首先根据号码找到该移动用户的归属网络，将呼叫传送至被叫归属 MSC。归属 MSC 向其 HLR 查询现在被叫用户的位置，HLR 向其返回被叫移动用户的漫游号 MSRN。根据 MSRN，归属 MSC 将呼叫传送至被访网络的 MSC，再进而传送到该移动用户所漫游到的小区基站，至此整个呼叫过程完成。

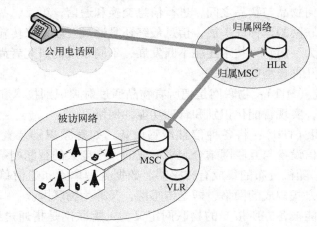

图 9-4　呼叫移动用户的路由选择

9.1.4　移动用户的切换

移动 IP 技术使得用户可以在网络中移动，随时随地接入并被其他用户访问。当用户在通话状态下，需要从一个小区移动到另一个小区时，系统对用户（移动台）的连接控制也需要同时转移，并保证通话不间断。这种将正处于通话状态的移动台转移到新的业务信道上（新的小区）的过程称为"切换（Handover）"。切换的目的是实现蜂窝移动通信的"无缝隙"覆盖，实现移动台从一个小区进入另一个小区时通信的连续性。切换操作不仅包括识别新的小区，还需要分配移动台在新小区的话音信道和控制信道。

通常引起切换的原因有两类。

1）信号的强度或质量下降到系统规定的参数以下，此时移动台被切换到信号强度较强的相邻小区。

2）由于某小区业务信道容量全被占用或几乎全被占用，此时移动台被切换到业务信道容量较空闲的相邻小区。

第一种原因引起的切换一般由移动台发起，第二种原因引起的切换一般由上级实体发起。切换发生时，移动台可能仍处于同一个 MSC 的控制下，只是相关联的基站发生了变化。若相关联的 MSC 也发生改变，则呼叫路由随之发生变化，这里不再详细介绍。

9.2　物联网

物联网被称为继计算机、互联网之后，信息产业发展的第三次浪潮。物联网概念最早产生于 1995 年，但当时受限于无线网络、传感设备等技术的发展，并未引起人们的关注。随着信息技术的进步，人们对物联网的研究和重视程度也不断深入。2005 年，国际电信联盟（ITU）正式提出了"物联网"概念，并指出无所不在的物联网通信时代即将来临。

9.2.1　物联网的概念

物联网，即物物相连的互联网络，包含两层意思：第一，物联网的用户端不仅仅是人，它延伸和扩展到了任何物品与物品之间，进行信息交换和通信；第二，物联网的核心和基础仍然是互联网，是互联网的延伸和扩展，信息最终还是通过互联网来传输和交换。

目前，物联网作为一门新兴技术还在不断发展，不同领域的研究者尚未形成统一公认的标准定义。下面介绍几种典型的定义。

1）麻省理工学院（MIT）：物联网是把所有物品通过射频识别技术和条码等信息传感设备与互联网连接起来，实现智能化识别和管理功能的网络。

2）国际电信联盟（ITU）：将各种信息传感设备，如射频识别装置、各种传感器结点等，以及各种无线通信设备与互联网结合起来形成的一个庞大的智能网络，即物联网。

3）中国科学院：随机分布的集成有传感器、数据处理单元和通信单元的微小结点，通过一定的组织和通信方式构成的网络，即是传感网，又称为物联网。

目前较为通用、能被各方所接受的物联网定义为：物联网是指通过射频识别（RFID）、红外感应器、全球定位系统和激光扫描等信息传感设备，按照约定的协议，把任何物品与互联网连起来，进行信息交换和通信，以实现智能化识别、定位、跟踪、监控和管理的一种网络。它是在互联网基础上延伸和扩展的网络。

根据物联网的定义，物联网有三大特征：全面感知、可靠传送和智能处理。

1）全面感知。全面感知是物联网相对于传统互联网的第一个重要特征，是指利用 RFID、二维条码、传感器，以及其他各种感知设备，采集物体动态信息和周围环境信息，并实时地更新数据。

2）可靠传送。物联网作为基于互联网的泛在网络，其重要基础和核心仍是互联网，通过各种有线和无线网络，将感知的信息接入网络，随时随地进行可靠的信息交互和共享。

3）智能处理。物联网利用云计算、模式识别等各种智能技术对海量感知数据和信息进行分析和处理，实现智能化的决策和控制，使得人与物、物与物的交互变成现实。

与物联网概念密切相关的另一个概念是传感网。传感网又称为传感器网络，是利用各种传感器加上中低速的近距离无线通信技术构成的一个独立网络，一般提供小范围内物与物的信息交换功能。物联网是在互联网的基础上，将其用户端延伸和扩展到任何物品与物品之间，进行信息交换。可见，传感网是物联网末端采用的关键技术之一，是物联网的一部分。

9.2.2 物联网的体系结构

物联网作为一种形式多样的聚合性复杂系统，其体系结构一般可分为 3 层：感知层、网络层和应用层，如图 9-5 所示。

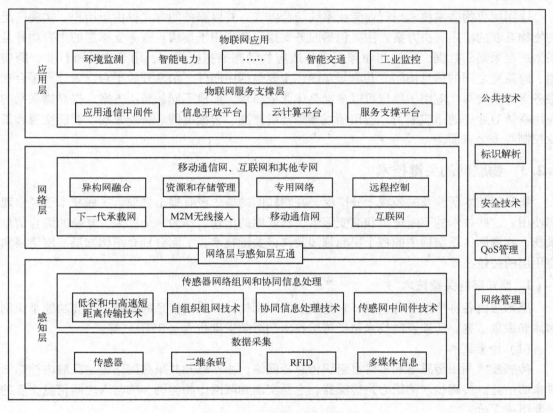

图 9-5　物联网体系结构

1. 感知层

感知层解决数据获取问题，从而实现对数据全面感知。感知层由数据采集子层、传感网络和协同信息处理子层组成。

数据采集子层通过各种类型的传感器获取物理世界的状态信息，主要由终端设备完成信息的感知工作。终端设备包括：条码识读器、RFID 读写器、单个传感器、传感器网络和摄像头等，涉及多种技术。

传感网络和协同信息处理子层将采集到的数据在局部范围内进行协同处理，以提高信息

235

的精准度，降低信息冗余度，并通过自组织短距离传感网将信息接入广域网。信息处理技术主要指在局部区域内各类终端完成信息采集后所采用的模式识别、数据融合和数据压缩等技术。中间件技术旨在解决感知层数据与多种应用平台间的兼容性问题，包括代码管理、服务管理、状态管理、设备管理、时间同步、定位等。

2. 网络层

网络层解决感知层感知数据的传输问题。网络层将来自感知层的各类信息通过网络传输到应用层，包括移动通信网、互联网、卫星网、广电网和行业专网等。物联网通过各种接入设备与基础网络连接。将分散的、利用多种传感器感知的信息通过归一化网关汇聚到传输网络，最后将感知信息再汇聚到应用服务层。

3. 应用层

应用层将物联网技术与行业专业系统结合以来，并以服务的方式提供给用户，实现广泛的物物互联的应用解决方案。主要包括服务支撑层和应用子集层。服务支撑层的主要功能是根据底层采集的数据，形成与业务需求相适应的动态数据资源库，用于支撑跨行业、跨应用、跨系统之间的信息协同、共享与互通，主要包括中间件、信息开放平台、云计算平台和服务支撑平台等。应用子集层可以根据具体业务需求，形成不同的解决方案，提高物联网的应用系统对业务的适应能力。应用领域涵盖环境监测、智能电网、智能家居、智能交通和工业控制等多个方面。

9.2.3 物联网的关键技术

物联网技术所涉及的领域十分广泛，在物联网的概念没有提出之前，一些技术已经出现和使用。这些技术的不断进步和演变催生了物联网的出现。作为一个庞大、复杂的综合信息系统，物联网体系结构中的各个层面都涉及许多关键技术。下面分别介绍感知层、网络层和应用层的关键技术。

1. 感知层的关键技术

感知层由各种感知设备组成，它是物联网识别物体、采集信息的基础，主要功能是识别物体和采集信息。所涉及的技术包括传感技术和射频识别技术（RFID）等。

（1）传感技术

传感技术利用传感器和多跳自组织传感器网络，协作感知并采集网络覆盖区域内被感知对象的信息。传感技术的核心是传感器，它是实现物联网中物与物、物与人之间信息交互的必要组成部分。

通常，传感器由敏感元件和转换元件组成。其中，敏感元件是传感器中能直接接受或响应被测量的部分，而转换元件是将感应信息转换成适于传输或测量的电信号部分。一般这些输出信号都很微弱，因此需要有信号转换电路将其放大、调制等。

传统传感器缺少有效的数据处理与信息共享能力，有一定的局限性。而现代传感器的特点是微型化、智能化和网络化，典型的代表就是无线传感器。无线传感器结点由能量供应单元、传感单元、数据处理单元和无线通信单元组成，相比于传统传感器而言，无线传感器不仅包括传感器部件，还集成了微型处理器和无线通信芯片，能够对信息进行分析处理和网络传输。无线传感器结点结构如图9-6所示。

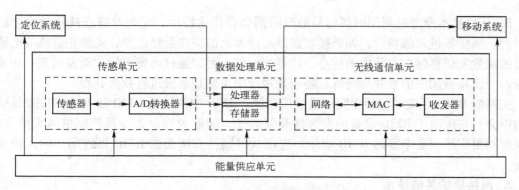

图9-6　无线传感器结点结构图

传感单元由传感器和 A/D（模拟信号/数字信号）转换器组成，传感器用于感知并获取监测区域内的信息，并通过 A/D 转换器将其转换成数字信号，然后送到数据处理单元。

数据处理单元包括处理器、存储器等，负责控制和协调结点各部分的工作，存储和处理自身采集的数据，以及其他结点发来的数据。

无线通信单元由无线通信模块组成，包括收发器、MAC（介质访问控制）和网络模块等，负责与其他传感器结点进行通信、交换控制信息和收发采集数据。

能量供应单元能够为传感器结点提供正常工作所必需的能源，因为是无线网络，只能使用结点自己存储的电源（如微型电池）或从自然界中获取（如太阳能）。

（2）RFID 技术

射频识别（Radio Frequency Identification，RFID）又称为电子标签，是一种非接触式自动识别技术。作为物联网中最为重要的核心技术，RFID 对物联网的发展起着至关重要的作用。

最基本的 RFID 系统一般由 3 部分构成：标签、读写器和天线，结构如图9-7 所示。

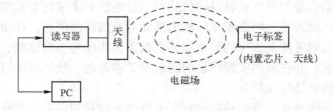

图9-7　RFID 系统结构图

电子标签是射频识别系统真正的数据载体，由耦合元件和芯片组成。每个标签具有唯一的电子编码，存储有能够识别目标的信息。一般情况下，标签由标签天线和标签专用芯片组成。根据射频标签供电方式的不同，标签可以分为有源射频标签和无源射频标签。

读写器是利用射频技术读取或写入标签信息的设备，有移动式和固定式两类。读写器读出的标签信息通过计算机及网络系统进行管理和信息传输。

天线是电子标签和读写器之间实现射频信号空间传播和建立无线通信连接的设备。RFID 系统中包括两类天线：一类是电子标签上的天线，已经和电子标签集成为一体；另一类是读写器天线，既可以内置于读写器中，也可以通过同轴电缆与读写器的射频输出端口相连。在实际应用中，天线设计参数是影响 RFID 系统识别范围的主要因素。

RFID 的基本原理是利用射频信号的空间耦合和传输特性，实现对静止或移动物体的自动识别。当标签进入磁场后，如果接收到读写器发出的特殊射频信号，就能凭借感应电流所获得的能量发送存储在芯片中的信息。或者，标签也可以通过内置天线主动发送某一频率的信号。当读写器读取信号并解码后，将信息送至中央信息系统进行数据处理。

完整的 RFID 系统还包括中间件及应用软件。RFID 中间件是 RFID 读写器和应用系统之间的中介，它屏蔽了 RFID 设备的多样性和复杂性，能够为后台业务系统提供强大的支撑，从而驱动更广泛、更丰富的 RFID 应用。应用软件则是直接面向 RFID 最终用户的人机交互界面。

2. 网络层的关键技术

网络层负责传递和处理感知层获取的信息，关键技术主要有：有线网络技术、无线传感网络技术和短距离通信技术，如 ZigBee、蓝牙和 Wi – Fi 等，下面主要介绍 ZigBee 技术和无线传感网络技术。

（1）ZigBee 技术

ZigBee 技术是一种近距离、低复杂度、低功能、低速率、低成本的双向无线通信技术，用于在各种电子设备之间进行短距离、低功耗且传输速率不高的数据传输，典型的有周期性数据、间歇性数据和低反应时间数据的传输应用。ZigBee 采用分组交换和跳频技术，并可使用 3 个频段，分别是 2.4 GHz 的公共通用频段、欧洲的 868 MHz 频段和美国的 915 MHz 频段。

与蓝牙相比，ZigBee 更简单、速率更慢、功率及费用也更低。同时，由于 ZigBee 技术的低速率和通信范围较小的特点，也决定了 ZigBee 技术只适合于承载数据流量较小的业务。由于 ZigBee 技术具有成本低、组网灵活等特点，可以嵌入各种设备，在物联网中发挥了重要作用。其目标市场主要有 PC 外设、消费类电子设备、家庭智能控制、医护和工业控制等，领域非常广阔。

（2）无线传感网络技术

无线传感网络是大量的静止或移动的传感器以自组织和多跳的方式构成的无线网络，目的是协作地探测、处理和传输网络覆盖区域内感知对象的监测信息，并报告给用户。通过大量布置在监测区域内的各种集成化的微型传感器结点，协作地实时监测、感知和采集各种环境或监测对象的信息，并在网内实现信息的综合加工和处理，最终将经过处理的信息通过多跳无线通信的方式传送给终端用户。

无线传感网络系统通常包括传感器结点、汇聚结点和管理结点，结构如图 9-8 所示。

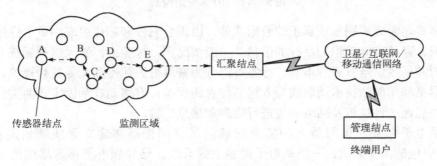

图 9-8　无线传感网络结构图

238

传感器结点具有传感、信号处理和无线通信功能，其数据处理、存储及通信的能力相对较弱，通常只能与通信范围内的邻居传感器结点交换数据。从网络功能上看，每个传感器结点兼顾传统网络结点的终端和路由选择双重功能，除了进行本地信息收集和处理外，还要对其他结点转发来的数据进行存储、管理和融合等处理，同时与其他结点协作完成一些特定任务。

汇聚结点的处理能力、存储能力和通信能力相对较强，它连接无线传感器网络和以太网等外部网络，实现两种协议栈之间的通信协议转换，将管理结点的监测任务转发至无线传感器网络，并将无线传感器网络所收集的数据转发到外部网络。

管理结点位于整个系统的最高层，通常是运行监控软件的计算机，通过以太网等通信线路与汇聚结点互相通信。负责监测的工作人员通过监控软件向无线传感器网络发送监控命令，接收传感数据信息。监控软件通常具备数据处理、分析和存储的能力，将来自无线传感器网络的大量感知数据以直观的方式呈现给工作人员。

3. 应用层的关键技术

应用层的关键技术包括数据处理技术、智能计算技术和平台服务技术等，下面主要介绍M2M 技术和智能计算技术。

（1）M2M（Machine to Machine）

M2M 是一种以机器终端智能交互为核心的、网络化的应用与服务。M2M 在机器内部嵌入无线通信模块（M2M 模组），以无线通信等多种通信方式为接入手段，为客户提供综合的信息化解决方案，以满足客户在远程监控、指挥、数据采集和调度控制等方面的信息化需求。M2M 是机器和机器之间的一种智能化、交互式的通信，即使人们没有实时发出信号，机器也会根据既定程序主动进行通信，并根据所得到的数据智能化地做出选择，对相关设备发出正确的指令。

（2）智能计算技术

智能计算技术能够为各种不同的物联网应用提供统一的服务平台，并提供海量的计算和存储资源，以及统一的数据存储格式和数据处理、分析手段。随着智能计算与物联网的融合，物联网将呈现出多样化的数据采集端、无处不在的传输网络和智能的后台处理等特点。相关技术包括云计算、人工智能和数据挖掘等。

9.2.4 物联网技术的应用

物联网用途广泛，遍及智能交通、环境监控、公共安全、医疗健康、智能家居和工业农业等多个领域。下面简要介绍几个典型的应用场景。

1. 物联网与环境监控

将物联网技术应用到环境监控领域，可以实时、准确、连续、完整地获取环境信息，更加科学有效地管理环境，将对环境问题由事后监管转为事先预防。物联网环境监控应用是指通过各种物联网技术，对影响环境质量的因素代表值进行实时在线测定，确定环境质量及其变化趋势，从而为环境管理、污染治理和预防灾害等工作提供基本信息，为环境监督与执法提供可靠有力的证据。

物联网在该领域的具体应用非常广泛，主要包括生态环境检测、生物种群检测、气象和地理研究、洪水和水灾检测、水质监测、排污水监控、大气监测、电磁辐射监测、噪声监测、森林植被防护、土壤监测，以及地质灾害监测等。

2. 物联网与工业监控

工业是物联网应用的重要领域。具有环境感知能力的各类终端、基于泛在技术的计算模式和移动通信等不断融入到工业生产的各个环境，可大幅提高制造效率，改善产品质量，降低产品成本和资源消耗，将传统工业提升到智能工业的新阶段。

从当前的应用情况来看，物联网在工业领域的应用主要集中在以下几个方面。

（1）制造业供应链管理

物联网应用于企业原材料采购、库存和销售等领域，通过完善和优化供应链管理体系，提高供应链效率，降低成本。

（2）生产过程工艺优化

物联网技术的应用提高了生产线过程监测、实时参数采集、生产设备监控及材料消耗监测的能力和水平，有助于生产过程的智能监控、智能控制、智能诊断、智能决策和智能维护，从而优化生产工艺，改进生产过程，提高产品质量。

（3）产品设备监控管理

应用物联网对产品设备的监控管理是多方面的，各种传感技术与制造技术融合，实现了对产品设备使用情况和设备周边环境状态的实时监控，有利于及时发现设备故障，或适时对设备进行调整校验。

（4）环保监测和能源管理

物联网与环保设备的融合实现了对工业生产过程中各种污染源及污染治理各环节关键指标的实时监控。例如，在重点排污口安装无线传感设备，不仅可以实时监测排污数据，而且可以远程关闭排污口，防止突发性环境污染事故的发生。

（5）安全生产管理

把感应器嵌入和装备到矿山设备、油气管道等设备中，可以感知危险环境中工作人员、设备机器及周边环境等方面的安全状态信息，将现有分散、独立、单一的网络监管平台提升为系统、开放、多元的综合网络监管平台，实现实时感知、准确辨识、快捷响应和有效控制。

3. 物联网与健康监控

健康监控是指通过一定的监护设备，系统、连续地收集与人体健康相关的生理参数，然后经过归纳、整理和分析，产生相关的健康信息，再将其发送到所有应该知道的个体和群体的过程。健康监控可以预防和控制疾病，从而促进健康管理，提高健康水平。

物联网使得健康监护系统能够随时随地监测人们的健康状况。随着物联网技术的深入，远程监护技术无论是在监护的对象、内容、指标，还是在监护的设备上，都有很大发展。其中，远程健康监护的监护对象几乎可以覆盖伤者、慢性病患者、老年人和健康人等在内的所有人群。监护参数既可以是生理参数，也可以是日常生活状态。应用领域也逐渐从急诊救护和人体极限生理状态研究发展到了以提高边远地区的医疗水平和面向家庭的健康保健为主。健康监测设备也在朝着多功能集成、便携式、实时性的方向发展。未来一段时间内，基于物联网的健康监控系统将向穿戴式远程健康监护系统，以及基于 IPv6 和 4G 的健康监测系统发展。

4. 物联网与数字化家庭

数字化家庭是指在家庭生活中，利用先进的计算机、嵌入式系统和通信网络等计算机应用，把一个家庭的各部分职能通过网络有机地组合在一起，建成舒适、安全、智能的家庭环境。物联网在数字化家庭中的应用主要体现在以下几方面。

（1）家用设备控制

利用红外、Internet 和 ZigBee 等技术实现对各种家电、门窗、阀门及照明等设备的控制。住户通过网络或手机不但可在家实现对上述设备的无线控制，而且可在外进行远程控制。例如，阳光强烈时，设备会自动联动窗帘拉好；光线较暗时，自动调节室内的灯光等。

（2）家庭环境监控

利用温湿度传感器和空气质量传感器获取室内外温湿度、空气质量等数据，分析获取数据并自动控制空调、地暖、窗户和窗帘等的开关。例如冬季，温湿度传感器会时刻监测室内的温湿度指数，操控地暖、加湿器等设备；而夏天则自动打开空调，协调室内外温差，将室内温度保持在良好的范围内。

（3）家居安防

利用传感器、红外和网络等技术，实现防火防盗、防煤气泄漏及视频监控等功能的家居安全防范。如家中煤气泄漏或者不慎着火，系统将自动感知到，一方面向住户报警，一方面根据设定实现应急措施。

（4）家庭娱乐

数字化家庭的一个重要应用就是满足人们的娱乐生活。交互式电视、背景音乐系统和虚拟现实游戏等，都成为物联网在数字化生活中的重要体现。

9.3 云计算

云是网络、互联网的一种比喻，也是互联网和底层基础设施的抽象。网络是云计算的基础，各种类型的广域网和局域网组成的计算机网络共同为云计算提供基本的运行环境。近年来，社交网络、电子商务等新一代互联网应用的迅速发展，推动了云计算技术的进步和应用，也掀起了互联网发展的又一次浪潮。

9.3.1 云计算的概念

云计算是一种基于网络的商业计算模式，它将计算任务分布在大量计算机构成的资源池上，使用户能够按需获取计算力、存储空间和信息服务。这种资源池称为"云"，是可以自我维护和管理的虚拟计算资源，通常是一些大型服务器集群，包括计算服务器、存储服务器和宽带资源等。

狭义的云计算是指厂商通过分布式计算和虚拟化技术搭建数据中心或超级计算机，以免费或按需租用的方式向技术开发者或企业客户提供数据存储、分析及科学计算等服务，如亚马逊数据仓库出租业务。

广义的云计算是指厂商通过建立网络服务器集群，向各种不同类型的客户提供在线软件服务、硬件租借、数据存储和计算分析等不同类型的服务。广义的云计算包括更多的厂商和服务类型，如谷歌发布的 Google 应用程序套装等。

云计算的特点可以概括为以下几点。

1）超大规模。"云"具有相当大的规模，Google 云计算平台已经拥有 100 多万台服务器，Amazon、IBM、微软和 Yahoo 等公司的"云"均拥有几十万台服务器。"云"能赋予用户前所未有的计算能力。

2）虚拟化。云计算支持用户在任意位置使用各种终端获取服务。所请求的资源来自"云"，而不是固定的有形实体。应用在"云"中某处运行，但实际上用户无须了解应用运行的具体位置，只需要一台笔记本或掌上电脑（PDA），就可以通过网络服务来获取各种能力超强的服务。

3）高可靠性。"云"使用了数据多副本容错、计算结点同构可互换等措施来保障服务的高可靠性，使用云计算比使用本地计算机更加可靠。

4）通用性。云计算不针对特定的应用，在"云"的支撑下可以构造出千变万化的应用，同一个"云"可以同时支持不同的应用运行。

5）高可扩展性。"云"的规模可以动态伸缩，满足应用和用户规模增长的需要。

6）按需服务。"云"是一个庞大的资源池，用户按需购买，可以像自来水、电和煤气那样计费。

7）极其廉价。由于"云"的特殊容错措施，可以采用极其廉价的结点来构成云，"云"的自动化集中式管理使大量企业无须负担日益高昂的数据中心管理成本，"云"的通用性使资源的利用率较传统系统大幅提升，因此用户可以充分享受"云"的低成本优势。

8）潜在的危险性。云计算服务除了提供计算服务外，还提供了存储服务。云计算中的数据对于数据所有者以外的其他云计算用户是保密的，但是对于提供云计算的商业机构而言却是毫无秘密可言，存在隐私问题等潜在的危险。

云计算按照服务类型大致可以分为 3 模式类：基础设施即模式服务的 IaaS 模式、平台即服务的 PaaS 模式和软件即服务的 SaaS 模式，如图 9-9 所示。

图 9-9　云计算的服务类型

- IaaS（Infrastructure as a Service）：基础设施即服务。IaaS 将硬件设备等基础资源封装成服务供用户使用。它将内存、I/O 设备、存储和计算能力整合成一个虚拟的资源池，为整个业界提供所需要的存储资源和虚拟化服务器等服务。例如，Amazon EC2/S3、IBM Blue Cloud 等。

- PaaS（Platform as a Service）：平台即服务。PaaS 把开发环境作为一种服务来提供。它是云计算应用程序的运行环境，提供软件工具、服务器平台和硬件资源等服务。用户在其平台基础上定制开发自己的应用程序，并通过服务器和互联网进行传递，不必关注底层的网络、存储和操作系统等问题。PaaS能够给企业或个人提供研发的中间件平台，以及应用程序的开发、数据库、应用服务器、试验、托管和应用服务。例如，Google App Engine、Microsoft Windows Azure 等。

- SaaS（Software as a Service）：软件即服务。SaaS是基于云计算基础平台所开发的应用程序，它将特定的应用软件功能封装成服务。用户根据需求通过互联网向服务提供商订购应用软件服务，不必考虑软硬件的维护和管理。用户只需拥有能够接入互联网的终端，即可随时随地使用软件。例如，Salesforce公司提供的在线客户关系管理CRM服务、Google Apps等。

随着云计算的深化发展，不同云计算解决方案之间相互渗透融合，一个产品往往横跨两种以上的服务类型。

9.3.2 云计算的体系结构

云计算是基于互联网的全新计算理念和模式。要实现云计算，需要通过软件将硬件资源进行虚拟化管理和调度，形成一个巨大的虚拟化资源池，从而把存储在多个设备上的大量信息和处理器资源集中在一起，协同工作。云计算的实现需要多种技术相结合。

1. 云计算逻辑体系结构

云计算平台是一个强大的"云"网络，连接了大量并发的网络计算和服务，将各自的资源通过云计算平台结合起来，并利用虚拟化技术扩展每一个服务器的能力，提供超级计算和存储能力。通用的云计算逻辑体系结构如图9-10所示。

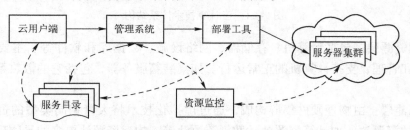

图9-10　云计算逻辑体系结构

1）云用户端：提供云用户请求服务的交互界面，也是用户使用云的入口，用户通过Web浏览器可以注册登录、定制服务、配置和管理用户。

2）服务目录：云用户在取得相应权限（付费或其他限制）后可以选择和定制服务列表，或者对已有服务进行退订，在云用户端界面生成相应的图标或列表来展示相关的服务。

3）管理系统和部署工具：提供管理和服务。能够管理云用户，对用户的授权、认证和登录进行管理；能够管理可用计算资源和服务，接收用户发送的请求并转发到相应的程序，调度、部署、配置和回收资源。

4）资源监控：监控和计量云系统资源的使用情况，以便做出迅速反应，完成结点同步配置、负载均衡配置和资源监控，确保资源能顺利分配给合适的用户。

5）服务器集群：虚拟或物理的服务器，由管理系统管理，负责高并发量的用户请求处理、大运算量计算处理和用户Web应用服务。

用户可通过云用户端从列表中选择所需的服务，请求通过管理系统调度相应的资源，并通过部署工具分发请求，配置 Web 应用。

2. 云计算技术体系结构

从云计算技术角度来看，云计算可以划分为 4 个层次：物理资源层、资源池层、管理中间件层和 SOA 构建层，其技术体系结构如图 9-11 所示。

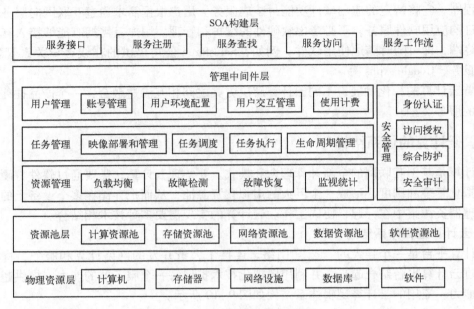

图 9-11　云计算技术体系结构

1）物理资源层：包括计算机、存储器、网络设施、数据库和软件等。主要功能是物理资源的集群和管理，支持计算机的正常运行。如集装箱服务器，包括它的散热系统和结点故障管理系统。

2）资源池层：由物理硬件集群构成，通过虚拟化技术将大量相同类型的资源构成同构或接近同构的资源池，如计算资源池、数据资源池等。构建资源池更多的是物理资源的集成和管理工作。

3）管理中间件层：负责对云计算的资源进行管理，并对众多应用任务进行调度，使资源能够高效、安全地为应用提供服务。主要包括资源管理、任务管理、用户管理和安全管理等工作。资源管理负责均衡地使用云资源结点，检测故障及恢复，并对资源的使用情况进行监控。任务管理负责执行用户或应用提交的任务，包括完成用户任务的部署和管理、任务调度、任务执行，以及任务生命期管理等。用户管理包括提供用户交互接口、管理和识别用户身份、创建用户程序的执行环境，以及对用户的使用进行计费等。安全管理用于保障云计算设施的整体安全，包括身份认证、访问授权、综合防护和安全审计等。

4）SOA 构建层：SOA（Service - Oriented Architecture），即面向服务的体系结构。SOA构建层将云计算的各种应用封装成标准的 Web Services 服务，并纳入到 SOA 体系进行管理和使用，包括服务接口、服务注册、服务查找、服务访问和服务工作流等。通过 Web 接口，用户可以选择需要的服务。SOA 构建层的功能更多依靠外部设施提供。

9.3.3　云计算的实现技术

云计算正在逐渐步入成熟化阶段，使用范围也越来越广。在云计算的关键技术主要有分布式编程模式、海量数据分布存储技术、海量数据管理技术、分布式锁服务、虚拟化技术和云计算平台管理技术。

1. 分布式编程模式

云计算提供了分布式的计算模式，客观上要求必须有分布式的编程模式。现有的云计算主要是通过 MapReduce 编程模型来进行编程的。MapReduce 是一种简化的分布式编程模型和高效的任务调度模型，主要用于大规模数据集的并行运算和并行任务的调度处理。该模式的思想是将要执行的问题分解成 Map（映射）和 Reduce（化简）的方式。在该模式下，用户只需要自行编写 Map 函数和 Reduce 函数，即可进行并行计算。其中，Map 函数定义了各结点上分块数据的处理方法，Reduce 函数定义了中间结果的保存方法及最终结果的归纳方法。

2. 海量数据分布存储技术

云计算系统由大量服务器组成，同时为大量用户服务，因此云计算系统采用分布式存储的方式存储数据，即通过网络将分散在不同机器上的存储资源构成一个虚拟的存储设备。分布存储技术采用冗余存储的方式（集群计算、数据冗余和分布式存储）保证数据的可靠性。冗余的方式通过任务分解和集群，用低配机器替代超级计算机来保证低成本，并保证分布式数据的高可用、高可靠和经济性。

现有的云计算主要是通过两种技术来进行数据存储，分别是 Google File System（非开源的 GFS）和 Hadoop Distributed File System（开源的 HDFS）。以上技术实质上是大型的分布式文件系统在计算机组的支持下向客户提供所需要的服务。分布式文件系统（Distributed file System，DFS）是分布式系统的一个子系统，支持在物理上分散的计算机用户使用公共的文件系统共享数据和存储资源，是多用户单结点文件系统抽象的分布式实现。

3. 海量数据管理技术

云计算需要对分布的海量数据进行处理分析，因此，必须使用高效的数据管理技术。其中，有代表性的数据管理技术主要是 Google 的 BT（Big Table）数据管理技术和 Hadoop 团队开发的开源数据管理模块 HBase。

Big Table 是 Google 设计的分布式数据存储系统，用来处理海量数据的非关系型数据库。与传统的关系数据库不同，它把所有数据都作为对象来处理，形成了一个巨大的表格，用来分布存储大规模结构化数据，即分布式结构化数据表。Big Table 是一个分布式多维映射表，表中的数据通过一个行关键字（Row Key）、一个列关键字（Column Key）和一个时间戳（Time Stamp）进行索引。Big Table 对存储在其中的数据不做任何解析，一律看做是字符串，具体数据结构的实现需要用户自行处理。

4. 分布式锁服务

分布式锁是控制分布式系统之间同步访问共享资源的一种方式，用于保证分布式环境下并发操作的同步问题。如果不同的系统或是同一个系统的不同主机之间共享了一个或一组资源，那么访问这些资源时往往需要互斥来防止彼此干扰，保证一致性，在这种情况下，则需要使用分布式锁。

Chubby 是 Google 设计的提供粗粒度锁服务的一个文件系统，它基于松耦合分布式系统，解决了分布的一致性问题。通过使用 Chubby 的锁服务，用户可以确保数据操作过程中的一致性。这种锁只是一种建议性锁（Advisory Lock），并不是强制性锁（Mandatory Lock），这种选择使系统具有更大的灵活性。

5. 虚拟化技术

虚拟化技术是指计算元件在虚拟的基础上而不是真实的基础上运行，它可以扩大硬件的容量，简化软件的重新配置过程，减少软件虚拟机的相关开销，并支持更广泛的操作系统。通过虚拟化技术可实现软件应用与底层硬件相隔离，普遍使用的虚拟化技术有 VMware Infrastructure、Xen 和 KVM。

虚拟化技术既包括将单个资源划分成多个虚拟资源的模式，也包括将多个资源整合成一个虚拟资源的聚合模式，根据对象可分成存储虚拟化、计算虚拟化和网络虚拟化等。其中，计算虚拟化又分为系统级虚拟化、应用级虚拟化和桌面虚拟化。在云计算实现中，计算系统虚拟化是一切云服务与云应用的基础。虚拟化技术目前主要应用在 CPU、操作系统和服务器等多个方面，是提高服务效率的最佳解决方案。

6. 云计算平台管理技术

云计算资源规模庞大，服务器数量多且分布在不同的地点，往往还同时运行着数百种应用。因此，需要有效的技术对服务器进行管理，并保证提供不间断的服务。云计算系统的平台管理技术能够使大量的服务器协同工作，方便进行业务部署和开通，快速发现和恢复系统故障，通过自动化、智能化的手段实现大规模系统的可靠运营。

9.3.4 云计算的应用

各式各样的"云"早已漂浮在人们身边，对于一般的网络使用者来说，Gmail 电子邮件、土豆视频分享和 iCloud 上传下载等，都是云计算技术的应用。当然，云计算的应用绝不仅仅是这些，这里将从云存储、云开发和云应用 3 个方面进行介绍。

1. 云存储

云存储是在云计算概念上延伸和发展出来的一个新概念，是指通过集群应用、网格技术或分布式文件系统等功能，将网络中大量不同类型的存储设备通过应用软件集合起来协同工作，共同对外提供数据存储和业务访问功能的一个系统。数据量的迅猛增长给企业带来了巨大的成本，持续增长的存储压力使得云存储成为云计算较为成熟的应用之一。云存储业务类型包括数据备份、在线文档处理和协同工作等。

与传统的存储设备相比，云存储不仅仅是一个硬件，它是由网络设备、存储设备、服务器、应用软件、公用访问接口、接入网和客户端程序等多个部分组成的复杂系统。各部分以存储设备为核心，通过应用软件来对外提供数据存储和业务访问服务。云存储系统的结构由 4 层组成，如图 9-12 所示。

存储层是云存储最基础的部分。存储设备往往分布于不同地域且数量庞大，彼此之间通过广域网、互联网或光纤通道网络连接在一起。存储设备之上是一个统一存储设备的管理系统，可以实现存储设备的虚拟化管理、集中管理、硬件设备的状态监控和故障维护。

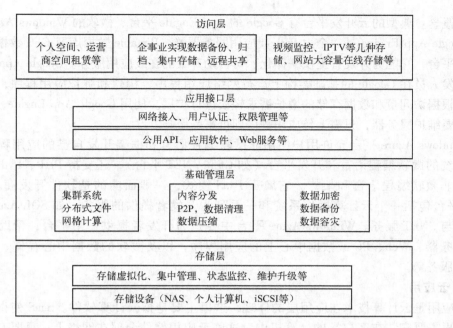

图9-12　云存储系统结构

基础管理层是云存储最核心的部分，也是云存储中最难实现的部分。基础管理层通过集群、分布式文件系统和网格计算等技术，实现云存储中多个存储设备之间的协同工作，使多个存储设备可以对外提供同一种服务，并提供更大、更强、更好的数据访问性能。

应用接口层是云存储最灵活多变的部分，包括公用API、应用软件和Web服务等。不同的云存储运营单位可以根据实际业务类型，开发不同的应用服务接口，提供不同的应用服务。

访问层是云存储服务的接口。任何一个授权用户都可以通过标准的公用应用接口来登录云存储系统，享受云存储服务。云存储运营单位不同，云存储提供的访问类型和访问手段也不同。

备份、归档、分配和共享写作是云存储广泛应用的领域。随着云存储技术的进一步革新，其涉及的领域也越来越多。Dropbox是发展最为突出的个人云存储服务，其客户端覆盖各大操作系统，如Windows、Mac，以及移动端操作系统iOS和Android，用户的每一种设备都可以分享所有文件。而传统IT巨头的云存储服务也应用广泛，比如苹果公司的iCloud、微软公司的Skydrive，以及国内的百度云盘、金山快盘等。

2. 云开发

云开发是一种基于云特性的编程方式。它能够在线进行编码，生成具有云计算能力的软件，且门槛准入低，解耦复用性高。云开发的前提是云的整体发展，使得开发过程可以在云环境中进行，而无须传统的复杂流程和高成本。

云开发平台是云开发的环境，它包含创新开发理念、可视化工具集和新型软件过程管理体系，且耦合成高度便捷的集成开发环境，使软件的开发成本低廉、使用方便，并实现开发过程的"随需而变"。开发人员只需借助网络就可使用云中的开发资源，利用云开发平台提供的开发工具环境创建自定义的解决方案。平台可以基于特定类型的开发语言、应用框架或者其他概念。典型的云开发平台有 Google 的 App Engine 平台、微软的 Windows Azure 等。

Google App Engine 是一个由 Python 应用服务器群、Bigtable 数据库及 GFS 数据储存服务组成的平台，它能为开发者提供一体化、可自动升级的在线应用服务。Google App Engine 可以让开发人员在 Google 的基础架构上运行网络应用程序、构建和维护应用程序，并且应用程序可根据访问量和数据存储的增长需求轻松进行扩展。使用 Google App Engine，开发人员不再需要维护服务器，只需上传应用程序即可享受服务。

Windows Azure 平台允许用户使用非微软编程语言和框架开发自己的应用程序，不但支持传统的微软编程语言和开发平台（如 C#和 . NET 平台），还支持 PHP、Python 和 Java 等多种非微软编程语言和架构。它属于 PaaS 模式，一般面向的是软件开发商。Windows Azure 平台包括一个云计算操作系统和一系列为开发者提供的服务，如 SQL Azure 云计算数据库与 . NET 服务。Windows Azure 平台主要是为开发者提供一个平台，帮助开发者使用云服务器、Web、PC 或数据中心上的应用程序，以及微软的数据中心存储、计算能力和网络服务等。

3. 云应用

云应用是云计算技术在应用层的体现，这里主要是指云计算软件。SaaS 使得软件应用程序不再需要安装在客户端的计算机中，这些云应用软件全部在网络上，只要有账号与密码，就可以使用这些云应用。云应用具有云计算技术概念的所有特性，可概括为 3 个方面：跨平台性、易用性、轻量性。

（1）跨平台性

大部分的传统软件应用只能运行在单一的系统环境中，如今各种智能操作系统兴起，云应用的跨平台特性可以帮助用户大大降低使用成本，并提高工作效率。

（2）易用性

传统软件的设置复杂，尤其是功能强大的软件。而云应用不但具有强大的功能，更把复杂的设置变得极其简单。云应用不需要用户进行下载、安装等复杂部署流程，更可与远程服务器集群时刻同步，免去软件更新操作。如果云应用有任何更新，用户只需简单地操作（如刷新一下网页），即可完成升级并开始使用最新的功能。

（3）轻量性

传统本地软件不但增加了计算机的负担，更带来了隐私泄露、木马病毒等诸多安全问题。云应用的轻量性既保证了应用的流畅运行，又提供了银行级的安全防护，将传统由本地木马或病毒所导致的隐私泄露、系统崩溃等风险降到最低。

Gmail 是 Google 最成功的云应用之一，云计算世界的 Gmail 等同于桌面型计算机的电子邮件软件，相对于传统软件而言，云应用的维护成本更低。Gmail 是一种基于搜索的免费 Web mail 服务，它将传统电子邮件与 Google 的搜索技术结合起来，使得 Gmail 的邮件查找过程大大简化。换句话说，Gmail 是一个容量可不断增加的大容量邮件系统。

微软云计算办公软件 Office Live 也是一个成功的云应用。用户只需要申请一个免费的账号，就可以立即使用微软的 Office Live 云计算办公软件套件服务，它包括云计算软件的服务特性：随时随地访问文档；可与他人共同编辑同一个文档；支持从浏览器上直接打开 Word、Excel 与 PowerPoint 文档；免费创建网页及免费邮箱等。不过，微软是在原本的桌面型 Office 的基础上增加了云计算服务功能，Office Live 仅是连接网络与桌面型 Office 软件的桥梁。

本章重要概念

- 移动通信，是指通信双方至少有一方处于移动状态。蜂窝移动通信系统是基于数字通信技术，由蜂窝结构小区覆盖范围组成服务区的大容量移动通信系统。
- 蜂窝移动通信系统一般由移动台、基站、移动业务交换中心，以及与公共交换电话网络相连的中继线等组成。
- 移动 IP 技术是指移动用户离开原接入网络，在不同网络链路中移动和漫游时，不需要修改其原有的 IP 地址，仍能继续享有原接入网络中一切权限和服务的技术。
- 移动 IP 的路由选择有间接路由选择和直接路由选择两种类型，解决间接路由选择（三角路由）"绕路"问题的方法是使用直接路由选择，即通信代理路由优化方案。
- 在移动通信系统中，无线网络主要通过移动业务交换中心（MSC）、归属位置寄存器（HLR）和访问位置寄存器（VLR）等功能实体来实现本网内用户的移动性支持。
- 将正处于通话状态的移动台转移到新的业务信道上（新的小区）的过程称为切换。引起切换的原因主要有两点：信号的强度或质量下降到规定的一定参数以下；业务信道容量全被占用或几乎全被占用。
- 物联网是指通过射频识别、红外感应器、全球定位系统和激光扫描等信息传感设备，按照约定的协议，把任何物品与互联网连起来，进行信息交换和通信，以实现智能化识别、定位、跟踪、监控和管理的一种网络。
- 物联网的特征包括：全面感知、可靠传送、智能处理。
- 物联网作为一种形式多样的聚合性复杂系统，涉及信息技术自上而下的每个层面，其体系结构一般可分为 3 层：感知层、网络层、应用层。
- 云计算是一种基于网络的商业计算模式，它将计算任务分布在大量计算机构成的资源池上，使用户能够按需获取计算力、存储空间和信息服务。
- 云计算按照服务类型可以分为 3 类：将基础设施作为服务（IaaS）、将平台作为服务（PaaS）、将软件作为服务（SaaS）。
- 云计算技术体系结构可以划分为 4 层：物理资源层、资源池层、管理中间件层、SOA 构建层。
- 云计算的实现技术包括分布式编程模式、海量数据分布存储技术、海量数据管理技术、分布式锁服务、虚拟化技术等。

习　题

1. 蜂窝移动通信网络的主要组成构件有哪些？
2. 当计算机移动到外地时，为什么可以保留其原来的 IP 地址？
3. 解释下列名词：移动结点，家乡代理，外地代理，家乡地址，转交地址。
4. 简述移动 IP 的工作原理，并比较间接路由选择和直接路由选择。
5. 在移动通信过程中引起切换的原因有哪些？

6. 简述物联网的定义和特征。

7. 一般来说，物联网的体系结构分为哪几层？每一层的主要功能是什么？

8. 列举并简单介绍一些物联网的关键技术。

9. 云计算有哪些特点？

10. 云计算按照服务类型可以分为哪几类？

11. 云计算技术体系结构分为哪几层？

12. 实现云计算的关键技术有哪些？请举例。

第 10 章　计算机网络系统规划设计与实施

学习目标

理解计算机网络系统建设步骤、网络需求分析、网络规划设计的原则与内容；掌握园区网的概念和组成；掌握网络层次结构设计、网络拓扑结构设计、综合布线系统组成、网络技术选择、虚拟局域网设计和 IP 地址的规划设计；了解综合布线系统工程设计等级与要求、网络设备与网络传输介质选择、网络接入方式选择；掌握链路聚合技术、虚拟路由器冗余设计和用户接入认证设计等网络安全与可靠性设计；了解网络安全分级设计、防火墙设计、入侵检测系统设计和防病毒设计。

本章要点

- 网络需求分析
- 网络层次结构设计
- IP 地址规划设计
- 综合布线系统
- 虚拟局域网设计
- 网络安全性设计
- 网络可靠性设计

10.1　计算机网络系统规划设计与实施概述

随着计算机网络技术的发展和网络系统应用的逐步深入，网络系统建设面临着巨大的挑战。如何根据用户的应用需求，合理进行网络规划设计，选择适合的网络技术和设备，并确保网络系统顺利实施，已成为网络系统建设的重要任务。

10.1.1　计算机网络系统建设步骤

计算机网络系统建设应遵循系统化、工程化的原则，其过程一般包括项目立项、需求分析、网络规划设计、网络系统实施、网络系统测试验收和网络系统运行维护与升级等步骤。

1. 计算机网络系统建设项目立项

网络系统建设项目立项是项目建设的第一个环节，在该阶段需要做好可行性研究工作。可行性研究的主要目的是确定用户目标、网络系统目标和网络系统集成的总体要求，确定网络系统建设在现有的条件、资金和技术的环境下是否可行，最终是否能达到系统目标的要求。可行性研究主要涉及以下几个方面的工作：对系统现状进行分析；确定网络要解决的问题和网络建设的目的；网络系统建设中的技术难点分析；投资和效益分析；可行性研究结论。

可行性研究的成果是提交项目《可行性论证报告》，供上级部门审核批准。对于规模较大、资金投入较大的项目，更是需要组织专家对项目建设进行可行性论证。一般而言，项目《可行性论证报告》需要说明项目建设的必要性、项目建设具备的条件、项目建设实施的可行性；提出实现项目目标的建设方案；提出项目建设的规划设计方案、投资估算、资金管理和组织管理；进行项目投资效益分析与风险分析；给出可行性研究的结论与建议。

对于没有必要建设、没有经费支持、不具备基础条件和技术不成熟等论证没有通过的项目，将不再考虑立项。对于有必要建设、具备基础条件、有经费支持，但技术、管理等方面存在不足的立项，将按照专家意见进行补充完善，再次进行论证。可行性论证结束后，要形成专家论证意见。项目《可行性论证报告》和专家论证意见将作为今后项目建设的纲领性文件。

可行性研究之后需要确立项目的建设目标、确定系统集成商并成立项目小组。建设目标是网络建设完成后要达到的目标和效果。在项目建设开始之前，首先要考虑网络的建设目标，统一规划，分期建设，选择合适的技术，确保网络系统建设的先进性、可用性、可靠性、可扩展性与安全性。系统集成商应该充分理解用户的目标，并且从技术和专业的角度去考虑用户目标是否可行。另外，建设目标也是衡量系统集成商的一个重要指标，是系统验收的一个重要参考依据。

确立项目建设目标后，可以通过招标等方式选择系统集成商或者服务提供商。由系统集成商和用户单位共同组成网络建设项目小组，共同负责网络建设中的各项工作，如需求分析、网络规划设计、项目实施、项目验收和用户培训等。项目小组应定期召开会议，完成项目进度报告，协调相关供应商的资源和进度。采用专业的项目管理流程，正确评估项目进展中的有利和不利因素，制定严格的风险防范措施，确保项目如期高质量地完成。用户单位可以根据自身情况确定与系统集成商或者服务商的合作模式，可以采取全部委托、部分参与和协助项目管理等方式。

2. 需求分析

需求分析阶段主要完成用户网络系统调查，了解用户的建网需求，或用户对原有网络升级改造的要求，内容包括综合布线系统、网络平台和网络应用的需求分析，与有关业务人员和最终用户充分沟通，形成对整个项目建设过程的整体认识，并编写最终的用户需求说明书。需求分析是网络系统建设至关重要的一步，关系到网络规划设计、网络系统实施等环节工作的正确性。需求分析是整个网络设计过程中的基础，也是难点，需要由经验丰富的网络系统分析员来完成，为下一步工作奠定良好的基础。

3. 网络规划设计

网络规划设计是项目组根据用户需求说明书，为网络系统建立一套完整的设想和详细方案，内容包括系统整体规划、网络结构设计、网络技术选择、网络设备选择、综合布线系统设计、网络安全性设计和网络建设文档规范等。网络规划设计一般可以分为网络逻辑设计、网络物理设计和网络安全与可靠性设计。

网络规划设计工作的技术性很强，需要专门从事网络系统设计的技术人员参加，并需要考虑具体的技术实现细节。网络规划设计阶段将提出具体的网络设计方案，包括详细的网络设计文档，其内容涵盖具体设备型号的选择、板卡的选择和数量的确定、网络端口的互连图、IP 地址详细分配方案、路由策略、安全策略，以及实施建议和步骤、新旧系统衔接方案等方面。网络设计方案完成后需要组织技术专家进行方案论证，不断修改和完善网络设计方案，最终通过评审，成为下一阶段网络系统实施的指南。

4. 网络系统实施

网络系统实施是按照网络系统规划设计的要求实现网络设计方案，包括软、硬件（设备）采购、安装调试、配置、集成测试和运行准备，直至正常运行，并负责培训和维护工作。

5. 网络系统测试验收

在完成所有网络安装及施工后，将按照标准程序测试验收网络的相关功能，并及时解决发现的异常问题。验收测试时可以采用相应的测试软件和测试硬件设备。测试项目包括产品清单检查、功能测试、可靠性测试、安全性测试和端到端测试等。有些用户单位将测试验收分为两个阶段，第一阶段为初验；第二阶段为初验完成后，系统正常运行一段时间，例如 3 个月或者 1 年后再进行项目的终验。

6. 网络系统运行维护与升级

网络运行过程中还可能出现各种各样的问题，应该配备专门的人员负责网络的日常维护工作。随着技术的发展和产品的更新，网络系统的有些产品可能需要进行版本升级、安装软件补丁、修补安全漏洞，以及局部的网络调整。系统集成商应该提供一段时间的技术支持，帮助用户解决网络使用过程中可能出现的故障和问题。

10.1.2 需求分析

需求分析的目的是通过沟通、调查和分析，弄清用户对网络系统的应用需求，使得设计、实施和交付使用的网络系统能够满足用户在网络功能和性能上的应用需求。网络需求分析阶段的主要任务包括网络建设总体需求分析、网络环境需求分析、网络业务需求分析、网络数据流量需求分析、网络安全需求分析、网络的接入需求分析、网络的扩展性需求分析和网络管理需求分析等具体工作。

1. 网络建设总体需求

网络建设总体需求分析包括弄清网络建设的目的、网络建设的规模、网络上承载的业务、网络期望达到的性能指标，以及网络建设将投入的资金数额等。

2. 网络环境需求

网络系统运行的环境对网络建设有着直接影响。网络的规模大小、物理位置及用户终端的分布等都会影响网络的规划设计。环境包括用户单位的内部环境和外部环境，内部环境需求分析需要了解和掌握用户信息环境的基本情况，例如，单位业务中信息化的程度、办公自动化应用情况，现有计算机的数量及分布、信息点数量及位置，网络设备的数量、配置和分布，网络中心位置，未来若干年用户的业务拓展可能引起的信息点增长，技术人员掌握知识和工程经验的状况，以及地理环境（如建筑物的结构、数量和分布，以及分支机构在全国乃至全球的分布情况等）等。外部环境主要考虑无线环境、干扰和网络是否穿越公共区域，以及单位所在地的特殊要求等因素。

3. 网络业务需求

业务需求分析的目标是明确用户的业务类型、应用系统软件种类，以及它们对网络在功能和性能上的不同要求。具体来说，需要了解用户单位将有哪些业务要通过网络系统支持，比如，电子邮件、网站信息发布、资源共享和数据管理等基本业务需求，网上办公文件流转业务、人力资源管理业务等网络办公业务需求，ERP、CRM、SCM 和 MES 等应用系统业务需求，网络视频安防系统、智能化物业管理系统和一卡通系统等专门网络业务需求等。分析这些不同业务需要传输的数据类型（如文本、图形、视频和话音等）对网络的要求。

4. 网络数据流量需求

需要掌握用户开展业务对网络接入带宽的需求，各种网络业务的数据流量分布情况、各建筑物汇聚的业务数据流量、整个园区汇聚的业务数据流量分布，以及高并发、突发性特殊业务的数据流量分布情况。网络数据流量需求分析是网络系统架构设计、网络功能和性能设计的重要依据。

5. 网络安全需求

网络安全需求分析需要考虑网络的接入安全、公共 Internet 出口安全、网络互连安全，以及数据传输和存储安全，还要考虑病毒防范、系统升级等安全需求及要达到的目标。

具体来说，网络安全需求一般包括：用户敏感性数据及其分布情况；网络用户的安全级别；可能存在的安全漏洞；网络设备的安全功能要求；网络系统软件的安全评估；应用系统的安全要求；网络应遵循的安全规范和应达到的安全级别。

6. 网络的接入需求

网络的接入需求分析需要明确网络的接入方式、网络的接入控制和网络的接入技术等方面的内容。需要了解用户是接入 Internet 还是与专用网络连接，是采用 FTTx 接入方式还是 DDN 数字数据网专线接入，还包括 ISP 的选择、ISP 提供的带宽与业务选择，以及上网用户授权和计费等内容。

7. 网络的扩展性需求

网络系统的扩展性能非常重要，是不断满足用户业务需求的基本保证。网络的扩展性有两层含义：第一，是指新的部门能够简单地接入现有网络；第二，是指新的应用能够无缝地在现有网络上运行。

网络的扩展性需求分析要明确用户业务的扩展性、网络性能的扩展性、网络结构的扩展性、网络设备的扩展性和网络软件的扩展性等诸多内容。

具体来说，网络扩展性需求分析要明确以下几个方面内容：用户需求的新增长点；网络结点和布线的预留比例；哪些设备便于网络扩展；带宽的增长估计；主机设备的性能；操作系统平台的性能；网络扩展后对原来网络性能的影响。

8. 网络管理需求

网络管理需求分析需要了解网络管理将要面对的网络规模、网络设备和网络管理技术的选择，以及网络管理技术队伍和网络管理制度等情况。

具体而言，网络管理的需求分析需要掌握以下几个方面的信息：是否需要对网络进行远程管理；明确网络管理的责任人；需要哪些网络管理功能，如计费、建立域和域模式的选择等；选择哪家供应商的网管软件，是否有详细的评估、是否兼容现有的系统；选择哪家供应商的网络设备，其可管理性如何？是否需要跟踪和分析处理网络运行信息；将网管控制台配置在何处？是否采用易于管理的设备和布线方式。

10.2 网络规划设计的原则与内容

10.2.1 网络规划设计的原则

在网络系统的规划设计中，应从系统的整体考虑，确保网络的实用性、开放性、先进性、可靠性、安全性、可扩展性和可管理性。

1）实用性。网络建设的首要原则就是网络必须最大限度地满足用户的需求，保证网络的服务质量。网络技术发展快速，设备价格不断降低，不必盲目追求新技术和新设备，而应该合理定位，坚持实用、够用和经济的原则。

2）开放性。网络体系结构和通信协议应选择广泛使用的国际标准，保证选用的网络产品能与其他网络产品进行互连互通。系统设计应采用开放技术、开放结构、开放系统组件和开放用户接口，以便于网络的维护、扩展升级，以及与外界信息的沟通。

3）先进性。应该尽可能采用成熟先进的网络技术、设计思想和网络结构，使用具有先进水平的计算机系统和网络设备。开发或者选购的各种网络应用软件也应尽可能先进，着眼于未来，确保网络系统满足未来3～5年内的技术及网络应用发展所带来的新需求。

4）可靠性。在进行网络规划设计时，应该选用高可靠性的网络设备和软件系统，配置合理的网络架构，制定可靠的网络灾备策略，保证网络具有较好的容错功能。关键的网络设备和服务器应该避免单一故障点的存在，在条件允许的情况下，采用冗余备份和异地灾备等措施。

5）安全性。提供多方面、多层次的安全控制手段，从网络接入、数据传输、访问控制、入侵防护和病毒防范等方面构建完善的安全防护体系，保证网络业务的安全和数据的安全。

6）可扩展性。网络规划设计应充分考虑用户业务变化和规模变化所引起的扩展需求，在网络结构、设备、模块和线路等方面留有扩展余地，确保网络系统具有良好的扩展能力，能满足将来网络用户规模扩大的需要。

7）可管理性。网络的正常运行源于良好的网络管理，在网络规划设计中，应尽可能提供先进而完善的网络管理软、硬件系统，考虑管理的便利性、可操作性，以及尽可能低的管理成本，监控网络运行状况，及时处理网络故障，保障网络的正常运行。

10.2.2 网络规划设计的内容

网络系统规划设计是决定网络建设能否成功的关键环节，网络设计人员需要全面理解计算机网络的体系结构、网络协议、标准和规范，掌握网络的系统架构、网络逻辑结构、安全控制和网络管理等方面的技术，了解网络产品，熟悉网络系统工程的实施规范，才能根据不同的网络建设需求设计出科学、合理、可行的网络系统集成方案。

网络规划设计主要包括网络逻辑设计、网络物理设计、网络安全与可靠性设计等内容。

1）网络逻辑设计的主要工作是根据网络需求说明书的要求，设计网络拓扑结构，设计网络层次结构，确定 IP 地址规划设计方案和虚拟局域网设计方案，并进行网络技术的选型。

2）网络物理设计的主要任务是与物理空间位置相关的综合布线系统设计，确定交换机、路由器和防火墙等网络设备的技术选型，选择符合性能要求的网络传输介质，设计合适的网络接入方式。

3）网络安全与可靠性设计的主要工作是根据网络安全性和可靠性的基本原则，确定网络安全分级设计方案，制定出防火墙、入侵检测系统、网络防病毒和用户接入认证等方面的安全策略与措施，并从网络设备、网络协议和网络结构等方面进行网络可靠性设计。

10.3 网络逻辑设计

网络逻辑设计主要包括网络拓扑结构设计、网络层次结构设计、IP 地址的规划设计、虚拟局域网设计和网络技术的选择等内容。

10.3.1 网络拓扑结构设计

网络拓扑结构是指用传输媒体连接各种设备的物理布局，即用什么方式通过网络传输介质将交换机、路由器、服务器和工作站等设备连接起来。常用的网络拓扑结构有星形、环形、总线形、树形和网状结构。

1. 网络拓扑结构类型

1）星形结构。星形结构是以中央结点为中心，将其他多个结点通过点到点的线路连接到中央结点上，采用集中控制方式进行通信。星形结构的优点是结构简单、连接方便，容易进行结点扩充，延迟小。缺点是可靠性较差，一旦中央结点出现故障，则会导致整个网络系统瘫痪；通信线路利用率不高。

2）环形结构。环型结构是将所有结点首尾相连的通信链路连接成封闭环形。其优点是网络结构简单，数据单方向传输，适用于光纤传输。缺点是环路是封闭的，不便于扩充，可靠性低；一个结点出现故障，将会造成全网瘫痪；维护难度大；对分支结点的故障定位较困难；当结点过多时，传输效率降低，响应时间长。

3）总线型结构。总线型结构是将所有结点都连到一条主干链路（总线）上，采用广播式通信。其优点是结构简单、灵活，便于扩充，可靠性较高，响应速度快，多个结点共用一条传输信道，信道利用率高。缺点是故障诊断和隔离较为困难，媒体访问控制机制复杂。

4）树形结构。树形结构是由星形结构演变而来的，其实质是星形结构的层次堆叠。其优点是组网灵活，易于扩展，故障隔离较容易。缺点是对高层结点的性能要求较高，如果高层结点发生故障，将影响网络的正常运行。

5）网状结构。网状结构中连接各结点的物理信道呈不规则的形状，所有结点具有两个或两个以上直接通路。网状拓扑具有较高的可靠性，结点间的通信较方便。缺点是结构复杂，链路多，建设和维护成本较高，网络协议复杂。

2. 网络拓扑结构选择的主要依据

选择网络拓扑结构应考虑以下几个方面的因素。

1）经济性。网络拓扑结构的选择直接决定了网络安装和维护的费用。为了降低安装费用，应综合考虑网络的拓扑结构、相应的传输媒体及传输距离等。例如，网状拓扑结构具有较高的容错性和冗余性，但是对于通信线路的需求很大，成本较高。

2）灵活性与可扩充性。随着网络用户的发展和网络应用的扩大，网络经常需要进行调整或者是增减结点，因此需要重新配置网络拓扑。这些调整不应该对现有的网络造成大的影响。网络的可调整性、灵活性及可扩充性都与网络拓扑结构直接相关。一般来说，总线拓扑和星状拓扑要比环状拓扑的可扩充性要好。

3）可靠性。选择的网络拓扑结构除了自身的可靠性之外，还应保证网络故障检测和故障隔离的方便性。

总之，选择网络拓扑结构类型需要考虑的因素很多，这些因素同时影响了网络的运行速率和网络软硬件接口的复杂程度等。一般而言，网络拓扑结构的选择应遵循以下几个原则。

1）星形结构易于扩展、组网灵活，规模较小的局域网中常用采用这种拓扑结构。

2）园区网（企业网、校园网等）一般采用树形结构。

3）城域网一般采用树形结构或环状结构。

4）可以将星形结构和总线型结构结合形成混合型网络结构，既能解决星形网络在传输距离上的局限，又能解决总线型网络在连接用户数量上的限制。

5）环形结构目前已很少使用，实际应用中尽量不要采用环状拓扑结构。

10.3.2　网络层次结构设计

网络结构设计涉及网络的层次架构，网络层次架构目前多采用核心、汇聚和接入三层结构。尤其是在园区网的结构设计中，运用层次化网络结构设计方法进行三层网络结构设计的应用非常广泛。

1. 层次化网络结构设计方法概述

20 世纪 90 年代，Cisco 公司提出了层次化网络结构体系，提出了核心层、汇聚层和接入层 3 层网络层次化结构模型。所谓层次化，就是将复杂的网络设计分成几个层次，每个层次侧重于某些特定的功能，这样就可以将复杂的问题进行简化。层次化结构模型既能应用于园区网的设计，也能应用于局域网的设计。

层次化网络结构设计可将网络分成核心层、汇聚层和接入层 3 个层次，如图 10-1 所示。

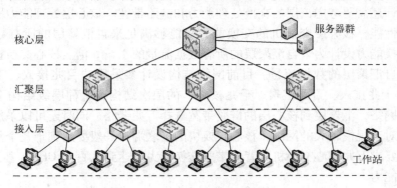

图 10-1　网络层次结构示意图

1）核心层。核心层是网络的高速交换主干，负责整个网络的连通和快速交换。核心层负责对来自汇聚层的数据包进行路由选择和高速转发，因此，核心层网络设备应选择拥有超强的路由能力和高速数据转发能力的三层交换机。核心层应该具有高可靠性、冗余、低延时和高吞吐率等特征。

2）汇聚层。汇聚层又称为分布层，其位于核心层和接入层之间，负责把接入层的用户聚合在一起。从功能上说，汇聚层负责将接入层的数据流汇聚后转发给核心层，提供路由策略、路由聚合、数据流量收敛、虚拟局域网之间的路由选择、安全性控制，以及各种网络管理策略的实施。汇聚层交换机应具有高性能、支持 VLAN 和三层交换，可实现路由选择、端口管理、流量控制和网络管理等功能。

3）接入层。接入层是用户与网络的接口，负责用户计算机的网络接入，完成用户接入的安全控制。接入层设备需要具有一定的端口密度，实现多个计算机接入网络以获取网络服务，同时需要具有接入安全控制功能，实现接入安全控制。接入层交换机一般具有低成本和高端口密度的特性。

2. 核心层的设计

核心层的主要功能是为来自于汇聚层的数据包进行路由选择，实现数据包的高速交换。在规模较大的网络中，高速交换是核心骨干网络的主要任务，而路由选择相对简单。为了实现高速数据包的交换，核心层设计应避免路由配置的复杂程度，应选择"强交换、弱路由"的交换技术为主的网络架构，并尽量将数据包过滤、QoS 处理等各种策略放到核心层以外执行。避免采用任何降低核心层设备处理能力，或增加数据包交换延迟时间的方法，避免增加核心层设备配置的复杂程度，以强化核心层的高速交换能力。

核心设备应选择能进行高速交换并兼顾路由功能的高端路由交换机，一般多采用 1 Gbit/s 带宽交换机、10 Gbit/s 及以上带宽的高性能三层交换机，并要求选用高可靠性的设备，支持负载均衡和自动冗余链路。

目前网络的核心层主要采用单核心星形拓扑结构和双核心星形拓扑结构，也有一些网络规模较大、地理覆盖面积较大的网络采用环形拓扑结构或网状拓扑结构。单核心星形结构设计简单，适用于网络流量不大、可靠性要求不高、规模较小的局域网设计。双核心星形结构采用两台核心交换机实现核心设备冗余，链路冗余大大提高了网络的可靠性和负载均衡，是目前核心层多采用的网络拓扑结构。

核心层设计还需要考虑该层的交换处理能力和链路带宽。核心层处理能力取决于核心层交换机的交换性能，核心层交换机的交换能力应能够满足来自汇聚层的所有数据流量的交换，一般将交换能力设计为来自汇聚层的所有数据流量的 4 ~ 6 倍。核心交换机的链路带宽主要取决于来自汇聚层的数据流量。目前网络结构设计多采用"百兆接入、千兆汇聚、万兆核心"或"十兆接入、百兆汇聚、千兆核心"的层次结构。这种层级结构下，特别是对于规模很大的网络，汇聚层到核心层的链路带宽选择万兆链路，同时还可以采用链路冗余技术增加带宽。对于规模较大的网络，核心交换机的下联端口一般要达到十几个甚至几十个万兆端口，这就要求万兆核心交换机的背板带宽交换能力应达到几百个 Gbit/s 甚至达到 Tbit/s 的数量级处理能力。

3. 汇聚层的设计

汇聚层是多台接入层交换机的汇聚点，它必须能够处理来自接入层设备的所有通信量，并提供到核心层的上行链路。汇聚层的主要功能是将低速的接入数据流量汇聚到高速转发的核心层，并屏蔽接入层对核心层的影响。因此，汇聚层交换机与接入层交换机相比较，需要更高的性能、更少的接口和更高的交换速率。汇聚层的设计主要涉及链路汇聚、流量汇聚、链路聚合和路由聚合等技术。

链路聚合是三层网络结构的关键技术，链路聚合使核心层与接入层之间的连接最小化。汇聚层将大量的低速接入设备通过较小带宽的链路接入到核心层，实现了链路的收敛，使连接到核心层的链路数量大大减少，减少了核心层设备可选择的路由路径的数量，提高了网络的传输性能。

汇聚层的设计需要分析该层的流量汇聚，根据汇聚的流量考虑汇聚层交换机的性能，以及连接端口、链路带宽等问题。汇聚层位于核心层与接入层之间，数据上行传输时，汇聚层将接入层低速接入点的数据流量汇聚在一起，接入到核心层；下行传输时，汇聚层将核心层下行的数据分配给各个接入层交换机。汇聚层的这种流量汇聚作用在网络设计时，需要考虑汇聚层设备的接入能力和交换性能。接入能力包括汇聚层交换机的下联端口数和下联链路带宽，交换性能主要考虑交换机对于来自接入层设备的所有汇聚流量的交换处理能力。

在汇聚层的设计中，需要考虑汇聚层设备下联端口数要与接入层上联链路数相匹配，链路带宽要与接入的上联链路设计带宽相匹配，汇聚层设备的交换性能要与接入层接入的流量相匹配。汇聚层的网络流量通过汇聚结点汇聚到核心层，汇聚层与核心层的连接需要考虑连接链路的带宽，一般来说，可以将汇聚层上联至核心层的链路带宽设计为汇聚层下联至接入层链路带宽的10倍。在汇聚层的设计中，还需要考虑链路的聚合，用于解决可能出现的汇聚层上联链路带宽不足的问题。

与接入层交换机相比较而言，汇聚层交换机的选择需要考虑具有更高的性能、匹配的上下联接端口数和端口速率，需要能够支持不同IP网络间的数据包的转发，具有高效的网络安全策略和安全处理能力，提高与核心层连接的链路带宽，保证数据的高速传输，支持负载均衡和自动冗余链路，能够支持远程的网络管理与网络管理协议SNMP。

4. 接入层的设计

接入层的主要功能是实现用户接入网络，提供最靠近用户的服务，承担着接入用户所有的数据流量。由于接入层是用户直接接入网络的部分，是网络接入流量产生的地方，所以要充分考虑满足各种网络业务对接入带宽的要求，需要考虑网络接入的安全性和可管理性。接入层的设备处于楼宇的各楼层，设备间环境较差，容易造成网络故障，所以设计时应充分考虑网络的可靠性问题。接入层处于网络的末端，所以需要较好地适应用户对网络的各种变化需求，网络设计要充分考虑网络的扩展性。接入层的交换机数量需求较大，鉴于成本的考虑，接入层应尽量简化网络结构，选择低成本、高密度特性的接入交换机，降低设备功能性要求，如接入层一般不考虑链路冗余，不提供路由功能，也不进行路由信息交换等。

接入层设计首先应考虑具有较高的网络接入带宽，一般以下行的带宽为设计依据，以满足单位内部各种业务的需要。接入层设计还应考虑建设单位对网络信息点的需求和网络扩展性的要求，按照接入端口数量的要求，配置足够多的接入层交换机。对于接入点数量要求较高的情况，可以考虑采用堆叠式交换机。接入层交换机还要为级联端口和链路聚合预留端口，设计时要考虑上联汇聚端口带宽和端口类型应满足应用需要。

在接入层的安全设计方面，主要考虑的是VLAN设计和访问控制，利用VLAN划分、VLAN访问控制等技术防范网络广播风暴，隔离不同用户组之间的通信，有效提高网络的安全性和网络访问效率。接入层安全设计还要考虑防攻击、防 IP 地址盗用及防病毒等问题，可以采用 MAC 地址和 IP 地址绑定、MAC 地址过滤、端口屏蔽和包过滤等安全策略。此外，接入层安全设计还应考虑网络的安全接入控制问题，可以采用 MAC 地址控制、PPPoE、DHCP + Web 和 802.1X 等接入认证方式实现用户安全访问控制。

总之，接入层为用户提供了访问网络的能力，该层的设备主要考虑低成本、满足用户需求的网络带宽，且易于使用、远程管理和维护。

5. 园区网的层次结构设计

园区网泛指在某个固定地域内的企业、学校或机构的内部网络，网络完全由一个机构来管理，按照网络接入、数据交换和安全隔离等应用需求来设计网络结构及安全技术方案。园区网在分类上既不属于局域网，又不属于广域网，它是多个局域网的集合，而且与广域网有连接的出口。校园网就是园区网的一个典型应用。

园区网建设的目标是支持企业、学校和机构等单位的日常业务、办公和管理等工作。企业园区网上的主要应用包括 ERP、CRM、SCM、OA、视频会议、互联网服务、电子商务平台和企业门户等。校园园区网（校园网）上的主要应用包括学校日常办公和管理系统、多媒体教学系统、课件制作系统、视频点播系统、数字图书馆系统、远程教育系统和网络服务系统等。

在园区网的层次结构设计中，可以根据网络规模大小确定接入层、汇聚层和核心层的设备选型和具体分布。这 3 个层次是逻辑概念，不要求必须对应相应的设备，应该进行灵活设计。对于中小型的网络，有些层次可以重叠，例如将汇聚层和核心层集成到同一个骨干交换机上。下面介绍几种不同规模的园区网的层次结构设计。

（1）小型园区网

小型园区网一般有 100 个结点左右的规模，例如小型企业或者规模较小的学校。小型园区网中的建筑物一般距离较近，建筑物一般不超过 3 座。这种网络的结构比较简单，网络设备比较集中，一般采用千兆以太网作为园区骨干，网络接入设备选择带有千兆端口的低端以太网交换机。各建筑物的交换机之间根据距离远近选择 1000 Base-T 或者 1000 Base-SX 连接，如果交换机不支持千兆光纤端口，可以采用光纤收发器将双绞线电信号转化成光信号，再进行传输。从成本角度考虑，光纤收发器加普通交换机在价格上一般比光接口交换机便宜，而且光纤收发器比光接口交换机在传输距离上的产品更加齐全，可以支持 0 ～ 120 km。

目前 24 或者 48 端口 10/100 Mbit/s 自适应端口 + 2 端口 1000 Mbit/s 配置的以太网交换机已经非常普遍，非常适合小型园区网环境。对于端口数目要求更多的地点，可以采用堆叠方式，将几个交换机进行级联，增加可用的端口数。交换机的千兆端口可以与其他交换机建立千兆连接，用户接入采用 10/100 Mbit/s 端口。小型园区网的典型结构如图 10-2 所示。

（2）中型园区网

中型园区网的规模一般在 100 个结点到 500 个结点之间，例如中等规模的企业或者学校网络。中型园区网一般包括多栋建筑物，对网络连接可靠性和性能要求较高。建议这种网络采用千兆以太网作为网络骨干，网络可以分为核心层和接入层。核心层设备采用具有多层交换功能的千兆以太网交换机，接入层设备选择带有千兆上联端口的以太网交换机。

根据建筑物之间的距离，选择接入层交换机和核心层交换机之间的连接方式。如果建筑物与网络中心之间的距离小于 550 m，建议采用基于多模光纤传输的 1000 Base-SX 技术。如

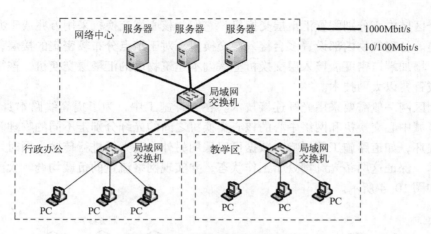

图 10-2　小型园区网的层次结构图

果连接超过 550 m，则可选用单模 1000 Base-LX 长波千兆光纤技术。

为了提高网络的可靠性和网络骨干带宽，各接入交换机可以采用多个千兆端口上联到核心交换机。目前多数交换机支持端口聚合技术，可以将多条链路聚合为一组链路，成倍地提高网络带宽，从而大大提高网络的带宽。核心交换机可以采用双电源、双引擎的方式提高核心设备本身的可靠性。中型园区网的典型结构如图 10-3 所示。

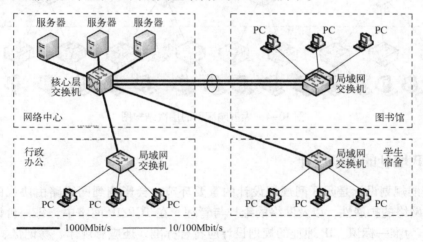

图 10-3　中型园区网的层次结构图

（3）大型园区网

大型园区网的规模很大，建筑众多，甚至包括多个园区，网络结点一般在 500 个以上，网络覆盖范围通常可达数千米，甚至更远。大型园区网在端口密度和处理能力方面有更高的要求，网络系统要求具有很高的可靠性，关键设备和骨干链路要求采用冗余结构，系统具备热备份功能，当一条链路或者一个关键设备发生故障时，备份链路或设备能够立即被激活，保证网络畅通。

大型园区网一般采用核心层、汇聚层和接入层三层网络结构。核心层建议采用万兆以太网或千兆以太网技术，并采用端口聚合技术增加骨干网带宽，同时提高系统的可靠性。园区网中的每个区域中心分别配置汇聚层交换机，它们与核心层交换机采用万兆或千兆以太网技术实现互连。各建筑物内部设置多台接入层交换机，对于结点分布较密集的楼层，可以采用堆叠方式，增加端口密度。接入层交换机上联到本建筑物内的汇聚层交换机，连接方式可以选择千兆或百兆以太网技术。

大型园区网一般需要采用光纤连接技术。在光纤施工中，为了提高线路本身的可靠性，可以让各区域中心交换机和网络中心的核心交换机之间的光纤分别走不同的物理管道。如果线路遭受损坏，如道路施工等影响，数据可以采用另外一路光纤进行传输。同时可以采用链路冗余技术，保证这两条光纤都处于工作状态，并实现网络流量的负载均衡。大型园区网的典型结构如图 10-4 所示。

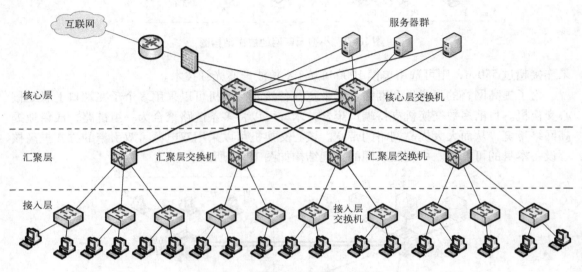

图 10-4　大型园区网的层次结构图

10.3.3　IP 地址的规划设计

IP 地址的规划设计是园区网规划设计的重要环节，会影响到网络路由协议的效率、网络的性能、网络的扩展性，以及网络的维护与管理。在 TCP/IP 网络中，每一台设备都需要用 IP 地址作为唯一标识。IP 地址的规划设计应符合标准，还应有规律、易记忆、易于扩展、便于路由组织，也要充分考虑未来发展的需要，统筹规划、统一设计。IP 地址的规划设计需要考虑的主要问题有 IP 地址的类型和数量、IP 地址的分配原则、IP 地址的分配方法和配置方式。

1. IP 地址的类型和数量

IP 地址可以分为公共地址和私有地址两类。公共地址在 Internet 中使用，它是唯一的。私有地址在内部网络中使用，只能通过代理服务器或者地址转换设备才能与互联网通信。

IP 地址规划的首要问题是确定网络中使用 IP 地址的数量和类型。IP 地址的数量可以通过网络中的工作站、服务器和网络设备的数量粗略计算出来。IP 地址一般由上级网络或者互联网服务提供商分配。如果网络中 IP 地址的需求量很大，分配的公网 IP 地址无法满足内部网络的需要，就需要考虑使用私有 IP 地址，并使用网络地址转换（NAT）技术。网络地址转换是解决目前 IP 地址不足的一种方法，它负责将内部网络中的私有地址翻译成合法的公共 IP 地址。

RFC1918 定义了私有 IP 地址的范围，具体如下。

1）10.0.0.0 ~ 10.255.255.255（或记为 10/8）。

2）172.16.0.0 ~ 172.31.255.255（或记为 172.16/12）。

3）192.168.0.0 ~ 192.168.255.255（或记为 192.168/16）。

上面的私有地址不会分配给互联网上的任何网络，因此可以自由地选择这些网络地址作为网络内部 IP 地址。

2. IP 地址的分配原则

为了便于管理和路由组织，建议采用以下 IP 地址分配原则。

1）采用自上而下的设计原则。首先将整个网络根据地域划分成几个大块区域，再根据建筑物分布、设备分布、服务分布和区域内用户数量划分成几个子区域，每个子区域再按照细分的原则划分成更小的区域。每个子区域从它的上一级区域中获取 IP 地址段（子网段）。这种分配方式充分考虑了网络的层次和路由协议的规划，体现了网络的分层管理思想。

2）采用无分类编址技术（CIDR）和可变长子网掩码技术（VLSM）。CIDR 是一种无分类的编址技术，其优点是能有效地利用地址空间，灵活分配地址，缩小路由表的表项数。VLSM 允许一个组织在同一个网络地址空间中使用多个子网掩码，利用 VLSM 可以使管理员将子网继续划分为更小的子网，可以更有效地使用 IP 地址，使路由汇聚能力更强。

3）唯一性原则。一个网络中不能有多个主机采用相同的 IP 地址。

4）连续性原则。连续地址在层次结构网络中易于进行路由聚合，大大缩减路由表，提高路由选择的效率。

5）扩展性原则。地址分配在每一层次上都要留有余地，在网络规模需要扩展时能够保证地址在数量上够用，同时确保路由聚合的有效性和连续性。

6）采用静态地址分配和动态地址分配相结合的原则。建议将服务器、路由器、交换机、网络管理设备、网络打印机、摄像头和生产设备等采用静态 IP 地址，将办公设备、个人工作站等设备的 IP 地址采用动态获取方式。

3. IP 地址的分配方法

IP 地址分配首先要根据区域或部门确定 IP 网段，在确定了 IP 网段之后，每个部门再对网络设备和计算机进行具体的分配。IP 地址分配可以使用顺序分配和地址分块两种方法。

1）顺序分配。这种方法是按照顺序对设备进行地址分配，并不考虑设备的类型或功能。该方法的优点是比较简单，由于是顺序使用，不会造成地址浪费。它的缺点是地址分配的规律性较差，管理较为复杂。

2）地址分块。地址分块方法在子网中为不同功能的设备预留一组地址空间，相同类型设备的 IP 地址连续分配。这种方法的优点是 IP 地址分配的思路很清晰，能够根据设备的地址来判断设备的类型，全网形成统一规律，便于管理。它的主要缺点是容易造成地址空间的浪费，有些预留的地址空间可能在很长时间内未被使用。

IP 地址的配置有静态地址配置和动态地址配置两种方式。静态配置方式为每台设备都分配一个固定的 IP 地址。静态配置方式适用于网络规模不大、复杂性不高和计算机放置位置相对固定的情况。动态配置方式不给设备分配固定的 IP 地址，而是在用户联网时，由服务系统自动为上网用户临时分配一个 IP 地址，当用户断开网络时系统自动收回这个 IP 地址，这个服务系统是通过动态主机配置协议（DHCP）来完成动态地址的配置任务。

4. 动态主机配置协议（DHCP）设计

网络中的每一台计算机都需要配置一个唯一的 IP 地址，IP 地址的配置可以通过手工方式静态配置，但随着用户数目的增加，特别是当用户从一个子网移动到另一个子网时，IP 地址配置的工作量将显著增加，并且可能存在地址配置错误的情况，引起 IP 地址冲突。动态主机配置协议（Dynamic Host Configuration Protocol，DHCP）通过设置一台主机作为 DHCP 服务器，并在服务器中建立 IP 地址数据库。局域网中的客户端通过动态分配的方式从 DHCP 服务器获取 IP 地址、网关和域名服务器 IP 地址等参数，从而减轻了网络管理员的负担，并且能够提升 IP 地址的使用率。

DHCP 采用客户端/服务器服务模式，主机地址的动态分配任务由网络主机（客户端）驱动。当 DHCP 服务器接收到来自客户端申请地址的信息时，才会向客户端发送相关的地址配置信息，以实现客户端 IP 地址信息的动态配置。

DHCP 提供了手工分配、自动分配和动态分配 3 种 IP 地址分配方式。

1）手工分配方式（Manual Allocation）。客户端的 IP 地址是由网络管理员指定的，DHCP 服务器只是将指定的 IP 地址告诉客户端主机。

2）自动分配方式（Automatic Allocation）。DHCP 服务器为主机指定一个永久性的 IP 地址，一旦 DHCP 客户端第一次成功从 DHCP 服务器端租用到 IP 地址后，就可以永久性地使用该地址。

3）动态分配方式（Dynamic Allocation）。当客户端第一次从 DHCP 服务器租用到 IP 地址后，并非永久使用该地址，当约定的租期到期时，客户端就释放该地址，以供其他用户使用。

在上述 3 种地址分配方式中，只有动态分配可以重复使用客户端不再需要的地址。

园区网的 DHCP 设计要点如下。

1）明确 DHCP 服务器的数量和 DHCP 服务器的物理分布。

2）按照业务区域或 VLAN 进行 DHCP 地址的划分，以便统一管理和维护。

3）静态 IP 地址段和动态 IP 地址段都应保持连续。

4）不同的 DHCP 服务器产品所支持的容量也不同，除了容量因素以外，还应该考虑 DHCP 服务器与客户端之间的带宽和连接方式。

5）如果子网之间的线路速率很低，建议在子网内部增加一个新的 DHCP 服务器。当需要使用 DHCP 中继时，还应该确认路由器是否具备 DHCP 中继功能。

6）对于大型的园区网，为了保证网络的高可用性和可靠性，建议在网络中至少配置两台 DHCP 服务器，一台作为主服务器，另一台作为备份服务器。

10.3.4　虚拟局域网设计

1. VLAN 概述

VLAN 是以局域网交换机为基础，通过交换机软件，实现根据功能、部门和应用等因素将设备或用户组成虚拟工作组或逻辑网段的技术，其最大的特点是在组成逻辑网时无须考虑用户或设备在网络中的物理位置。为了使 VLAN 技术标准化，IEEE 802 委员会于 1999 年颁布了 802.1Q 协议标准草案。目前，绝大多数厂商的交换机产品都支持 VLAN 技术。VLAN 技术的出现，使得管理员可以根据实际应用需求，将局域网内的不同用户逻辑地划分成不同的广播域，每一个 VLAN 都包含一组拥有相同需求的工作站，与物理上形成的 LAN 拥有相同的属性，同一个 VLAN 内的各工作站没有被限制在同一个物理空间里，也就是说这些工作站可以分布在不同的物理 LAN 中。

VLAN 技术可以将一个局域网划分成若干个逻辑上相互隔离的虚拟工作组，这些虚拟工作组之间在默认情况下不能通信，保证了每个工作组的信息安全。虚拟工作组之间的通信必须借助于三层交换机或者路由器实现。为了保证安全，可以在三层交换机或路由器上设置访问过滤规则，对不同 VLAN 间的访问进行限制。可以看出，VLAN 技术能够满足用户的业务需求和安全需求，同时降低了网络建设成本。

2. VLAN 的划分方式

VLAN 的划分有以下 4 种方式。

1）基于端口划分 VLAN，即根据以太网交换机的端口来划分，例如将某交换机的 1 ～ 10 端口设置为 VLAN 10，将 11 ～ 20 端口设置为 VLAN 20 等。同一 VLAN 可以跨越多个不同物理位置的以太网交换机。端口划分方式是定义 VLAN 最普遍的方法。

2）基于 MAC 地址划分 VLAN，即根据每个主机的 MAC 地址来划分。这种划分方法的最大优点就是当用户的物理位置移动时，即从一个交换机换到其他交换机时，不用重新配置 VLAN。

3）基于协议划分 VLAN，即根据以太网帧中的协议类型字段划分，例如将 VLAN 10 定义为 IP 协议，将 VLAN 20 定义为 IPX 协议。

4）基于策略划分 VLAN，即根据第三层（即网络层）信息进行 VLAN 划分，例如根据帧中 IP 协议的子网进行划分，一个子网可以对应为一个 VLAN。

3. VLAN 之间的通信方式

VLAN 的配置可以跨越不同的交换机，为了在交换机之间传递 VLAN 信息，IEEE 802.1Q 规定当数据帧在交换机之间传递时，需要给每个数据帧增加一个 VLAN 标记，以区分该数据帧所属的 VLAN。两个交换机之间用来承载多个 VLAN 数据的链路称为 Trunk。

两层交换机是数据链路层设备，只能识别 MAC 地址，但不能实现不同网络之间的通信，所以也不能实现不同 VLAN 之间的通信。为此，不同 VLAN 之间的通信需要借助具有三层（网络层）路由功能的路由器或具有三层交换功能的交换机来实现。

目前，不同 VLAN 之间的通信方式一般采用三层交换机直接实现。三层交换将两层交换机和三层路由器两者的优势相结合，可在各个层次提供线速性能的交换。一般来说，第三层交换产品都采用可编程、可扩展的 ASIC 芯片技术，可以提供极高的吞吐量，数据报的转发速度通常比中高端路由器还要快很多倍。相对于传统的路由器而言，第三层交换机的配置方式相对简单，不需要额外的附加设备，一般通过增加带有三层交换功能的引擎就可以实现，这种方式还节省了机房空间和网络布线，具有较高的性价比。

4. 自动 VLAN 注册

在规模较大的网络组网中，为了实现 VLAN 技术，需要在所有的交换机和路由器上进行 VLAN 信息的配置。为了减少管理员配置 VLAN 的负担和避免 VLAN 配置过程的不一致性，

IEEE 802.1Q 使用 GARP VLAN 注册协议（GARP VLAN Registration Protocol，GVRP）实现交换机之间 VLAN 配置信息的自动交换。

通过 GVRP，一台交换机可以和其他运行 GVRP 的交换机互相交换各自的 VLAN 配置信息。使用 GVRP 时，可以先在一台交换机上用手工方式静态配置上所有的 VLAN，其他交换机将自动从这台交换机上学习到这些 VLAN 信息。GVRP 还支持网络中工作站的自动 VLAN 注册。

5. VLAN 设计和划分

在园区网建设中，合理设计和划分 VLAN 非常关键，一个合理的 VLAN 设计可以有效地保证网络的安全性，减少广播风暴，提高网络的运行效率。VLAN 设计应该参照用户单位的部门、业务关系、安全原则及网络流量分析预测等因素设置。例如，在企业园区网中，可以按照部门进行划分，企业内部的财务、市场、销售和生产分别对应不同的 VLAN，以方便部门内部的信息共享，同时保证关键信息的安全性。在校园网中，可以将服务器群、财务部、招生办公室和教学部门等分别划分为不同的 VLAN，学生宿舍区的工作站数量一般较多，可以将每个宿舍的楼层作为一个 VLAN 等。

交换机的 VLAN 划分一般采用基于端口划分的方式，这种方式简单、易操作。设计时一个 VLAN 对应一个 IP 子网。表 10-1 所示是一个园区网 VLAN 划分的实例，网络中共有 3 台交换机，因为每个 VLAN 都分布在 3 个交换机上，所以交换机之间的链路配置为 Trunk 工作方式。

表 10-1　基于端口划分 VLAN 的实例

交　换　机	端　　口	所属 VLAN
Switch1	1～9	VLAN 10
	10～18	VLAN 20
	19～24	VLAN 30
	25	Trunk
Switch2	1～12	VLAN 10
	13～19	VLAN 20
	20～24	VLAN 30
	25	Trunk
Switch3	1～22	VLAN 10
	23～35	VLAN 20
	36～48	VLAN 30
	49，50	Trunk

不同 VLAN 之间的通信需要采用三层交换机或路由器来实现。为了保证网络的安全性，可以在交换机上设置过滤规则，对于 VLAN 之间的访问进行限制。例如，允许财务 VLAN 访问其他 VLAN 的信息，但是不允许其他 VLAN 访问财务内部的服务器等。

10.3.5　网络技术的选择

在网络规划设计中，网络技术的选择应该遵循网络规划设计的原则。随着网络技术的飞速发展，可以作为园区网主干网络的局域网技术有很多种，如以太网、快速以太网、千兆以太网、万兆以太网、令牌环网、FDDI 及 ATM 技术等。

以太网是在 20 世纪 70 年代研制开发的一种局域网技术。1987 年，以太网开始在非屏蔽双绞线上运行，后来称为 10 Base-T。在传统以太网的技术上，20 世纪 90 年代出现了交换式以太网。其中，快速以太网的主要标准为 100 Base-T，可以支持 100 Mbit/s 的传输速率，网络的拓扑结构与 10 Mbit/s 以太网相同，它是 10 Base-T 以太网最直接、最简单的升级。100 Base-T 定义了 100 Base-T4、100 Base-TX 和 100 Base-FX 这 3 种物理层标准。100 Base-T 是一个里程碑，确立了以太网技术的统治地位。

千兆以太网是现有 IEEE 802.3 标准的扩展，1998 年 2 月，IEEE 802 委员会正式批准了 IEEE 802.3z 作为千兆以太网标准。1000 Base 系列标准可以支持多种传输介质，包括非屏蔽双绞线、屏蔽双绞线、单模光纤和多模光纤。目前 IEEE 对于千兆以太网有两个标准，分别是基于光纤（单模或多模）及短程铜缆的全双工链路标准 1000 Base-X（IEEE 802.3z），和基于非屏蔽双绞线的半双工链路标准 1000 Base-T（IEEE 802.3ab）。千兆以太网的问世反映了当前网络技术的发展趋势，它不仅满足了应用对网络速率和带宽的要求，而且较好地解决了与传统的 10 Mbit/s、快速 100 Mbit/s 以太网的兼容和升级。由于技术简单、需求巨大、生产厂家众多，千兆以太网已经成为局域网的主流技术。

在万兆以太网的标准化过程中，IEEE 和 10GEA（万兆以太网联盟）是两个最重要的组织。IEEE 802 委员会负责制定万兆以太网的标准，已经于 2002 年 6 月发布了万兆以太网标准 IEEE 802.3ae。10GEA 则是由业界领先的设备厂商组成的技术联盟，致力于万兆以太网的标准化和互操作性。万兆以太网技术与千兆以太网类似，仍然保留了以太网帧结构，但非简单地将千兆以太网的速率提高 10 倍。其通过不同的编码方式或波分复用提供 10Gbit/s 传输速度。10 G 以太网包括 10 G Base-X、10 G Base-R 和 10 G Base-W。万兆以太网可以应用于园区网和城域网。

万兆以太网具有以下几个特点：保留 IEEE 802.3 标准对 Ethernet 的最小和最大帧长度的规定。这就使用户在将其已有的 Ethernet 升级时，仍可与较低速率的 Ethernet 通信。由于数据传输速率高达 10 Gbit/s，因此传输介质不再使用双绞线，而使用光纤，以便能在城域网和广域网范围内工作。万兆以太网只工作在全双工方式，因此不存在介质争用的问题。由于不需要使用 CSMA/CD 工作机制，因此传输距离不再受冲突检测的限制。

FDDI 是美国国家标准局 ANSI X3T9.5 委员会制定的高速局域网标准，使用光纤作为传输媒体，媒体访问协议遵守 IEEE 802 标准。FDDI 曾经被作为远程主干的主要解决方案，但是由于协议复杂、价格贵、成本高，已经逐渐被千兆以太网取代。

异步传输模式 ATM 是一种革命性的高速网络技术，它采用了与传统完全不同的技术，如信元交换、面向连接、动态分配带宽和高速交换技术等，将计算机与现代通信技术紧密连接在一起，其传输速率可达 25 ～ 622 Mbit/s。ATM 技术还可以同时用于局域网和广域网，实现 LAN 和 WAN 的无缝连接，但由于其成本较高，网络复杂，不是局域网技术的首选。

通过以上比较可以看出，万兆以太网和千兆以太网是目前园区骨干网的首选技术，快速以太网一般用于连接桌面工作站设备。原来的 ATM 园区网和 FDDI 园区网目前也逐步向万兆、千兆以太网过渡。

10.4　网络物理设计

网络物理设计主要包括综合布线系统设计、网络设备的选择、网络传输介质的选择和网络接入方式的选择等内容。

10.4.1　综合布线系统设计

1. 概述

综合布线系统又称为结构化布线系统（Structured Cabling System，SCS），是用于建筑物内或建筑群之间，为计算机、通信设施和监控系统预先设置的信息传输通道。SCS 是建筑技术与信息技术相结合的产物，是计算机网络工程的基础。综合布线系统按照统一标准，采用结构化方式在各种建筑物内或建筑群之间布置各种系统的通信线路，包括网络系统、电话系统、监控系统、电源系统和照明系统等。综合布线系统由传输媒体、相关连接硬件（配线架、连接器、插座、插头和适配器）及电气保护设备等构成。

与传统的布线方式相比，综合布线系统具有以下几个优点。

1）兼容性。综合布线系统目前已经成为国际标准，对系统中使用的各种传输媒体、连接硬件等制定了统一规范。各种应用，如语音、数据和监控设备的信号的传输都采用相同的传输媒体、信息插座、连接设备和适配器等。

2）灵活性。用户可以灵活定义信息插座的具体应用，当需要增减设备、变化位置或更改设备类型时，仅在管理间和设备间的配线架上做相应的跳线操作即可完成。另外，还能够灵活地实现不同拓扑、不同设备、不同端口和不同模块之间的连接。

3）开放性。采用开放式结构，符合国际上现行的标准。选用标准化产品，能够支持任意的网络结构和网络设备，能够集成著名厂商的产品，更换设备不需要更换布线。采用模块化设计，易于扩充和重新配置，当某一模块出现故障时，不会影响其他模块工作。

4）可靠性。综合布线采用高品质的材料和组合压接的方式构成一套高标准的信息传输通道。采用点到点端接方式，所有线槽和相关连接件均需通过 ISO 认证，每条通道都要采用专用仪器测试链路阻抗及衰减率，以保证其电气性能。任何一条线路的故障均不会影响其他线路的运行，保证了系统的可靠性。

5）经济性。综合布线能够满足长远需求，更换设备不用改造线路，能节约资金投入。

1985 年，美国电子工业协会（EIA）和美国电信工业协会（TIA）开始了智能建筑大楼布线系统标准化制定工作。1991 年，《商业大楼电信布线标准》（ANSI/EIA/TIA568）问世。随后，与布线通道及空间、管理、电缆性能和连接硬件性能等有关的标准也被先后推出。

综合布线系统的主要标准 EIA/TIA 包括：EIA/TIA – 568 商业建筑线缆标准、EIA/TIA – 569 商业建筑通信通道和空间标准、EIA/TIA – 606 商业及建筑物电信基础结构的管理标准、EIA/TIA – 607 布线接地保护连接要求、EIA/TIA TSB – 67 非屏蔽双绞线布线系统传输性能现场测试、EIA/TIA TSB – 72 集中式光纤布线准则和 EIA/TIA TSB – 75 开放型办公室水平布线附加标准等。

结合 EIA/TIA 标准，我国于 2007 年颁布并实施了综合布线工程设计规范国家标准《综合布线系统工程设计规范》（GB50311—2007）。

2. 综合布线系统组成

根据 EIA/TIA－568 综合布线标准，综合布线系统分为工作区子系统、水平子系统、垂直干线子系统、管理间子系统、设备间子系统和建筑群子系统，如图 10-5 所示。

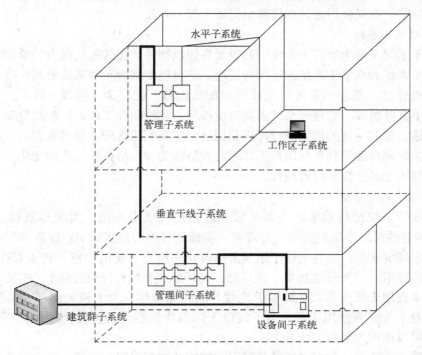

图 10-5　综合布线系统的组成示意图

（1）工作区子系统

工作区子系统又称为服务区子系统，工作区是放置应用系统终端设备的场所，工作区子系统将用户的终端设备（计算机、电话机和传真机等）和布线系统连接起来，实现用户设备接入到网络、电话和电视等系统。工作区子系统由与用户设备连接的各种信息插座和延伸到终端设备的连接电缆组成。其中信息插座应能支持电话机、数据终端、计算机和监视器等终端设备的设置和安装，如 RJ－45 网络信息插座、RJ－11 电话连接插座等。

工作区子系统设计主要是确定建筑内和用户房间中所需要的数据、语音和视频等信息插座的类别、数量、安放的位置，以及连接电缆的类型、长度和数量。在布线设计时，采用的 UTP 一般每根不超过 6 m，RJ－45 插座距离地面 30 cm 以上。布线系统通常是非永久性的，可以根据用户需要进行移动、增加和改变。布线系统既要便于链接，也要易于管理和维护。

（2）水平子系统

水平子系统连接楼层配线间的管理子系统至各工作区子系统，提供建筑物内各楼层通信连接线缆路由，实现从楼层配线间到各用户房间的通信线路连接。一般采用双绞线进行连接，连接线路一般通过在各楼层的楼内走廊架设桥架来实现，线缆放在桥架内从楼层配线间到达工作区房间位置。水平子系统由水平配线电缆或者光缆、配线架、桥架和跳线等标准配件组成。水平子系统应根据整个综合布线系统的要求，在管理间的配线设备上进行连接。配线电缆长度不应超过 90 m，工作区与管理间的接插线和跨接线电缆最长不超过 10 m，走线必须使用线槽，合理安排插座位置，信息插座应该在内部固定连接。

水平子系统的设计主要是确定楼层配线间的位置及数量，选择水平系统线缆走线路由、走线方式和线缆类别。在设计水平子系统时，要做好水平布线方案、线路定向和路由，要考虑建筑物的结构、布局和用途，以使路由简短、施工方便。

（3）管理间子系统

管理间子系统又称为管理子系统，其设置在建筑物每层楼的配线间内。管理间子系统提供垂直干线子系统和水平子系统的连接与管理，使得整个综合布线系统及其连接设备构成一个完成的有机整体。管理子系统由配线间的配线设备、配线架、跳线、Hub、光电转换设备、机柜和电源等组成。管理子系统需要对设备间、配线间和工作区的配线设备、线缆和信息插座等设施，按照一定的规则进行标识和记录，实现配线管理。通过管理间子系统跳线的跳接，可以灵活调整建筑物各层用户工作间的设备移动和网络拓扑结构的变化，使得整个布线系统具有较大的灵活性和可管理性。

（4）垂直干线子系统

垂直干线子系统提供建筑物内部干线的通信连接线缆路由，实现建筑物的主配线间（设备间）到各楼层的楼层配线间（管理间）的通信线路的连接，实现设备间子系统与各楼层管理间子系统的连接。垂直干线子系统是建筑物内网络系统的中枢，它由双绞线配线架、跳线、光缆连接组件（光纤连接器、光纤盒、光纤配线架和光纤交接箱）、连接电缆和光缆等组成。通常选用光纤或者大对数 UTP 电缆作为传输媒体，对于较大楼宇且每层的信息点很多时，垂直干线必须使用光纤。当干线位于同层建筑物内，且总传输距离不超过 100 m 时，主干线可以使用大对数 UTP 电缆。

垂直干线子系统设计的主要任务是确定建筑物的主配线间的位置，确定垂直系统的干线路由，确定干线与各配线间的交叉连接方法，以及确定干线线缆的类别和数量。传输线路一般通过建筑物内部的竖井架设，线缆在竖井内必须要有较好的固定措施。垂直干线子系统与水平子系统的连接时，从主配线间到各楼层配线间最多只能有一次交叉连接，最长距离不应超过 500 m。垂直干线子系统的数据、语音和视频的干线应该分开布置，干线线缆应设计预留，以便今后的线路拓展。

（5）建筑群子系统

建筑群子系统提供园区内建筑物之间的通信传输连接线缆路由，实现园区内各建筑物之间的通信连接。在园区网的网络设计中，建筑群子系统实现园区网络信息中心与其他建筑物内主配线间的通信连接，提供从网络信息中心到各栋大楼主配线间的通信传输线路。

建筑群子系统由实现建筑物之间通信连接的传输介质、配线设备和跳线组成。传输介质一般使用光缆，配线设备包括机柜、光纤盒、光纤配线架和跳线等。在建筑群子系统中，会遇到室外敷设电缆问题，一般有架空电缆、直埋电缆和地下管道电缆 3 种情况，或者是这 3 种的任何组合，具体情况应根据现场的环境来决定采用哪种敷设方式。

（6）设备间子系统

设备间是各建筑物内部放置通信设备的场所，设备间子系统提供通信设备工作所需要的物理环境，以及实现设备的连接与管理，提供设备间的设备及建筑物外部的网络设备的互联。设备间子系统由设备、传输线缆、连接组件和机柜等组成，设备主要包括网络交换机、数字程控交换机、网络服务器和楼宇自控设备等，连接组件由配线架、跳线和光纤耦合器等组成。

设备间是在每一幢大楼的适当地点集中安装大型通信设备，设备间子系统是一栋大楼内的信息交换与管理控制中心，对整个建筑物内的网络系统进行监管。设备间子系统一般将这些设备安装在机柜中，通过跳线把各系统连接起来，形成一个完整的网络系统。

3. 综合布线系统工程设计等级和要求

（1）综合布线系统工程设计等级

对于建筑物的综合布线系统，一般定为3种不同的布线系统等级。这3种等级分别为最低配置、基本配置和综合配置。最低配置，适用于综合布线系统中配置标准较低的场合，用铜芯双绞电缆组网；基本配置，适用于综合布线系统中中等配置标准的场合，用铜芯双绞电缆组网；综合配置，适用于综合布线系统中配置标准较高的场合，用光缆和铜芯双绞电缆混合组网。

（2）综合布线系统工程设计要求

综合布线系统的工程设计要求如下：选用的线缆和连接器均应符合 ISO/IEC 11801 新版本国际标准的各项规定，保证达到系统指标；选用产品的指标应高于系统指标，但要恰如其分；详细记录与综合布线系统相关的硬件设施的工作状态信息（如设备线缆的用途、编号和色标等）和设备位置、线缆走向、建筑物的名称、位置、区号、楼号和室号等；全系统线缆设备采用的类型要一致。

10.4.2 网络设备的选择

在进行网络规划设计时，选择符合性能要求的网络互连设备至关重要。网络设备的选择一般有两种含义：一是结合计算机网络用户的需求选择网络设备；二是从众多网络设备厂商的产品中选择性价比高的产品。目前通常涉及的网络设备有路由器、交换机、防火墙、网络适配器、服务器、存储设备和无线网络设备等。

网络设备选型的主要原则如下。

1）品牌选择。所有网络设备应尽可能选取同一家的产品，以便让用户从网络通信设备的性能参数、技术支持和价格等方面获得更多的便利。产品线齐全、技术认证队伍力量雄厚、产品市场占有率高的厂商是网络设备品牌的首选。

2）扩展性考虑。主干设备的选择应预留一定的能力，以便于将来扩展，低端设备则够用即可，因为低端设备更新较快，易于淘汰。

3）"量体裁衣"策略。根据网络实际带宽、性能需求、端口类型和端口密度进行选型。如果是旧网升级改造项目，应尽可能保留可用设备，减少资金投入方面的浪费。

4）性价比高、质量可靠的原则。网络系统设备应具有较高的可靠性和性价比，工程费用的投入产出应达到最大，能以较低的成本为用户节约资金。

目前网络技术的发展非常迅速，网络厂商和产品很多。应该根据网络建设的具体要求进行网络设备的选择，一般主要考虑以下几个方面。

1）设备背板带宽。设备背板带宽是设备背板总线的吞吐量，一般用每秒通过的数据报个数（bit/s）作为单位。设备的背板带宽越高，处理数据的能力越强。用户可以根据设备所需要配置的总端口数和端口的带宽，计算出所需的背板容量。需要注意的是，有些设备虽然可以支持几十个千兆以太网端口，但是背板总线只有十几个 Gbit/s，这样的配置就需要加以注意。

2）端口类型、数量和端口速率。应根据需要连接的网络设备的数目和类型，确定网络端口的具体型号和数量。设备满配置情况下可以提供的各种端口的最大值，能充分体现设备的扩展能力。另外，设备支持的端口类型越多，其可用性和扩展性就越强。端口速率是衡量交换机的一项重要指标，高速端口的成本较高，应根据实际需求进行合理选择。

3）支持的协议和技术指标。在选择时，一定要仔细查阅产品的具体技术指标和支持的协议。例如路由器支持的路由协议、传输协议和虚拟专用网 VPN 协议，以及交换机支持的最大 VLAN 数目、数据转发方式等。根据产品的使用场合，确定与业务有重要关系的协议和指标，例如业务需要服务质量保证，那么设备就需要支持目前的各种服务质量 QoS 技术，如集成服务 IntServ（RSVP）、区分服务 Diffserv 和 802.1p 优先级等。如果单位内部有组播的应用，就需要重点考核产品是否支持 IGMP 等组播协议。

4）易用性。应考虑设备的用户界面和配置方式是否简单易学，便于维护。

5）网络管理。网络管理很重要，设备应该支持 SNMP 等网络管理协议，提供带内和带外的管理方式。

10.4.3　网络传输介质的选择

计算机网络按传输介质可分为有线网络和无线网络两种，与之相对应的传输介质是有线传输介质和无线传输介质。有线传输介质主要包括同轴电缆、双绞线和光纤，常用的无线传输介质包括红外线、微波和激光等。在计算机网络工程中，同轴电缆已经很少使用。

选择网络传输介质时主要考虑以下几个因素。

1）计算机网络用户应用的带宽要求。如果用户数量不大，不要求共享较多的系统资源，选择双绞线即可以满足要求，否则就要考虑选择光缆。

2）计算机网络系统的规模。一般情况下，布线距离小于 100 m 的网络采用铜缆介质即可，而布线距离较长的网络则需要使用光缆或卫星通信。大多数大型网络会组合使用各种类型的传输介质。

3）计算机网络所处的地理环境。地理环境是一个限制因素，易产生电磁干扰或射频干扰噪声的环境要求采用的介质能抗这类干扰。例如，网络建在机械加工车间，最好选用抗干扰能力更强的传输介质，如屏蔽双绞线或光缆，不选用非屏蔽双绞线。

4）成本限制。在实际的网络工程项目中，选择何种传输介质往往会受到用户支付能力的限制，介质越好，成本越高，但是在选择介质时，应考虑到以后升级的费用。在选择传输介质时，需要认真权衡一次到位与逐步升级的利与弊之后再做决定。

5）未来发展。尽管未来发展是一件较难确定的事情，但是应尽可能地考虑到将来的网络拓展，避免当网络需要更大带宽时，由于传输介质达不到而需要重新布线。

10.4.4　网络接入方式的选择

接入技术根据其传输介质可分为有线接入和无线接入两大类。每一类中又可分成若干种。下面介绍几种常见的网络接入技术。

1）拨号接入方式。拨号接入一般是通过调制解调器将用户的计算机与电话线相连，通过电话线传输数据。目前常用的拨号接入技术是 xDSL，xDSL 接入是以铜质电话线为传输介质的传输技术组合，包括 ADSL、VDSL、HDSL、SDSL 和 RADSL 等。它们的主要区别体现在信号的传输速度和传输距离，以及上行速率和下行速率对称性等方面。

2）数字数据网专线接入（Digital Data Network，DDN）。DDN 为用户提供高质量的数据传输通道，传送各种数据业务。相对于拨号上网来说，通过 DDN 上网具有速度快、线路稳定和长期保持连通等特点。因此，对于那些上网业务量较大或需要建立自己网站的单位来说，租用 DDN 专线是比较理想的选择。

3）卫星接入。卫星接入是利用卫星通信的数据传输方式，为全球用户提供大跨度、大范围、远距离的漫游和机动灵活的移动通信服务的一种技术。由于卫星通信具有通信距离远、覆盖面积大、不受地理条件限制、通信频带宽和传输容量大等特点，适用于多种业务传输，可进行多址通信。卫星通信系统的通信线路稳定可靠、通信质量高，既适用于各种移动用户，又适用于固定终端。

4）FTTx 接入方式。FTTx 是新一代的光纤用户接入网，用于连接电信运营商和终端用户。FTTx 的网络可以是有源光纤网络，也可以是无源光网络。用于有源光纤网络的成本相对较高，实际上在用户接入网中应用很少，所以目前通常所指的 FTTx 网络应用都是无源光网络。根据光纤到用户的距离来分类，可分成 FTTC（光纤到路边）、FTTB（光纤到大楼）、FTTZ（光纤到小区）和 FTTH（光纤到用户）。

5）局域网接入 Internet。局域网接入是将局域网中的一台计算机接入 Internet，然后局域网内的其他用户可以通过该计算机实现 Internet 的接入。在对等计算机局域网中，可以选择任何一台计算机接入 Internet。在 C/S 模式的局域网中，接入 Internet 的计算机通常是网络服务器。采用局域网接入方式可以充分利用局域网的资源优势。

6）以太网接入技术。以太网接入是基于交换型以太网的用户接入技术。接入以太网除具有普通交换型以太网的特点外，还使用 PPPoE 虚拟拨号技术。PPPoE 协议是在以太网上运行的 PPP 协议，解决了用户认证和授权问题。在 PPPoE 接入服务器上配置多个根据设定的策略自动分配的 IP 地址，方便了 IP 地址的配置。

7）MPLS VPN 接入。对于没有广域专网的单位，通过租用运营商固定专线 MPLS VPN，实现内部的网络互连，并通过 MPLS VPN 实现内部业务隔离和异地互访。垂直型行业可以通过自己的专网部署 MPLS VPN 实现远程访问。

8）SDH 接入。SDH 是一种将数据复接、线路传输及交换功能融为一体，并由统一网络管理系统操作的综合信息传送网络，是美国贝尔通信技术研究所提出来的同步光纤网（Synchronous Optical Network，SONET）。国际电话电报咨询委员会（CCITT）（现 ITU－T）于 1988 年接受了 SONET 的概念，并重新命名为 SDH，使其成为不仅适用于光纤，也适用于微波和卫星传输的通用技术体制。它可以实现网络的有效管理、实时业务监控、动态网络维护和不同厂商设备间的互连互通等多项功能，能大大提高网络资源利用率，降低管理及维护费用，实现灵活、可靠和高效的网络运行与维护。

10.5　网络安全与可靠性设计

10.5.1　网络安全分级设计

计算机网络是一种层次化结构，为此网络安全防护一般采用分层防范保护措施。一个完整的网络安全解决方案应该是覆盖网络的各个层次，并且与网络安全管理相结合。通常采用三级网络安全分级方案。

1）第一级：中心级网络。主要实现内外网隔离、内外网用户的访问控制、内部网的监控，以及内部网传输数据的备份与稽查。

2）第二级：部门级。主要实现内部网与外部网用户的访问控制、统计部门间的访问控制和部门网内部的安全审计。

3）第三级：终端/个人用户级。实现部门内部主机的访问控制、数据库及终端信息资源的安全保护。

网络安全设计需要考虑以下几个方面因素。

1）安全措施。包括行政法律手段、管理制度和专业措施。其中管理制度包括人员审查、工作流程和维护保障制度等，专业措施包括识别技术、存取控制、密码、容错、防病毒和采用高安全产品等方面。

2）用户的安全意识。通过培训和宣传等方式，将安全意识融入到日常工作中。

3）物理保护。网络规划设计时，必须考虑人和网络设备不受电、火灾和雷击的侵害；考虑照明电线、动力电线、接地线路、通信线路、暖气管道及冷热空气管道之间的距离；考虑布线系统和绝缘线、裸体线，以及接地与焊接的安全；必须设计防雷和防静电系统。

4）网络结构保护。设置防火墙和隔离带，将公开服务器（Web、DNS 和 E-mail 等）和外网及内部业务网络进行必要的隔离，同时对外网的服务请求加以过滤，只允许正常通信的数据包到达内部主机。

5）软硬件平台的安全。选用可靠的操作系统和硬件平台，并对网络操作系统进行安全配置。加强系统登录过程认证，严格限制登录者的操作权限。

6）数据加密保护。关键信息必须以密文的形式传输和储存。

7）病毒防护。加强病毒清理和入侵检测工作。

对于园区网来说要做好以下 3 个方面的网络安全措施。

1）网络层安全防护。在网络与外界连接处实施网络访问控制，对来访者的身份进行验证，支持面向连接和非连接的通信，控制用户访问的网络资源和允许访问的日期及时间。

2）系统安全防护。系统安全防护是指操作系统和应用系统的安全防护。主要包括漏洞扫描技术、操作系统用户认证、访问控制管理、病毒防范和 Web 服务器的专门防护等。

3）应用级安全保护。制定健全的网络安全管理体制，根据园区网自身的实际情况制定安全操作流程、不安全事故的奖罚制度和安全管理人员的考查标准，以增强用户的安全防范意识。

10.5.2 防火墙设计

在进行网络规划设计时，防火墙要根据用户的业务性质，具体分析、针对性地进行设计。防火墙设计一般遵循以下几个基本原则。

1）由内到外或由外到内的数据流均需经过防火墙。

2）拒绝每项未被特别许可的事务。只允许本地安全策略认可的数据流通过防火墙，对于任何一个数据组，当不能明确是否允许通过时就拒绝通过。

3）允许未被设置为拒绝的每一次访问。建立一个非常灵活的使用环境，能为用户提供更多的服务。

4）尽可能地控制外部用户访问内部网。应当严格控制外部人员进入内部网，如果有些文件要向 Internet 用户开放，则最好将这些文件放在防火墙外。

5）具有足够的透明性，保证正常业务流通。

6）具有抗穿透攻击能力，强化记录、审计和告警。

7）防火墙的建设和运维成本取决于它的复杂程度和需保护的网络范围，防火墙系统的设计要考虑经济性和实用性。

10.5.3　入侵检测系统设计

入侵检测是通过在计算机网络或计算机系统中若干关键点收集信息并对其进行分析，从中发现网络或系统中是否有违反安全策略的行为和被攻击的迹象。入侵检测是防火墙的合理补充，它帮助系统对付网络攻击，扩展了系统管理员的安全管理能力，提高了信息安全基础结构的完整性。入侵检测被认为是继防火墙之后的第二道安全闸门，它能在不影响网络性能的情况下对网络进行监测，从而提供对内部攻击、外部攻击和误操作等活动的实时保护。

入侵检测系统（IDS）通过执行以下任务来实现其功能。

1）监视、分析用户及系统活动，查找非法用户和合法用户的越权操作。

2）系统构造和弱点的审计，并提示管理员修补漏洞。

3）识别反映已知进攻的活动模式并向相关人员报警，能够实时对检测到的入侵行为进行反应。

4）异常行为模式的统计分析，发现入侵行为的规律。

5）评估重要系统和数据文件的完整性。

6）操作系统的审计跟踪管理，并识别用户违反安全策略的行为。

不同于防火墙，入侵检测系统是一个监听设备，没有跨接在任何链路上，无须网络流量流经它便可工作。因此，对 IDS 的部署关键要求是：IDS 应当挂接在所有被关注流量都必须流经的链路上。被关注的流量是指来自高危网络区域的访问流量和需要进行统计、监视的网络报文。

入侵检测系统在交换式网络中的位置一般选择在：第一，尽可能靠近攻击源；第二，尽可能靠近受保护源。这些位置通常包括：路由器、防火墙、交换机、服务器；用户服务器、服务器内部网、DMZ 区服务器；区域的交换机、Internet 接入路由器之后的第一台交换机、重点保护网段的局域网交换机。

10.5.4　防病毒设计

防病毒设计不是保护某一台服务器或客户端计算机，而是对从客户端计算机、服务器、网关到每台不同业务应用服务器的全面保护，所以在设计过程中要考虑周全。

1. 防病毒系统总体设计

防病毒系统不仅要检测和清除病毒，还应加强对病毒的防护工作，在网络中不仅要部署防病毒系统，还要考虑如何将病毒隔离在网络之外。通过管理控制台统一部署防病毒系统，保证不出现防病毒漏洞。

对于各子系统分别设置有针对性的防病毒策略，从总部到分支机构、由上到下，将各个子网的防病毒系统相结合，最终形成一个立体的、完整的病毒防护体系。

2. 具体设计方案

（1）构建网络管理中心的安全架构

通过构建统一的安全架构，使整个系统中的任何一个结点都可以被系统管理人员随时管理，保证整个防病毒系统能够有效、及时地拦截病毒，同时保证网络中的所有客户端计算机和服务器可以从管理系统中及时得到防病毒系统的更新。

（2）构建全方位、多层次的防病毒体系

结合网络用户的实际网络防毒需求，构建多层次病毒防护体系，具体为网络层防毒、邮件网关防毒、Web 网关防病毒、应用服务器防病毒和客户端防病毒等，保证能够清理病毒传播和寄生的每一个结点，实现对病毒的全面监控。

（3）系统服务

防病毒体系建立起来之后，能否对病毒进行有效的防范，与防病毒厂商能否提供及时、全面的服务有着极为重要的关系。这一方面要求软件提供商要有全球化的防病毒体系为基础，另一方面也要求厂商能有精良的本地化技术人员做依托，不管是对系统使用中出现的问题，还是用户发现的可疑文件，都能进行快速的分析并提供解决方案。

10.5.5　用户接入认证设计

在园区网环境下，用户一般通过局域网交换机接入到网络中。通常情况下，网络不对用户进行接入认证，任何用户都可以将工作站连接到网络，通过手工配置 IP 地址或者通过DHCP 获得 IP 地址，进而使用网络服务。这种工作方式可能被非法的用户所利用，成为攻击网络或者偷窃网络资源的工具。用户接入认证技术主要实现对网络接入用户的身份认证，网络资源仅对通过认证的用户开放，未通过认证的用户不能使用网络端口或者不能得到 IP地址，从而阻止了非法用户对网络资源的访问与使用。

目前，无论在园区网还是在城域网中，以太网应用都已经非常普遍，用户接入认证技术不仅能保证网络系统的安全和合法用户的使用，还为用户计费提供了重要的依据和数据源。用户接入认证技术主要有物理地址（MAC）控制、PPPoE、DHCP + Web 和 IEEE 802.1X 几种方式。

1. 物理地址（MAC）控制

MAC 地址是计算机网络设备的物理地址，全球唯一。物理地址（MAC）控制方式是通过对用户网络设备（网卡）MAC 地址的识别和认证，来确定用户是否有权力使用网络资源。物理地址控制方式主要包括以下两种。

1）MAC 地址与交换机端口捆绑方式。这种地址捆绑技术是将工作站的 MAC 地址和所连接的交换机的端口捆绑在一起，这样只有特定的网络设备（网卡）才能使用该交换机端口。一般一个交换机端口可以捆绑多个 MAC 地址。如果一个非法的网络设备连接到某个交换机端口，该网络设备将无法接入网络。

2）MAC 地址与 IP 地址捆绑方式。这种方式是将网卡的 MAC 地址与 IP 地址一一对应，并预先设置在交换机或者路由器中。该方式只能配置在三层交换机或者路由器上，普通的二层交换机无法支持。如果交换机或者路由器检测到一台工作站的物理地址和 IP 地址不匹配，则不会转发该工作站的 IP 数据报，使该工作站无法工作，从而保证网络的接入安全。

2. PPPoE

PPPoE 是 PPP over Ethernet 的缩写，具有用户认证及通知 IP 地址的功能。PPPoE 在以太网上模拟点到点链路，利用 PPP 的链路控制、身份认证和 IP 地址分配方式，实现对用户的认证和策略控制。在这种方式下，用户端的使用方法和传统的拨号方式类似，用户通过启用客户机上的 PPPoE 客户端软件，输入用户名和密码，向接入服务器发出连接建立请求，在服务器对用户进行认证后，给用户分配 IP 地址。

PPPoE 接入可以结合 RADIUS 协议对用户进行集中认证与计费。RADIUS（Remote Authentication Dial In User Service）是目前使用最普遍的认证和计费协议，它原先的设计目的是为拨号用户进行认证和计费。经过多次改进，目前已经成为一项通用的认证计费协议，被广泛用于拨号、宽带接入、WLAN 和移动通信服务。

RADIUS 协议采用客户端/服务器工作方式，其基本工作原理为：用户连接到接入服务器，接入服务器（作为 RADIUS 客户端）向 RADIUS 服务器发送认证请求数据报，包括用户名、密码等相关信息，其中用户密码是经过 MD5 加密的，双方使用共享密钥，这个密钥不经过网络传输；RADIUS 服务器对用户名、密码或者其他信息的合法性进行验证，如果合法，则给客户端返回认证接受数据报，该数据报可以包含对用户的授权信息，例如用户的 IP 地址、DNS 服务器地址、可以使用的网络时长和服务质量等级等，并允许用户进行下一步工作，否则返回认证拒绝数据报，拒绝用户访问；如果允许访问，接入服务器向 RADIUS 服务器提出计费请求数据报，RADIUS 服务器发送计费接受数据报，对用户开始计费。

在 PPPoE 与 RADIUS 结合使用的情况下，PPPoE 接入服务器收到用户的认证（或鉴别）请求后，使用 RADIUS 协议将认证请求发送给 RADIUS 服务器，RADIUS 服务器接收到用户信息后，对用户的身份进行确认，并将结果返回给接入服务器，接入服务器利用 PPP 通知用户是否通过认证，以及分配的 IP 地址等信息。用户通过认证后，接入服务器向 RADIUS 服务器发送计费开始请求，当用户断开连接时，接入服务器再发送计费结束请求。管理员可以根据 RADIUS 服务器的计费开始和计费结束记录，计算用户的网络使用费用。

PPPoE 的优点是具有稳定性，且可靠性高，对客户端管理方便，具有较高的性价比。主要缺点在于：需要在用户端安装 PPPoE 客户端软件，增加了安装、调试和维护等工作；PPPoE 接入要求从用户端至服务器为桥接方式，但基于二层的桥接不能控制广播域，从而限制了接入网络的规模，网络扩展性较差。

3. DHCP + Web

DHCP + Web 方式不是一个统一的标准，各设备厂商的具体实现方案不尽相同。总体来说，一般采用以下几个步骤来实现。

1）用户开机，请求 DHCP 服务器分配 IP 地址。

2）DHCP 服务器给用户分配 IP 地址。虽然这时用户已经得到 IP 地址，但只能访问特定的 Web 服务器，无法访问网络中的其他资源。

3）用户启动浏览器，访问特定 Web 服务器的登录页面，输入用户名和密码信息。

4）Web 服务器对用户进行认证，或者将认证请求转发到专门的认证服务器（如 RADIUS 服务器）。

5）如果认证成功，网络将用户的权限放开，用户可以正常接入网络。

采用 DHCP + Web 认证方式，一般不要特殊的客户端软件，降低了网络维护的工作量，但是这种认证方式目前没有统一的标准，各厂家的实现方式不同，限制了使用的范围，特别是在多厂家产品集成的情况下，难以形成统一的认证系统。

4. IEEE 802.1X

IEEE 802.1x 是一种基于端口的访问控制方式，使用扩展认证协议（Extensible Authentication Protocol，EAP）传递网络部件之间的认证信息。EAP 的标准文件是 RFC 2284，它定义了设备之间认证协议信息的交换方法，工作在数据链路层，在通信时不需要使用 IP 地址。在使用 DHCP 的情况下，只有当客户端通过网络的认证后，才能获得网络连接，再从 DHCP 服务器得到一个 IP 地址。EAP 本身不是一个认证协议，它仅仅是一个客户端与认证服务器之间交换认证信息的标准，可以支持多种认证协议。

IEEE 802.1x EAP 有 3 个组成部分，分别如下。

1）客户端/请求者：需要进行认证的设备，如工作站、手持终端等。

2）认证者：执行 IEEE 802.1x 端口控制的设备，如交换机、路由器等。

3）认证服务器：对客户端的信息进行验证的设备，如 RADIUS 认证服务器。

在客户端通过认证之前，认证者将网络端口设置为未授权状态，在该端口上只允许客户端和认证服务器之间的 EAP/EAPoL（在局域网封装 EAP）认证信息通过，其他的流量都不允许通过。当客户端成功通过认证和授权后，该端口被设置为授权状态，允许用户接入。

IEEE 802.1x 的认证流程如下。

1）EAP 客户端连接到交换机，并试图访问网络信息，EAPoL 协议启动，认证者（交换机）用 EAPoL 协议对客户端进行响应，询问客户端的身份，客户端用 EAPoL 协议进行响应，将自己的身份告诉认证者。

2）认证者将客户端的身份信息转发给认证服务器，例如采用 RADIUS 协议进行转发。认证服务器用 RADIUS 协议给认证者回应一个考验（Challenge），并指出认证服务器支持的 EAP 认证协议类型。认证者用 EAPoL 协议将认证协议类型和 Challenge 转发给客户端。

3）客户端收到 Challenge 后，检查自己是否支持要求的认证协议。如果无法支持，客户端发出 NAK 请求，表示希望协商其他认证方式。如果客户端支持认证服务器要求的认证协议，客户端则回应自己的证明信息。

4）认证者使用 RADIUS 协议将客户端的证明信息转发给认证服务器。如果客户端的证明信息合法，认证服务器使用 "radius access – accept" 信息进行响应，并对客户端进行授权；否则，认证服务器返回 "radius access – reject" 信息，拒绝用户接入。

5）认证者收到认证服务器的响应和授权后，对网络进行相应的配置，将网络端口修改为授权状态。这时客户机正常接入网络。

6）当客户端退出时，认证者再将网络端口修改为未授权状态。

基于端口认证的 802.1x 协议为二层协议，不需要三层协议的支持，对设备的整体性能要求不高，可以有效降低建网成本。802.1x 既可以用于普通交换式以太网，也可以用于认证协议，并且可以兼容和扩展将来更为先进的认证技术。802.1x 与 EAP 相结合，可以提供灵活、多样的认证解决方案。

以上几种用户认证机制的实现原理不同，对网络和设备的要求也不同，在选择时应视具体的应用环境而定。

10.5.6 网络可靠性设计

网络可靠性是指网络系统可以稳定运行的能力。网络的可靠性主要取决于网络设备可靠性、链路可靠性和组网可靠性。网络系统可以通过设备冗余、拓扑冗余、链路冗余和路由冗余等方式来增强网络的可靠性，提供容错能力或备份共享。在数据链路层，通过使用 IEEE 802.1d 生成树协议、802.1w 快速生成树协议和 802.1ad 链路聚合协议，可以提供链路冗余功能。在网络层，通过虚拟路由器冗余协议 VRRP 和路由设计可以实现负载均衡和可靠性保证。

1. 设备冗余

为了保障重要的网络系统设备不停止运转，对于网络中的核心设备，可以通过配置多台设备（如核心交换机、服务器等）实现设备冗余。以计算机为例，其服务器及电源等重要设备，都采用一用二备甚至一用三备的配置。正常工作时，几台服务器同时工作，互为备用。电源也是这样。一旦遇到停电或者机器故障，能自动转到正常设备上继续运行，确保系统不停机，数据不丢失。另外，为了提高设备自身的可靠性，设备本身应该提供冗余管理模块、采用冗余电源、冗余风扇和冗余板卡等。以上冗余模块应该具有自动切换功能，当主模块发生故障无法工作时，冗余模块能自动接管故障模块的工作，尽量减少对用户业务的影响。

2. 生成树协议

在数据传输过程中，为了避免链路的中断而引起网络瘫痪，链路冗余是必不可少的。但是如果存在冗余链路，两个交换机（或者网桥）之间会形成环路。在以太网中网桥是利用网络中的站表（或转发表）来进行数据转发的，一旦收到目的地址未知的数据报，它将利用广播的形式来寻址。这种工作方式在闭环的网络中会造成数据流量指数级的增长，从而导致网络的瘫痪，这种现象也称为"广播风暴"。

为了既能实现网络链路的冗余备份，又能解决广播风暴问题，IEEE 制定了 802.1d 生成树协议（Spanning Tree Protocol，STP）。生成树协议的主要功能有：一是利用生成树算法，在以太网络中，创建一个以某台交换机的某个端口为根的生成树，将其他交换机作为生成树的叶子，再确定通往根交换机的最佳路径，避免环路。二是在以太网网络拓扑发生变化时，通过生成树协议达到收敛保护的目的。生成树协议对于任意两个结点之间存在的多条链路，只允许一条链路处于数据转发状态，其他链路处于备份状态。当主链路发生故障时，备份链路将自动改变状态，成为转发链路。

IEEE 802.1d 生成树协议解决了冗余链路的广播风暴等问题，但是该协议本身也存在一些弊端，主要表现如下。

1）收敛时间过长。一个网络结点从初始化到转发状态所需要的时间约为 50s 左右，即使接入下一个工作站也需要等待这个过程，这个时间对用户而言太长。

2）网络拓扑结构的变化很容易引起全局波动。当用户增加或减少设备时往往会引起全局不必要的波动，有时甚至引起根交换机的改变，导致网络通信的中断。因此生成树算法不适合规模大的网络。

3）缺乏对现有多 VLAN 环境的支持。802.1d 生成树协议只支持单个生成树运算，造成冗余链路只能工作在备份状态，浪费了宝贵的线路资源。

针对 802.1d 的上述弊端，IEEE 和各厂家开发了很多新型增强的生成树技术，如 IEEE 802.1w 快速生成树协议和 IEEE 802.1s 多生成树协议。

1）IEEE 802.1w 快速生成树协议。IEEE 802.1w 快速生成树协议（Rapid Spanning - Tree Protocol，RSTP）沿用了 802.1d 生成树协议的术语和参数，它的收敛时间远远少于 802.1d 生成树协议，可以提供 50 ms ～ 5 s 的收敛能力。802.1w 快速生成树协议还定义了边缘端口（Edge Port），这是指直接连接工作站的端口，它们永远不会产生环。快速生成树可以在点到点链路和边缘端口上快速转换，实现迅速收敛。

2）IEEE 802.1s 多生成树协议。IEEE 802.1s 多生成树协议（Multiple Spanning - Tree Protocol，MSTP）将快速生成树协议的算法扩展为多个生成树，这种扩展既保留了算法本身的快速收敛能力，又实现了 VLAN 环境下的负载分担。在网络设计中，可以将一组 VLAN 关联为一个生成树实例，每个实例的拓扑结构都独立于其他生成树实例，这样数据可以使用多个转发路径，并可以实现负载分担。相对于 802.1d 生成树协议而言，802.1s 多生成树协议可以同时使用两条链路，提高了线路的使用率。

生成树协议目前广泛应用于二层以太网的收敛和自愈，它也是局域网设计的一个重要组成部分。建议在设计与使用生成树协议时遵循以下原则。

1）生成树协议中的根交换机是网络的焦点，各交换机端口是处于封锁状态还是转发状态，都是从根交换机的角度来确定的，因此根交换机的选择非常重要。虽然生成树算法可以自动选择根交换机，但在网络中可能使用并非最优的路径。建议将网络拓扑结构中位于核心位置的交换机作为根交换机。

2）为了提高收敛速度，建议使用 802.1w 快速生成树协议。如果交换机不支持该协议，建议修改 802.1d 生成树协议的相关参数，提高收敛速度。

3）尽量减少生成树的覆盖范围。在大型网络中，尽量避免大范围使用生成树协议，以避免网络拓扑结构引发的网络收敛，从而影响网络的正常运行。建议大型网络采用第三层技术。

4）为了提高链路的利用率，建议采用 802.1s 多生成树协议。

3. 链路聚合

链路聚合技术也称为端口聚合技术，是带宽扩展和链路备份的重要手段，可以减轻峰值流量的压力。其原理是将几条链路捆绑在一起当做一个逻辑通道来使用，以增加总的链路带宽，同时实现负载均衡。

链路聚合技术中，IEEE 802.3ad 协议定义了如何将两个或两个以上的以太网链路聚合起来，以实现网络中高带宽的链路，为实现带宽共享和负载均衡提供了很好的技术手段。几条链路聚合后形成逻辑上的一条数据通路，在逻辑上是一个整体，对上层提供的是一种透明服务。链路聚合一般用来连接一个或多个带宽需求大的设备，聚合后的链路可以提供若干倍的带宽，并实现链路之间的负载均衡。当一条链路失效时，链路聚合协议自动使用其他剩余的链路进行数据转发。链路聚合可以工作在快速以太网端口，以及千兆和万兆以太网端口上。

链路聚合协议具有以下几个优点。

1）提高链路带宽：多个链路聚合后成倍增加带宽。

2）增加系统的可靠性：聚合组中一条链路的失效不会影响数据的转发。

3）提高系统的可用性，实现负载分担：数据流量可以均衡地分布到多条链路上。

4）迅速配置和重配置：当物理连接发生变化时，链路聚合可以迅速收敛到新的配置。

5）无须修改 IEEE 802.3 的帧格式：链路聚合对数据帧不做任何修改。

链路聚合一般用于园区网骨干交换机之间，以增加骨干带宽，防止在核心网出现流量拥塞。链路聚合也可以用于关键服务器与交换机之间，提高工作站对服务器的无阻塞访问。图 10-6 所示为使用链路聚合协议的情况。

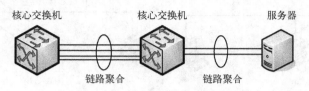

图 10-6　链路聚合技术示意图

4. 虚拟路由器冗余设计

虚拟路由器冗余协议（Virtual Router Redundancy Protocol，VRRP）是由 IETF 提出的解决局域网中配置静态网关出现单点失效现象的路由协议，是 1998 年推出的 RFC2338 协议标准。通常在一个网络中的所有主机中都设置一条默认路由，主机发出的目的地址不在本网段的报文将被发往这条默认路由，实现主机与外部网络的通信。当默认路由出现故障时，本网段内的所有主机将无法与外部网络通信，从而产生单一故障点问题。VRRP 就是为了解决上述问题而设计的虚拟路由器冗余协议。

VRRP 可以把网络中的多个路由器看成一个虚拟路由器，并选择局域网内的一台 VRRP 路由器作为主路由器，主路由器接管虚拟路由器的 IP 地址，并负责路由送到这个地址的所有数据报。当主路由器发生故障后，其他备份路由器将选举出一个新的主路由器，新的主路由器继续使用虚拟路由器的 IP 地址，这样主机不会意识到默认网关的变化，也不需要改变默认网关的设置，并可以保障主机的继续通信。如图 10-7 所示，路由器 A 和路由器 B 运行 VRRP，并组成一个虚拟路由器，这个虚拟路由器拥有自己的 IP 地址（如 192.168.9.1）和 MAC 地址。将所有工作站的默认网关设置为虚拟路由器，它们并不知道真实的路由器 A（如 192.168.9.2）和 B（如 192.168.9.3）的地址。假设路由器 A 开始为主路由器，路由器 B 为备路由器，则 A 负责转发本网段的所有外部网络的报文。当路由器 A 发生故障时，路由器 B 将变成主路由器，继续转发本网段的所有到外部网络的报文。

VRRP 路由器之间使用 VRRP 报文进行通信，通过组播方式进行发送，主虚拟路由器定时发送报文通告它的存在，报文中包括虚拟路由器的各种参数，如优先级、认证数据和虚拟路由器识别符等。VRRP 报文还可以用于主虚拟路由器的选举。

在 VRRP 的设计中，建议考虑以下几个因素。

1）主路由器的选择。通过预先配置优先级，可以干预主路由器的选择，优先级最高的路由器将成为主路由器。在网络设计中，建议将路由器性能较高、与外部连接带宽较大的路由器定义为主路由器。

2）建立多个 VRRP 组，实现负载分担。一个 VRRP 路由器可以备份多个性能路由器，因此在网络设计中为了充分利用每个路由器，可以将部分虚拟网段（VLAN）的主虚拟路由器设置为路由器 A，备份路由器设置为路由器 B；将其他网段的主路由器设置为 B，备份路

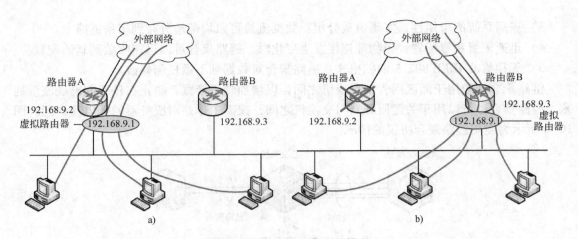

图 10-7   VRRP 工作下的情况

a) 工作站正常情况下   b) 工作站路由器 A 发生故障时

由器设置为路由器 A。这样两台路由器都处在工作状态,分别负担部分网段的流量,并能实现互为备份。如图 10-8 所示,VLAN 10 使用三层交换机 A 作为主虚拟路由器,三层交换机 B 作为备份路由器,VLAN 20 使用 B 作为主虚拟路由器,A 作为备份路由器。这样 A 和 B 同时处于工作状态,当一个交换机(如 A)出现故障时,B 可以同时作为两个 VLAN 的主虚拟路由器。

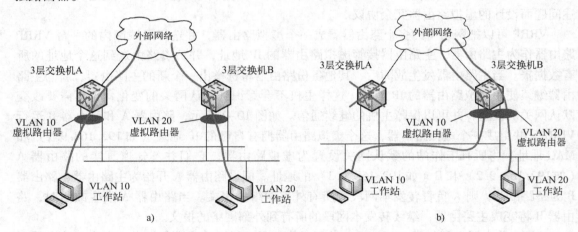

图 10-8   建立多个 VRRP 组的情形

a) 通过 VRRP 实现负载分担   b) 三层交换机 A 发生故障后的情形

另外一种应用情况与上面的方法类似,即首先在两个路由器(或三层交换机)上建立两个虚拟路由器,并分别称为其中一个的主路由器,再将某个网段中的工作站设备分成两组,第一组工作站将第一个虚拟路由器作为默认路由器,第二组工作站将第二个虚拟路由器作为默认路由,这种方式也实现了上面的负载分担和高可靠性。

5. 路由协议的选择

路由协议分为内部路由协议和外部路由协议两种。内部路由协议用在自治系统内部,外部路由协议用在自治系统之间。目前,流行的内部路由协议包括 RIPv2、OSPF、ISIS 和

EIGRP 等，其中 EIGRP 是 Cisco 公司的专用协议。建议选择 RIPv2 或 OSPF 作为园区网的内部路由协议。

RIPv2 是一种距离向量的路由协议，OSPF 是链路状态协议。从收敛时间上讲，链路状态算法要远远优于距离向量算法，这是因为基于链路状态算法的路由协议保存整个网络的拓扑结构，一旦网络中的某条链路失效，算法会迅速根据拓扑数据库计算出新的备份链路。对于大中型网络建议采用 OSPF 路由协议，但是 OSPF 配置要比 RIPv2 复杂一些。

外部路由协议一般用于大型 IP 网络之间，目前流行的外部路由协议是 BGP4。是否需要运行外部路由协议一般取决于网络的规模、上级网络的要求和网络的连接情况。如果园区网只与一个服务提供商的一台路由器相连，一般不需要运行外部路由协议，可以采用静态路由的方式。如果园区网与多个服务提供商或者一个服务提供商的多台路由器相连，就应该考虑使用外部路由协议。在大多数情况下，园区网的连接比较简单，一般不使用外部路由协议。

10.6 综合案例

校园网是园区网的一个典型应用，它是一种为学校师生提供教学、科研和综合信息服务的计算机网络。校园网应为学校的教学和科研提供先进的信息化教学环境。这就要求校园网是一个宽带、具有交互功能和专业性很强的局域网络。多媒体教学软件开发平台、多媒体演示教室、教师备课系统和电子阅览系统等应用，都可以在网上运行。校园网应具有教务、科研、行政和总务管理等功能。本节以某高校的网络系统建设项目为例，进行案例分析。

10.6.1 项目概述

某高校总占地面积约 100 万余 m^2，学校现有教职工 3000 多人，在校学生大约有 1 万人，学校设有 20 多个教学单位、图书馆等直属单位、行政管理部门和服务部门。该校的应用系统主要包括：信息门户、行政办公系统、网络服务系统、研究生教学管理系统、本科生教学管理系统、网络教学平台、多媒体教学系统、网络安全服务系统、精品课程点播系统、图书管理系统和校园一卡通服务系统等。

该校网络系统建设的目的是建立高速、安全、高效的网络基础支持平台，实现网络在教学、科研和管理等方面的资源共享，为实现数字化校园创造条件。具体的建设需求主要包括以下几个方面。

1）实现校园网内部各部门、各单位和各建筑物之间的互连。

2）实现校园网内部所有用户的安全接入，保证校园内部网络用户高速、安全接入。

3）满足教学管理系统、行政办公系统、图书管理系统、一卡通系统和安全视频监控系统等应用系统对网络的需求。

4）实现校园网系统计费管理功能。

5）满足网页浏览、邮件收发、文件传输 FTP、BBS、视频点播、DNS 和 DHCP 等网络应用服务需求。

6）实现与教育网及 Internet 的连接。

7）校园内网安全需求和网络出口安全需求。

8）网络运行稳定性和可靠性需求。

10.6.2 网络结构设计

本案例是某高校校园网建设方案，建设覆盖全校的、带宽要求高、安全性与可靠性要求较高、支持用户数量较大和应用系统种类多的校园网络，通过对校园网应用需求情况的分析，充分考虑地理位置、信息点数量及未来覆盖面扩充等多方面因素，充分考虑网络的先进性、开放性、可靠性、可用性、实用性、安全性和可扩展性等设计原则，建设一个性价比高的综合性网络。按照层次化结构设计思想，将校园网设计为核心层、汇聚层和接入层3层架构，形成"万兆核心、千兆汇聚、百兆接入"的网络体系结构。校园网拓扑结构如图10-9所示。

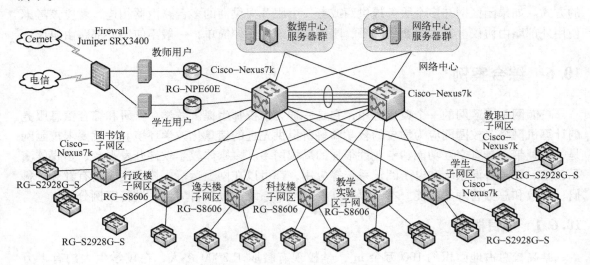

图 10-9　某高校校园网拓扑结构图

1. 核心层设计

考虑到网络核心层应具有高性能、高可靠性和高吞吐量等特征来保障各应用系统高效运行，作为整个校园网的骨干，网络核心层采用双核心冗余结构，网络中心配置 2 台万兆 Cisco - Nexus 7018 高性能三层交换机作为核心交换机，构成了高可靠性的冗余核心层系统。Cisco - Nexus 7018 交换机是 Cisco - Nexus 7K 系列产品之一，该设备是一个模块化数据中心级产品，适用于数据中心和园区核心的高密度万兆以太网，高达 2.8 Tbit/s 的系统总带宽，80 Gbit/s 每插槽带宽，每插槽高达 60 Mpps[⊖]吞吐量，高达 960 Mpps 系统总吞吐量，其交换矩阵架构的速度能扩展至 15 Tbit/s 以上。2 台核心交换机采用 4 个万兆链路通过链路聚合的方式实现核心交换机之间 40 Gbit/s 全双工高速通信和负载均衡。核心交换机支持 OSPFv2、EIGRP 和 MP - BGP 等路由协议。

数据中心服务器群和应用服务群直接与万兆核心交换机相连，且采用双链路冗余结构，以满足用户对视频、音频及数据库的高速、可靠的访问需求。在核心层和汇聚层之间建立光纤连接，采用 10000 Base-SR 或 10000 Base-LR 万兆以太网技术，连接采用高可靠性的双链路冗余结构。其中，图书馆、行政楼及科技楼的汇聚层和核心层之间的连接采用基于多模光

　⊖　pps：包转发单位 PPS（Packet per second）。

284

纤传输的 10000 Base-SR 技术，逸夫楼、教学实验区、学生宿舍区和教职工宿舍区的汇聚层和核心层之间的连接采用基于单模光纤传输的 10000 Base-LR 技术。

万兆核心交换机提供了完善的 IPv6 特性、出色的安全体系设计、优良高效的网络管理、先进的万兆全双工通信功能，以及运行商级的可靠性，保证了 IPv6/IPv4 复杂网络的安全与稳定，为 IPv6 的应用提供保障。

2. 汇聚层设计

该校园网汇聚层包括图书馆、行政楼、科技楼、逸夫楼、教学实验区、学生宿舍区和教职工宿舍区。图书馆、学生宿舍区和教职工宿舍区的汇聚层分别配置思科 Cisco – Nexus 7010 三层万兆高性能交换机，逸夫楼、教学实验区、行政楼和科技楼的汇聚层分别采用锐捷 RG – S8606 三层高性能交换机。汇聚层交换机 Cisco – Nexus7010 和 RG – S8606 分别与两台核心层设备 Cisco – Nexus7018 之间采用双链路万兆光纤连接，构成校园骨干网。

Cisco – Nexus 7010 交换机是 Cisco – Nexus7K 系列产品之一，适用于高度可扩展的万兆以太网网络，高达 1.4 Tbit/s 的系统总带宽，80 Gbit/s 每插槽带宽，每插槽高达 60 Mpps 吞吐量，高达 480 Mpps 系统总吞吐量。RG – S8600 系列产品是锐捷网络推出的面向十万兆平台设计的下一代高密度多业务 IPv6 核心路由交换机，支持下一代的以太网 100 G 速率接口，RG – S8606 提供 4.8 T 背板带宽，高达 953Mpps/2858Mpps 的二/三层包转发速率，可为用户提供高密度端口的高速无阻塞数据交换。

汇聚层设备与接入层设备之间采用千兆光纤或千兆双绞线连接。千兆光纤连接采用基于多模光纤传输的 1000 Base-SX 技术，或采用基于单模光纤传输的 1000 Base-LX 技术，千兆双绞线连接采用 1000 Base-T 技术。

汇聚层交换机支持 IPv4/IPv6 双协议栈，支持 OSPFv2、VRRP 等路由协议，支持万兆上联、千兆下联，端口采用模块化结构，端口组合灵活。

3. 接入层设计

接入层的主要功能是实现所有用户接入网络，承担着接入用户所有的数据流量。接入层交换设备采用千兆上联、百兆下联的以太网交换机。学生区、教职工区、图书馆、行政楼、科技楼、逸夫楼和教学实验区的接入层设备选用锐捷 RG – S2628G – S 三层交换机。RG – S2928G – S 带有 24 个百兆/千兆自适应端口，4 个千兆 SFP 光端口，68 Gbit/s 背板带宽，包转发率可达 51Mpps，能够满足接入层用户数据传输的要求。

校园网通过路由器连接教育网和公用网，用户可以访问校园网以外的资源。为了支持远程用户接入和校内用户访问外网，在路由器前端通过了一个远程接入 VPN 服务器和外网认证服务器。

10.6.3　网络安全出口设计

为了保障校内用户能够访问校外资源，需要通过校园网出口访问 Cernet 和 Internet，因此，在网络中心的网络出口配置专门的软硬件集成的防火墙 Juniper SRX3400。针对学生用户和教师用户分别配置了锐捷网络出口引擎系列产品 RG – NPE60E 路由器和认证服务器。

Juniper SRX3400 防火墙十分适合数据中心、学校、企业、公共部门及电信运营商的环境，并为高校提供在部署新一代服务时所需的灵活性、安全性、扩充性、操作简易性及可靠性。最大支持网络吞吐量 20480 Mbit/s，安全过滤带宽 6144 Mbit/s，支持 6 Gbit/s 的防火墙和 IPS 吞吐量，或者 6 Gbit/s 的 IPsec VPN 吞吐量及每秒最多 17.5 万条新建连接。认证标准为 FCC Class B Part15，CE 标志。在 Junos 软件上提供高度集成的特性，包括数千兆位的防火墙、IPsec VPN、IPS、DoS 和其他服务。

Juniper SRX3400 防火墙支持协议异常检测、流量异常检测、IP 欺骗检测和 DoS 检测，支持 IPS 功能，具有应用感知/鉴定、应用拒绝服务攻击防护、SSL 检测、网络攻击检测、DoS 和 DDoS 保护、用于数据包片段保护的 TCP 重组、强行攻击缓解、基于区域的 IP 欺骗防护、异常数据包保护、防重放攻击、IPsec VPN，以及远程接入 VPN 等多种功能。

锐捷 RG – NPE60E 是一种定位于大型网络出口的路由器，是基于多核处理器技术进行架构，具备转发高性能，内嵌状态防火墙，融入了智能 DNS 和多链路负载均衡技术，使得用户对内、对外访问都能智能选择最优、最快速的路径；集成了 DPI 引擎，让网络管理者可以轻松应对 P2P 等应用的流量控制；重构了 Web 界面，让 NPE 网络出口引擎的专业化在设备管理维护层面变得简化。RG – NPE60E 提供了 2 个万兆 SFP + 接口，8 个光电复用的 GE 口，可扩展 2 个扩展槽。

RG – NPE60E 提供高性能 NAT，每秒高达 30 万条的 NAT 新建连接会话。在启用 NAT 功能并端口线速转发的情况下，可提供每秒 15 万条的 UDP 新建连接、14 万条的 TCP 新建全连接，并发达到 300 万条的 NAT 会话数，如果按照每个网络结点 150 条 NAT 会话计算，则可以同时支持将近 20000 台的网络结点同时在线。RG – NPE60E 具有有效的流量控制，防止某些用户或者应用（如 BT、迅雷和网络电视等 P2P 应用）占用过多的网络资源，保证用户能够公平使用带宽。具有完善的日志记录，基于用户身份的审计功能，内嵌高效状态防火墙。路由器还支持 RIP、OSPF 的多种路由协议，支持 DHCP、PPPoE、VRRP、SNMPV3 和 IPv4/IPv6 双协议栈等协议。

10.6.4　IP 地址规划设计

IP 地址的规划设计要与网络层次结构相适应，既要能够有效地利用地址空间，也要能体现出网络的可拓展性和灵活性，同时还要能够满足路由协议的要求，以便于网络中的路由聚合，减少路由器中路由表的长度，减少对路由器的运算单元和内存消耗，提高路由算法的效率，加快路由变化的收敛速度。同时还要考虑到 IP 地址的可管理性。

具体的 IP 地址规划设计的原则如下。

1）满足唯一性。一个 IP 网络中不能存在两个或两个以上的主机采用相同的 IP 地址，即使采用的是私网地址，也不允许出现相同的 IP 地址。

2）IP 地址的连续性。连续的 IP 地址分配在网络层次结构中易于进行路径聚合，这样可以大大缩减路由表，提高路由算法的效率。

3）可扩展性。IP 地址的分配在每一个区域、每一个层次上都要留有余量，在网络规模需要扩展时，能够确保地址聚合时所要求的连续性。

4）尽可能简化 IP 地址的配置。IP 地址的分配应简单，易于管理，降低网络扩展的复杂性，简化路由表的表项。

5）灵活性。IP 地址的分配应具有足够的灵活性，以满足多种路由策略的优化，充分利用地址空间。

按照 IP 地址的分配原则，校园网采用动态和静态 IP 地址分配相结合的方式，在服务器、多媒体教室设备、数据中心设备和图书馆关键设备等分配固定 IP 地址，而在学生宿舍区、教职工住宿区、教师办公区和行政办公区，采用 DHCP 方式动态分配 IP 地址。这种 IP 地址分配方案既保证了固定计算机的 IP 地址的使用，又保证了移动办公的灵活性，从而有效地利用了有限的 IP 地址资源。

10.6.5　系统可靠性设计

系统可靠性设计通常采用链路聚合、设备冗余、路由冗余、生成树协议和双链路冗余等技术。

1. 链路聚合技术

两台核心交换机之间采用 4 个万兆链路连接，使用链路聚合技术，这两条链路同时工作，在全双工方式下提供高达 40 Gbit/s 的容量，并实现负载分担和冗余备份。根据网络带宽的要求，可以继续扩充链路聚合的个数。聚合通道中部分线路的故障不影响其他线路的带宽聚合，从而保障了网络的可靠性。Cisco 公司的全线交换机产品和具有快速以太网端口的路由器都可以实施链路聚合技术，并且还可以和多家厂商的网卡构造以太网通道，在交换机和服务器之间建立高速连接。

2. 设备冗余

核心层交换机之间、核心交换机与汇聚层交换机之间采用物理冗余结构，其中，核心层交换机之间采用链路聚合冗余技术，核心交换机与汇聚层交换机之间采用双链路冗余结构设计。核心交换机和汇聚层交换机采用双电源冗余结构。核心层交换机与数据中心服务器群、核心层交换机与网络中心服务器群之间均采用双链路冗余结构。

3. 热备份路由协议（HSRP）

HSRP 和 VRRP 类似，用于设备和链路故障的恢复。HSRP 根据对两个互为备份的路由器或交换机的优先级设定，将其中一台设备置为活动状态，而另一台设备置为备用状态，当主设备发生故障时备用设备能立即启用，实现系统热备份。

系统采用双骨干交换机的方式，主要利用两台交换机可以做冗余热备，关键部门的分支交换机分别接入两台核心交换机。选择两台核心交换机不但可以在第二层做热备份，同时还可以用 HSRP 技术使两台主干交换机在第三层（即 VLAN 之间）互为热备份。

4. OSPF 路由协议

运行第三层交换的核心交换机和汇聚交换机之间运行 OSPF 协议。OSPF 动态路由协议具有收敛速度快、网络响应速度快的优点，可以高效实现几个骨干交换机之间路由负载均衡和链路备份。

5. 多生成树协议

IEEE 802.1s 的多生成树协议允许在第二层使用冗余链路，实现上行两条链路的负载分担。这样就可以通过在接入交换机的两条千兆上联链路上，为每个 VLAN 设定不同的优先级，从而使两条上联链路各自负担部分流量，充分利用带宽资源。

6. 光纤双链路冗余

核心交换机和各汇聚层交换机采用光纤连接技术。在距离许可的条件下，使用多模光纤连接，其他情况下采用单模多模复合光纤技术。为确保网络的可靠性，核心层的交换机和汇聚层交换机都有两路不同地理走向的光纤，当某一路的光纤出现意外时，如被挖断，信息可以从另一路光纤上顺利通过。

10.6.6　安全性设计

校园网面临的主要安全威胁包括非授权访问、信息泄露或丢失、数据完整性遭到破坏、拒绝服务攻击、网络病毒、网络协议缺陷和传输线路安全等多方面。针对校园网可能存在的安全因素，从防火墙的设置、安全接入控制、防病毒设计、授权访问互联网和 VLAN 配置等方面进行校园网安全设计。

1. 防火墙的设置

应用防火墙设备实现校园网的访问外网管理和灵活的授权访问机制。

1）访问外网账号的唯一性认证，防止多个用户共用一个账号上网。

2）针对不同的学校用户，开放不同的访问权限。

3）针对不同的 IP 地址，授权不同的访问外网的权限，比如限制某些网页的浏览。

4）对于一些需要消耗很大带宽的下载应用服务，如 BT 等，可以针对不同的用户采取限制策略。

2. 安全接入控制

校园网络安全接入控制可以采用以下几个策略。

1）使用动态路由协议认证技术。只有具有相同认证口令的路由器才能够进行正常的网络动态路由学习，否则即使将非法的路由器接入网络，也不能够通过动态路由协议获得内部网络路由信息。

2）采用交换机端口安全机制。交换机端口所连接的各个工作站和服务器都有一个唯一的 MAC 地址，为此对应交换机的每个端口都有一个 MAC 地址对应表。该表包含了本端口下联所有设备的 MAC 地址。一般情况下，MAC 地址表是交换机根据所连设备，通过源地址学习自动建立的。为了提高端口安全性，网络管理员可手动在表中加入特定 MAC 地址和端口的对应关系，将设备与端口绑定，防止假冒身份的非法用户通过交换机接入。

3. 防病毒设计

对于一个规模较大的校园网，通过一个监控中心对整个系统内的防病毒进行管理和维护，可以有效降低维护人员的数量和维护成本，缩短了升级和维护系统的响应时间。有效的校园网防病毒策略可以考虑以下几个方面。

1）客户和服务器端。在每个用户的工作站和服务器上必须安装防病毒软件，并及时升级和更新。

2）网关。网关是隔离内部网络和外部网络的设备，在网关级别进行病毒防范，可以对外部网络中的病毒进行有效隔离。

3）邮件服务器。邮件服务器已成为病毒传播的重要途径，采用专门的邮件或群件病毒防范系统，可以和邮件传输机制结合起来，担负防病毒重任。应在 SMTP 对外网关处配置邮件网关级防病毒设备，用来过滤每一封进出校园网的 E-mail 及每一个附件，核对是否符合预先设定的安全要求。

4）配置网络防病病毒集中管理系统，在监控中心进行全网防病毒管理和维护。

4. 授权访问 Internet

在 Internet 接入路由器上，通过使用 RG－NPE60E 路由器操作系统的防火墙特性，设置访问控制列表对数据的源地址、目标地址、协议类型和 TCP 端口号等进行基本检测。在专用防火墙 Juniper SRX3400 上对经过的数据包进行过滤，所有流经 Juniper SRX3400 的数据都必须接受严格而全面的检验。检验内容包括数据的源地址和目标地址、TCP 随机序列号、TCP 端口号和附加标志等，只有满足特定条件的数据才能通过防火墙。与路由器的防火墙功能相比，Juniper SRX3400 使用自己专有的软件系统，无须借助于外部操作平台，内核技术不公开，因此能更有效地阻止网络黑客的攻击，而配套的硬件组成使其数据处理效率更高。此外，Juniper SRX3400 还支持强大的网络地址翻译功能，能够实现内部 IP 到合法 IP 的转换，利用有限的 IP 地址资源访问 Internet。

对于接入用户来说，可以提供 PPPoE、DHCP + Web、802.1x 和专线固定 IP 地址接入等多种接入和认证方式。对于学生群体，可以采用计费认证系统实现用户对 Internet 的访问控制，通过网络计费软件和具有 802.1x 协议功能的接入交换机实现校园网的计费和接入认证管理，可以通过用户接入控制、用户的上下行带宽控制、IP 地址分配方式和 VLAN 授权等策略，实现灵活的 Internet 授权访问控制。对于教职工群体，可以采用 PPPoE、DHCP + Web 或 802.1x 的接入方式。对于教学区和行政办公等区域用户，建议采用专线固定 IP 地址接入方式。

5. VLAN 配置

VLAN 配置的总体指导原则是为了提高校园网的效率和网络安全性。尽可能地将互相通信较频繁的用户群划分在同一个 VLAN，而将互相通信量较少的用户通过不同的 VLAN 分隔开，他们之间必须通过采用三层交换协议进行通信。

在校园网 VLAN 设计时，可以首先以院系的设置、行政单位和服务部门的划分原则为依据，分为几个大的区域，再按照上述原则，在不同的区域内划分多个 VLAN。同时采用 802.1Q 作为 VLAN 传输协议。VLAN 划分的结果使得同一虚拟网段内的数据可自由、安全地通信，而不同虚拟网段间的数据通信则需要通过路由来完成。不同 VLAN 的数据不能自由通信，需要通过路由器的检验，比如采用基于策略的 VLAN 授权控制策略，在一定程度上加强了虚拟网段间的隔离，有效地防止外部用户入侵，提高了网络访问的安全性。同时虚拟局域网可以隔离第二层的广播信息，从而提高带宽利用率，也为用户提供了组网的灵活性。

本章重要概念

- 网络规划设计：项目组根据用户需求说明书，为网络系统建立一套完整的设想和详细方案。
- 园区网：泛指在某个固定地域内的企业、学校或机构的内部网络，网络完全由一个组织机构来管理，在组网上与广域网互连、数据中心相连接，按照网络接入、数据交换和安全隔离等应用需求来设计网络结构及安全技术方案。
- 动态主机配置协议（DHCP）：通常被应用在大型的局域网络环境中，主要作用是集中管理和分配 IP 地址，使网络环境中的主机动态地获得 IP 地址、Gateway 地址和 DNS 服务器地址等信息，并能够提升地址的使用率。
- 虚拟局域网（VLAN）技术：是以局域网交换机为基础，通过交换机软件，实现根据功能、部门和应用等因素将设备或用户组成虚拟工作组或逻辑网段的技术，其最大的特点是在组成逻辑网时无须考虑用户或设备在网络中的物理位置。

- 综合布线系统：又称为结构化布线系统，是用于建筑物内或建筑群之间，为计算机、通信设施和监控系统预先设置的信息传输通道，综合布线系统分为工作区子系统、水平子系统、垂直干线子系统、管理间子系统、设备间子系统和建筑群子系统。
- 链路聚合技术：也称为端口聚合技术，是带宽扩展和链路备份的重要手段，可以减轻峰值流量的压力，其原理是将几条链路捆绑在一起当做一个逻辑通道来使用，以增加总的链路带宽，同时实现负载均衡。
- 虚拟路由冗余协议：是由 IETF 提出的解决局域网中配置静态网关出现单点失效现象的路由协议，它的设计目标是支持特定情况下 IP 数据流量失败转移不会引起混乱，允许主机使用单路由器，并及时在第一跳路由器使用故障的情形下仍能够维护路由器间的连通性。
- 用户接入认证技术主要实现对网络接入用户的身份认证，网络资源仅对通过认证的用户开放，未通过认证的用户不能使用网络端口或者不能得到 IP 地址，从而阻止了非法用户对于网络资源的访问与使用。

习 题

1. 简述计算机网络系统的建设步骤。
2. 网络需求分析主要包括哪几部分内容？
3. 在计算机网络规划设计中，应该遵循哪些原则？
4. 网络规划设计主要包括哪些内容？
5. 简述网络拓扑结构选择的主要依据。
5. 在网络层次化设计中，主要包括哪 3 个层次？每个层次的功能是什么？
6. 简述 IP 地址分配应该遵的原则。
7. DHCP 的主要功能是什么？
8. 综合布线系统主要包括哪些组成部分？简述每个部分的构成。
9. 网络接入方式主要有哪些？
10. 用户接入认证技术主要有哪几种方式？各有什么特点？
11. 简述虚拟路由器冗余设计 VRRP 的工作原理。
12. 什么是链路聚合技术？它有什么优点？

参 考 文 献

[1] 黄叔武，刘建新．计算机网络教程[M]．2版．北京：清华大学出版社，2007.

[2] 李昕．计算机网络工程技术[M]．北京：电子工业出版社，2012.

[3] 邓礼全．计算机网络及应用[M]．北京：科学出版社，2014.

[4] 师雪霖，赵英，马晓艳．网络规划与设计[M]．北京：清华大学出版社，2012.

[5] 陈鸣，李兵．网络工程设计教程——系统集成方法[M]．3版．北京：机械工业出版社，2014.

[6] 冯博琴，陈文革．计算机网络[M]．2版．北京：高等教育出版社，2009.

[7] 谢希仁．计算机网络[M]．6版．北京：电子工业出版社，2013.．

[8] 肖朝晖，罗娅．计算机网络基础[M]．北京：清华大学出版社，2011.

[9] 刘有珠．计算机网络技术基础[M]．3版．北京：清华大学出版社，2011.

[10] 吴功宜，吴英．计算机网络应用技术教程[M]．4版．北京：清华大学出版社，2014.

[11] 刘冰．计算机网络技术与应用[M]．北京：机械工业出版社，2008.

[12] 何波，傅由甲．计算机网络教程[M]．北京：清华大学出版社，2012.

[13] 王裕明．计算机网络理论与应用[M]．北京：清华大学出版社，2011.

[14] 张玉英．计算机网络[M]．北京：人民邮电出版社，2010.

[15] 郭银景，等．计算机网络[M]．北京：北京大学出版社，2009.

[16] 程莉，刘建毅，王枞．计算机网络[M]．北京：科学出版社，2012.

[17] 刘化君．计算机网络原理与技术[M]．2版．北京：电子工业出版社，2012.

[18] 陈伟，刘会衡．计算机网络与通信[M]．2版．北京：电子工业出版社，2010.

[19] 廉飞宇．计算机网络与通信[M]．3版．北京：电子工业出版社，2009.

[20] 芮延先，陈岗，曹风．计算机网络[M]．北京：清华大学出版社，2009.

[21] 张曾科，吉吟东．计算机网络[M]．3版．北京：清华大学出版社，2009.

[22] 史志才．计算机网络[M]．北京：清华大学出版社，2009.

[23] 沈鑫剡．计算机网络[M]．2版．北京：清华大学出版社，2010.

[24] 邵必林，段中兴．计算机网络与通信[M]．北京：国防工业出版社，2009.

[25] 闫实主，徐一秋，王敏．计算机网络技术基础[M]．哈尔滨：哈尔滨工程大学出版社，2009.

[26] 张曾科．计算机网络[M]．北京：人民邮电出版社，2009.

[27] 雷渭侣，王兰波．计算机网络[M]．北京：清华大学出版社，2014.

[28] 胡静．计算机网络导论[M]．北京：清华大学出版社，2014.

[29] 刘永华．计算机网络工程[M]．北京：中国水利水电出版社，2012．

[30] 薛涛，加云岗，赵旭．计算机网络基础[M]．北京：电子工业出版社，2015.

[31] Charles M Kozierok. TCP/IP 指南．卷1. 底层核心协议[M]．北京：人民邮电出版社，2008.

[32] Laura A Chappell, Ed Tittel. TCP/IP 协议原理与应用[M]．北京：清华大学出版社，2005.

[33] Douglas E Comer. 用 TCP/IP 进行网际互联．第一卷：原理、协议与结构[M]．北京：电子工业出版社，2001.

[34] W Richard Stevens. TCP/IP 详解卷1：协议[M]．北京：机械工业出版社，2012.

[35] Tanenbaum A S, Wetherall D J. Computer Networks[M]. 5th ed. 北京：清华大学出版社，2012.